Dʳ G. CARLET

PRÉCIS
DE
ZOOLOGIE MÉDICALE

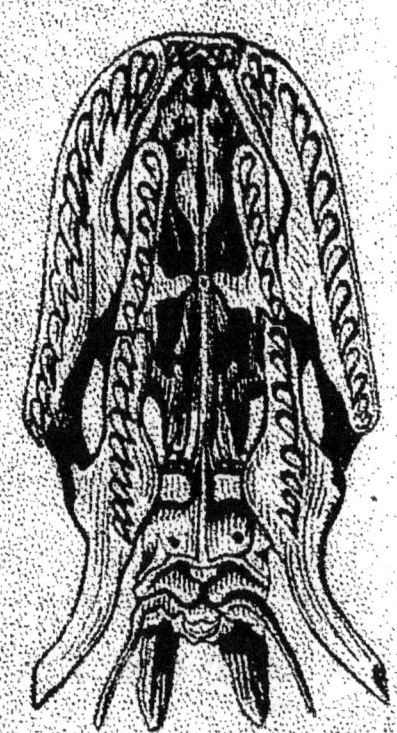

PARIS
G. MASSON ÉDITEUR

G. MASSON, ÉDITEUR

BIBLIOTHÈQUE DIAMANT
DES SCIENCES MÉDICALES ET BIOLOGIQUES

RÉSUMÉ D'ANATOMIE APPLIQUÉE
Par M. le Dr PAULET, professeur à la Faculté de médecine de Paris. 2ᵉ édition, avec 63 figures dans le texte.   6 fr.

COMPENDIUM DE PHYSIOLOGIE HUMAINE
Par M. le professeur JULES BUDGE, traduit de l'allemand et annoté par M. le Dr EUGÈNE VINCENT, avec 53 figures dans le texte.   6 fr.

MANUEL DE PATHOLOGIE INTERNE
Par M. le Dr DIEULAFOY, agrégé de la Faculté de médecine de Paris. 2 volumes de chacun 500 pages. 1ᵉʳ volume : *Appareil respiratoire — Circulation — Système nerveux*.   6 fr.

LES BANDAGES & LES APPAREILS A FRACTURES
Par M. le Dr GUILLEMIN, 2ᵉ édition, avec 155 figures dans le texte.   6 fr.

MANUEL DU MICROSCOPE
Dans ses applications au diagnostic et à la clinique, par MM. les Drs DUVAL et LEREBOULLET. 2ᵉ édition, avec 96 figures dans le texte.   6 fr.

PRÉCIS D'HYGIÈNE PRIVÉE ET SOCIALE
Par M. le Dr A. LACASSAGNE, professeur agrégé au Val-de-Grâce et à la Faculté de médecine de Lyon. 2ᵉ édition.   7 fr.

MANUEL MÉDICAL D'HYDROTHÉRAPIE
Par M. le Dr BENI-BARDE, médecin en chef de l'Établissement hydrothérapique médical de Paris et de l'Établissement hydrothérapique d'Auteuil, avec figures dans le texte.   6 fr.

G. MASSON, ÉDITEUR

BIBLIOTHÈQUE DIAMANT
DES SCIENCES MÉDICALES ET BIOLOGIQUES

PRÉCIS DE ZOOLOGIE MÉDICALE

Par M. G. CARLET, professeur à la Faculté des sciences et à l'École de médecine de Grenoble, avec 207 figures dans le texte.

PRÉCIS DE MÉDECINE JUDICIAIRE

Par M. le Dr A. LACASSAGNE, professeur agrégé au Val-de-Grâce et à la Faculté de médecine de Lyon, avec figures dans le texte et 4 planches en couleur.   7 fr. 50

GUIDE PRATIQUE D'ÉLECTROTHÉRAPIE

Rédigé d'après les travaux et les leçons du Dr ONIMUS, par le Dr BONNEFOY, avec 90 figures dans le texte.   5 fr.

ÉLÉMENTS DE PHYSIQUE

Appliquée à la médecine et à la physiologie, par M. MOITESSIER, doyen de la Faculté de médecine de Montpellier. *Optique,* avec 177 figures dans le texte.   7 fr. 50

MANUEL D'OPHTHALMOSCOPIE

Diagnostic des maladies profondes de l'œil, par M. le Dr DAGUENET, avec 11 figures dans le texte et une échelle typographique.   4 fr.

MANUEL D'OPHTHALMOLOGIE

Par M. le Dr GEORGES CAMUSET, avec 123 figures dans le texte, et une eau-forte, par M. FIRMIN GIRARD, représentant une opération de cataracte.   7 fr.

MANUEL D'OBSTÉTRIQUE

Ou *Aide-Mémoire de l'élève et du praticien,* par M. le Dr NIELLY. 2e édition, revue et augmentée, avec 43 figures dans le texte.   5 fr.

Paris. — Imp. Motteroz, 54 bis, r. du Four.

PRÉCIS

DE

ZOOLOGIE MÉDICALE

DU MÊME AUTEUR

Du rôle des Sciences accessoires en médecine (*Thèse de la Faculté de médecine de Paris*; 1871).

Essai expérimental sur la locomotion humaine : ÉTUDE DE LA MARCHE (*Thèse de la Faculté des sciences de Paris*; 1872).

Observations sur l'Inflorescence ; Paris, 1872.

Le mouvement dans la fleur. — Le chant de la Cigale (*Revue scientifique*).

Mémoire sur l'appareil musical de la Cigale (*Annales des sciences naturelles*, 1877).

Tableau synoptique du règne animal divisé en ordres (2ᵉ édition); Paris, G. Masson, 1877.

Sur une Truite mopse (*Journal de l'Anatomie et de la Physiologie*, 1879).

Mémoire sur les écailles des Poissons Téléostéens (*Annales des sciences naturelles*, 1879).

Sur un nouvel osmomètre. — Sur le fonctionnement de l'appareil respiratoire après l'ouverture de la paroi thoracique. — Sur le mécanisme de la déglutition. — Appareils schématiques nouveaux relatifs à la respiration. — Sur le mode d'action des piliers du diaphragme. — Sur le rôle du bulbe artériel des Poissons. — De la membrane interne du gésier de Poulet comme cloison osmotique. — Sur le retour de la contractilité dans les muscles où cette propriété a disparu sous l'influence de courants d'induction énergiques. — Expériences sur la tonicité musculaire. — Sur les écailles des Poissons osseux. — Sur la locomotion des Insectes et des Arachnides; etc. (*Comptes rendus de l'Académie des sciences*; 1873-1880).

Articles : CIRCULATION, en collaboration avec M. Marey ; — CRANE (anat. comp.) ; — DIGESTION ; — FAIM ET SOIF ; — FONCTION ; — GÉNÉRATION (anat. comp.) ; — MICTION ; — NUTRITION ; — ORGANES DES SENS (anat. et physiol. comp.) ; — RACINES RACHIDIENNES ; — RESPIRATION ; — RUMINATION ; — SANG (anat. et physiol. ; — SANGSUE (zool.) ; — SÉCRÉTION ET EXCRÉTION ; — SYSTÈME NERVEUX (anat. comp.) ; — TÉGUMENTS (anat. comp.); etc. (*Dictionnaire encyclopédique des sciences médicales*; 1873-1881).

PRÉCIS

DE

ZOOLOGIE MÉDICALE

PAR

G. CARLET

PROFESSEUR A LA FACULTÉ DES SCIENCES
ET A L'ÉCOLE DE MÉDECINE DE GRENOBLE

Avec 207 figures dans le texte

PARIS

G. MASSON, ÉDITEUR

LIBRAIRE DE L'ACADÉMIE DE MÉDECINE

120, boulevard Saint-Germain, en face de l'École de Médecine

1881

Tous droits réservés

Ce petit livre est le résumé du cours que je professe à l'École de médecine de Grenoble. Les notes qu'il renferme n'étaient pas, dans le principe, destinées à paraître; mais il m'a semblé qu'elles pourraient être utiles à d'autres qu'à mes élèves et je les livre aujourd'hui à la publicité, après les avoir revues avec soin.

G. Carlet.

Grenoble, 19 février 1881.

TABLE DES MATIÈRES

	PAGES		PAGES
Notions préliminaires	1	Appareil urinaire	153
Principes généraux de la zoologie	9	Urination	155
Principes relatifs à l'espèce	13	Appareil reproducteur	157
Coup d'œil général sur la classification du règne animal	17	Reproduction. — Développement	163
Notions d'histologie	27	Appareil locomoteur	167
		Locomotion	187
		Larynx	191
ANIMAUX EN GÉNÉRAL		Phonation	193
Appareils et fonctions de nutrition	54	Système nerveux. — Innervation	195
Appareils et fonctions de reproduction	68	Toucher	208
		Goût	217
Appareils et fonctions de relation	75	Odorat	219
		Ouïe	221
Développement	86	Vue	228
		Primates. — Lémuriens	238
VERTÉBRÉS		Cheiroptères. — Insectivores	248
		Rongeurs	254
Organisation	98	Carnivores. — Pinnipèdes	259
		Proboscidiens. — Hyraciens	266
		Jumentés. — Porcins	268
MAMMIFÈRES		Ruminants. — Édentés	272
		Sirénides. — Cétacés	284
Appareil digestif	110	Marsupiaux. — Monotrèmes	287
Digestion	120		
Appareil circulatoire	128	**OISEAUX**	
Circulation	135		
Appareil respiratoire	141	Appareils de nutrition et de reproduction	921
Respiration	144		

TABLE DES MATIÈRES.

Appareils de relation. — Classification. 299

REPTILES

Organisation. — Classification. 314

BATRACIENS

Organisation. — Classification. 338

POISSONS

Appareils de nutrition et de reproduction. 348
Appareils de relation. — Classification. 360

LEPTOCARDIENS

Organisation. — Classification. 379

TUNICIERS

Organisation. — Classification. 382

MOLLUSQUES

Appareils de nutrition et de reproduction. 387
Appareils de relation. — Classification. 402

ARTHROPODES

Organisation. — Classification. 421

INSECTES

Organisation. — Classification. 432
Coléoptères. — Orthoptères. 445
Névroptères. 451
Hyménoptères. 453

Lépidoptères. — Hémiptères. 461
Diptères. — Aphaniptères. . 466
Anoploures. — Thysanoures. 472

MYRIAPODES — ARACHNIDES

Organisation. — Classification. 475

CRUSTACÉS

Organisation. — Classification. 491

VERS

Organisation. — Classification. 498

ANNÉLIDES

Organisation. — Classification. 500

HELMINTHES

Organisation. — Classification. 510

BRYOZOAIRES — ROTATEURS

Organisation. — Classification. 529

ÉCHINODERMES

Organisation. — Classification. 534

COELENTÉRÉS

Organisation. — Classification. 539

DICYÉMIDES

Caractères généraux. 551

PROTISTES

Caractères généraux. 552

PRÉCIS
DE
ZOOLOGIE MÉDICALE

PREMIÈRE LEÇON

NOTIONS PRÉLIMINAIRES

Définitions. — La *zoologie* est la partie de l'histoire naturelle qui traite des animaux. — La *zoologie médicale* a spécialement pour objet l'étude des animaux utiles ou nuisibles à la santé, soit par eux-mêmes, soit par leurs produits.

Protoplasma. — Tous les êtres vivants (animaux et végétaux) subissent une rénovation moléculaire continue (*nutrition*). Tous se nourrissent et il n'y a de *vie* qu'à cette condition. — Pour que la nutrition puisse avoir lieu, il faut que la substance qui en est le siège et qu'on appelle *protoplasma* soit placée dans un *milieu* convenable, c'est-à-dire dans certaines conditions de température, d'humidité, etc. — Le protoplasma est la base même des phénomènes de la vie ; mais il subit toujours fatalement des modifications qui font que la nutrition ne peut s'y effectuer indéfiniment, ou, en d'autres termes, que la *mort* arrive.

Le protoplasma est essentiellement une combinaison de corps albuminoïdes. Il peut être *amorphe* ou *figuré*. — Dans le premier cas, il ne revêt aucune forme définie et n'est qu'une sorte de gelée vivante douée d'un mouvement lent, mais continu. — Dans le second cas, qui est le plus général, le protoplasma a une figure spéciale et forme des corpuscules microscopiques appelés *éléments anatomiques*. — L'animal et le végétal sont constitués par un agrégat d'éléments anatomiques semblables ou dissemblables.

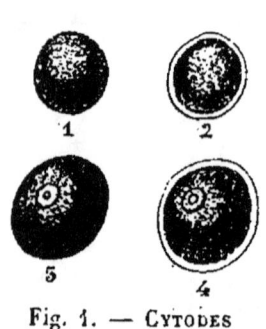

Fig. 1. — Cytodes et Cellules.
1, gymnocytode ; — 2, lépocytode ; — 3, gymnocellule ; — 4, cellule complète.

Éléments anatomiques. — On les divise en *cytodes*, *cellules* et *fibres*.

Cytodes. — Ce sont les éléments anatomiques les plus simples. — Ils se composent de petites masses de protoplasma plus ou moins globuleuses — Les uns sont nus (*gymnocytodes*); les autres sont entourés d'une membrane (*lépocytodes*).

Cellules. — Ce sont des cytodes qui présentent à leur intérieur une partie différenciée (*noyau*). — Souvent le noyau renferme lui-même un corpuscule distinct (*nucléole*). — Il y a deux sortes de cellules : les unes nues (*gymnocellules*), les autres munies d'une enveloppe (*cellules complètes* ou simplement *cellules*).

La nutrition de la cellule est suivie de son *évolution*, c'est-à-dire de sa croissance. — Lorsque cet accroissement a atteint ses limites, la cellule se multiplie.

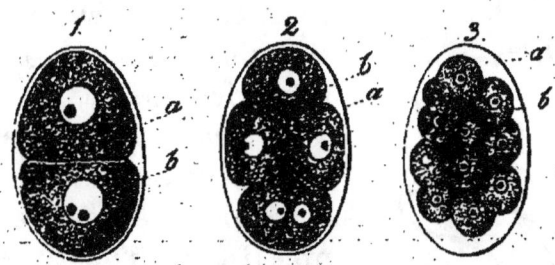

Fig. 2. — Multiplication des Cellules par segmentation. 1, 2, 3, trois stades de la segmentation ; — *a*, membrane ; — *b*, sphères de segmentation (Kölliker).

Multiplication des cellules. — Elle se fait par *segmentation* ou par *bourgeonnement*.

La *segmentation* est le mode de multiplication le plus répandu. — Elle consiste dans la division du protoplasma en deux parties plus ou moins égales qui, après nutrition et accroissement, se divisent à leur tour. — Quand le noyau existe, c'est toujours lui qui se divise le premier. — On appelait autrefois *multiplication endogène*, la segmentation qui se passe à l'intérieur d'une cellule munie d'une membrane d'enveloppe et on réservait le nom de *segmentation* à la division du protoplasma nu. —

Aujourd'hui, cette dernière expression est seule employée pour désigner la division des cytodes et des cellules avec ou sans membrane d'enveloppe.

Le *bourgeonnement* ou *gemmation* ne diffère de la segmentation que parce que c'est un point particulier de la cellule qui s'accroît avant que la division ait lieu.

La rapidité de la multiplication des cellules, soit par segmentation, soit par gemmation, est surtout considérable dans les organismes inférieurs.

La formation *libre* des cellules, telle qu'on l'entendait autrefois, c'est-à-dire sans préexistence d'une autre cellule, n'existe nulle part. — Toute cellule naît d'une autre cellule (*omnis cellula è cellulâ*).

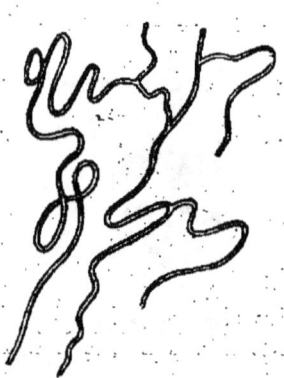

Fig. 3. — Fibres élastiques (gross. 250).

Fibres. — Ces éléments anatomiques ont une dimension qui l'emporte beaucoup sur les deux autres. Ils sont longs et grêles.

Tissus. — Les éléments anatomiques, en s'associant par contiguïté, forment les *tissus*. (Exemple : le *tissu musculaire*.)

Systèmes. — Un *système* est l'ensemble des parties formées d'un même tissu. (Exemple : le *système musculaire*.)

Organes. — Un *organe* est formé par la réunion de parties provenant de systèmes différents et constituant un tout unique, de conformation spéciale. (Exemple : un *muscle*). — Chaque organe a un ou plusieurs *usages*.

Appareils. — Un *appareil* est un assemblage d'organes différents et solidaires qui constituent un tout coordonné. (Exemple : l'*appareil digestif*.) — Chaque appareil remplit une *fonction*. Celle-ci consiste dans une série d'actes ou de phénomènes harmonisés en vue d'un résultat déterminé. (Exemple : la *digestion*.)

Organisme. — C'est un ensemble d'appareils doué d'une existence isolée.

L'animal et le végétal. — On a cru, pendant longtemps, trouver la caractéristique de l'animal dans le *mouvement* et la *sensibilité*. Mais, à ce compte, les Éponges, qui sont de véritables animaux, devraient être considérées comme des végétaux puisqu'elles n'offrent, à proprement parler, aucun indice de mouvement ni de sensibilité; par contre, la Sensitive, dont la nature végétale est de toute évidence, deviendrait un animal.

La *composition chimique* des tissus a été invoquée pour séparer les deux règnes. — On admettait autrefois que les tissus animaux étaient seuls azotés, mais aujourd'hui cette opinion n'est plus soutenable. — On peut simplement dire que la substance organisée des animaux se distingue de celle des végétaux par la prédominance des substances organiques azotées sur celles qui ne le sont pas.

D'une part les divers principes albuminoïdes des animaux se retrouvent dans les plantes ; d'autre part la matière verte ou chlorophylle et la cellulose, substances que l'on croyait spéciales aux végétaux, se rencontrent chez un certain nombre d'animaux.

On a cherché à établir, entre le végétal et l'animal, une séparation fondée sur les phénomènes mêmes de la *nutrition*. C'est ainsi qu'on a voulu faire de la plante un organisme de *réduction* ou de *désoxygénation* qui transformerait les forces vives en forces de tension, tandis que l'animal serait, au contraire, un organisme de *combustion* ou d'*oxydation* qui transformerait les forces de tension en forces vives. — Il y a beaucoup de vrai dans cette formule. En effet, la plante, en se nourrissant, décompose l'acide carbonique, l'eau et les sels ammoniacaux qu'elle a absorbés; elle retient le carbone, l'hydrogène et l'azote, pendant qu'elle exhale la plus grande partie de l'oxygène devenu libre. Au contraire, chez l'animal, la série des transformations qu'entraîne la nutrition comprend, en général, des phénomènes d'oxydation. — Il suit de là que la plante transforme des combinaisons inorganiques simples en combinaisons organiques complexes, de telle sorte que sa nutrition consiste essentiellement dans des opérations de *synthèse*, tandis que les produits ultimes de la nutrition de l'animal sont des composés inorganiques simples provenant de composés organiques complexes; le corps de l'animal constituerait donc un appareil d'*analyse*. — En d'autres termes, la plante assimile des substances inorganiques pour les *orga-*

niser, et c'est un appareil de *formation;* au lieu que l'animal assimile des combinaisons organiques pour les *désorganiser*, et c'est un appareil de *destruction*.

Les produits d'assimilation du végétal servent à

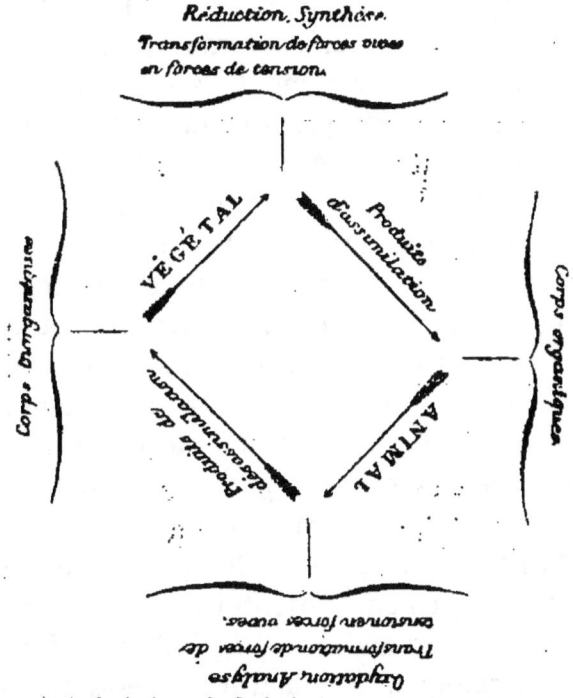

Fig. 4. — Circulation de la matière.

l'animal et les produits de désassimilation de celui-ci sont, à leur tour, mis à contribution par celui-là. — Ainsi s'établit, entre l'animal et le végétal, un véritable lien qui les réunit, en même temps qu'il les sépare.— Nous essayerons de traduire cette formule par le schéma ci-dessus qui représente la circulation générale de la matière, en montrant la *métamorphose progressive* qu'elle éprouve chez le végétal et la *métamorphose régressive* qu'elle subit chez l'animal.

Si l'on examine les choses de plus près, on voit que les faits précédents ne sont vrais que d'une manière relative. — Effectivement, des oxydations se produisent constamment dans le végétal : sa respiration, par exemple, est un phénomène de ce genre. D'un autre côté, le corps de l'animal est sans cesse le théâtre de phénomènes de réduction et de synthèse. — Cependant, l'animal, à l'opposé du végétal, ne peut pas fabriquer lui-même des composés albuminoïdes avec des substances inorganiques. Il emprunte toujours, directement ou indirectement, les albuminoïdes au végétal ; mais, pour les rendre *assimilables*, il a besoin d'un tube digestif. Or c'est ce *tube digestif*, que ne possède jamais le végétal, qui caractérise surtout l'animal.

Définition de l'animal. — Être organisé, sensible, doué de mouvements volontaires et se nourrissant, par le moyen d'un tube digestif, aux dépens du milieu organique. L'animal est essentiellement un appareil d'*analyse* et de *combustion*.

Règne des Protistes. — Entre le règne animal et le règne végétal, on admet maintenant un règne intermédiaire, le *règne neutre des Protistes* (HÆCKEL). — Il comprend tous les êtres qui ne se reproduisent pas sexuellement, qui n'ont pas de tissus, ni d'organes véritables. — C'est dans ce règne qu'on range aujourd'hui les Infusoires, les Grégarines, les Rhizopodes, les Myxomycètes, les Diatomées, les Monères, etc., c'est-à-dire les formes inférieures et généralement microscopiques, qui ne présentent pas, d'une manière bien tranchée, les caractères soit de l'animal, soit du végétal.

DEUXIÈME LEÇON

PRINCIPES GÉNÉRAUX DE LA ZOOLOGIE

L'unité dans la variété. — Si l'on parcourt une galerie de zoologie, on est tout d'abord frappé de la diversité des êtres qui y sont accumulés; mais on ne tarde pas à voir qu'un grand nombre d'entre eux sont construits sur le même plan, taillés, pour ainsi dire, sur le même patron. — Ainsi, les Insectes, les Myriapodes, les Arachnides, les Crustacés ont tous le corps segmenté en une série longitudinale d'anneaux (*métamères*) symétriques par rapport au plan médian. De plus, ces anneaux sont généralement formés de parties similaires. — C'est là une preuve de la tendance qu'a la nature à être *économe* dans les moyens qu'elle emploie pour produire la diversité. On dit alors qu'elle procède par *homologie* ou par création de parties homologues.

Homologie et analogie. — L'*homologie* et l'*analogie* constituent des expressions complètement distinctes se rapportant, la première à l'anatomie, c'est-à-dire à la structure, et la seconde à la physiologie, autrement dit, aux fonctions.

Des organes sont *homologues* quand ils se sont formés de la même manière, sont composés de parties similaires et ont par conséquent des valeurs morphologiques égales. — Le membre antérieur d'un Mammifère, l'aile d'un Oiseau, la nageoire pectorale d'un Poisson se correspondent par leurs pièces essentielles et leur mode de formation : ce sont des organes homologues. Il en est de même pour le membre antérieur et le membre postérieur d'un Mammifère, l'aile et la patte d'un Oiseau, etc.

Des organes sont *analogues* quand, ne possédant ni la même conformation ni le même mode de développement, ils servent néanmoins aux mêmes usages et ont, par suite, des valeurs physiologiques égales. — L'aile de l'Oiseau et celle de l'Insecte diffèrent par leur structure et leur mode de formation ; mais toutes deux servent au vol : ce sont des organes analogues. Il en est de même des poumons des Mammifères, des branchies des Poissons et des trachées des Insectes qui n'ont aucune parenté morphologique, mais qui jouent cependant le même rôle dans la respiration.

Principe de la division du travail physiologique (Milne Edwards). — Si, dans ses créations, la nature se bornait à multiplier le nombre des parties similaires ou homologues, elle ne ferait que compliquer les organismes sans les perfectionner. En opérant ainsi, elle augmenterait seulement la puissance vitale, la *quantité* et non la *qualité* des produits.

Pour perfectionner les êtres, la nature a surtout recours à l'addition de parties nouvelles. — Un animal qui a des appareils *différents* pour accomplir chaque fonction est mieux doté et par conséquent plus parfait qu'un animal chez lequel plusieurs fonctions sont effectuées par un seul et même appareil. Ce dernier animal peut subir des mutilations souvent considérables sans paraître en souffrir. Bien plus, chaque morceau séparé de cet animal pourra même s'accroître et constituer, à son tour, un nouvel individu semblable au premier.

Loin d'être un signe de supériorité, comme on l'a dit quelquefois, cette résistance vitale est, au contraire, une preuve d'infériorité. — Il en est de ces animaux, chez lesquels les actes de la vie sont obscurs, comme de ces instruments grossiers où l'on peut retrancher plusieurs parties sans nuire au fonctionnement du tout. — Dans les êtres plus élevés, comme dans les appareils de précision, si l'on détruit certains organes, l'ensemble devient aussitôt impropre à remplir convenablement le but pour lequel il a été construit.

Principe de la corrélation des organes (Cuvier). — Les divers organes d'un animal doivent être reliés entre eux et plus ou moins dépendants, de façon à assurer le fonctionnement harmonieux de l'ensemble.

Si l'on considère l'organisation d'un Mouton, l'on voit que ses dents molaires sont broyeuses et destinées à écraser ou triturer. — Ses membres sont terminés par des sabots qui ne peuvent servir qu'à fouler le sol et faciliter la fuite. — Son estomac est volumineux et son intestin très long, car la nourriture est abondante et de digestion difficile. — Enfin, la somme des longueurs du cou et de la tête est égale à la longueur du train de devant, afin que l'animal puisse brouter.

Chez le Loup, contrairement à ce que nous venons de voir chez le Mouton, les molaires sont tranchantes, pour couper les chairs et briser les os. — Les pattes sont armées de doigts libres et d'ongles acérés pour saisir la proie. — L'estomac est peu volumineux et l'intestin court, car la nourriture sera peu abondante et de digestion relativement facile. — Enfin, la somme des longueurs de la tête et du cou est un peu plus petite que la hauteur du train de devant, car l'animal n'a pas à raser le sol pour se nourrir.

Toutes les particularités que nous venons de signaler, aussi bien chez le Mouton que chez le Loup, sont en corrélation les unes avec les autres et assurent l'harmonie de l'ensemble.

Principe du balancement des organes (GŒTHE; GEOFFROY SAINT-HILAIRE). — Si un organe s'accroît ou diminue, c'est aux dépens ou au profit d'un autre organe. — Il semble que le budget de la nature soit fixe, et qu'afin de dépenser d'un côté, elle soit obligée d'économiser de l'autre.

Le train de devant de la Girafe est long ; mais on dirait qu'il s'est allongé aux dépens de celui de derrière qui est court. — L'inverse a lieu chez le Kanguroo, où les membres postérieurs sont démesurément longs, par rapport aux antérieurs. — C'est au moment où les branchies disparaissent chez le Têtard de la Grenouille que les poumons se développent; c'est quand la queue s'atrophie que les pattes poussent.

Principe de la subordination des caractères (A. L. DE JUSSIEU). — Les caractères présentés par un être n'ont pas tous la même valeur : il y en a qui, moins importants que d'autres, leur sont, pour ainsi dire, subordonnés.

Par exemple, chez les Mammifères, la conformation des dents et des doigts fournira des indications plus précises sur l'organisation de l'animal que la considération de la plupart des autres organes.

TROISIÈME LEÇON

PRINCIPES RELATIFS A L'ESPÈCE

Espèce. — C'est une collection d'individus semblables et qui se reproduisent (Lion, Tigre, etc.).

Variété.—C'est un individu ou un ensemble d'individus provenant d'êtres de même espèce et se distinguant de ceux-ci par un ou plusieurs caractères peu importants (Chien épagneul, Bœuf de Durham, etc.).

Race. — C'est l'ensemble des individus ayant reçu et transmettant, par génération, les caractères d'une même variété (Race épagneule, race de Durham, etc.).

Hybridation. — C'est le croisement de deux individus d'espèces différentes. Le produit de ce croisement, s'il y en a, est nommé *hybride*.

Le croisement de l'Ane et de la Jument ou celui du Cheval et de l'Anesse est une *hybridation*. Le Mulet, produit du premier croisement, et le Bardot, produit du second, sont des hybrides.

Les hybrides ne peuvent que très rarement se reproduire. Leur fécondité, si elle existe, disparaît toujours au bout d'un petit nombre de générations. En d'autres termes, les hybrides ne sont doués que de la fécondité *bornée* : leurs produits ne tardent pas à retourner en totalité à l'une des espèces-mères, ou ils se partagent entre l'une et l'autre de ces espèces. — C'est là ce qu'on appelle le *retour au type*.

Métissage. — C'est le croisement entre individus de même espèce, mais de races différentes. Le produit du croisement s'appelle un *métis*. — Le croisement entre un Cheval anglais et une Jument normande est un *métissage*.

A l'inverse des hybrides, les métis jouissent

d'une énorme facilité de reproduction, autrement dit, de la fécondité *continue*. Mais les descendants modifiés et croisés ont une tendance à reprendre un ou plusieurs caractères de la souche primitive. — C'est cette tendance qu'on nomme l'*atavisme*.

Variabilité de l'espèce. — C'est la possibilité de donner naissance à des variétés. — Elle est démontrée par ce seul fait qu'il existe des races.

Mutabilité de l'espèce ou **transformisme**. — C'est la propriété que, d'après certains auteurs (TRANSFORMISTES), une espèce posséderait de pouvoir se changer en une autre. — Le principe du transformisme a été posé par Lamarck. — D'après lui, les modifications de l'espèce se produisent *lentement*, sous l'influence d'un *besoin* amenant le développement des organes par l'*usage (principe d'adaptation)*. Les transformations ainsi produites se conservent ensuite par génération *(principe d'hérédité)*. — Par exemple, si la Girafe a un long cou, c'est qu'elle se l'est allongé en voulant brouter des feuilles de plus en plus élevées. L'allongement s'est ensuite transmis par l'hérédité.

Théorie de la descendance (LAMARCK). — Cette théorie soutient que tous les organismes complexes dérivent d'organismes simples, par voie de transformations successives, et que ceux-ci sont eux-mêmes la postérité d'organismes rudimentaires. — Peu importe, pour la théorie, que l'on admette une seule forme ancestrale (*hypothèse monophylétique*) ou que l'on en admette plusieurs (*hypothèse polyphylétique*).

Théorie de la sélection (Darwin). — Elle enseigne que la plupart des espèces organiques résultent de la *sélection*, c'est-à-dire du *choix des reproducteurs.* — Les espèces domestiques proviennent de la *sélection artificielle* et les espèces sauvages de la *sélection naturelle*. — Chez les premières, c'est *la volonté de l'homme* qui a agi, de propos délibéré; chez les secondes, c'est *la lutte pour l'existence,* sans plan ni dessein.

Sélection artificielle. — L'Homme exerce deux sortes de sélection : l'une *inconsciente*, l'autre *méthodique*. — Par la première, il cherche à *conserver* la race, sans autre préoccupation; par la seconde, il veut, au contraire, la *modifier* dans un but déterminé.

Un chasseur qui veut avoir de bons Chiens d'arrêt s'adresse à des reproducteurs qu'il sait avoir les qualités qu'il désire et accouple les meilleurs au point de vue de la chasse. — Il fait ainsi de la sélection inconsciente.

Au contraire, un éleveur de Porcs, qui sait que les pattes constituent la partie la moins profitable de l'animal, cherche à obtenir leur raccourcissement de façon qu'elles soient juste assez longues pour empêcher le ventre de traîner. — Il fait ainsi de la sélection méthodique.

Sélection naturelle. — La nature devient agent sélecteur par la *lutte pour l'existence.* — Cette lutte a pour cause l'énorme disproportion qui existe, chez tous les êtres, entre le chiffre des naissances et celui des individus vivants. — Si une seule espèce se multipliait sans pertes ni obstacles, elle aurait rapidement envahi toute la surface du globe. Or, puisqu'il naît un nombre d'individus supérieur à celui qui peut vivre, il doit exister une *concurrence vitale,* une *lutte pour l'existence*, soit entre les individus d'une même espèce, soit entre les individus d'espèces différentes, soit enfin entre les individus et les conditions physiques de la vie. — Il est clair que les êtres les mieux doués devront survivre. En d'autres termes, il y aura toujours *persistance du plus apte* qui alors servira de reproducteur. — C'est ainsi que la sélection naturelle s'établit comme une conséquence nécessaire de la lutte pour l'existence.

QUATRIÈME LEÇON

COUP D'ŒIL GÉNÉRAL SUR LA CLASSIFICATION DU RÈGNE ANIMAL

Nomenclature. — Nous avons vu plus haut, que les INDIVIDUS du règne animal sont groupés par collections qu'on désigne sous le nom d'ESPÈCES.

Mais certaines espèces ne se distinguent que par des différences peu importantes et offrent les mêmes *détails des parties extérieures* du corps. — On dit alors que ces espèces appartiennent au même GENRE et on désigne chacune d'elles par deux noms dont l'un, celui du genre, est dit *générique* et l'autre, celui de l'espèce, est appelé *spécifique*. — Ainsi la Belette et l'Hermine sont deux espèces du genre Putois (*Putorius*). On appelle la première *Putorius vulgaris* et la seconde *Putorius erminea*.

Les Putois (*Putorius*) et les Martes (*Mustela*), bien qu'étant de genres différents, ont cependant un *air de famille* qui frappe les moins observateurs. Pour cette raison, ces deux genres ont été réunis dans un groupe plus vaste qui prend le nom de FAMILLE des *Mustélidés*.

Si l'on examine la disposition des *organes intérieurs* (cerveau, dents, squelette, etc.) chez les Mustélidés et chez les Canidés qui forment la famille des Chiens, on trouve encore un certain nombre de caractères communs qu'on a pris pour désigner un groupe plus considérable, l'ORDRE des *Carnivores*.

Les Carnivores et les Proboscidiens (ordre des Éléphants), qui offrent des différences extérieures et intérieures si considérables, ont néanmoins, les uns et les autres, des mamelles pour allaiter leurs petits. — C'est là un *caractère dominateur* qui a fait réunir ces deux ordres dans une section plus importante, la CLASSE des *Mammifères*.

Enfin les Mammifères et les Oiseaux diffèrent tellement les uns des autres que personne ne saurait les confondre, même après l'examen le plus superficiel. Mais ils sont construits sur le même *plan* et ont tous un squelette intérieur dont l'axe est composé de vertèbres. — On les regarde comme appartenant à un même groupe primaire qu'on désigne sous le nom de TYPE ou EMBRANCHEMENT des *Vertébrés*.

Résumé. — Ainsi, le règne animal se divise en TYPES ou EMBRANCHEMENTS, ceux-ci en CLASSES, les classes en ORDRES, les ordres en FAMILLES, les familles en GENRES, les genres en ESPÈCES, les espèces en INDIVIDUS. Les *variétés* ne sont, d'après Darwin, que des « commencements d'espèces », des « espèces naissantes ».

C'est à des considérations multiples et spéciales pour chaque groupe qu'on a eu recours pour établir dans le règne animal les divisions précédentes. — Ces divisions ne sont pas aussi artificielles qu'on pourrait le croire au premier abord, car, en général, on réunit dans un même embranchement tous les animaux construits sur le même *plan*, dans la même classe ceux qui offrent le même *caractère dominateur*, dans le même ordre ceux qui présentent les mêmes *complications de structure*, dans la même famille ceux qui affectent le même *port*, dans le même genre ceux qui ont les mêmes *détails des parties extérieures*, dans la même espèce ceux qui ont entre eux une *ressemblance* extrême et se *reproduisent* avec les mêmes caractères essentiels.

Avant de passer à l'étude des divers groupes du règne animal, nous présenterons, sous forme de tableau, la classification essentiellement éclectique que nous adopterons dans le cours de ces leçons.

Cuvier avait divisé le règne animal en quatre embranchements sous les noms de VERTÉBRÉS, MOLLUSQUES, ARTICULÉS et ZOOPHYTES. — Siebold ajouta à ces embranchements celui des PROTOZOAIRES et remplaça le groupe des ARTICULÉS OU ANNELÉS par ceux des ARTHROPODES et des VERS. — Leuckart décomposa les ZOOPHYTES OU RAYONNÉS en ÉCHINODERMES et CŒLENTÉRÉS. — Plus récemment, depuis l'étude qui a été faite du développement des Ascidies, Claus n'a pas hésité à faire des TUNICIERS un embranchement spécial qu'il a rapproché de celui des Vertébrés. — Enfin, dernièrement, Hæckel, précisant les idées de Bory de Saint-Vincent sur le *règne psychodiaire*, a proposé de réunir les PROTOZOAIRES aux PROTOPHYTES du règne végétal pour constituer le règne neutre des PROTISTES.

Par suite de ces modifications, le règne animal compte aujourd'hui sept types ou embranchements, dont six sont désignés sous le nom général d'INVERTÉBRÉS, par opposition à l'embranchement des VERTÉBRÉS.

TABLEAU DU RÈGNE ANIMAL DIVISÉ EN ORDRES

TYPE I. — VERTÉBRÉS

Classe I. — Mammifères

SOUS-CLASSE I. — PLACENTAIRES

Ordres 1. — *Primates* (Pithecus).
    2. — *Lémuriens* (Lemur).
    3. — *Cheiroptères* (Vespertilio).
    4. — *Insectivores* (Talpa).
    5. — *Rongeurs* (Lepus).
    6. — *Carnivores* (Felis).
    7. — *Pinnipèdes* (Phoca).
    8. — *Proboscidiens* (Elephas).
    9. — *Hyraciens* (Hyrax).
   10. — *Jumentés* (Equus).
   11. — *Porcins* (Sus).
   12. — *Ruminants* (Bos).
   13. — *Édentés* (Myrmecophaga).
   14. — *Sirénides* (Manatus).
   15. — *Cétacés* (Balæna).

SOUS-CLASSE II. — IMPLACENTAIRES

   16. — *Marsupiaux* (Didelphys).
   17. — *Monotrèmes* (Ornithorynchus).

Classe II. — Oiseaux

SOUS-CLASSE I. — CARINATES

Ordres 1. — *Rapaces* (Falco).
    2. — *Préhenseurs* (Psittacus).
    3. — *Grimpeurs* (Picus).

CLASSIFICATION.

 4. — *Passereaux* (Fringilla).
 5. — *Colombins* (Columba).
 6. — *Gallinacés* (Gallus).
 7. — *Échassiers* (Grus).
 8. — *Palmipèdes* (Anas).

SOUS-CLASSE II. — RATITES

 9. — *Struthions* (Struthio).

Classe III. — Reptiles

SOUS-CLASSE I. — CHÉLONOCHAMPSIENS

Ordres 1. — *Chéloniens* (Testudo).
   2. — *Crocodiliens* (Crocodilus).

SOUS-CLASSE II. — SAUROPHIDIENS

 3. — *Sauriens* (Lacerta).
 4. — *Ophidiens* (Vipera).

Classe IV. — Batraciens

Ordres 1. — *Anoures* (Rana).
   2. — *Urodèles* (Triton).
   3. — *Céciliens* (Cœcilia).

Classe V. — Poissons

Ordres 1. — *Dipnoïens* (Lepidosiren).
   2. — *Téléostéens* (Cyprinus).
   3. — *Ganoïdes* (Acipenser).
   4. — *Plagiostomes* (Raja).
   5. — *Cyclostomes* (Petromyzon).

Classe VI. — Leptocardiens

TYPE II. — TUNICIERS

Ordres 1. — *Salpiens* (Salpa).
      2. — *Ascidiens* (Ascidia).
      3. — *Appendiculariés* (Appendicularia).

TYPE III. — MOLLUSQUES

Classe I. — Céphalopodes

Ordres 1. — *Dibranches* (Octopus).
      2. — *Tétrabranches* (Nautilus).

Classe II. — Gastéropodes

Ordres 1. — *Pulmonés* (Helix).
      2. — *Prosobranches* (Murex).
      3. — *Cyclobranches* (Chiton).
      4. — *Opisthobranches* (Doris).
      5. — *Hétéropodes* (Carinaria).

Classe III. — Ptéropodes

Ordres 1. — *Gymnosomes* (Clio).
      2. — *Thécosomes* (Hyalea).

Classe IV. — Scaphopodes

Ordre 1. — *Solénoconques* (Dentalium).

Classe V. — Lamellibranches

Ordres 1. — *Siphonidés* (Cardium).
      2. — *Asiphonidés* (Mytilus).

Classe VI. — Brachiopodes

Ordres 1. — *Testicardines* (Terebratula).
      2. — *Ecardines* (Lingula).

TYPE IV. — ARTHROPODES

Classe I. — Insectes

SOUS-CLASSE I. — MÉTABOLIENS

Ordres 1. — *Coléoptères* (Carabus).
       2. — *Orthoptères* (Gryllus).
       3. — *Névroptères* (Myrmeleon).
       4. — *Hyménoptères* (Apis).
       5. — *Lépidoptères* (Papilio).
       6. — *Hémiptères* (Pentatoma).
       7. — *Diptères* (Musca).
       8. — *Aphaniptères* (Pulex).

SOUS-CLASSE II. — AMÉTABOLIENS

       9. — *Anoploures* (Pediculus).
    10. — *Thysanoures* (Lepisma).

Classe II. — Myriapodes

Ordres 1. — *Chilopodes* (Scolopendra).
       2. — *Chilognathes* (Iulus).
       3. — *Péripatides* (Peripatus).

Classe III. — Arachnides

SOUS-CLASSE I. — AUTARACHNES

Ordres 1. — *Scorpionides* (Scorpio).
       2. — *Galéodes* (Galeodes).
       3. — *Phalangides* (Phalangium).
       4. — *Aranéides* (Epeira).
       5. — *Acariens* (Sarcoptes).

SOUS-CLASSE II. — PSEUDARACHNES

       6. — *Pycnogonides* (Pycnogonum).
       7. — *Tardigrades* (Macrobiotus).
       8. — *Linguatulides* (Pentastomum).

Classe IV. — Crustacés

Ordres 1. — *Xiphosures* (Limulus).
      2. — *Podophthalmes* (Astacus).
      3. — *Édriophthalmes* (Oniscus).
      4. — *Branchiopodes* (Daphnia).
      5. — *Ostracodes* (Cypris).
      6. — *Copépodes* (Cyclops).
      7. — *Cirripèdes* (Lepas).

TYPE V. — VERS

Classe I. — Annélides

Ordres 1. — *Polychètes* (Nereis).
      2. — *Oligochètes* (Lumbricus).
      3. — *Géphyriens* (Echiurus).
      4. — *Hirudinées* (Hirudo).

Classe II. — Helminthes

SOUS-CLASSE I. — NÉMATELMINTHES

Ordres 1. — *Nématoïdes* (Ascaris).
      2. — *Acanthocéphales* (Echinorynchus).

SOUS-CLASSE II. — PLATYELMINTHES

      3. — *Turbellariés* (Planaria).
      4. — *Trématodes* (Distoma).
      5. — *Cestoïdes* (Tænia).

Classe III. — Bryozoaires

Ordres 1. — *Phylactolèmes* (Plumatella).
      2. — *Gymnolèmes* (Flustra).

Classe IV. — Rotateurs

TYPE VI. — ÉCHINODERMES

Classe I. — Échinodermes

SOUS-CLASSE I. — LIPOBRACHIÉS

Ordres 1. — *Holothurides* (Holothuria).
       2. — *Échinides* (Cidaris).

SOUS-CLASSE II. — COLOBRACHIÉS

Ordres 1. — *Stellérides* (Asteracanthion).
       2. — *Crinoïdes* (Comatula).

TYPE VII. — CŒLENTÉRÉS

Classe I. — Cténophores

Ordres 1. — *Eurystomes* (Beroe).
       2. — *Sténostomes* (Eucharis).

Classe II. — Hydroméduses

Ordres 1. — *Discophores* (Pelagia).
       2. — *Siphonophores* (Physalia).
       3. — *Hydroïdes* (Sertularia).

Classe III. — Coralliaires

Ordres 1. — *Alcyonaires* (Corallium).
       2. — *Zoanthaires* (Actinia).

Classe IV. — Spongiaires

CINQUIÈME LEÇON

NOTIONS D'HISTOLOGIE

Définition. — L'*histologie* est la science qui a pour objet l'étude des *tissus*. — Ceux-ci offrent à considérer : 1° la *structure* ou la nature des éléments dont ils se composent ; 2° la *texture* ou la manière dont sont agencés ces éléments.

Classification. — Les tissus peuvent être divisés en quatre groupes (Ranvier) :

1° Ceux dans lesquels les cellules libres flottent dans un milieu liquide (*sang* et *lymphe*);

2° Ceux dans lesquels les cellules sont caractéristiques et soudées les unes aux autres par une substance unissante peu abondante (*épithéliums*);

3° Ceux dans lesquels la substance intercellulaire est très abondante et caractéristique (*groupe des tissus conjonctifs*);

4° Ceux dans lesquels les cellules ont subi des modifications telles, qu'elles sont devenues, le plus souvent, méconnaissables (*tissu musculaire, tissu nerveux*).

SANG ET LYMPHE

Le *sang* et la *lymphe* sont les deux liquides nourriciers des animaux. — Ce sont de véritables intermédiaires entre les éléments anatomiques et le milieu extérieur ; ils constituent le *milieu intérieur* de l'organisme.

Fig. 5. — Globules rouges du sang de l'Homme (gross. 350 diam.).

Chez les Vertébrés, le sang et la lymphe sont deux liquides différents, bien qu'ayant entre eux beaucoup d'analogie. — Chez les Invertébrés, il n'existe habituellement qu'un seul liquide nutritif qui représente, à la fois, le sang et la lymphe.

Sang des Vertébrés. — Le sang des Vertébrés est rouge, à l'exception toutefois de celui de l'Amphioxus qui est incolore. — Il est toujours alcalin et contient deux sortes de cellules (*globules*), les unes rouges, très nombreuses (*globules rouges* ou *hématies*) qui lui donnent sa couleur, les autres incolores, peu nombreuses (*globules blancs* ou *leucocytes*).

Les *globules rouges* des Vertébrés vivipares ou Mammifères sont des disques circulaires (elliptiques chez les Camélidés), légèrement biconcaves et sans noyau. — Les *globules rouges* des Vertébrés ovipares sont elliptiques, légèrement biconvexes et toujours pourvus d'un noyau intérieur.

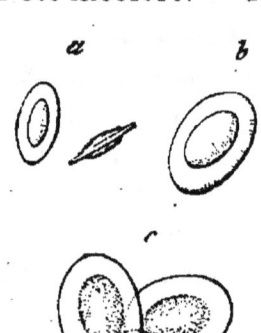

Fig. 6. — Globules rouges du sang des Vertébrés ovipares.
a, globules du sang de la Poule, vus de face et de profil ; — b, globule du sang de la Grenouille ; — c, globules d'un Poisson (Squale). Même grossissement.

Les *globules blancs* sont de petites masses protoplasmiques qui se meuvent en poussant à leur surface des prolongements qui leur donnent les formes les plus variées. Ils présentent, dans leur intérieur, un ou plusieurs noyaux et prennent la forme sphérique quand ils sont morts.

La substance intercellulaire du sang (*plasma*) est incolore et se compose d'un liquide (*sérum*) tenant en dissolution de l'albumine et de la *fibrine*.

Le sang *circule* dans un système de canaux (*vaisseaux sanguins*) formant un circuit fermé. —

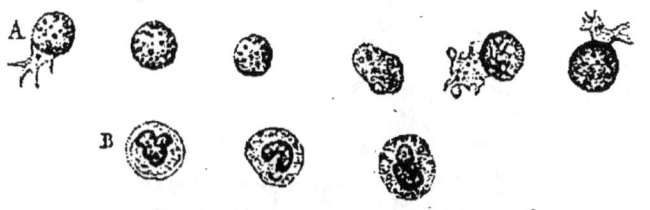

Fig. 7. — Globules blancs du sang de l'Homme.
A, globules vivants, les uns immobiles, les autres émettant des prolongements ; — B, globules traités par l'acide acétique.

A la sortie des vaisseaux, il se prend en une masse rouge (*caillot*) et laisse transsuder le sérum. — Le caillot est formé par la *coagulation* de la fibrine qui emprisonne les globules. — Lorsque la coagulation se fait lentement, dans un vase, la partie supérieure du caillot est blanche et forme ce qu'on appelle la *couenne* constituée par de la fibrine et des globules blancs. — Le coagulation est accélérée par le battage et on peut ainsi séparer la fibrine du sang.

Lymphe des Vertébrés. — La lymphe est un liquide incolore ou légèrement blanchâtre, de réaction alcaline, qui *progresse* dans des vaisseaux propres aux Vertébrés (*vaisseaux lymphatiques*). — Elle ne contient comme éléments anatomiques que des leucocytes nageant dans un plasma assez analogue à celui du sang. — Elle se coagule en un caillot incolore qui contient de la fibrine et des globules blancs.

Fluide nourricier des Invertébrés. — Il est géné-

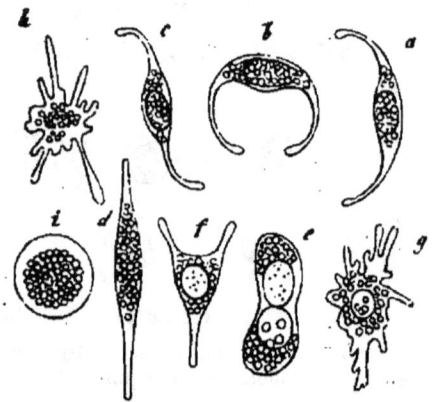

Fig. 8. — CORPUSCULES SANGUINS DE L'ÉCREVISSE.

a, b, c, d, f, g, h, formes diverses que prennent les cellules sanguines dans leurs mouvements amiboïdes; — *e*, cellule à deux noyaux; — *i*, forme contractée en sphère (Hæckel).

ralement incolore et ne renferme que des globules blancs, analogues à ceux de la lymphe ou du sang des Vertébrés. — Quand il est coloré (rouge, jaune, vert, bleuâtre, violet), sa couleur est due au plasma et non aux globules. — Chez quelques Invertébrés aquatiques, une certaine quantité d'eau pénètre dans le fluide nourricier et se mélange avec le plasma.

ÉPITHÉLIUMS

Définition. — Les *épithéliums* sont des membranes formées de cellules unies par une faible quantité de substance intercellulaire, qui revêtent les

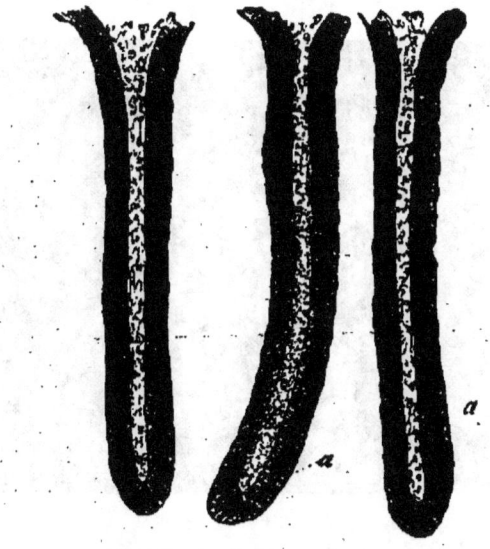

Fig. 9. — GLANDES EN TUBES.
a, membrane propre et épithélium; — *b*, canal.

surfaces libres et toutes les cavités du corps. — Ils ne contiennent jamais de vaisseaux.

Les épithéliums sont constitués tantôt par une couche unique de cellules (épithélium *simple*), tantôt par la superposition de plusieurs couches (épithélium *stratifié*).

Classification. — Les cellules épithéliales ont des formes variées. — Quelquefois elles sont plus ou moins sphériques (*épithélium sphéroïdal*); d'autres fois elles sont cylindriques ou prismatiques (*épithélium cylindrique*), enfin elles peuvent être minces et aplaties en forme de dalles (*épithélium pavimenteux*).

Epithélium sphéroïdal. — On l'appelle aussi

Fig. 10. — Glande en grappe.

glandulaire, parce que c'est lui qui tapisse habituellement la surface interne des glandes.

Une GLANDE est une cavité formée par une membrane mince (*membrane propre*) tapissée en dedans par un épithélium. — Chez les Vertébrés, la surface extérieure de la membrane propre est recouverte d'un réseau vasculaire. — Chez la plupart des Invertébrés, elle est directement en rapport avec le fluide nourricier. — Les glandes sont généralement pourvues d'un *canal excréteur*. — On distingue deux espèces de glandes, appelées d'après leur forme : *glandes en tube* et *glandes en grappe*.

Toute glande emprunte au sang certains de ses éléments, non seulement pour sa nutrition, mais encore dans un but général, soit pour former des principes nouveaux (*sécrétion*), soit pour débarrasser le sang de produits de décomposition (*excrétion*).

Une glande salivaire est un organe *sécréteur*,

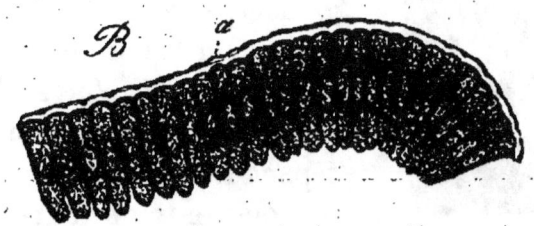

Fig. 11. — Épithélium cylindrique simple.

parce que le principe actif de la salive n'existe pas tout formé dans le sang et qu'il est fabriqué par l'épithélium glandulaire. — Le rein est, au contraire, un organe *excréteur*, car tous les matériaux de l'urine préexistent dans le sang et aucun d'eux n'est formé par l'épithélium rénal. Celui-ci se borne à exercer une sélection chimique de certaines substances du sang.

Les matières sécrétées ou excrétées sont presque toujours liquides, mais elles tiennent souvent en suspension des éléments anatomiques provenant de la desquamation de l'épithélium glandulaire. — Quelques glandes (ovaires, testicules) peuvent être le siège de la production d'éléments anatomiques spéciaux (ovules, spermatozoïdes).

Epithélium cylindrique. — Les éléments de cet épithélium sont des cylindres ou des prismes dont la base libre peut être nue ou hérissée de cils vibratiles. — Il y a donc deux espèces d'épithéliums cylindriques : l'un *simple*, l'autre *vibratile*. — Le premier se rencontre dans les canaux excréteurs des glandes, dans l'intestin, etc. — Le second tapisse les voies respiratoires des Vertébrés pulmonés. Il est beaucoup plus répandu et peut se montrer sur des éléments de toutes formes chez les Invertébrés.

Fig. 12. — Épithélium cylindrique vibratile.

a, fibres élastiques ; — *b*, couche de substance amorphe ; — *c*, cellules profondes arrondies ; — *d*, cellules moyennes allongées ; — *e*, cellules extérieures à cils vibratiles.

Cils vibratiles. — Filaments très fins se trouvant soit à la surface d'éléments anatomiques, soit à la surface de membranes homogènes et doués d'un mouvement continu très vif.

Il est curieux que certains groupes d'animaux (Turbellariés) aient le corps tout entier recouvert de cils vibratiles et que certains autres (Arthropodes) en soient totalement dépourvus.

Les cils vibratiles ont des usages multiples : ils servent, suivant les animaux, au renouvellement du fluide respiratoire, à la progression des aliments

ÉPITHÉLIUMS.

ou des liquides sécrétés, enfin quelquefois à la locomotion.

La marche des corpuscules entraînés par les cils vibratiles s'effectue en sens *inverse* du mouvement de ces organes. La raison en est que, des deux mouvements oscillatoires des cils nous n'apercevons que le plus lent; l'autre est trop rapide pour que nous puissions le voir et

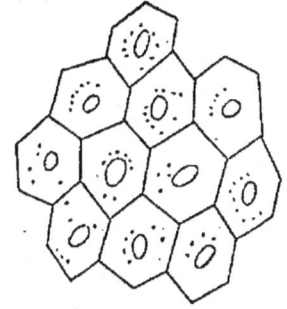

Fig. 13. — Épithélium pavimenteux simple.

c'est évidemment lui qui détermine le courant. — Ces deux mouvements sont indépendants du sys-

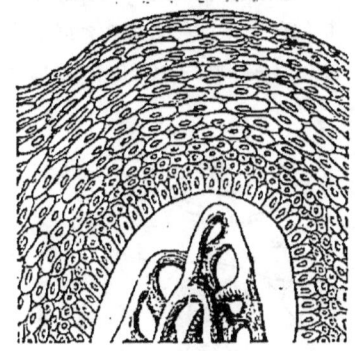

Fig. 14. — Épithélium pavimenteux stratifié.

Il recouvre une papille composée de vaisseaux sanguins. — Les cellules de la couche profonde ont une forme arrondie; celles de la couche superficielle sont devenues lamelliformes.

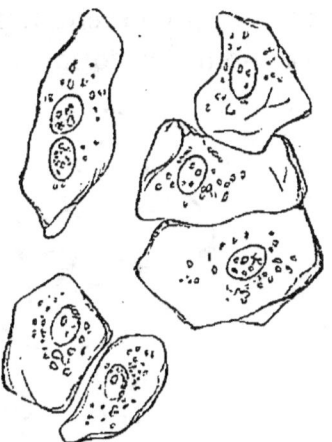

Fig. 15. — Cellules épithéliales molles de la cavité buccale.

tème nerveux; le froid les ralentit et la chaleur les accélère; mais, à partir de 50°, ils disparaissent complètement. — Les alcalis faibles sont favorables et les acides nuisibles aux mouvements des cils vibratiles.

Il faut rapprocher des cils vibratiles des organes désignés sous le nom de *flagellums* qui n'en diffèrent guère que par leur volume un peu plus considérable et leur épaisseur qui reste la même jusqu'au bout, tandis que les cils se terminent en pointe.

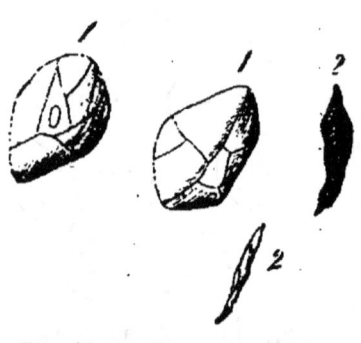

Fig. 16. — Cellules cornées de l'épiderme.

1, 1, cellules vues de face; — 2, 2, cellules vues de profil. — L'une d'elles possède un noyau.

Epithélium pavimenteux. — Cet épithélium peut être *simple* ou *stratifié*. La première forme tapisse les grandes *cavités*

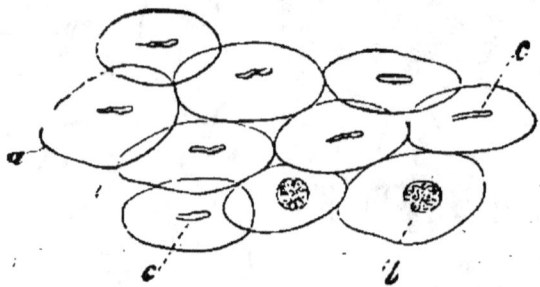

Fig. 17. — Cellules d'un ongle.

a, membrane; — *b*, noyau vu de face; — *c*, noyaux vus de profil (gross. 350).

dites *séreuses* (sacs généralement sans ouverture), les cavités du cœur et des vaisseaux.

La seconde forme présente deux variétés : l'une

composée de cellules *molles* (cavité buccale, vessie, etc.), l'autre constituée par des cellules *cornées* (couche cornée de l'épiderme). — Les ongles, les cornes et les poils sont formés par des cellules cornées et ne sont que des dérivés épidermiques. — L'épithélium stratifié n'a qu'une existence limitée : constamment des cellules superficielles se détachent et les vides ainsi produits se remplissent au moyen des cellules des couches profondes.

SIXIÈME LEÇON

SUITE DES NOTIONS D'HISTOLOGIE

GROUPE DES TISSUS CONJONCTIFS

Tissus conjonctifs. — On désigne, sous ce nom général, un ensemble de tissus caractérisés par l'importance considérable de la substance intercellulaire. — Ce sont les tissus : *conjonctif proprement dit, muqueux, adipeux, fibreux, élastique, cartilagineux* et *osseux*.

Tissu conjonctif proprement dit. — C'est le tissu qui remplit les intervalles des organes ou unit

leurs éléments. — Il est, presque toujours, plus ou
moins chargé de graisse et donne de la *gélatine* par la coction.

Au microscope, il se montre composé : 1° de fibrilles très ténues (*fibrilles conjonctives*) réunies par faisceaux ; 2° de fibres élastiques ; 3° de cellules aplaties (*cellules conjonctives*) ; 4° de matière amorphe en quantité variable. — On observe, chez les animaux dont la peau change de couleur sous diverses influences, des cellules conjonctives contractiles et pigmentées (*chromoblastes*).

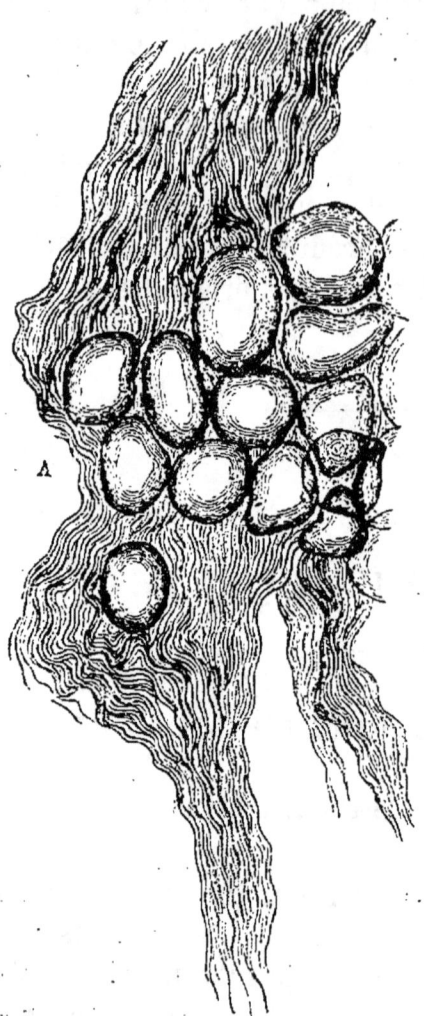

Fig. 18. — Fibres conjonctives et cellules adipeuses (gross. 350).

Les fibres élastiques résistent à l'action de la potasse à froid et se distinguent ainsi des fibres conjonctives, qui se laissent dissoudre par ce réactif. — Les premières sont moins fines que les secondes.

Tissu muqueux ou gélatineux. — C'est la variété de tissu conjonctif qui domine chez les Invertébrés. — C'est lui qui constitue la plus grande partie du corps chez les Cœlentérés et beaucoup de Mollusques. — On ne l'observe guère, chez les Vertébrés, que pendant la période embryonnaire. — Il se compose d'une substance intercellulaire gélatiniforme et de quelques cellules étoilées avec prolongements anastomosés. — La substance intercellulaire contient de la cellulose chez les Tuniciers.

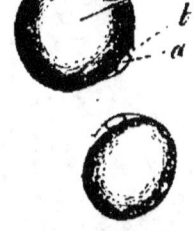

Fig. 19. — Deux cellules adipeuses.
a, noyau; — b, membrane; — c, graisse.

Tissu adipeux. — Il résulte de l'accumulation de la graisse dans les cellules du tissu conjonctif proprement dit. — Celles-ci se chargent de gouttelettes graisseuses qui refoulent à la périphérie le protoplasma avec le noyau.

Tissu fibreux. — Variété de tissu conjonctif qui est dure et résistante, tandis que le tissu conjonctif proprement dit est souple et extensible.

Tissu élastique. — Variété où l'élément élastique domine au point de remplacer souvent les fibres et les cellules conjonctives.

Tissu cartilagineux. — Il affecte des formes très différentes, mais est toujours caractérisé par des cellules complètement entourées de substance cartilagineuse, c'est-à-dire d'une substance trans-

40 HISTOLOGIE.

parente donnant naissance à de la *chondrine* par l'ébullition. — La cellule cartilagineuse possède toujours un ou deux noyaux; très souvent des gouttelettes de graisse s'accumulent dans son protoplasma. Elle est caractérisée par ce fait qu'elle forme autour d'elle, à l'âge adulte, une membrane cartilagineuse (*capsule*).

Suivant la nature de la substance fondamentale, on distingue trois variétés de tissu cartilagineux : 1° le *cartilage hyalin*, où cette substance est homogène et transparente comme du verre (cartilages des côtes); 2° le *cartilage élastique*, où la substance intercapsulaire contient des réseaux de fibres élastiques très serrés (épiglotte, cartilages de l'oreille); 3° le *fibro-cartilage*, où la substance intercapsulaire est composée de fibres conjonctives (disques intervertébraux).

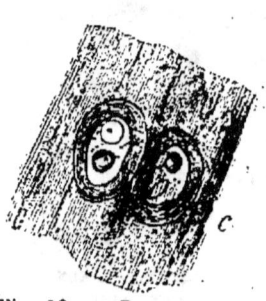

Fig. 20. — Deux cellules cartilagineuses enveloppées de leurs capsules.

A côté des gouttelettes graisseuses on voit distinctement un noyau.

Le tissu cartilagineux existe en grande abondance pendant la période de développement. — A un certain moment, presque tout le squelette est cartilagineux et, chez quelques animaux, il reste cartilagineux pendant toute la vie (Poissons cartilagineux). — Chez les Vertébrés supérieurs, la presque totalité des cartilages est bientôt remplacée par un nouveau tissu, le tissu osseux.

TISSUS CONJONCTIFS.

Cependant, certaines parties demeurent toujours cartilagineuses.

Le tissu cartilagineux proprement dit est très peu répandu chez les Invertébrés.

Tissu osseux. — On distingue dans ce tissu : 1° la *trame osseuse;* 2° la *moelle;* 3° le *périoste*.

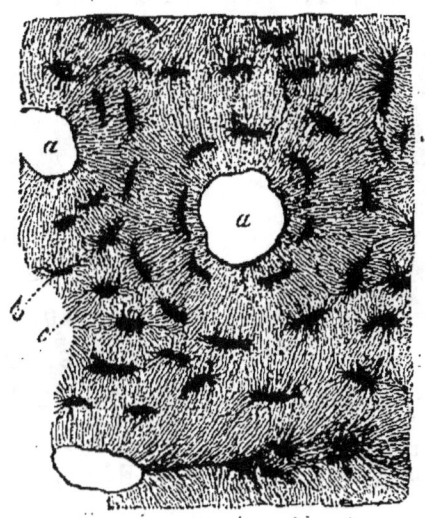

Fig. 21. — Tissu osseux.
a, canaux de Havers; — *b*, corpuscules osseux; — *c*, canalicules osseux.

TRAME OSSEUSE. — Elle se compose de *lamelles osseuses* et de *corpuscules osseux*.

Les *lamelles* sont formées de substance osseuse. — Celle-ci se compose d'environ deux tiers de matières minérales où prédominent le phosphate et le carbonate de chaux, et d'un tiers de matière organique donnant de la *gélatine* par la coction. — On isole la matière minérale par la calcination à l'air libre, qui détruit la substance organique. — On isole la matière organique par la macération dans un acide dilué, d'où l'os sort mou et flexible. — Les lamelles forment des systèmes de cercles, les uns parallèles à la surface de l'os (*système péri-phérique*), les autres à la cavité médullaire (*système périmédullaire*), d'autres enfin concentriques aux canaux vasculaires de l'os ou *de Havers* (système de Havers).

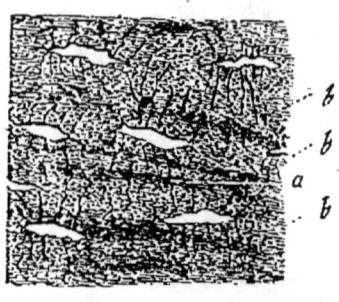

Fig. 22. — Tissu osseux.

a, zones striées indiquant les limites entre les lamelles ; — *b*, substance osseuse au milieu de laquelle on voit des corpuscules osseux.

Les *corpuscules osseux* sont des cavités ramifiées renfermant des *cellules osseuses* munies d'un noyau.

Moelle. — C'est un tissu conjonctif toujours vasculaire et possédant des éléments cellulaires spéciaux (*cellules à noyaux bourgeonnants, cellules à noyaux multiples, ostéoblastes*) qui ne sont peut-être que les variétés d'une même espèce de cellule. — La moelle est *rouge* et non graisseuse dans les os jeunes, *jaune* et contenant un nombre considérable de cellules adipeuses chez l'adulte.

Périoste. — C'est une membrane fibreuse qui entoure l'os de toutes parts et s'arrête au niveau des cartilages articulaires.

Développement du tissu osseux. — Le tissu osseux n'est pas un tissu de formation primitive.

TISSU MUSCULAIRE. 43

— A l'exception des os de la voûte du crâne et des os de la face, qui proviennent directement d'un tissu fibreux préexistant (*os d'origine membraneuse*), les autres os du squelette passent d'abord par l'état cartilagineux (*os d'origine cartilagineuse*). — Le développement du tissu osseux constitue l'un des points les plus controversés de l'histologie; mais on sait cependant qu'il n'y a pas, comme on le croyait autrefois, transformation *directe* du tissu cartilagineux en tissu osseux.

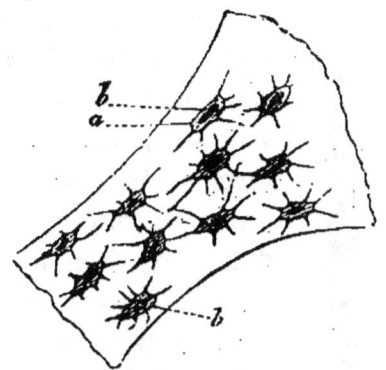

Fig. 23. — CELLULES OSSEUSES.
a, cellule; — *b*, noyau (Kölliker).

TISSUS MUSCULAIRE ET NERVEUX

Tissu musculaire. — Il se divise en deux variétés dont la structure et les fonctions sont différentes : le *tissu musculaire lisse* et le *tissu musculaire strié*. — Les éléments du tissu musculaire (*fibres musculaires*) sont éminemment contractiles, c'est-à-dire qu'ils jouissent de la propriété de pouvoir se raccourcir en augmentant d'épaisseur. — Cette propriété s'appelle *contractilité* et n'est pas spéciale à la fibre musculaire, car elle existe déjà dans le protoplasma. Sa manifestation est désignée sous le nom de *contraction*.

Les organes constitués par le tissu musculaire portent le nom de *muscles*. — La contraction d'un muscle n'est qu'un simple changement de forme, sans modification du volume. En d'autres termes, ce qu'il perd en longueur, il le gagne en épaisseur.

TISSU MUSCULAIRE LISSE. — Il est constitué par des *fibres-cellules* ou *fibres lisses* souvent réunies en faisceaux (*muscles lisses*). — La fibre lisse est une cellule fusiforme dépourvue de membrane d'enveloppe et munie, dans sa partie renflée, d'un noyau en forme de bâtonnet. — La contraction de la fibre lisse est *lente* et dure assez longtemps.

Les Cœlentérés, les Échinodermes, les Mollusques et la plupart des Vers n'ont que des muscles lisses. — Chez les Vertébrés, les fibres lisses contribuent à former les parois de nombreux organes (tube digestif, peau, vaisseaux, etc.); chez eux seulement elles ne sont pas soumises à l'influence de la volonté.

Fig. 24. FIBRE-CELLULE.

TISSU MUSCULAIRE STRIÉ. — Il se trouve, chez les Vertébrés, dans les muscles à *contraction brusque*, soit volontaire (muscles du squelette) soit involontaire (cœur). — Chez les Arthropodes, tous les muscles du corps sans exception sont striés. — Le tissu musculaire strié des Vertébrés présente des différences assez considérables dans les muscles du squelette et dans le muscle cardiaque.

Muscles du squelette. — Ils se laissent décom-

TISSU MUSCULAIRE. 45

poser, au microscope, en *fibres musculaires* striées transversalement et entourées d'une mince enveloppe élastique (*sarcolemme* ou *myolemme*). — Ces

Fig. 26. — Fibres du cœur.

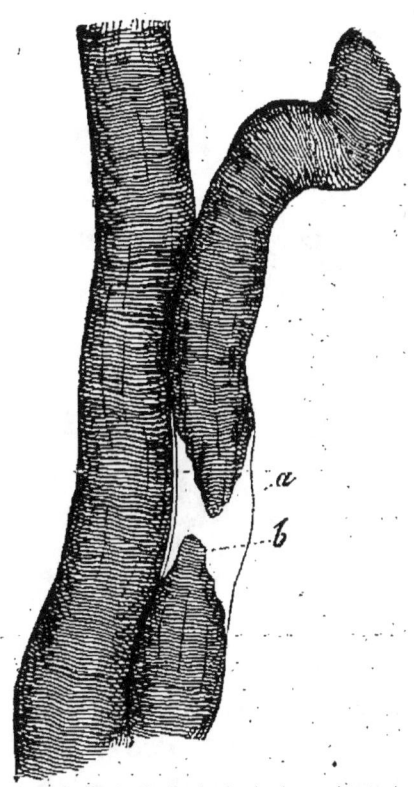

Fig. 25. — Deux fibres musculaires striées.

Dans l'une, il s'est fait une rupture en (*b*) et le sarcolemme (*a*) se voit sous la forme d'un tube vide (gross. 350).

fibres sont parallèles, ne s'anastomosent pas et sont généralement plus courtes que les muscles auxquels elles appartiennent. Elles présentent un nombre plus ou moins considérable de *noyaux* situés sous le myolemme ou dans l'épaisseur de la fibre.

Les fibres musculaires s'implantent habituelle-

3.

ment sur des organes qu'on désigne sous le nom de *tendons*. Ceux-ci se composent essentiellement de fibres conjonctives : leur union avec le muscle se fait par le contact direct du sarcolemme avec les fibres tendineuses.

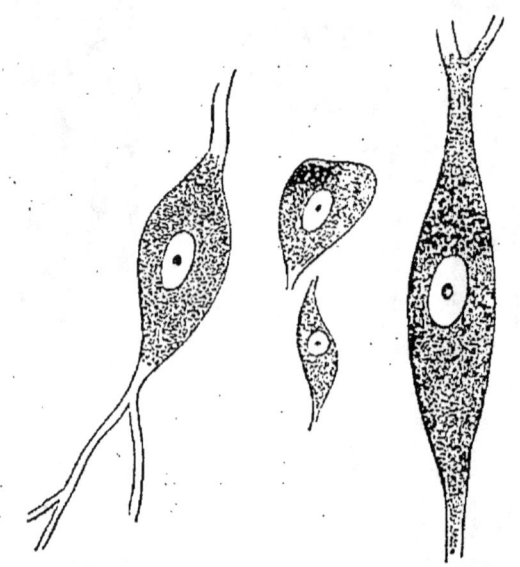

Fig. 27. — Cellules nerveuses.
L'une d'elles est unipolaire, les autres sont bipolaires (Kölliker).

Tissu musculaire du cœur. — Les fibres musculaires du cœur des Vertébrés sont striées transversalement et dépourvues de sarcolemme. — Chez les Batraciens et les Poissons, elles ont la forme de fibres-cellules; chez les autres Vertébrés, elles sont constituées par des articles soudés bout à bout, et les fibres ainsi formées s'anastomosent entre elles.

Tissu nerveux. — Il se compose de deux substances : l'une blanche (*substance blanche*), l'autre

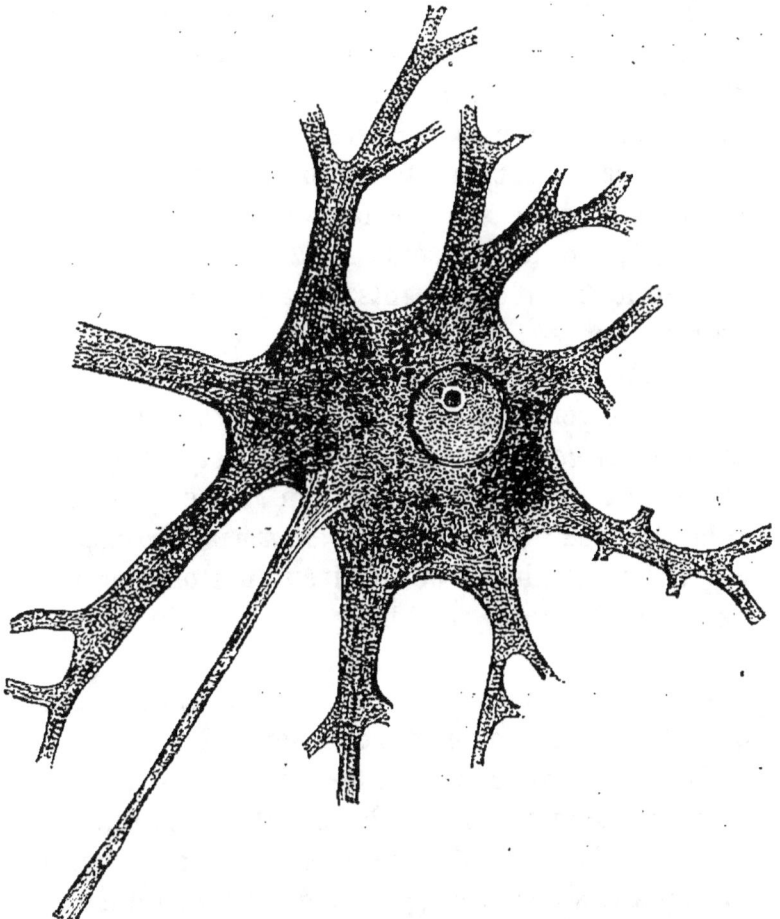

Fig. 28. — Une cellule nerveuse multipolaire des cornes antérieures de la moelle du Veau (Klein).
On y voit les prolongements protoplasmiques et le prolongement de Deiters (en bas et à gauche).

grise (*substance grise*) et contient deux sortes d'éléments : 1° des *cellules nerveuses*; 2° des *fibres ner-*

veuses. — Il est le siège de la sensibilité et de la volonté.

CELLULES NERVEUSES. — Elles forment la substance grise. — Elles sont constituées par une masse de protoplasma finement granulé et presque toujours pigmenté présentant un noyau sphérique avec un nucléole très apparent. — Rarement elles n'ont qu'un seul prolongement (*cellules unipolaires*); beaucoup sont *bipolaires*, c'est-à-dire offrent deux prolongements dirigés le plus souvent en sens opposé; dans l'immense majorité des cas, elles sont *multipolaires* et peuvent avoir jusqu'à dix prolongements. — Parmi ces prolongements, un seul (*prolongement de Deiters*) n'est pas ramifié et devient le filament central ou *cylindre-axe* d'un tube nerveux; les autres (*prolongements protoplasmiques*) se ramifient pour aller s'anastomoser avec des ramifications semblables des cellules voisines.

Les cellules nerveuses constituent les points de départ et d'arrivée des actions nerveuses.

FIBRES NERVEUSES. — Elles constituent la substance blanche et sont de deux sortes : les unes (*fibres à moelle* ou *myéliniques*) ont des bords foncés présentant au microscope un double contour; les autres (*fibres sans moelle* ou *amyéliniques*) sont pâles et n'offrent pas de double contour : on les appelle encore *fibres de Remak*.

Les fibres nerveuses sont de simples conducteurs du mouvement ou de la sensibilité.

Fibres à moelle. — Elles se composent de trois

TISSU NERVEUX. 49

parties qui sont, de dehors en dedans : 1° une enveloppe mince (*gaîne* ou *membrane de Schwann*) dans laquelle on observe des *noyaux ovalaires*;

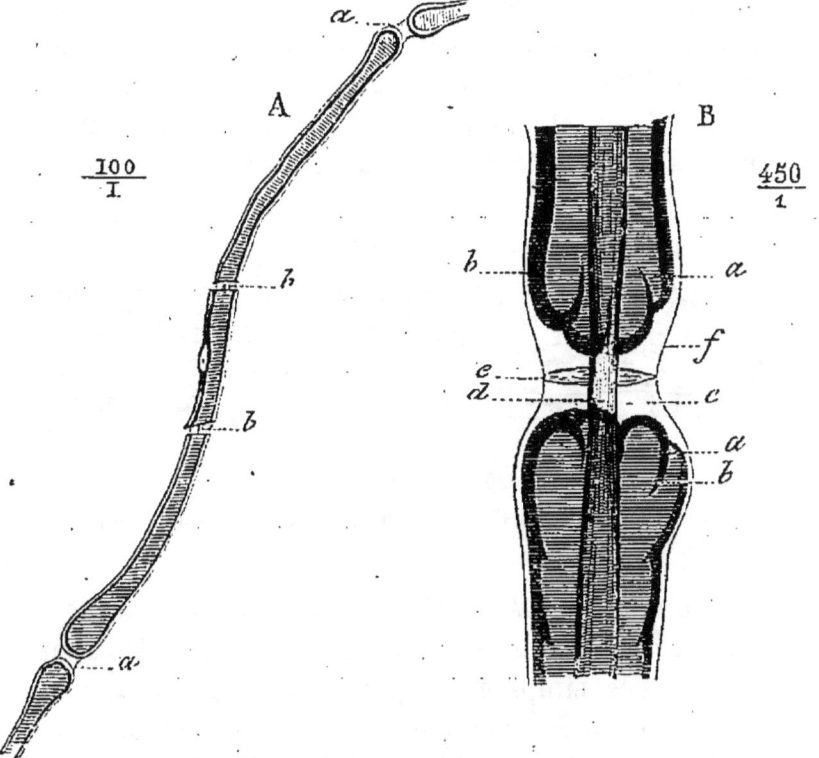

Fig. 29. — Fibres nerveuses a myéline.

Elles ont été traitées par l'acide osmique qui colore la myéline en noir. — A, fibres nerveuses montrant les étranglements annulaires *a*, *a* et présentant deux cassures qui font voir le cylindre-axe. — B, étranglement annulaire ; — *a*, *a*, renflements de la myéline présentant des plis *b*, *b* ; — *c*, étranglement incolore ; — *d*, cylindre-axe ; — *e*, strie transversale de l'étranglement ; — *f*, gaîne de Schwann (Ranvier et Renaut).

2° une substance médullaire (*myéline*) à laquelle les tubes myéliniques doivent leur double contour, par suite de propriétés particulières de réfraction ;

3° au centre du cylindre de myéline, un cordon central mince (*cylindre-axe*).

La fibre nerveuse à myéline présente, de distance en distance, des *étranglements annulaires* au niveau desquels la myéline manque et qui permettent de la considérer comme formée de cellules soudées bout à bout et dont les noyaux sont représentés par les noyaux de la gaîne de Schwann (Ranvier).

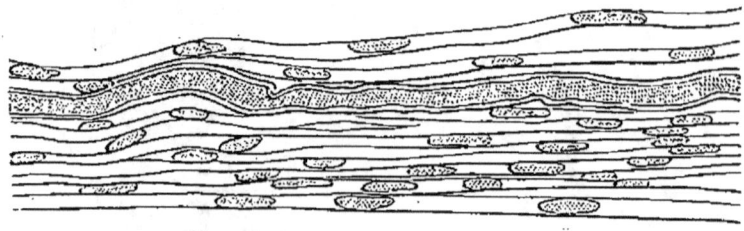

Fig. 30. — Fibres de Remak.
On voit, au milieu d'elles, une fibre nerveuse à myéline (Robin).

Fibres de Remak. — Ce sont les seules fibres nerveuses qui existent chez les Invertébrés ; elles sont constituées simplement par le cylindre-axe et la membrane de Schwann munie de nombreux noyaux. — Certains rameaux du grand sympathique ne contiennent, comme éléments nerveux, que des fibres de Remak.

RAPPORTS DES CELLULES AVEC LES FIBRES NERVEUSES. — Ils paraissent être les suivants : Les prolongements de Deiters deviennent les cylindres-axes des fibres nerveuses et sont dépourvus de toute enveloppe dans la substance grise des centres nerveux ; plus loin ces prolongements se revêtent d'une gaîne de myéline et ainsi sont constitués les cordons blancs des masses nerveuses centrales; enfin la gaîne de myéline s'entoure d'une membrane de Schwann dans les nerfs périphériques.

On désigne sous le nom de *névroglie* la masse enveloppante des cellules et des fibres nerveuses dans les centres nerveux. Sa nature n'est pas encore bien connue.

SEPTIÈME LEÇON

ORGANISATION DES ANIMAUX EN GÉNÉRAL

APPAREILS ET FONCTIONS DE NUTRITION

Anatomie et physiologie. — L'organisation peut être étudiée à un double point de vue, celui de la *structure* et celui du *fonctionnement*.

L'*anatomie* est la science qui a pour objet l'étude de la structure des corps organisés. — Elle considère ces corps à l'état de repos. — C'est la science du cadavre.

La *physiologie* est la science qui a pour objet l'étude du fonctionnement des corps organisés. — Elle considère ces corps à l'état de mouvement. — C'est la science de la vie.

Classification des appareils et fonctions. — Les appareils et les fonctions de l'organisme peuvent être divisés en trois grandes classes : 1° les appareils et les fonctions de *nutrition,* qui servent à l'entretien de l'individu ; 2° les appareils et les fonctions de *reproduction,* qui assurent la conservation de l'espèce ; 3° les appareils et les fonctions de *relation,* qui mettent l'individu en rapport avec le monde extérieur.

Nous savons déjà qu'à la *notion anatomique d'appareil* correspond la *notion physiologique de fonction.* — Le tableau suivant, qui résume la classification des fonctions, résume donc aussi celle des appareils correspondants :

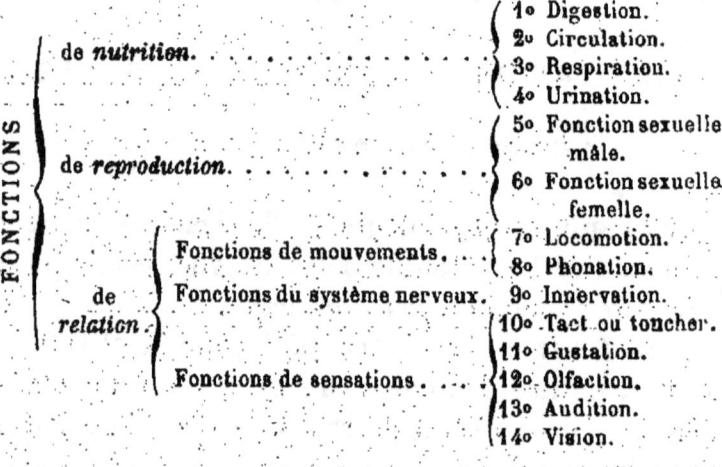

Dans les organismes placés au bas de l'échelle animale, les appareils disparaissent plus ou moins complètement ; mais les fonctions persistent et cela suffit à affirmer que *la fonction prime l'organe.* —

Dans l'équation de l'organisation, les fonctions sont les *constantes* et les organes les *variables*.

Considérations générales sur les appareils et les fonctions de nutrition. — L'animal a absolument besoin d'un appareil digestif pour modifier (*digestion*) les substances solides dont il se nourrit, à moins que celles-ci ne lui soient servies toutes prêtes à être assimilées par un autre animal sur lequel il vit en parasite (Cestoïdes). — Les substances rendues assimilables pénètrent sous forme de liquide nourricier dans les différentes parties du corps : un appareil spécial (*appareil circulatoire*) par son fonctionnement (*circulation*) est chargé d'assurer cette irrigation nutritive. — Parmi les matériaux nécessaires aux tissus, il faut considérer l'oxygène introduit dans le sang par le jeu (*respiration*) de l'*appareil respiratoire* comme un aliment indispensable. — Enfin, du conflit des éléments anatomiques avec le fluide nourricier résultent des produits qui sont nuisibles au corps et, comme tels, doivent être rejetés. L'*urination* ou fonction de l'*appareil urinaire* est destinée à expulser une grande partie de ces résidus. — On comprend donc pourquoi l'on appelle la digestion, la circulation, la respiration et l'urination, des *fonctions de nutrition*.

Appareil digestif. — L'appareil digestif, qui n'existe jamais chez les végétaux, fait aussi défaut, à proprement parler, chez les Protistes. — Ceux-ci se nourrissent comme les plantes ou les animaux parasites qui sont dépourvus de tube digestif (Ces-

54   ANIMAUX EN GÉNÉRAL.

toïdes, Acanthocéphales), c'est-à-dire par *absorption*.

L'*absorption* est l'acte par lequel les substances fluides extérieures aux tissus *vivants* pénètrent, *sans lésion*, dans leur intérieur.

La plus simple cavité digestive que présentent

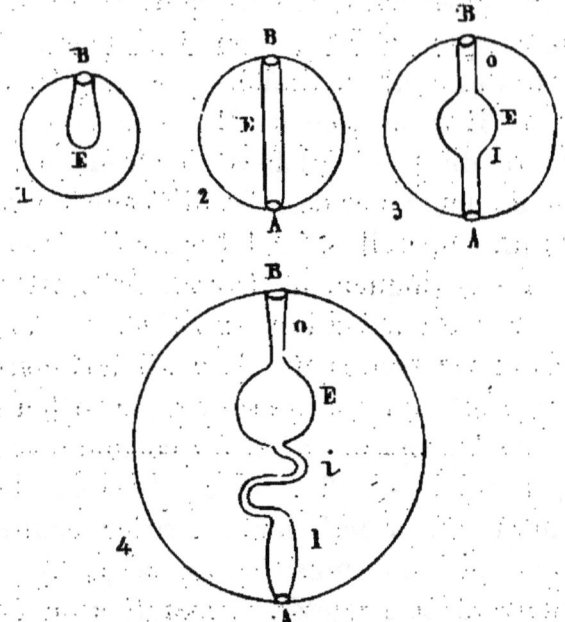

Fig. 31. — Schéma des modifications que subit l'appareil digestif dans la série animale.

A, anus; — B, bouche; — E, estomac; — I, gros intestin; — i, intestin grêle; — O, œsophage.

les animaux est un cul-de-sac dans lequel les substances alimentaires sont introduites puis digérées et enfin absorbées par la paroi. — Un perfectionnement ne tarde pas à s'accomplir et la cavité digestive, en prenant plus d'extension, perce le corps d'outre en outre, de façon à figurer un tube ouvert aux deux bouts. — Un pas de plus et le tube se dilate dans son milieu pour former un *estomac* précédé par la partie buccale du tube ou *œsophage* et suivi de la partie anale ou *intestin*. — Ce dernier lui-même ne tarde pas à se diviser en deux portions dont l'antérieure (*intestin grêle*) est longue, contournée et d'un plus petit calibre que la portion postérieure (*gros intestin*), qui est courte et reste plus ou moins rectiligne.

La division des fonctions marche parallèlement à celle des organes. — Quand la cavité digestive n'a qu'une ouverture, celle-ci sert à la fois à l'introduction des aliments et à l'expulsion de leurs résidus. — Quand le tube digestif a deux orifices, c'est toujours par l'un d'eux (*bouche*) que s'effectue l'entrée des substances alimentaires et toujours par l'autre (*anus*) qu'a lieu la sortie des fèces. — Enfin, quand apparaissent l'œsophage, l'estomac, l'intestin grêle et le gros intestin, l'œsophage livre passage à l'aliment, l'estomac et l'intestin grêle le digèrent, le gros intestin évacue les résidus de la digestion.

On peut donc considérer trois parties dans le tube digestif : l'une d'*introduction* qui s'étend de l'orifice buccal à l'estomac, l'autre de *digestion* qui comprend l'estomac et l'intestin grêle, la troisième enfin d'*expulsion* qui est constituée par le gros intestin jusqu'à l'orifice anal.

A mesure que le tube digestif se complique, on voit apparaître des *glandes* qui produisent les sucs nécessaires à la digestion. — Ces glandes sont d'abord de simples dépressions creusées dans les parois du tube; mais bientôt elles augmentent de volume et les plus importantes s'isolent de la cavité alimentaire où elles versent leur contenu.

En même temps que se compliquent les organes de réception et de digestion des aliments, on voit paraître des organes affectés soit à leur préhension, soit à leur division ou à leur transport ou enfin à leur absorption. — Ce sont d'abord simplement des cils vibratiles qui sont chargés d'attirer les aliments vers la bouche; puis apparaissent des *tentacules* quelquefois armés de ventouses pour retenir leur proie. — Certains animaux s'aident de leurs organes de locomotion transformés en *pattes-mâchoires;* il y en a qui se servent de leur *langue*. de leurs *lèvres*, de leurs *dents* ou d'appendices plus ou moins analogues; enfin l'Homme se sert de ses *bras* qui, impropres à la locomotion, n'en sont que plus aptes à la préhension.

Le transport des aliments d'un bout à l'autre du tube digestif peut se faire par la simple action de cils vibratiles; mais, chez les animaux les plus parfaits, des fibres musculaires formant une tunique autour du tube digestif déplacent, par leurs contractions, les matières contenues à l'intérieur de ce tube.

Quant à la division mécanique des aliments, destinée à venir en aide à la digestion en augmentant les points de contact avec les sucs dissolvants, elle s'effectue d'abord simplement par l'action des fibres charnues de la totalité du tube digestif ou d'une partie de ce tube plus spécialement adaptée à cet usage et portant alors le nom de *gésier*. — Mais cette adaptation ne suffit pas toujours et alors interviennent des instruments de création nouvelle ou *dents* qui constituent des organes de *mastication*.

Appareil circulatoire. — Chez les animaux les plus simples (Cœlentérés), on voit une cavité digestive dans laquelle s'agitent des cils vibratiles qui sont les agents moteurs du liquide nourricier. Ce liquide est ensuite absorbé par le parenchyme. — Ainsi, le même appareil et le même fluide servent à l'accomplissement des phénomènes de la circulation et de la digestion.

Un peu plus haut dans la série, l'appareil circulatoire est constitué par un système de cavités interorganiques (*lacunes*) où pénètre le liquide nourricier, résultat ultime de la digestion. — Bientôt, on voit les cavités de distribution empruntées aux parties voisines faire place, dans une certaine étendue, à de véritables canaux indépendants qui prennent le nom de *vaisseaux*. — En même temps apparaît un agent moteur spécial qui détermine le courant circulatoire. Tantôt c'est un segment du canal conducteur qui se renfle et devient contractile, tantôt c'est un corps spécial qui se montre sur le trajet des vaisseaux. — Ce corps à parois contractiles, qui communique avec les canaux d'irrigation, qui se remplit et se vide alternativement, c'est le *cœur*.

Chez les Invertébrés, ce n'est que dans les Annélides qu'on voit la circulation lacunaire se séparer nettement de la circulation vasculaire.

L'Amphioxus, qui est le représentant le plus dégradé de l'embranchement des Vertébrés, montre, dans son appareil circulatoire, le passage du groupe des Invertébrés à celui des Vertébrés. Chez cet animal, le cœur manque et le sang est mis en

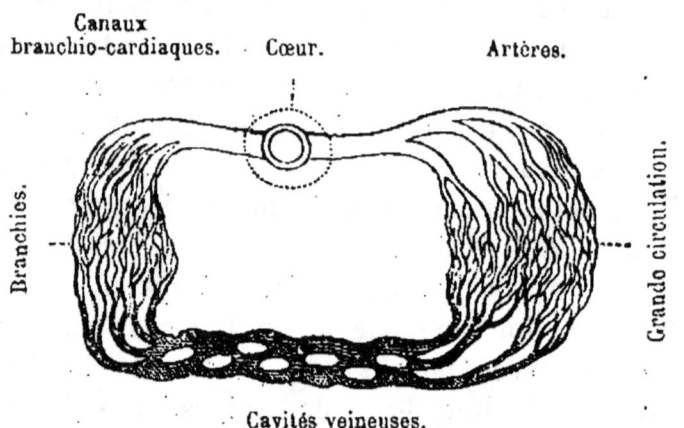

Fig. 32. — Schéma de la circulation des Crustacés.

Dans ce schéma et les suivants, les parties ombrées indiquent la présence du sang noir ou veineux; celles qui ne sont pas ombrées sont les cavités dans lesquelles circule le sang rouge ou artériel.

mouvement par les parois des vaisseaux qui, sur beaucoup de points, se dilatent et deviennent contractiles, comme chez les Annélides.

Chez tous les autres Vertébrés, l'appareil de la circulation du sang se compose d'un organe d'impulsion (le *cœur*), et de canaux ramifiés (les *vaisseaux*); ceux-ci sont de trois sortes : les *artères*, les *veines* et les *capillaires*.

Par sa contraction, le cœur pousse le sang dans

les artères, et celles-ci le conduisent dans toutes les parties du corps. — Le sang revient au cœur par les veines après avoir traversé les capillaires. Ces derniers rampent dans la trame des organes où ils établissent la communication des artères avec les

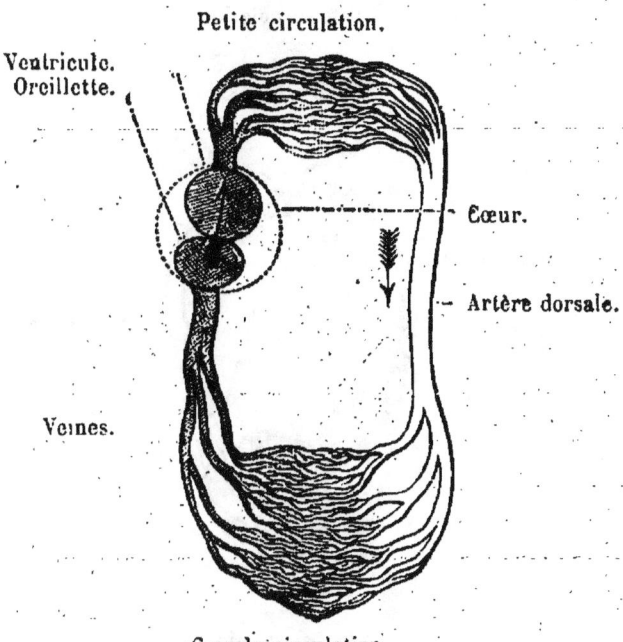

Fig. 33. — Schéma de la circulation des Poissons.

veines. — C'est dans le système capillaire que le sang se trouve en rapport intime avec les tissus. En effet, les parois des vaisseaux capillaires sont très minces et dépourvues des tuniques que nous aurons à signaler plus tard dans les vaisseaux artériels et veineux.

Chez les Invertébrés, le cœur, lorsqu'il existe

est toujours *artériel* et chargé d'envoyer aux différents organes le sang revivifié qu'il reçoit.

Chez les Vertébrés, le cœur est, avant tout, *veineux* et a pour mission de chasser le fluide sanguin qui a servi à la nutrition (*sang veineux, sang noir*),

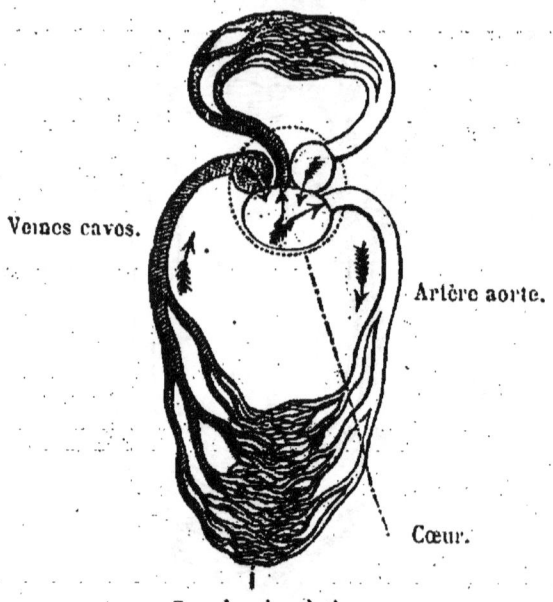

Fig. 34. — Schéma de la circulation des Batraciens et des Reptiles.

du côté de l'appareil respiratoire. — Ce n'est qu'en se perfectionnant que le cœur veineux se complique d'un cœur annexe ou *artériel* qui a pour but de pousser vers les organes le sang qui vient d'être revivifié par la respiration (*sang artériel, sang rouge*). Ce dernier cœur n'existe pas chez les Poissons et il apparaît, pour la première fois, chez

APPAREIL CIRCULATOIRE.

quelques Reptiles. — Les Batraciens, au point de vue de la circulation, forment, pour ainsi dire, le trait d'union entre les deux classes précédentes. Chez eux, en effet, le cœur se compose de trois

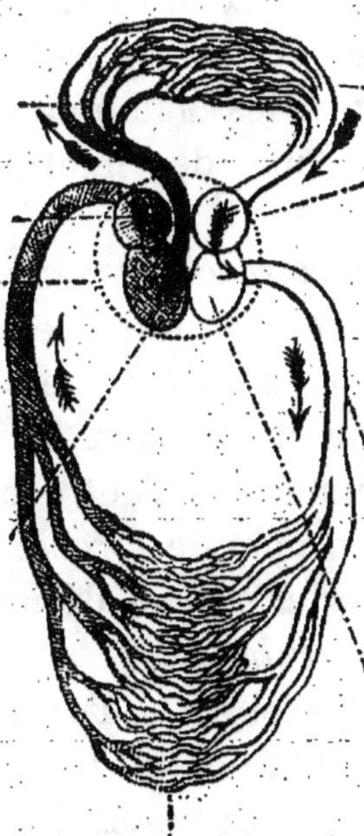

Fig. 35. — Schéma de la circulation chez les Oiseaux et les Mammifères.

cavités dont deux supérieures (*oreillettes*) et une inférieure (*ventricule*). Les deux premières cavités sont : l'une artérielle et l'autre veineuse; la troisième reçoit le mélange des deux sangs. On pourrait dire que, chez ces animaux, le cœur est *artérioso-veineux*. — Chez les Oiseaux et les Mammifères, il y a deux cœurs séparés et distincts, composés chacun d'une oreillette et d'un ventricule. L'un de ces cœurs est veineux; l'autre est artériel.

A ne considérer que l'appareil circulatoire, on voit que les Poissons sont caractérisés par un cœur unique et veineux, les Batraciens et les Reptiles par un cœur plus complexe et artérioso-veineux, les Oiseaux et les Mammifères enfin par un cœur double dont l'une des moitiés est artérielle et l'autre veineuse.

Le cœur veineux reçoit le sang des organes et l'envoie aux poumons, tandis que le cœur artériel reçoit le sang des poumons et l'envoie aux autres organes. — Il y a donc deux circulations, l'une destinée aux poumons et l'autre aux organes. La première a reçu le nom de *circulation pulmonaire* ou de *petite circulation*; on désigne l'autre sous celui de *grande circulation*.

Chez tous les Vertébrés, à l'exception de l'Amphioxus, on distingue, en outre du système vasculaire à sang rouge, un système de vaisseaux renfermant un liquide incolore (*vaisseaux lymphatiques*) ou blanc (*vaisseaux chylifères*) qui prennent leur origine dans les interstices ou dans la profondeur des divers organes. — Certains corps glandulaires intercalés dans ce système ont reçu le nom de *glandes lymphatiques*. — Le tronc principal du système lymphatique (*canal thoracique*) longe la colonne vertébrale et débouche dans la partie antérieure du système veineux.

Appareil respiratoire. — Le fluide nourricier

et les tissus, pour conserver leurs propriétés, ont besoin d'être constamment en contact avec l'oxygène à l'absorption duquel est liée une exhalation d'acide carbonique et de vapeur d'eau. — Ces échanges gazeux sont l'essence même de la respiration.

Beaucoup d'animaux inférieurs respirent sans appareil spécial : c'est la substance du corps qui remplit elle-même la fonction respiratoire. — Mais, chez les animaux plus élevés, la fonction se complique et se dédouble en deux sortes de respiration : l'une *externe* ou *hématose*, qui se fait entre l'air et les gaz du fluide nourricier, l'autre *interne* ou *générale*, qui s'effectue entre ceux-ci et les gaz des tissus.

La *respiration externe* se fait directement au contact de l'air, ou par l'intermédiaire d'un liquide tenant ce gaz en dissolution. Ce liquide, qui est habituellement de l'eau, peut être exceptionnellement, chez divers parasites, le fluide nourricier de l'animal sur lequel ils vivent.

La respiration externe s'exerce quelquefois uniquement par la *peau* (animaux inférieurs); mais, le plus habituellement, elle se localise dans des appareils spéciaux qu'on désigne sous les noms de *branchies*, de *trachées*, de *poumons* et de *canaux aquifères*.

En dernière analyse, tous ces appareils sont constitués par une membrane perméable qui sépare le fluide respirant du fluide respirable. — Cette membrane est continue et imperforée; mais elle est toujours mince et humide, conditions nécessaires aux échanges gazeux.

Dans les branchies, le fluide respirant est intérieur et le fluide respirable extérieur, au lieu que, dans les poumons, les trachées et les canaux aquifères, c'est l'inverse qui a lieu. — Cela tient à la disposition des organes de la respiration qui sont: les uns saillants (branchies), les autres rentrants (poumons, trachées, canaux aquifères).

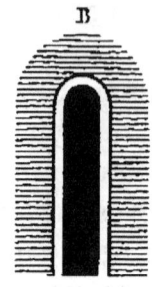

Fig. 36. — Schémas du poumon et de la branchie.

B, branchie; — P, poumon. Le fluide nourricier ou respirant est figuré par un large trait noir et le fluide respirable par des traits parallèles. La bande blanche interposée entre ces deux fluides représente la membrane perméable.

Les *branchies* sont des organes saillants, simples ou ramifiés, de structure tubuleuse ou lamelleuse qui président à la respiration aquatique. — Elles sont généralement localisées et ont un siège déterminé; mais elles peuvent aussi être distribuées sur une grande partie de la surface du corps.

Les *poumons* ont une forme plus ou moins vésiculaire; ils sont toujours localisés dans une portion du corps et n'offrent qu'une seule ouverture

APPAREIL RESPIRATOIRE.

(*glotte*). — Ce sont toujours des organes de respiration aérienne.

Les *trachées* ont une forme plus ou moins tubulaire; elles sont généralisées dans toutes les parties du corps et présentent au dehors plusieurs orifices (*stigmates*). — Elles sont formées de deux tuniques entre lesquelles se trouve presque toujours interposé un fil spiral de consistance semicornée. — Elles sont exclusivement réservées à la respiration aérienne.

Les *canaux aquifères* sont, si l'on peut ainsi dire, des branchies rentrées, où les parties saillantes sont devenues rentrantes. Ils renferment donc de l'eau dans leur intérieur et sont ainsi des sortes de *poumons à eau*.

Chaleur animale. — Elle est produite par les combinaisons chimiques qui s'effectuent dans l'organisme et plus spécialement par la respiration des tissus (*respiration interne*). — La respiration aérienne est beaucoup plus favorable à l'absorption de l'oxygène que la respiration aquatique, car celle-ci n'agit que sur la faible quantité d'oxygène dissoute dans l'eau. — Les animaux aquatiques ne peuvent donc pas brûler beaucoup de principes organiques, et par conséquent, produisent très peu de chaleur : aussi la température de leur corps varie avec celle du milieu ambiant et lui est très peu supérieure. — Il en est de même pour un grand nombre d'animaux aériens, soit parce que la respiration interne est peu intense (Vertébrés à cœur veineux ou artérioso-veineux), soit parce que la petite masse de leur corps (Insectes) présente une surface relativement considérable au rayonnement.

On a rangé tous les animaux qui présentent une température très peu supérieure à celle du milieu ambiant et variant avec elle, sous la dénomination d'*animaux à température variable.* — Cette désignation doit définitivement remplacer celle d'*animaux à sang froid* autrefois employée, car on sait aujourd'hui que tous ces animaux *produisent* de la chaleur et possèdent une température *propre* qui est un peu *supérieure* à celle du milieu ambiant.

Les Mammifères et les Oiseaux, qui ont deux cœurs distincts et un appareil respiratoire bien développé, sont le siège d'une activité vitale très intense. Chez eux, non seulement la production de chaleur est considérable, mais encore ils sont protégés contre le rayonnement par un revêtement de poils ou de plumes. — Ces animaux ont une température plus élevée que celle du milieu habituel et la maintiennent sensiblement constante, malgré les conditions extérieures les plus diverses. — On les appelait autrefois *animaux à sang chaud* et on les désigne aujourd'hui sous la dénomination meilleure d'*animaux à température constante.*

Animaux hibernants. — Parmi les animaux à sang chaud, il en est quelques-uns (Hérisson, Marmotte, etc.) dont la température propre baisse d'une manière notable pendant l'hiver. — Cet abaissement de température tient au ralentissement de la respiration et par conséquent de l'oxydation des tissus pendant le froid. — Ces animaux appelés *hibernants* se rapprochent ainsi des animaux à température variable et tombent, comme eux, dans le *sommeil hibernal*.

Appareil urinaire. — Il sert à expulser de l'organisme des principes excrémentitiels liquides ou solides tenus en dissolution et surtout azotés. — Il doit prendre place, pour cette raison, à côté de l'appareil respiratoire qui exhale une substance excrémentitielle gazeuse : l'acide carbonique. — Les organes urinaires des Vers sont représentés par des *vaisseaux aquifères*, qui sont des dépendances de la peau ; ceux des Arthropodes par des appendices du tube digestif (*canaux de Malpighi*). — Chez les Mollusques et les Vertébrés, les organes urinaires présentent plus d'indépendance et de complication : ils constituent les *reins*. — L'*urine* ou produit excrété par les reins est acide. Elle est versée au dehors par un orifice particulier qui, chez les Vertébrés, est souvent réuni à l'appareil génital.

Un autre produit de sécrétion acide, c'est la *sueur*, qui s'écoule de glandes cutanées (*glandes sudoripares*) et qui, par son évaporation, concourt à abaisser la température du corps.

HUITIÈME LEÇON

ORGANISATION DES ANIMAUX EN GÉNÉRAL

APPAREILS ET FONCTIONS DE REPRODUCTION

Reproduction et génération. — La *reproduction* est l'ensemble des phénomènes qui ont pour but la conservation de l'espèce, par la production de nouveaux individus.

La *génération* est le mode suivant lequel les espèces ont pris naissance. — Ces deux expressions sont donc différentes, mais on les emploie quelquefois l'une pour l'autre.

Divers modes de reproduction. — La reproduction peut avoir lieu sans appareil spécial et, dans ce cas, elle est dite *agame* ou *asexuelle*; ou bien, au contraire, elle ne peut s'effectuer que par le moyen d'organes destinés à cet usage (*organes sexuels*) et elle est appelée *sexuelle*.

Reproduction asexuelle. — Il y a, dans le règne animal, trois modes de reproduction agame : 1° la *scissiparité* ou reproduction par fractionnement; 2° la *gemmiparité* ou reproduction par bourgeonnement; 3° la *germiparité* ou reproduction par germes.

SCISSIPARITÉ. — La reproduction par scissiparité

ne s'observe que chez les animaux inférieurs et les Protistes. — Elle est précédée d'un agrandissement général et régulier du corps. — Celui-ci s'étrangle vers le milieu et donne naissance à deux fragments qui se développent, l'un et l'autre, pour constituer un animal complet. — La scissiparité est généralement *transversale*, mais elle peut être *longitudinale* ou *diagonale*.

La scissiparité est la réalisation naturelle de phénomènes qui se produisent accidentellement ou qu'on produit à volonté chez beaucoup d'animaux. — Ainsi, un Ver de terre peut être divisé en deux parties et chacune d'elles reproduit ce qui lui manque pour reconstituer l'organisme complet.

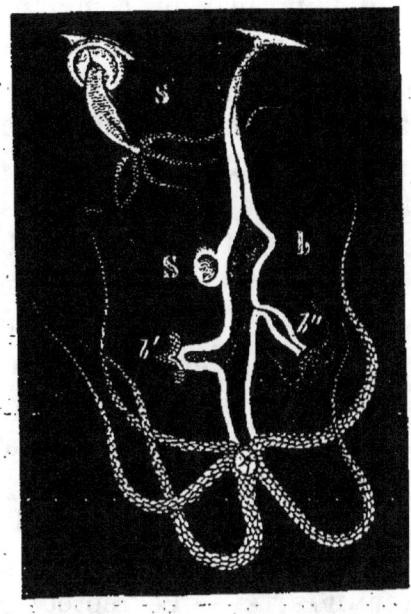

Fig. 37. — Hydre d'eau douce.

b, b', b'', bourgeons à divers degrés de développement; — S', bourgeon complètement séparé de la mère et pouvant vivre indépendant; — S, point qui correspond au détachement de ce bourgeon.

Gemmiparité. — Elle diffère de la scissiparité en ce que, dans le bourgeonnement, l'augmentation du corps n'est pas générale; c'est seulement une partie circonscrite qui s'accroît avant que la division ait lieu. — Chez l'Hydre d'eau douce, le bourgeon consiste d'abord dans un léger renflement qui se forme sur la paroi et se creuse bientôt d'un canal qui communique avec la cavité gastrique. Des tentacules ne tardent pas à naître autour de l'extrémité libre, en même temps que la base d'implantation de la nouvelle Hydre se transforme en un cylindre plein et que le mamelon tentaculifère se perfore. Alors la base du nouvel être s'étrangle et celui-ci se détache de la souche pour vivre d'une vie indépendante.

Au lieu de se faire par bourgeons *caducs*, comme chez l'Hydre, la gemmiparité peut se produire par des bourgeons *persistants*, comme chez le Corail. — Il se forme alors ce qu'on appelle une *colonie* ou un *corme*.

Le bourgeonnement, au lieu d'être *latéral* (Corail), peut être *axial* (Naïs, Syllis, Myrianide).

Germiparité. — La reproduction par *germes* est caractérisée par la production, dans l'intérieur du corps, de *cellules germinatives* ou *spores* qui se transforment en autant d'individus nouveaux. — Chez quelques Protistes, un individu tout entier se divise en cellules germinatives. — Chez les animaux véritables, ce n'est qu'une partie déterminée du corps qui est germipare (Trématodes).

La germiparité est un mode de reproduction intermédiaire entre la gemmiparité et la reproduction sexuelle.

Reproduction sexuelle. — La reproduction

REPRODUCTION. 71

sexuelle ou *oviparité* est le seul mode de reproduction des animaux supérieurs; mais elle s'observe

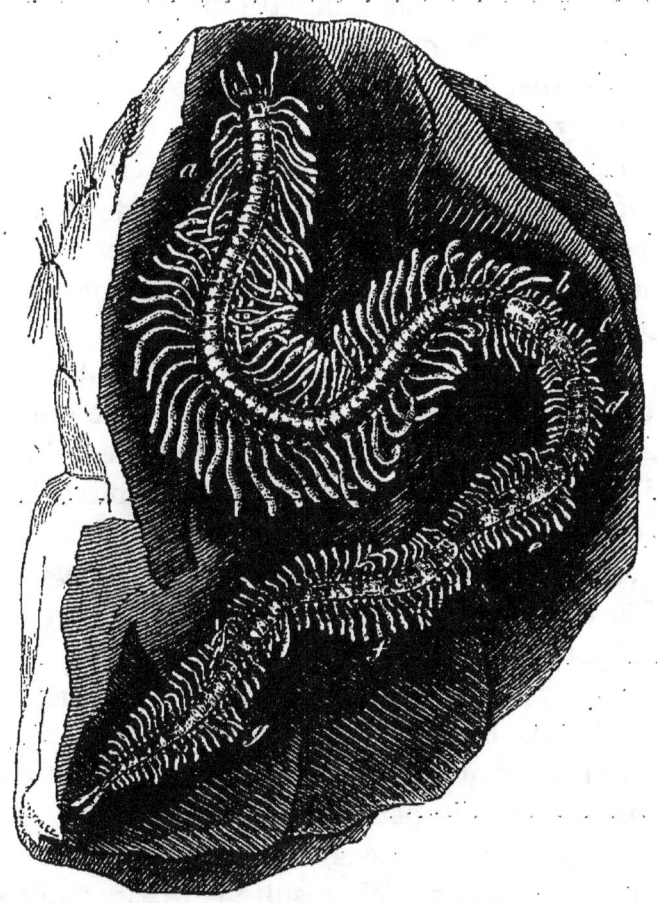

Fig. 38. — Bourgeonnement axial d'une myrianide (Milne Edwards).
a, l'individu souche asexué; — *b, c, d, e, f, g*, les petits développés par bourgeonnement et sexués; — *g*, petit le plus âgé.

aussi chez tous les animaux inférieurs. — Elle consiste dans la production de cellules désignées sous le nom d'*ovules*. — On appelle plus spécialement *œuf* un corps qui renferme, sous une enveloppe commune, un ovule et des parties accessoires destinées à l'évolution d'un être futur. — Tous les animaux ont des *ovules*, mais tous n'ont pas des *œufs*. — Cependant on prend souvent ces expressions comme synonymes.

Chez quelques animaux inférieurs, les ovules peuvent se former dans presque toutes les parties du corps; mais, en général, c'est un organe particulier, l'*ovaire*, qui est chargé de les élaborer.

Dans des cas exceptionnels, ainsi que nous le verrons dans un instant, l'ovule contient tous les matériaux nécessaires à la formation d'un nouvel être; mais, dans l'immense majorité des cas, il faut qu'il soit *fécondé*, c'est-à-dire qu'il subisse l'influence d'une cellule particulière, le *spermatozoïde*, qui est produit par un organe spécial, le *testicule*. — L'ovaire et le testicule constituent les *organes sexuels* ou *génitaux*.

Animaux monoïques et animaux dioïques. — Les animaux chez lesquels l'ovaire et le testicule sont réunis sur un seul et même individu sont dits *monoïques*. — On appelle au contraire *dioïques* ceux chez lesquels ces organes sont répartis entre deux individus, division d'où résulte la distinction des *sexes*. — De ces deux individus différents, celui qui est destiné à produire des œufs a reçu le nom de *femelle*; l'autre, chargé d'élaborer des spermatozoïdes, est appelé *mâle*.

Chez les animaux monoïques, deux cas se présentent : ou l'animal peut, à lui seul, donner naissance à un nouvel être et on dit qu'il est *hermaphrodite* (Huître); ou bien, ne se suffisant pas à lui-même, il a besoin du concours d'un de ses semblables pour se reproduire et on dit qu'il est *androgyne* (Colimaçon).

ORGANES SEXUELS. — A l'état le plus simple, les produits sexuels tombent dans la cavité générale ou débouchent directement au dehors, après s'être détachés des organes génitaux. Mais, en général, des appendices accessoires et des voies d'issue plus ou moins compliquées protègent les produits de la génération et assurent leur rencontre.

Organes mâles. — Sur les conduits vecteurs du sperme (*canaux déférents*), il se forme souvent un réservoir (*vésicule séminale*) destiné à recueillir ce fluide. — Des glandes particulières (*prostate*, etc.) sécrètent un liquide qui se mêle au sperme ou sert à l'entourer d'enveloppes protectrices (*spermatophores*). — Les canaux déférents aboutissent à un conduit musculo-membraneux (*canal éjaculateur*); enfin des organes spéciaux (*organes copulateurs*) sont destinés à faciliter l'intromission du sperme dans l'appareil femelle.

Organes femelles. — Les complications de l'appareil femelle ne sont pas moins diverses que celles du mâle. — Les conduits vecteurs des ovules (*oviductes*) s'élargissent souvent sur un point de leur parcours, de manière à former une chambre incubatrice (*utérus* ou *matrice*) pour le développement de l'œuf. — Des glandes annexes fournissent tantôt une des substances de l'œuf, tantôt son enveloppe. — Des organes accessoires situés à la partie terminale des canaux vecteurs (*réceptacle séminal, vagin, poche copulatrice*, etc.) reçoivent la semence et assurent le succès de l'accouplement.

C'est de l'hermaphrodisme que se déduit la séparation des sexes, par atrophie de l'un des appareils sexuels. — Même chez les Mammifères, l'individu présente, à un certain moment de son évolution, une conformation hermaphrodite. La séparation sexuelle une fois accomplie, il se produit un dimorphisme de plus en plus marqué chez les individus mâle et femelle.

Parthénogenèse. — Ainsi que nous l'avons signalé plus haut à titre d'exception, l'œuf n'a pas toujours besoin de subir l'influence des spermatozoïdes pour donner naissance à un être. — Cette anomalie s'observe chez quelques Invertébrés; elle a été désignée sous le nom de *parthénogenèse* (reproduction virginale).

Chez l'Abeille commune, les œufs de la reine donnent naissance à des mâles s'ils n'ont pas été fécondés et à des femelles s'ils l'ont été.

Chez les Pucerons, tous les individus sont aptères et femelles pendant le printemps et l'été. Dans cette période de temps, ils engendrent des petits vivants qui deviennent à leur tour des femelles fécondes sans l'approche du mâle. — Ces femelles vivipares sont pourvues d'organes génitaux (*pseudovaires*) construits sur le type des ovaires; mais elles manquent d'organes d'accouplement. On

APPAREILS DE RELATION. 75

peut les considérer comme se reproduisant, soit par germiparité, soit par oviparité parthénogénétique. — C'est seulement à l'arrière-saison qu'on voit naître des mâles et des femelles à quatre ailes, munis d'organes d'accouplement et de fécondation. — L'accouplement a lieu aussitôt : les femelles ailées donnent ensuite des œufs qui hivernent et d'où sortent, au printemps, des femelles aptères et vivipares.

Si le fait de la parthénogenèse est aujourd'hui bien démontré, il faut cependant remarquer que les êtres qui en proviennent sont de plus en plus dégradés et, qu'au bout d'un certain nombre de générations, la puissance reproductive, après avoir considérablement diminué, finit par s'éteindre. — Pour que l'espèce ne disparaisse pas, il est nécessaire que, par le concours des deux sexes, une nouvelle génération *sexuelle* redevienne la souche d'un nouveau cycle.

NEUVIÈME LEÇON

ORGANISATION DES ANIMAUX EN GÉNÉRAL

APPAREILS ET FONCTIONS DE RELATION

Considérations générales. — Les appareils et les fonctions de relation se rapportent à la *motilité* (faculté d'exécuter des mouvements spontanés) et à la *sensibilité*.

La sensibilité des animaux nous est révélée par les mouvements qu'ils exécutent pour réagir aux excitations que nous leur faisons subir. — La sensibilité et le mouvement sont donc en corrélation intime.

Chez les animaux inférieurs, la sensibilité et la motilité sont, pour ainsi dire, diffuses dans toute la masse du corps. — Une tendance à la séparation en éléments contractiles et en éléments sensitifs existe chez les Hydres où des cellules (*cellules névro-musculaire*s) étranglées à la partie moyenne sont sensibles à l'extrémité extérieure et contractiles à l'extrémité intérieure (KLEINENBERG).

Chez les animaux d'une organisation plus élevée, la division du travail entraîne celle des organes. — La cellule musculaire s'isole de la cellule nerveuse et ne tarde pas à devenir fibre musculaire. — En même temps, la cellule nerveuse qui est, dans le principe, à la fois sensitive et motrice, se dédouble en deux autres cellules : l'une *sensitive* destinée à percevoir l'impression, l'autre *motrice* d'où part l'excitation au mouvement. Ces deux cellules sont centrales et réunies entre elles par une fibre nerveuse intermédiaire. — La cellule sensitive est reliée à une surface périphérique sensible par un conducteur nerveux (*nerf sensitif* ou *centripète*) qui transmet l'impression à cette cellule. — De son côté, la cellule motrice est rattachée à un organe moteur par un conducteur (*nerf moteur* ou *centri-*

fuge) qui transporte à cet organe l'excitation motrice. — En résumé, le système nerveux peut être comparé à une chaîne dont l'une des extrémités est sensible et l'autre motrice, le centre de la chaîne servant à transformer les impressions sensitives en excitations motrices.

La substance musculaire est contractile par elle-même, mais elle ne l'est jamais spontanément, car la matière vivante est aussi incapable que la ma-

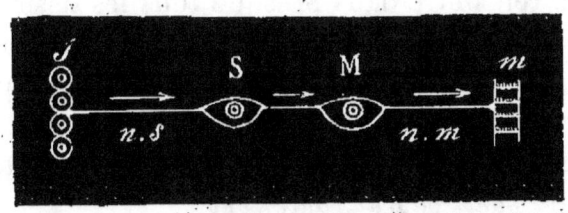

Fig. 39. — Schéma général du système nerveux.
M, cellule motrice; — *m*, muscle; — *n*, *m*, nerf moteur; — *n*, *s*, nerf sensitif; — S, cellule sensitive; — *s*, surface sensible.

tière brute de se donner à elle-même le mouvement. — Il faut que le muscle reçoive du dehors l'excitation qui le fait passer de l'état de repos à celui de contraction. — Les excitants du muscle peuvent être *physiques* ou *chimiques*; mais c'est le système nerveux qui est l'excitant normal ou *physiologique* de la contraction musculaire.

Le *système musculaire* bien développé entraîne, à la fois, l'existence du *système nerveux* qui lui sert d'excitant normal et du *système tégumentaire* ou du *système osseux* qui lui fournit des leviers destinés à rendre son action plus précise.

Dès que le système nerveux existe, c'est à lui qu'est dévolue exclusivement l'action de sentir. — Les tissus doivent aux éléments nerveux qu'ils contiennent la propriété de donner naissance à des *sensations*. — Celles-ci sont, les unes *générales*, les autres *spéciales*.

Les *sensations générales* sont ainsi appelées parce qu'elles n'ont pas d'appareil localisé. — La douleur, par exemple, est une sensation générale, car elle se rencontre dans presque tous les tissus.

Les *sensations spéciales* ont un siège déterminé et sont toujours données par des appareils particuliers (*organes des sens*). — Elles renseignent sur les qualités des objets *extérieurs*. — Il y a cinq sens (*toucher, goût, odorat, ouïe, vue*).

Si nous appliquons sur la peau le bord aiguisé d'un couteau, le sens du toucher nous fait sentir (*sensation spéciale*) le tranchant de l'instrument ; mais si nous pressons sur ce dernier, de façon à entamer la peau, aussitôt nous ressentons de la douleur (*sensation générale*) et nous rapportons cette sensation non plus au couteau mais à la partie du corps qui a été blessée.

Les sensations générales et les sensations spéciales sont fournies par les nerfs des appareils de relation ; mais il y a d'autres sensations transmises par la partie du système nerveux que nous apprendrons bientôt à connaître sous le nom de *système du grand sympathique*. — Ces dernières *sensations* sont dites *internes* ou *organiques* : elles renseignent l'animal sur le fonctionnement de ses organes et sont vagues, confuses, indéterminées. Cependant elles peuvent prendre un certain degré d'intensité et devenir des *besoins,* sensations nouvelles qui, au lieu d'être indéterminées, se localisent dans les organes plus particulièrement intéressés à la satisfaction de ces besoins. — C'est ainsi que la sensation de la *faim* se traduit par une douleur dans la région épigastrique, celle de la *soif* par une douleur dans l'arrière-gorge qui semble desséchée, etc.

Appareil locomoteur. — Dans ses conditions les plus simples, le mouvement de transport du corps d'un lieu à un autre est produit par la contraction du protoplasma qui s'effectue suivant une direction déterminée. Mais de telles conditions de simplicité ne s'observent guère que chez les Protistes, qui ne sont pas des animaux.

Les organes de locomotion les plus simples qu'on observe dans le règne animal sont les *cils vibratiles* qui facilitent la progression dans l'eau. Ils recouvrent tantôt le corps tout entier (Turbellariés), tantôt une partie seulement de celui-ci (Rotateurs). — Les cils vibratiles sont l'attribut locomoteur du premier état de développement chez les Cœlentérés ainsi que chez la plupart des Vers et des Mollusques.

Dans l'immense majorité des cas, c'est le *système musculaire* qui est chargé spécialement de produire la locomotion. — Tout d'abord, il s'unit avec le tégument pour former une *enveloppe musculo-cutanée* (Vers) dont la contraction amène le déplacement du corps. — Chez les Arthropodes, le système musculaire est plus indépendant des téguments. Ceux-ci forment un véritable *squelette extérieur* qui offre des points d'appui résistants aux masses musculaires. — Chez les Vertébrés, les parties dures forment un *squelette intérieur* qui

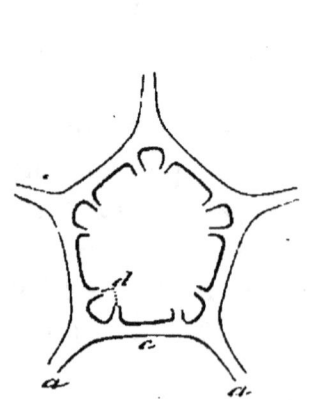

Fig. 40. — Système nerveux de l'Oursin.

a, a, troncs ambulacraires; — *c*, anneau nerveux pentagonal; *d*, nerfs du tube digestif.

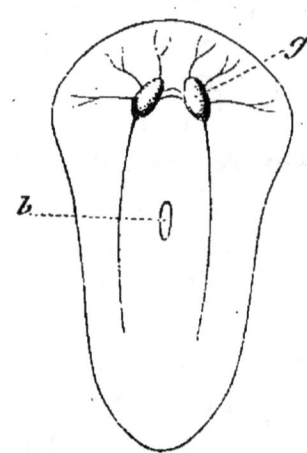

Fig. 41. — Système nerveux d'une Planaire.

b, bouche; — *g*, ganglions sus-œsophagiens.

devient complètement indépendant des téguments et le système musculaire lui est extérieur.

En même temps que le système musculaire se développe, on voit apparaître, sur des points déterminés du corps, des appendices particuliers (*membres*) qui sont de puissants leviers locomoteurs. — Les membres sont tantôt des prolongements simples et mous de l'enveloppe musculo-cutanée Vers), tantôt des pièces articulées qui sont formées, soit par les téguments (Arthropodes), soit par une charpente intérieure (Vertébrés).

Système nerveux. — Le système nerveux, quand il est bien développé, se présente sous trois formes fondamentales : 1° le *type rayonné* des Échinodermes, 2° le *type bilatéral* des Vers, des Arthropodes et des Mollusques, 3° le *type bilatéral* des Vertébrés.

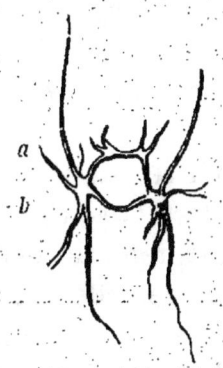

Fig. 42. — Système nerveux d'un Mollusque gastéropode.
a, ganglions sus-œsophagiens ; — *b*, ganglions sous-œsophagiens réunis aux premiers par le collier œsophagien.

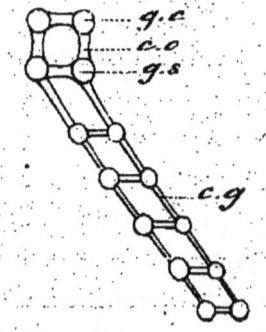

Fig. 43. — Schéma du système nerveux des Arthropodes et des Annélides.
c.g chaîne ganglionnaire ventrale ; — *c.o*, collier œsophagien ; — *g.c*, ganglions sus-œsophagiens ou cérébroïdes ; — *g.s*, ganglions sous-œsophagiens.

ÉCHINODERMES. — Il y a autant de centres nerveux (*cerveaux ambulacraires*) que de rayons dans le corps. — Ces centres ont la forme de cordons réunis entre eux par un anneau nerveux qui entoure l'œsophage et a lui-même la structure des centres nerveux.

VERS. — ARTHROPODES. — MOLLUSQUES. — On trouve, chez les animaux les plus inférieurs de ces trois embranchements, une masse ganglionnaire simple ou double située à la partie antérieure du corps, au-dessus de l'œsophage (*ganglion sus-œsophagien*) et d'où partent symétriquement des filets nerveux. — Chez les animaux plus élevés, une masse nerveuse analogue, mais sous-œsophagienne (*ganglion sous-œsophagien*), est réunie à la première par un anneau nerveux (*collier œsophagien*). — De ces centres nerveux partent les nerfs du corps (Mollusques) ou prend naissance une série de ganglions formant une espèce d'échelle de corde ventrale (Arthropodes et Annélides).

Vertébrés. — Ce qui caractérise, au plus haut degré, le système nerveux des Vertébrés, c'est que sa portion centrale ou axile est renfermée dans une cavité complètement séparée de celle qui contient les viscères, au lieu d'être dans la même cavité, comme chez les Invertébrés. — Cette partie centrale est désignée sous le nom d'*axe cérébro-spinal*, parce qu'elle se compose essentiellement du cerveau et de la moelle épinière. — L'axe cérébro-spinal est toujours tout entier dorsal chez les Vertébrés : par conséquent on n'y rencontre jamais de collier œsophagien, car celui-ci ne peut exister qu'à la condition qu'il y ait, comme chez les Invertébrés, une partie dorsale et une partie ventrale.

Système nerveux viscéral. — Chez les animaux inférieurs, les viscères reçoivent leurs nerfs des masses centrales ; mais, chez les animaux plus élevés (Invertébrés et Vertébrés), on voit se développer, pour innerver les organes de nutrition et

SYSTÈME NERVEUX. 83

de reproduction, des ganglions spéciaux qui, bien qu'étant réunis aux parties centrales par des filets nerveux, n'en constituent pas moins, avec les ré-

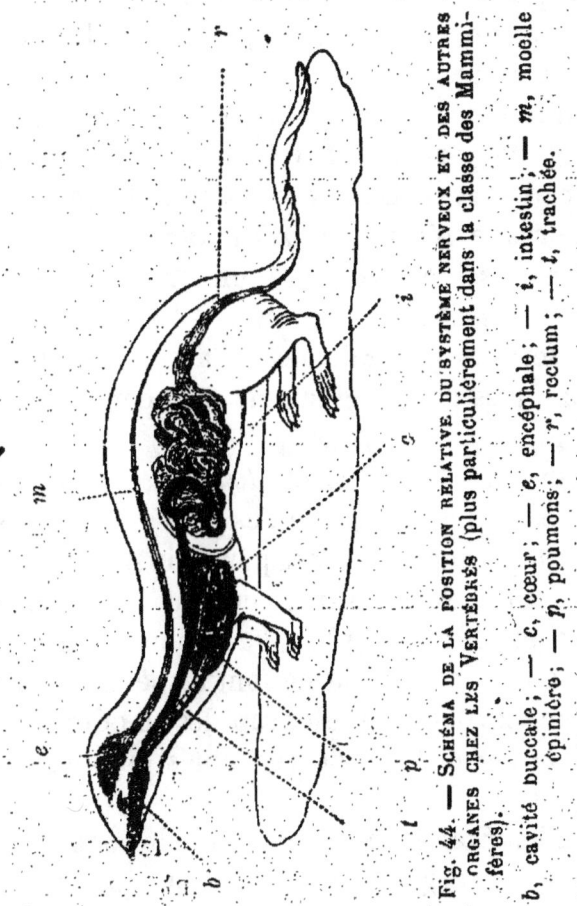

Fig. 44. — Schéma de la position relative du système nerveux et des autres organes chez les Vertébrés (plus particulièrement dans la classe des Mammifères).
b, cavité buccale; — c, cœur; — e, encéphale; — i, intestin; — m, moelle épinière; — p, poumons; — r, rectum; — t, trachée.

seaux de nerfs qu'ils fournissent (*plexus nerveux*), un système particulier soustrait à l'empire de la volonté. — On appelle cet ensemble *système nerveux viscéral* ou *système du grand sympathique*.

Organes des sens. — Il y a cinq sens dont chacun fait percevoir spécialement différentes qualités des corps extérieurs.

Les appareils des sens varient beaucoup dans leur mode de conformation ; mais, en les comparant entre eux, on voit qu'ils se composent toujours d'une partie *essentielle,* qui est commune à tous, et de parties *accessoires* qui sont propres à chacun d'eux. — La partie essentielle comprend : 1° un organe récepteur (*membrane*); 2° un organe de transmission (*nerf*); 3° un organe destiné à produire la sensation (*cerveau*). — Les parties accessoires servent généralement à accroître l'intensité de l'impression, quelquefois au contraire à la diminuer.

Toucher. — Le *tact* ou *toucher* est le plus répandu et le moins localisé des sens : il a son siège dans le tégument. — C'est pour ainsi dire le sens fondamental et les autres peuvent être considérés comme en dérivant plus ou moins directement. Ainsi le *goût* et l'*odorat* ne sont respectivement que des touchers des molécules sapides ou odorantes des corps, la *vue* et l'*ouïe* de véritables touchers de vibrations.

Chez les Cœlentérés, les Échinodermes, les Mollusques, les organes tactiles sont des *tentacules,* c'est-à-dire des appendices périphériques mobiles et non articulés. — Chez les Arthropodes, le sens du toucher s'exerce surtout à l'aide de *palpes* ou d'*antennes* qui sont des appendices mobiles, rigides et articulés. — Chez les Vertébrés, l'appareil du toucher se compose de corpuscules particuliers (*corpuscules du tact, corpuscules de Langerhans, corpuscules de Pacini*) situés dans la peau et servant à apprécier, non seulement la forme des corps, mais encore leur température et la pression qu'ils exercent sur les téguments.

Goût. — On ne saurait rien affirmer de l'existence d'un sens du goût chez les Cœlentérés, les Échinodermes et les Mollusques. — Ce sens existe certainement chez les Insectes, mais on ignore où il réside. — Il est beaucoup plus développé chez les Vertébrés et l'organe principal qui en est le siège (*langue*) présente des éminences particulières (*papilles*) où se trouvent renfermés les éléments nerveux de la sensation gustative. Ces éléments sont reliés aux centres nerveux par des filets nerveux qui appartiennent surtout au nerf *glosso-pharyngien*.

Odorat. — C'est principalement ce sens qui guide les Invertébrés dans le choix de leurs aliments. — Considéré sous sa forme la plus simple, l'appareil olfactif est représenté par des fossettes tapissées de cils vibratiles et où se rend un nerf spécial (Vers, Mollusques). — Chez les Vertébrés, l'appareil olfactif se compose d'une paire de fossettes ou de cavités creusées dans les os de la face et tapissées d'une muqueuse dans laquelle vient se terminer un nerf (*nerf olfactif*).

Ouïe. — L'organe de l'ouïe, sous sa forme la plus simple, est une vésicule (*otocyste*) remplie d'un liquide au milieu duquel flottent des corpuscules calcaires (*otolithes*). Cette vésicule est accolée à un ganglion nerveux; ou bien un nerf (*nerf auditif*) vient se terminer sur sa paroi. — Chez les animaux plus élevés, l'appareil se perfectionne par le développement d'organes propres à conduire et à renforcer le son.

Vue. — Les yeux les plus simples sont représentés par une tache pigmentaire où vient se rendre un nerf (*yeux pigmentaires*). Un tel appareil ne peut servir qu'à distinguer la lumière de l'obscurité.
— Pour qu'une image des objets extérieurs se forme dans l'œil, il faut qu'une lentille convergente soit interposée entre les objets lumineux et la membrane sensible (*rétine*). — Celle-ci est reliée aux centres nerveux par un nerf spécial (*nerf optique*).

DIXIÈME LEÇON

DÉVELOPPEMENT DES ANIMAUX EN GÉNÉRAL

Définitions. — Le terme général de *développement* est employé pour désigner l'évolution d'un organisme, à partir de la première et plus simple phase de son existence jusqu'à la plus complexe. — Le développement suit immédiatement la fécondation de l'œuf.

On distingue, dans le développement, la *transformation* et la *métamorphose*.

La *transformation* est l'ensemble des modifications qui se passent *dans l'œuf* et qui ont pour résultat la formation de l'embryon.

La *métamorphose* est l'ensemble des changements subis, après *l'éclosion,* par certains individus qui naissent dans un état peu avancé (*larve*), sous une forme différente de celle de l'adulte.

Tous les changements qui s'opèrent depuis la fécondation de l'ovule d'un Papillon jusqu'à la réalisation de l'Insecte parfait constituent le *développement*. — L'animal qui sort de l'œuf fécondé est vermiforme (*Chenille*) et s'est développé par des phénomènes de *transformation*. — La Chenille mène une vie active, grossit rapidement et, après plusieurs changements de peau (*mues*), devient immobile. — Elle se change alors en *nymphe* ou *chrysalide,* recouverte par une pellicule mince sous laquelle se développent les divers organes dont l'individu parfait doit être pourvu. — Finalement, la chrysalide se rompt et l'Insecte ailé s'en échappe. — Tous ces changements, qui s'effectuent depuis la naissance de la Chenille jusqu'à la formation de l'Insecte parfait, sont des *métamorphoses*.

Il ne faut pas attacher à ces diverses expressions une trop grande importance, car elles expriment simplement des différences dans le degré et non dans la nature du développement qui offre, d'ailleurs, une continuité régulière. — Nous ne nous occuperons, dans cette leçon, que d'une partie des phénomènes qui se passent dans l'œuf.

Structure de l'œuf. — Chez tous les animaux, l'œuf ou plutôt l'ovule est, dans le principe, une cellule simple, nue et constituée par une masse protoplasmique (*vitellus*) renfermant un noyau (*vésicule germinative*). Habituellement, le noyau renferme un nucléole (*tache germinative*). Ce dernier semble n'avoir qu'une importance secondaire.

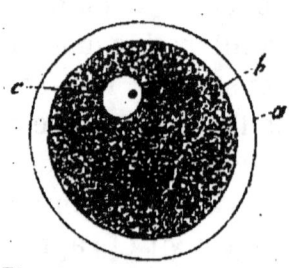

Fig. 45. — Ovule humain. *a*, membrane vitelline ou chorion; — *b*, vitellus; — *c*, vésicule germinative avec la tache germinative (gross. 250 diam.).

Chez les Cœlentérés, l'ovule conserve cette structure jusqu'à la fécondation. — Mais, chez la plupart des animaux, avant la fécondation, le vitellus s'adjoint une partie nutritive (*jaune*) qu'il ne faut pas confondre avec le vitellus, ou bien une membrane extérieure (*membrane vitelline* ou *chorion*).

L'œuf des Mammifères acquiert toujours une membrane et son diamètre ne dépasse jamais deux dixièmes de millimètre.

L'œuf de l'Oiseau, après avoir été identique à celui du Mammifère, s'incorpore de très bonne heure, à travers sa membrane, une masse alimentaire volumineuse (*jaune*). Par suite de cette accumulation, la vésicule germinative est refoulée à la surface de l'œuf où elle est enveloppée par le vitellus qui forme autour d'elle une petite tache blanche arrondie (*cicatricule*). — Une mince couche de vitellus entoure le jaune et, au-dessous de la cicatricule, pénètre dans celui-ci sous la forme d'un cordon renflé à son extrémité (*latebra*). — La membrane vitelline revêt extérieurement le jaune qui semble divisé en couches concentriques autour de la latebra.

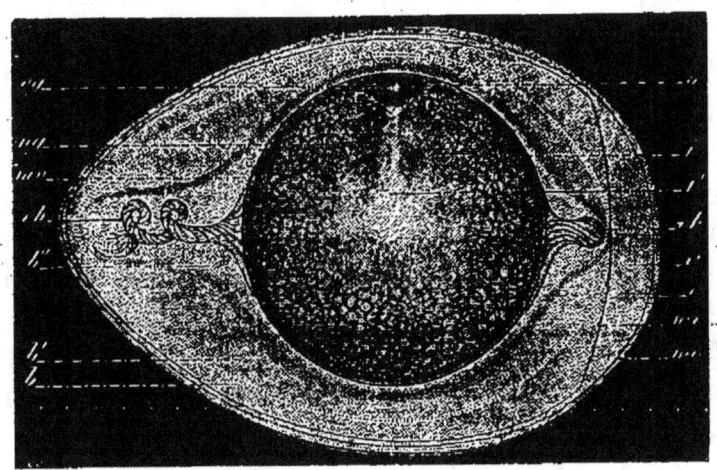

Fig. 46. — Œuf d'Oiseau.

a chambre à air; — *b*, *b'*, *b''*, couches albumineuses qui se sont déposées successivement en traversant l'oviducte; — *c*, coquille; — *ch*, chalazes; — *g*, cicatricule; — *j*, jaune; — *j'*, latebra; — *mc*, *mc'*, les deux feuillets de la membrane coquillière; — *mg*, membrane granuleuse très mince doublant la membrane vitelline *mv*; — *vg*, vésicule germinative.

Après que l'œuf a été fécondé dans l'oviducte, il s'entoure de diverses enveloppes (*albumine, membrane coquillière, coquille*) qui ne sont que des parties accessoires. — Le jaune est maintenu au milieu de l'albumine (*blanc de l'œuf*) par deux prolongements (*chalazes*) qui s'insèrent au-dessus de son centre de gravité, de sorte que lorsqu'on pratique une petite ouverture au niveau de l'équateur d'un œuf, on aperçoit toujours la cicatricule à la partie supérieure du jaune.

Fécondation. — Nous avons déjà dit que la fécondation est l'œuvre de deux celulles : l'une femelle (*ovule*), l'autre mâle (*spermatozoïde*). — Les cellules mâles ou spermatiques flottent en nombre considérable dans un liquide (*liquide spermatique*) et cet ensemble porte le nom de *sperme*.

C'est le spermatozoïde et non la partie liquide du sperme qui féconde l'œuf. — En effet, si l'on soumet le sperme à des filtrations méthodiques, on ne peut féconder les œufs avec le liquide qui s'écoule du filtre et qui ne contient pas de spermatozoïdes, tandis que la fécondation a toujours lieu si l'on arrose les œufs avec le résidu riche en spermatozoïdes qui est resté sur le filtre.

Les spermatozoïdes ont des formes variables, mais ce sont toujours des cellules vibratiles qui présentent habituellement une partie renflée munie d'un prolongement filiforme : on les trouve chez tous les animaux, depuis l'Eponge jusqu'à l'Homme. — Par leurs mouvements, les spermatozoïdes pénètrent dans les cellules ovulaires. — Dans la plupart des œufs, la membrane vitelline présente une ou plusieurs petites ouvertures (*micropyle*) par lesquelles les spermatozoïdes s'introduisent dans le vitellus.

Le phénomène de la fécondation n'est autre chose que la *conjugaison* de deux cellules, c'est-à-dire

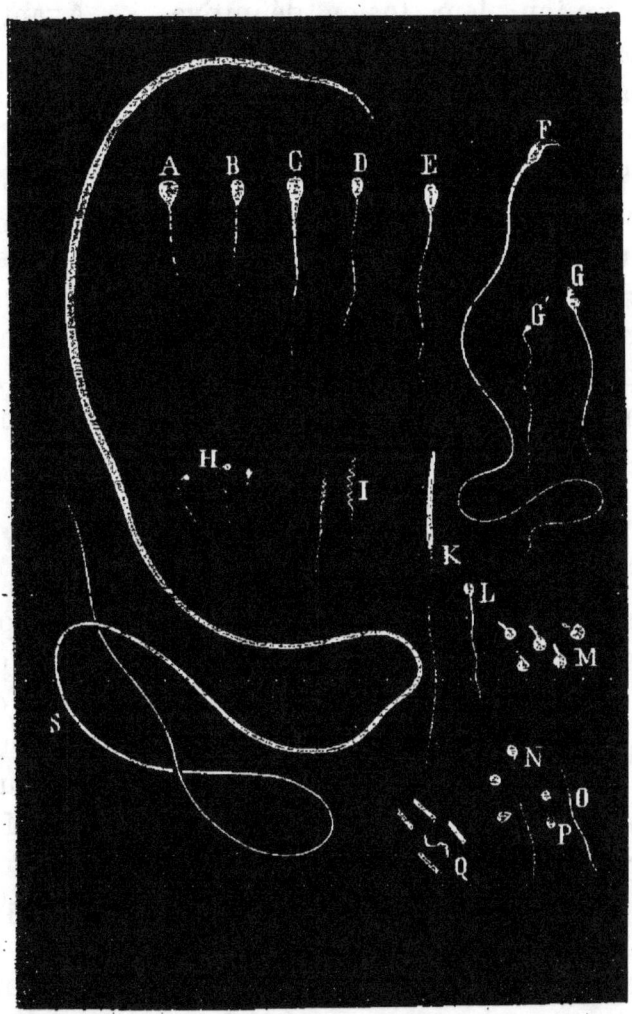

Fig. 47. — Spermatozoïdes de divers animaux.

A, spermatozoïde du Cochon d'Inde; — B, du Taureau; — C, du Mouton; — D, du Cheval; — E, du Lapin; — F, du Rat; — G, G', de l'Homme; — H, du Coq; — I, du Moineau; — K, du Pigeon; — L, de la Perche; — M, du Brochet; — N, O, de la Grenouille en hiver; — P, granulations mobiles du sperme chez le même animal; — Q, spermatozoïdes de la Grenouille en été; — S, du Ménobranche.

leur union, leur fusion définitive. — Avant la fécondation, la vésicule germinative gagne la périphérie où une partie de sa substance attire autour d'elle une portion du vitellus et revient au centre en prenant le nom de *pronucléus femelle*. — Quand le spermatozoïde a pénétré dans l'œuf, sa queue se résorbe et autour de la tête se condense une autre portion du vitellus, qui forme le *pronucléus mâle*. — Les granulations du protoplasma se disposent alors comme des rayons (*amphiaster*) autour de chacun des pronucléus. Ceux-ci se conjuguent ensuite, de manière à former un seul *noyau* dit *de segmentation*.

Segmentation. — Aussitôt après la formation du noyau de segmentation, celui-ci se divise en deux autres noyaux. — A son tour, le vitellus se partage en deux moitiés qui se groupent autour d'eux et le même phénomène se reproduit jusqu'à ce que le contenu de la membrane vitelline soit transformé en une masse de globules protoplasmiques munis de noyaux, de façon à prendre l'aspect d'une Mûre (*corps mûriforme* ou *morula*). — La morula est à nu chez beaucoup d'animaux inférieurs; mais, le plus souvent, elle est incluse dans la membrane vitelline dont elle est séparée par une petite quantité de liquide.

Bientôt les cellules de la morula sont refoulées de dedans en dehors et vont s'appliquer à la face interne de la membrane vitelline. Il se forme ainsi une vésicule sphérique (*vésicule blastodermique*) dont la paroi (*blastoderme*) est constituée par une couche de cellules juxtaposées et dont la cavité (*cavité de segmentation*) est remplie de liquide.

Chez les Mammifères, la vésicule blastodermique présente, sur un point de la surface, une tache obscure (*aire germinative*). Cette tache est formée

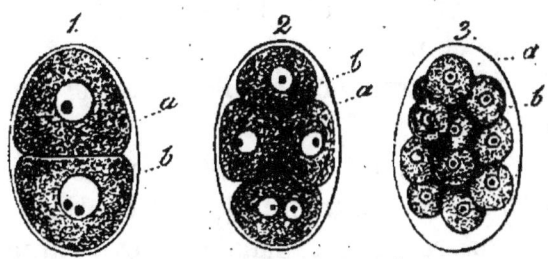

Fig. 48. — Segmentation de l'œuf d'un Ver (*Ascaris nigrovenosa*).
1, 2, 3, trois stades de la segmentation; — *a*, membrane; — *b*, sphères de segmentation.

par un certain nombre de cellules de la morula qui se sont appliquées en un point de l'intérieur du blastoderme. — Plus tard, cet amas s'aplatit et prend la forme d'un disque. C'est là le rudiment primitif du corps du Mammifère. Le reste de la vésicule blastodermique ne sert qu'à former un appendice accessoire et temporaire (*vésicule ombilicale*). — Bientôt, par suite d'une énergique multiplication cellulaire, la couche interne de l'aire germinative croît sur le bord du disque, s'étale de plus en plus à la face interne de la vésicule blastodermique et finit par la tapisser intérieurement d'une seconde couche cellulaire. — En même temps, les cellules de l'aire germinative se multiplient dans le sens de l'épaisseur.

Le blastoderme, primitivement formé d'une seule couche, a donc maintenant deux feuillets : l'un externe (*ectoderme*), l'autre interne (*entoderme*). — Ces deux feuillets sont le rudiment primitif du corps des animaux : ce sont eux qui fourniront toutes les cellules qui plus tard entreront dans l'organisme complet.

Revenons maintenant à l'œuf de l'Oiseau. — Aussitôt après la fécondation, la cicatricule se divise en deux, puis en quatre, puis en huit segments. Ensuite la segmentation se continue d'une façon moins régulière, mais s'achève durant le trajet de l'œuf dans l'oviducte. — La cicatricule ainsi transformée en cellules de segmentation (*disque germinatif*) correspond à l'aire germinative de l'œuf des Mammifères. — Pendant tout ce travail, le jaune reste parfaitement intact ; mais le résultat final de la segmentation est toujours la formation de deux feuillets blastodermiques analogues à ceux de l'œuf des Mammifères. — Bientôt le disque germinatif s'étend et l'entoderme finit par recouvrir toute la sphère du jaune. — A ce moment, l'œuf de l'Oiseau ne diffère pas sensiblement de celui du Mammifère.

Œufs holoplastiques et œufs méroplastiques. — On désigne sous le nom d'*œufs holoplastiques* les œufs à segmentation totale (Cœlentérés, Arthropodes inférieurs, Amphioxus, Batraciens, Mammifères). Ces œufs n'ont pas de jaune. — On appelle, au contraire, *œufs méroplastiques* ceux dont la segmentation est partielle (Insectes, Crustacés, Céphalopodes, Poissons, Reptiles, Oiseaux). Ces œufs ont un jaune qui ne prend pas part à la segmentation.

Souvent, deux espèces animales très voisines se développent, l'une par segmentation totale, l'autre par segmentation partielle. — On ne saurait donc établir une différence fondamentale entre ces deux modes de segmentation.

Feuillets blastodermiques. — Tous les animaux tirent leur corps, à l'origine, des deux feuillets blastodermiques, et c'est là ce qui les distingue surtout des Protistes où ces feuillets n'existent jamais.

L'ectoderme donne naissance à l'épiderme et au système nerveux central; l'entoderme sert de revêtement interne ou épithélial au tube digestif ainsi qu'à ses glandes annexes. — Entre ces deux feuillets apparaissent des couches de cellules (*mésoderme*) d'où proviendront les muscles, les tissus conjonctifs, les vaisseaux, etc. — Les lames cellulaires qui constituent le mésoderme ne paraissent pas être homologues dans les divers types du règne animal.

Rétrogradation. — Dans le cours du développement, l'organisme est presque toujours le siège d'un certain nombre de réductions. — Des cellules disparaissent et il en résulte, soit pour quelques organes, soit pour le corps tout entier, un changement de forme qui peut être considérable.

Le plus souvent, pendant qu'une réduction s'effectue sur un point, une complication beaucoup plus accentuée surgit sur un autre point et le résultat final est un progrès. — C'est ainsi que certaines larves (Batraciens) perdent des organes provisoires (queue, branchies) pendant que des organes définitifs (pattes, poumons) se développent et amènent l'organisme à un état plus élevé.

Les embryons des Mammifères ont, à la base du cou, un corps glanduleux (*thymus*) dépourvu de canal excréteur. — Cet organe s'atrophie, après la naissance, à mesure que l'animal avance en âge. C'est lui qui constitue, chez le Veau, ce qu'on appelle le *ris*, dans le langage culinaire.

Le changement des conditions d'existence, surtout le *parasitisme*, est une des causes les plus actives de la rétrogradation. — Le parasite condamné à une vie de repos perdra, avant tout, les organes de relation ; mais si les substances nutritives lui sont fournies toutes préparées par l'hôte qu'il habite, les organes de nutrition subiront à leur tour une notable réduction et pourront même disparaître tout à fait.

ONZIÈME LEÇON

EMBRANCHEMENTS DU RÈGNE ANIMAL
CARACTÈRES ET CLASSES DES VERTÉBRÉS

Embranchements du règne animal. — Les sept types ou embranchements du règne animal peuvent être distribués synoptiquement, en prenant pour point de départ la disposition des organes similaires qui sont tantôt symétriques par rapport à un plan (*symétrie bilatérale*) et tantôt par rapport à un point ou à une ligne (*symétrie rayonnée*).

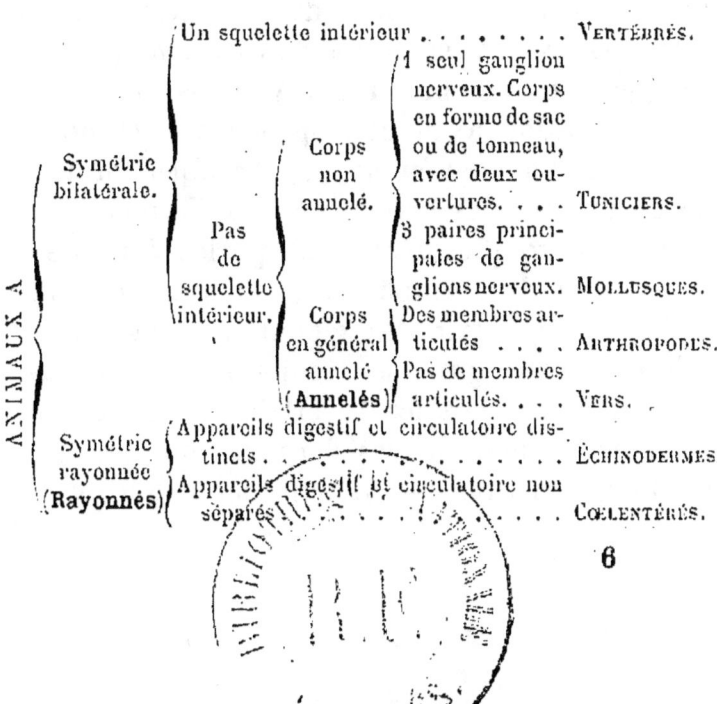

VERTÉBRÉS

(*vertebra,* vertèbre)

ANIMAUX A SYMÉTRIE BILATÉRALE, POURVUS D'UN SQUELETTE INTÉRIEUR OSSEUX OU CARTILAGINEUX DONT L'AXE (COLONNE VERTÉBRALE) EST GÉNÉRALEMENT COMPOSÉ DE VERTÈBRES. — LE SYSTÈME NERVEUX CENTRAL EST SITUÉ DANS UNE CAVITÉ DORSALE ET DISTINCTE D'UNE AUTRE CAVITÉ, VENTRALE, QUI RENFERME LES ORGANES DE NUTRITION ET DE REPRODUCTION. — JAMAIS PLUS DE DEUX PAIRES DE MEMBRES.

Caractères différentiels des Vertébrés et des Invertébrés. — Chez les Vertébrés, la portion centrale du système nerveux est contenue dans une loge dorsale distincte et repose, chez l'embryon, sur un cordon axial (*corde dorsale* ou *notocorde*) qui est le premier rudiment de la colonne vertébrale. — Chez les Invertébrés, au contraire, le système nerveux central est renfermé dans la même cavité que les viscères et est en grande partie ventral. Ce n'est que dans l'embryon des Ascidies qu'on observe un cordon axial correspondant à la notocorde. — Sous ce rapport, les Ascidies forment donc un passage des Invertébrés aux Vertébrés.

Nous avons vu plus haut (p. 28) que les Vertébrés, à l'exception de l'Amphioxus, ont seuls le sang coloré en rouge par des globules. — Enfin, le squelette interne, qui existe toujours chez les Vertébrés, manque chez les Invertébrés. Les formations squelettiques de ces derniers sont presque toujours extérieures. — Il suit de là que, chez les Vertébrés et les Invertébrés, les parties dures et les parties molles sont inversement distribuées.

Appareil digestif. — Il se compose d'un tube dont les deux orifices sont éloignés l'un de l'autre. — On y distingue une *cavité buccale*, un *pharynx* ou *arrière-bouche*, un *œsophage*, un *estomac* et un *intestin* divisé en *intestin grêle* et *gros intestin*, dont la partie terminale porte le nom de *rectum*. — Ce tube est recouvert, dans sa partie gastro-intestinale, par une membrane séreuse (PÉRITOINE) qui tapisse la cavité viscérale et dont un repli (*mésentère*) le rattache à la colonne vertébrale. — Des glandes plus ou moins nombreuses se trouvent généralement en rapport avec le canal alimentaire : des *glandes salivaires* (qui manquent chez les animaux aquatiques) avec la cavité buccale, un *foie*, un *pancréas* avec l'intestin grêle, beaucoup plus rarement des *glandes anales* avec la terminaison du rectum, sans parler des glandes contenues dans les parois mêmes du canal. — Enfin la bouche, limitée par deux mâchoires, est habituellement armée de *dents*.

Appareil circulatoire. — (*Voy.* p. 58 et suiv). — On observe dans la cavité abdominale de tous les Vertébrés, à l'exception de l'Amphioxus, un organe (*rate*) sur les usages duquel on discute encore. — La rate, qui manque chez les Invertébrés, peut être considérée comme un énorme ganglion lymphatique. Elle est constituée par des corpuscules glandulaires entre lesquels on trouve une substance molle et vasculaire d'un rouge foncé (*pulpe splénique*).

Appareil respiratoire. — Les Amniens (Mammifères, Oiseaux, Reptiles) sont les seuls Vertébrés qui respirent toujours par des poumons. — Les autres Vertébrés ou Anamniens (Batraciens, Poissons, Leptocardiens) respirent par des branchies, soit pendant toute la vie, soit pendant le jeune âge seulement. Des poumons existent aussi, assez souvent, chez les Anamniens, avec leur configuration habituelle ou sous la forme de *vessie natatoire* (Poissons).

Appareil urinaire. — A la partie dorsale de l'embryon des Vertébrés, sur les côtés de la colonne vertébrale, on aperçoit une paire d'organes glandulaires (*corps de Wolff*) formés par un ensemble de tubes parallèles tapissés d'épithélium sphéroïdal. — Ces tubes sont terminés en cœcums renflés, du côté interne, et enveloppent un petit peloton artériel. Du côté externe, ils débouchent dans un canal collecteur qui se jette soit dans l'extrémité terminale de l'intestin, soit dans le pédicule de la vésicule allantoïde. — On trouve, dans l'intérieur de ces glandes, un liquide assez analogue à de l'urine, et on les regarde comme de véritables reins transitoires (*reins primitifs*).

Chez tous les Vertébrés, à l'exception de l'Amphioxus, il existe des reins distincts; mais, chez les Poissons seulement, les reins sont constitués par les corps de Wolff. — Chez les autres Vertébrés, ces derniers organes ont une existence transitoire et ne tardent pas à être remplacés par les *reins secondaires* ou *définitifs*. — Ceux-ci se développent en arrière des corps de Wolff, sur leurs canaux excréteurs. Ils forment d'abord un bourgeon creux qui sera plus tard l'uretère et qui se ramifie pour constituer les tubes urinifères dont nous reparlerons plus loin. — Les corps de Wolff et les reins ont, à peu près, la même structure.

Les *reins* sont toujours au nombre de deux et suspendus dans la cavité viscérale, de chaque côté du rachis. — Leurs canaux excréteurs (*uretères*) s'ouvrent quelquefois dans le rectum; mais ils se réunissent généralement pour former une partie commune (*urèthre*). — Entre les uretères et l'urèthre, on trouve le plus souvent un réservoir urinaire (*vessie*).

Les reins des Vertébrés ovipares reçoivent du sang, non seulement de l'artère rénale, mais encore de veines spéciales (*veine porte rénale*) venant de la partie postérieure du corps. — Ces veines, après s'être ramifiées dans les reins, vont déboucher dans la veine cave inférieure.

Appareil reproducteur. — La reproduction est toujours sexuelle et les sexes sont séparés, à l'exception de quelques Poissons (Serrans) qui sont monoïques. — Les ovaires et les testicules forment des glandes habituellement paires logées dans la cavité viscérale ou ses dépendances. Ces organes sont généralement pourvus de canaux excréteurs (*oviducte, canal déférent*) qui, chez quelques Vertébrés inférieurs, s'ouvrent dans le rectum avec les uretères pour constituer ce qu'on appelle un *cloaque*. Le plus souvent, ces canaux excréteurs se réunissent en un conduit commun qui débouche au dehors dans le voisinage de l'anus et du méat urinaire. — Chez la plupart des Poissons et des Batraciens, il n'y a pas d'accouplement.

Les Mammifères seuls sont franchement *vivipares*, c'est-à-dire que l'œuf fécondé est reçu dans un réservoir (*matrice* ou *utérus*) à la paroi duquel il s'attache et d'où le jeune être, après avoir trouvé les matériaux nécessaires à son développement, est expulsé sous sa forme propre, mais dans un tel état de faiblesse qu'il a besoin d'être nourri avec un fluide (*lait*) sécrété par des organes spéciaux (*mamelles*) de la mère. — Les autres Vertébrés sont *ovipares* ou *ovovivipares*. Dans le premier cas, l'œuf n'éclôt qu'après la ponte; dans le second, l'éclosion se fait dans les organes excréteurs de l'œuf, et le nouvel individu naît tout formé.

Squelette. — C'est l'ensemble des os du corps.

Chez quelques Vertébrés inférieurs, la notocorde fait toujours partie de l'organisme, tandis que, chez les autres, elle ne tarde pas à faire place à une série de cartilages ou d'os portant le nom de *vertèbres*.

Vertèbres. — Une vertèbre théorique se compose essentiellement d'un corps (*centrum*), d'une paire d'arcs supérieurs (*neurapophyses*) qui entoure l'axe nerveux, et d'une paire d'arcs inférieurs (*hémapophyses*) qui protège une partie du système vasculaire. Les arcs supérieurs sont fermés sur la ligne médiane par une pièce impaire plus ou moins saillante (*apophyse épineuse*). Les arcs inférieurs forment les *côtes* et sont, le plus souvent, réunis par une partie intermédiaire (*sternum*). — A ces pièces s'ajoutent, de chaque côté, des *apophyses articulaires* et une *apophyse latérale*.

Colonne vertébrale. — La colonne formée par la réunion des vertèbres (*colonne vertébrale* ou *rachis*) présente toujours, de chaque côté, des orifices intervertébraux (*trous de conjugaison*). — Un disque cartilagineux se trouve interposé entre les corps des vertèbres et forme l'élément élastique par le moyen duquel le rachis jouit d'une mobilité plus ou moins grande.

Chez les Vertébrés munis de membres postérieurs bien développés, un certain nombre de vertèbres situées à la partie postérieure du tronc se modifient pour fournir une pièce (*sacrum*) qui est en rapport avec le bassin. — En avant de cet os, les vertèbres sont divisées artificiellement en trois groupes (*cervicales, dorsales, lombaires*). La première vertèbre dont les côtes sont unies au sternum est *dorsale*, et sont dorsales aussi toutes les vertèbres suivantes qui portent des côtes unies ou non avec le sternum. — En avant des dorsales se trouvent les *cervicales* avec ou sans côtes, et, en arrière, les *lombaires* toujours dépourvues de côtes. — Enfin, on appelle vertèbres *caudales* ou *coccygiennes* tous les éléments vertébraux situés en arrière du sacrum.

Crane et face. — La partie antérieure de la

colonne vertébrale présente un renflement (*crâne*) que l'on considère comme formé par les corps et les arcs supérieurs d'un certain nombre de vertèbres. — L'Amphioxus est le seul Vertébré qui soit dépourvu de crâne.

Un système d'arcs situés au-dessous du crâne est en relation avec lui. — Les uns de ces arcs constituent la *face*, dont la réunion avec le crâne forme la *tête* : ils entourent l'entrée du tube digestif et présentent, par rapport au crâne, la même disposition que les côtes relativement à la colonne vertébrale. — Les autres servent de support à l'appareil respiratoire et forment ce que l'on a appelé le *squelette branchial*.

ÉPAULE ET BASSIN. — On désigne sous les noms *d'arc scapulaire* (épaule) et *d'arc pelvien* (bassin) les parties qui rattachent respectivement au corps les membres antérieurs et les membres postérieurs.

MEMBRES. — Il y a lieu de considérer des *membres pairs* et des *membres impairs*. — Les premiers constituent les *membres antérieurs* et les *membres postérieurs*; les seconds (qui n'existent que chez les Vertébrés anamniens) forment les *nageoires médianes* ou *verticales*.

Système nerveux. — Chez tous les Vertébrés, l'axe cérébro-spinal se compose d'un *encéphale* et d'une *moelle épinière*. Cependant l'encéphale, à proprement parler, fait défaut chez l'Amphioxus, car il est réduit à un simple renflement ganglionnaire.

La moelle épinière présente un *canal central*

qui communique avec des cavités (*ventricules*) dont est creusé l'encéphale.

Chez l'Amphioxus, l'axe cérébro-spinal est logé dans une gaîne fibreuse ; mais, chez les autres Vertébrés, il est contenu dans un étui cartilagineux ou osseux formé par la boîte crânienne et le canal rachidien.

Les nerfs qui émergent de l'axe cérébro-spinal sortent par paires, soit par les trous de la base du crâne (*nerfs crâniens*), soit par les trous de conjugaison situés entre les vertèbres (*nerfs rachidiens*). Ceux-ci naissent par deux RACINES, l'une supérieure *sensible*, l'autre inférieure *motrice*.

Les parois de la gaîne crânio-rachidienne sont tapissées par une membrane fibreuse qui forme à l'axe nerveux une première enveloppe (*dure-mère*). — Celle-ci offre, chez les Vertébrés à température constante, des replis (*faux du cerveau*, *faux* et *tente du cervelet*) constituant de véritables cloisons entre diverses parties de l'encéphale. Ces replis font défaut chez les Vertébrés à température variable. — D'un autre côté, l'axe cérébro-spinal est revêtu par une membrane très vasculaire (*pie-mère*), qui adhère à sa surface et tapisse toutes ses anfractuosités. — Entre la pie-mère et la dure-mère on observe, chez les Mammifères, une membrane séreuse (*arachnoïde*) dépourvue de vaisseaux propres et qui possède deux feuillets, l'un recouvrant la pie-mère dont il est séparé, dans un grand nombre de points, par un liquide (*liquide céphalo-rachidien*), l'autre étant en rapport avec la dure-

106   VERTÉBRÉS.

mère. L'arachnoïde sécrète, entre ses deux faces,

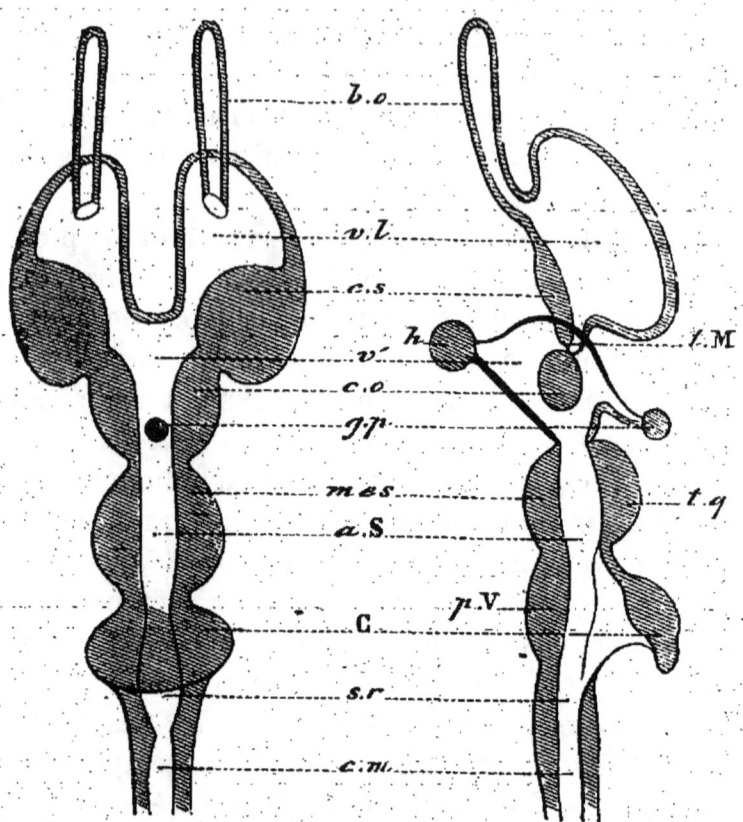

Fig. 49. — Coupes longitudinales horizontale et verticale de l'encéphale d'un Vertébré (figure schématique).

a.S, aqueduc de Sylvius; — b.o, lobes olfactifs; — C, cervelet; — c.m, canal médullaire; — c.o, couches optiques; — c.s, corps striés; — g.p, glande pinéale; — h, hypophyse ou corps pituitaire; — més, mésencéphale; — p.V, pont de Varole; — s.r, sinus rhomboïdal ou quatrième ventricule; — t.M, trou de Monro; — t.q, tubercules quadrijumeaux; — v', troisième ventricule; — v.l, ventricules latéraux (Huxley).

un *liquide* dit *arachnoïdien*. — Cette enveloppe est rudimentaire chez les Oiseaux et ne constitue pas une tunique complète; chez les Poissons, elle a presque complètement disparu, faisant place à un tissu adipeux qui remplit la plus grande partie de la cavité crânienne.

Chez l'embryon très jeune, l'axe cérébro-spinal est un tube creux dont la partie antérieure, d'abord simple, se divise ensuite en trois renflements vésiculaires séparés par des rétrécissements. — Ces trois renflements sont appelés, d'après leur position d'avant en arrière : *vésicule cérébrale antérieure* ou *prosencéphale; vésicule cérébrale moyenne* ou *mésencéphale; vésicule cérébrale postérieure* ou *postencéphale.*

La vésicule antérieure produit les *hémisphères cérébraux* avec les *ventricules latéraux*, *les lobes olfactifs* et le *troisième ventricule*. — La vésicule moyenne ne donne naissance qu'aux *tubercules quadrijumeaux;* elle est creusée d'un canal (*aqueduc de Sylvius*) qui communique en avant avec le troisième ventricule. — La vésicule postérieure forme la *protubérance annulaire,* le *cervelet,* enfin le *bulbe rachidien* creusé d'un ventricule (*quatrième ventricule*) qui communique en avant avec l'aqueduc de Sylvius et en arrière avec le canal central de la moelle.

Organes des sens. — TOUCHER. — L'appareil du *toucher* comprend le tégument externe, c'est-à-dire la *peau* et une partie du tégument interne (*muqueuse*) qui tapisse les voies digestives.

La *peau* se compose de deux couches distinctes : une superficielle (*épiderme*), une profonde (*derme*).

— La première est formée de cellules épithéliales et la seconde de fibres conjonctives auxquelles se joignent des vaisseaux ainsi que des éléments musculaires et nerveux. — On trouve à la surface du derme des éminences (*papilles*) qui renferment des *corpuscules du tact*. — Les divers appendices de la peau sont tantôt des productions *épidermiques* (poils, ongles, cornes, plumes), tantôt des formations *dermiques* (écailles des Poissons, carapace des Tatous).

Autres sens. — Ils seront mieux étudiés plus loin (*voy*. aussi les généralités sur les organes des sens, p. 84 et suiv.).

Développement. — Nous avons assisté plus haut voy. p. 93) à la naissance de l'aire germinative et à la formation des feuillets blastodermiques. — Au milieu de l'aire germinative apparaît une ligne sombre (*ligne primitive*) en avant de laquelle se creuse un sillon (*sillon médullaire*). Celui-ci est limité par deux saillies linéaires (*crêtes dorsales*) qui, en s'élevant, se réunissent de manière à convertir la gouttière en un canal dans lequel se développe le système nerveux central. — En même temps, les parties latérales de l'aire embryonnaire se replient en bas et en dedans, convergeant vers l'ombilic futur. Ces parties entraînent avec elles une portion de l'ectoderme, qui ne tarde pas à former autour de l'embryon un sac sans ouverture (*amnios*) rempli de liquide. — Pendant ce temps, l'embryon détermine sur l'ectoderme un étranglement qui divise la vésicule blastodermique en deux parties : l'une intra-

DÉVELOPPEMENT.

embryonnaire et l'autre extra-embryonnaire (*vésicule ombilicale*). — La vésicule ombilicale fournit à l'embryon les premiers éléments de sa nutrition. — Bientôt une vésicule riche en vaisseaux sanguins (*allantoïde*) naît de la partie inférieure du tube intestinal et se développe au point d'entourer le reste de l'embryon : elle prend une part importante à la nutrition et à la respiration de ce dernier.

Les Vertébrés possèdent généralement une vésicule ombilicale plus ou moins distincte; mais, chez les Batraciens, les Poissons et les Leptocardiens, il n'y a pas d'amnios, et l'allantoïde, si elle existe quelquefois, reste toujours rudimentaire. — Ces deux dernières vésicules s'observent au contraire toujours chez les Mammifères, les Oiseaux et les Reptiles. — De là vient la division des Vertébrés en Amniens et Anamniens suivant la présence ou l'absence de l'amnios.

DIVISION DES VERTÉBRÉS EN CLASSES

VERTÉBRÉS				
	Amniens	Des mamelles		Mammifères.
		Pas de mamelles.	Des plumes.	Oiseaux.
			Pas de plumes.	Reptiles.
	Anamniens	Un crâne.	Pas de nageoires impaires à rayons.	Batraciens.
			Des nageoires impaires à rayons.	Poissons.
		Pas de crâne.		Leptocardiens.

DOUZIÈME LEÇON

MAMMIFÈRES

(*mamma,* mamelle; *ferre,* porter)

CONSIDÉRATIONS GÉNÉRALES. — APPAREIL DIGESTIF ET DIGESTION

AMNIENS VIVIPARES, TOUJOURS POURVUS DE *MAMELLES* ET LE PLUS SOUVENT COUVERTS DE POILS. — DEUX CONDYLES OCCIPITAUX. — RESPIRATION EXCLUSIVEMENT PULMONAIRE. — TEMPÉRATURE CONSTANTE.

Appareil digestif. — *A.* CAVITÉ BUCCALE. — Les dents manquent rarement (Échidné, Pangolin, Fourmilier). — Chaque dent complètement développée présente une *racine* enchâssée dans une cavité des os maxillaires (*alvéole*) et une partie libre (*couronne*) qui fait saillie hors de la *gencive*. Celle-ci est un épaisissement de la muqueuse buccale, qui adhère à la partie de la dent (*collet*) intermédiaire entre la couronne et la racine.

Le centre de la dent est occupé par la *cavité dentaire* qui s'ouvre à l'extrémité de la racine par un *canal* simple ou multiple, suivant que celle-ci est elle-même simple ou multiple. Un nerf de sensibilité et des vaisseaux nourriciers pénètrent par ce canal dans une partie molle (*pulpe dentaire*) qui remplit la cavité dentaire et sert à la nutrition de

la dent. — Les parties dures de celle-ci sont :
1° l'*ivoire* ou substance fondamentale de la dent, creusé de *canalicules dentaires ;* 2° l'*émail*, substance la plus dure de l'organisme, qui enveloppe la cou-

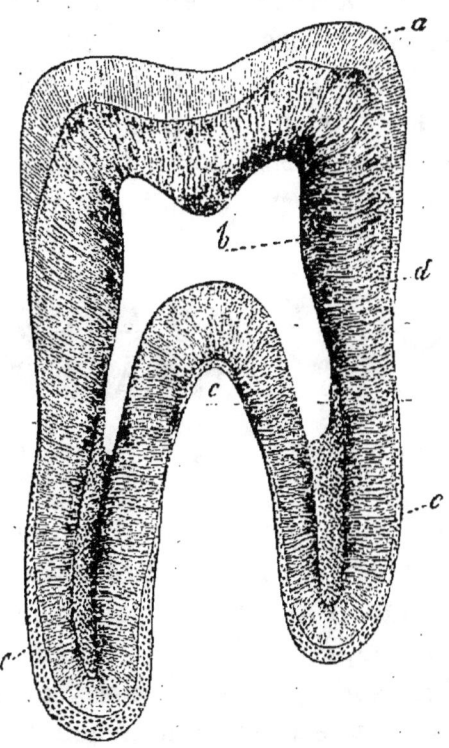

Fig. 50. — Dent molaire de l'Homme (section longitudinale).
a, émail ; — *b*, cavité dentaire ; — *c*, cément ; — *d*, ivoire et canalicules dentaires.

ronne en formant (*dents composées*) ou non (*dents simples*) des replis à l'intérieur ; 3° le *cément*, substance osseuse qui revêt la racine. — L'émail fait défaut dans les défenses de l'Éléphant et les dents les Édentés.

On appelle *incisives* les dents qui sont implantées dans les intermaxillaires et celles qui leur correspondent à la mâchoire inférieure; *canines*, la paire de dents qui est située à l'extrémité antérieure du maxillaire supérieur et celle qui lui correspond à la mâchoire inférieure; *molaires*, toutes les autres dents (*prémolaires* celles qui se renouvellent, *vraies molaires* celles qui ne succèdent pas à des dents de lait). — Les *Homodontes* ou Mammifères à dents d'une seule sorte (Cétacés, Édentés) ne su-

Fig. 51. — Dents simples.   Fig. 52. — Dents composées.

bissent pas de changement de dentition; il n'en est pas de même chez les *Hétérodontes* ou Mammifères à dents de deux ou trois sortes. — Chez quelques Mammifères, il y a des dents qui non seulement ne sont pas renouvelées, mais encore dont la croissance est continue (défenses des Éléphants, incisives des Rongeurs).

On a représenté par des *formules dentaires* le nombre et la répartition des dents :

Homme. . . . . . $\frac{2}{2}$ i, $\frac{1}{1}$ c, $\frac{5}{5}$ m $\left(\frac{2}{2}, \frac{3}{3}\right)$.
Rat . . . . $\frac{1}{1}$ i, $\frac{0}{0}$ c, $\frac{3}{3}$ m.

Ce qui veut dire :
De chaque côté et à chaque mâchoire, l'Homme

a : 2 incisives, 1 canine et 5 molaires, dont 2 prémolaires et 3 vraies molaires. En tout 32 dents.

De chaque côté et à chaque mâchoire, le Rat possède : 1 incisive, pas de canine et 3 molaires. En totalité 16 dents.

La dentition d'un animal révèle ses mœurs et son régime.

Outre les dents on trouve, à l'entrée des voies digestives, des *lèvres* (excepté chez les Monotrèmes) jouant souvent un rôle dans la préhension des aliments, des *joues* se développant quelquefois d'une façon anormale (*abajoues*), une *langue* mobile (immobile chez la Baleine) fixée à un os (*os hyoïde*) et quelquefois accompagnée d'une *sous-langue* (Ouistiti). — La surface dorsale de la langue présente un grand nombre d'éminences (*papilles*) dont les unes (*caliciformes*, *fungiformes*) sont gustatives, tandis que les autres (*coniques*) sont tactiles. Celles-ci sont quelquefois cornées (Chat, Lion) et servent à détacher les chairs adhérentes aux os. — Ce sont des organes analogues aux papilles coniques, mais gigantesques, qui forment les *fanons* à la voûte palatine de la Baleine.

Chez tous les Mammifères, la voûte palatine se continue en arrière par une cloison mobile musculo-membraneuse (*voile du palais*) qui présente, chez l'Homme et quelques Singes, un prolongement médian (*luette*). — Le voile se continue à ses extrémités par deux *piliers* entre lesquels se trouve logé un organe glandulaire (*amygdale*). — Les deux piliers *antérieurs* vont se perdre sur les côtés de la langue et circonscrivent l'*isthme du gosier* qui sépare la bouche du pharynx ; les deux *postérieurs* se perdent sur les côtés du pharynx et limitent

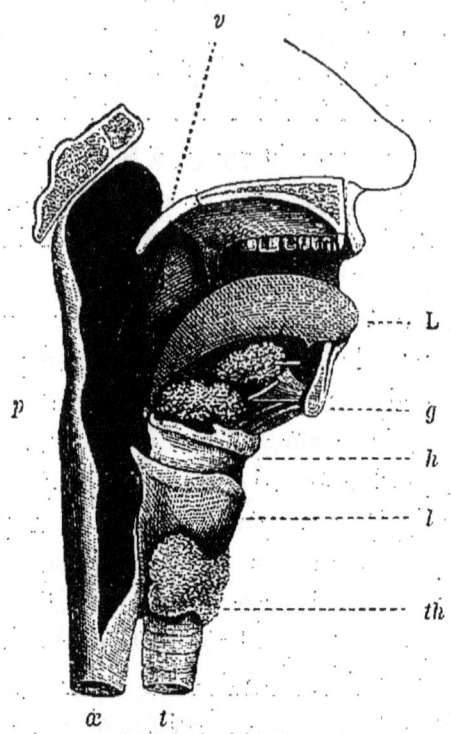

Fig. 53. — Coupe verticale de la bouche et du pharynx de l'Homme.

g, glande sous-maxillaire au-dessus de laquelle on voit la glande sublinguale ; — *h*, os hyoïde ; — L, langue ; — *l*, larynx ; — *œ*, œsophage ; — *p*, pharynx ; — *t*, trachée ; — *th*, corps thyroïde ; — *v*, voile du palais.

l'*isthme naso-pharyngien* qui fait communiquer les fosses nasales avec le pharynx. — Le voile embrasse le pourtour de la glotte chez les Cétacés, l'Éléphant et le Cheval.

APPAREIL DIGESTIF. 115

B. Pharynx ou arrière-bouche. — Carrefour

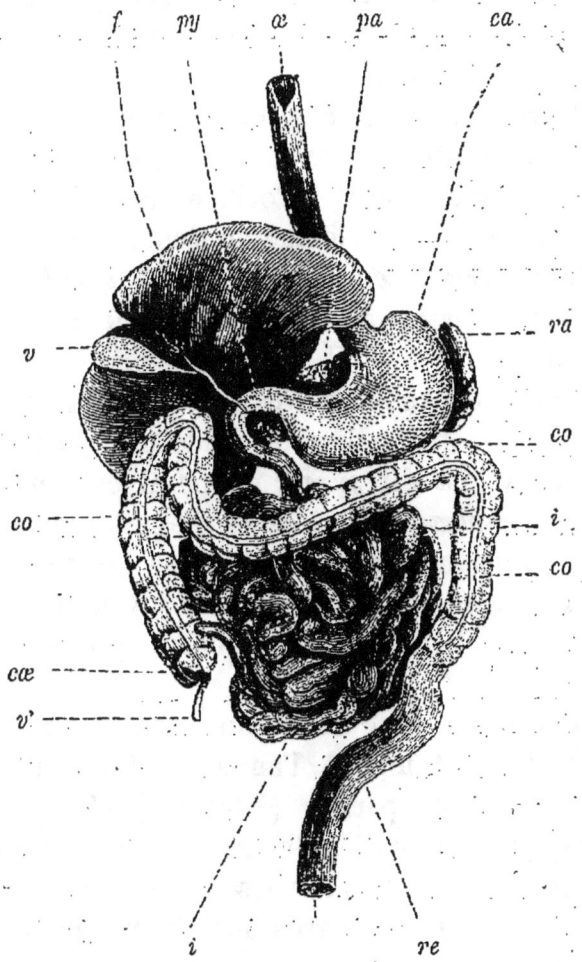

Fig. 54. — Appareil digestif de l'Homme.
ca, cardia; — cœ, cæcum; — co, colon; — f, foie; — i, intestin grêle; — œ, œsophage; — pa, pancréas; — py, pylore; — ra, rate; re, rectum; — v, vésicule biliaire; — v', appendice vermiculaire du cæcum.

musculo-membraneux à l'intérieur duquel se croisent les voies digestive et respiratoire.

C. Œsophage. — Canal musculo-membraneux qui va du pharynx à l'estomac. — Aplati, dans l'état de vacuité. — Il débouche dans l'estomac par un orifice appelé *cardia*.

D. Estomac. — Poche musculo-membraneuse séparée de l'intestin par un bourrelet circulaire (*valvule pylorique*) situé à l'orifice de sortie (*pylore*) de l'estomac. — L'estomac présente deux bords (*grande* et *petite courbure*), un *grand cul-de-sac* dans le voisinage du cardia, un *petit cul-de-sac* voisin du pylore. — Il contient dans ses parois des glandes en tube (*follicules gastriques*) dont la plupart sécrètent un liquide acide (*suc gastrique*).

L'estomac est dit *simple* quand il est uniloculaire et *complexe* quand sa cavité est divisée en deux ou plusieurs compartiments. — Le maximum de complexité s'observe chez les Ruminants où l'on trouve généralement quatre poches distinctes.

E. Intestin. — Portion du tube digestif qui s'étend de l'estomac à l'anus. — L'intestin est séparé en deux parties (*intestin grêle* et *gros intestin*) par un repli valvulaire intérieur (*valvule iléo-cœcale*) qui permet le passage des matières de l'intestin grêle dans le gros intestin, mais s'oppose à leur reflux.

La première portion de l'intestin grêle (*duodénum*) présente, dans ses parois, des glandes en grappe (*glandes de Brünner*); l'autre portion (*jéjuno-iléon*) constitue *l'intestin grêle proprement dit*. — L'intestin grêle est, comme le reste du tube digestif, tapissé par une membrane muqueuse, mais la muqueuse de l'intestin grêle présente à sa surface des replis transversaux (*valvules conniventes*) et des filaments vasculaires (*villosités*) qui augmentent sa surface. — On voit, à la surface de la muqueuse, les orifices d'un grand nombre de glandes en tube (*glandes de Lieberkühn*) sécrétant un suc alcalin (*suc intestinal*) : enfin on trouve, dans son épaisseur, des *follicules clos*, soit isolés, soit réunis (*plaques de Peyer*).

Le gros intestin se divise en *cæcum, côlon et rectum*. — Le cæcum est surtout développé chez les Herbivores : c'est entre lui et le côlon que s'opère la jonction de l'intestin grêle avec le gros intestin. —

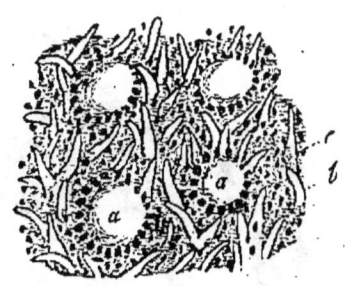

Fig. 55. — Muqueuse de l'intestin grêle.

a, follicules clos entourés comme d'un anneau par les ouvertures des glandes de Lieberkühn; — *b*, villosités; — *c*, glandes de Lieberkühn plus isolées.

Il n'y a pas de cæcum chez les Cheiroptères, l'Ours et la plupart des Insectivores. — Chez l'Homme et les Singes qui s'en rapprochent le plus, le cæcum présente un prolongement grêle (*appendice vermiforme*). — Le côlon acquiert en général une très grande longueur chez les Herbivores, particularité qui coïncide avec le grand développement du cæcum. — Enfin le rectum est plus ou moins rectiligne, comme l'indique son nom. — L'anus est situé à l'extrémité postérieure du tronc, sous l'origine de la queue, quand cet appendice existe; il est toujours entouré d'un muscle (*sphincter*) qui se trouve dans un état de tension permanente.

L'anus est isolé de l'orifice génito-urinaire chez les Placentaires. — Ce n'est que chez les Monotrèmes qu'on observe un véritable cloaque. — La mu-

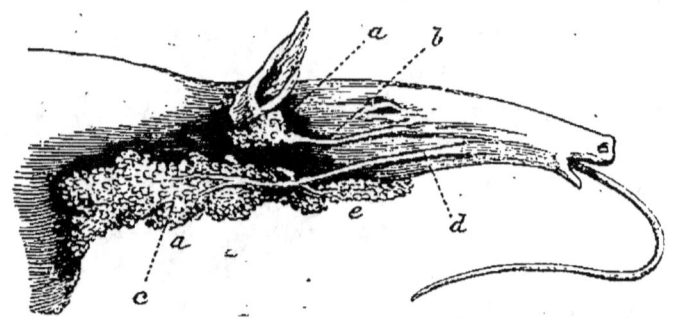

Fig. 56. — GLANDES SALIVAIRES DU FOURMILIER.

a, glande parotide; — *b*, canal de Sténon ; — *c*, glande sous-maxillaire; — *d*, canal de Wharton ; — *e*, glande sublinguale.

queuse du gros intestin ne présente guère que des glandes de Lieberkühn et des follicules clos.

F. ANNEXES DU TUBE DIGESTIF. — a. *Glandes salivaires.* — Glandes en grappe chargées de sécréter la salive : 1° les unes (*glandes muqueuses*) sont renfermées dans la muqueuse de la cavité buccale; 2° les autres, beaucoup plus volumineuses et *extra-pariétales*, constituent trois paires : la *glande parotide*, la *glande sous-maxillaire* et la *glande sublinguale.*

La *glande parotide* est située au-dessous du conduit auditif; son canal excréteur (*canal de Sténon*)

APPAREIL DIGESTIF.

débouche à la face interne de la joue. — Surtout développée chez les Herbivores; rudimentaire chez les Édentés.

La *glande sous-maxillaire* est située à la partie antérieure et supérieure du cou. Son conduit excréteur (*canal de Wharton*) s'ouvre sur les côtés du frein

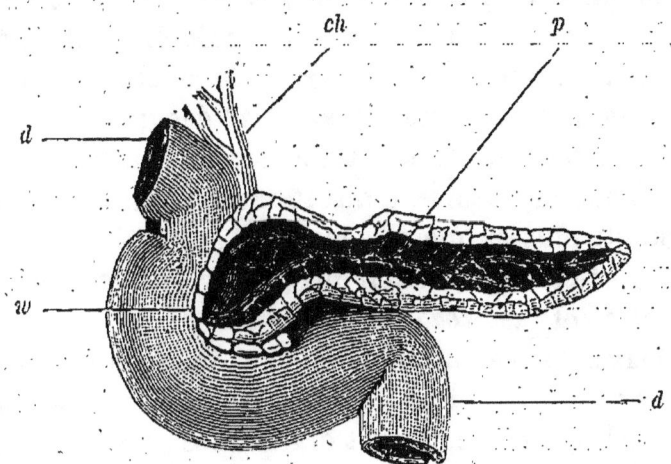

Fig. 57. — Pancréas et duodénum.
ch, canal cholédoque; — *d, d,* duodénum; — *p,* pancréas; *w,* canal de Wirsung.

de la langue. — Surtout développée chez les Édentés.

La *glande sublinguale* est située sur le plancher de la bouche, en avant de la glande sous-maxillaire. — Ses canaux excréteurs (*conduits de Rivinus*) s'ouvrent sur les côtés du frein de la langue.

b. *Foie*. — Organe multilobé qui se compose de deux glandes : l'une qui sécrète de la bile (*glande biliaire*), l'autre qui produit du sucre (*organe glycogène*). — Il est enveloppé d'une membrane (*capsule de Glisson*) et a un conduit excréteur (*canal*

cholédoque) qui déverse la bile dans le duodénum.
— Il existe souvent un conduit (*canal cystique*) se détachant du canal excréteur pour se rendre à une ampoule (*vésicule biliaire*) qui manque chez quelques Ongulés (Cheval, Éléphant, Cerf) et chez les Cétacés.

c. *Pancréas.* — Glande en grappe située près du duodénum où elle verse son produit (*suc pancréatique*) par un double conduit excréteur dont l'un (*canal de Wirsung*) s'unit avec le canal cholédoque.

Nous ne ferons que signaler ici des glandes qui existent souvent dans le voisinage de l'anus et versent dans le rectum ou directement au dehors des produits plus ou moins odorants.

Digestion. — Fonction qui a pour but de rendre les aliments *absorbables* et *assimilables*.

Aliments. — On désigne ainsi toute substance susceptible de servir à l'entretien de la vie. — La plupart des aliments sont organiques; mais l'eau, le sel marin et diverses autres matières inorganiques sont indispensables à la nutrition.

Le tableau suivant résume la classification des aliments organiques.

ALIMENTS ORGANIQUES
- Azotés ou **Albuminoïdes** : *Albumine, Fibrine, Caséine, Gélatine, Gluten,* etc.
- Non azotés :
  - **Hydrocarbonés** :
    - Féculents : *Amidon, Dextrine, Gommes, Cellulose.*
    - Sucres : *Sucre de canne, Glycose,* etc.
  - **Matières grasses** : *Graisse, Beurre,* etc.

La digestion comprend des phénomènes *mécaniques* et des phénomènes *chimiques*.

A. Phénomènes mécaniques. — Ils ont pour but de saisir les aliments (*préhension des aliments*), de les diviser au moyen des dents (*mastication*), de les faire passer de la bouche dans l'estomac (*déglutition*), de les faire progresser dans l'estomac et l'intestin (*mouvements de l'estomac et de l'intestin*), enfin d'expulser leurs résidus hors de l'économie (*défécation*).

a. *Préhension des aliments.* — On doit distinguer : 1° la préhension des aliments solides; 2° celle des aliments liquides (*haustion*).

1° *Préhension des solides.* — Chez l'Homme, les *membres antérieurs* atteignent leur plus haut degré de perfection comme instruments de préhension, mais ils servent aussi au même usage chez les Singes et la plupart des Rongeurs claviculés. — La trompe de l'Éléphant, sous ce rapport, est presque un membre supplémentaire.

Les *mâchoires* constituent, chez la plupart des Mammifères, l'unique instrument de préhension; mais les *incisives*, aussi bien par leur situation antérieure que par leur forme tranchante, sont, pour ainsi dire, les seules dents préhensiles. — Les *canines* sont pointues et destinées à percer ou à déchirer. — Quant aux *molaires*, nous les étudierons, dans un instant, comme instruments de mastication.

Chez tous les Mammifères, la mâchoire supérieure reste fixe, et c'est la mâchoire inférieure qui, par sa mobilité, joue le principal rôle dans l'acte de la préhension. — Chez un certain nombre de Mammifères, les lèvres (Cheval, etc.) ou la langue (Bœuf, etc.) viennent en aide aux dents pour saisir les substances végétales. Les Fourmiliers, qui n'ont pas de dents, prennent avec la langue visqueuse qu'ils dardent hors de la bouche, les Insectes dont ils se nourrissent.

2° *Préhension des liquides.* — Elle se fait suivant trois modes principaux : la *succion*, l'*aspiration* et le *lappement*.

Dans la *succion*, les lèvres s'appliquent exactement sur la surface d'où doit sortir le liquide. — La bouche joue le rôle d'un corps de pompe dont la langue est le piston. — Pendant cet acte, la respiration continue à s'effectuer et n'est suspendue qu'au moment de la déglutition du liquide.

Dans l'*aspiration*, le liquide est introduit dans la cavité buccale par le vide que produit l'inspiration thoracique. — L'Éléphant *aspire* les liquides en se servant de sa trompe et les rejette ensuite dans la bouche par une forte expiration.

Enfin, dans le *lappement*, la langue est dardée dans le liquide par sa pointe renversée en arrière, et celle-ci le lance dans la cavité buccale. — Ce mode de haustion, le plus lent de tous, s'observe chez les Carnivores (qui boivent peu) et leur permet de ne pas plonger dans l'eau l'orifice buccal jusqu'aux commissures, car alors (à cause de leur gueule largement fendue) les narines seraient aussi immergées.

b. *Mastication*. — Les Carnivores coupent et les Herbivores écrasent les aliments par l'action des *molaires* qui sont les vraies dents de la mastication. — Les molaires des Carnivores sont coupantes et simples; celles des Herbivores sont, au contraire, râpeuses et composées, c'est-à-dire que leur surface triturante est plate et qu'elle présente des bandes intérieures d'émail. Ces bandes sont transversales (Rongeurs) ou longitudinales (Ruminants), suivant que le mouvement de la mâchoire est, au contraire, longitudinal (Rongeurs) ou transversal (Ruminants), conditions indispensables pour que ces dents puissent faire l'office de râpes. — Chez les Carnivores, les mâchoires ne peuvent exécuter que des mouvements d'écartement ou de rapprochement; elles se comportent comme les deux branches d'une paire de ciseaux dont les dents représentent les bords tranchants. Nous reviendrons plus loin sur la disposition du système dentaire des Carnivores, des Rongeurs, etc., et nous parlerons, à ce sujet, de la conformation du condyle de la mâchoire inférieure chez ces animaux.

Les *muscles moteurs* du maxillaire inférieur sont au nombre de cinq de chaque côté : le *temporal*, le *masséter*, les deux *ptérygoïdiens* et le *digastrique*. — Ils produisent des mouvements d'*abaissement* (digastrique), d'*élévation* (temporal, masséter, ptérygoïdiens), de *propulsion* (ptérygoïdien externe), de *rétropulsion* (temporal), enfin de *diduction* ou de *latéralité* (ptérygoïdiens). — Les mouvements d'élévation et d'abaissement sont les seuls qu'effectuent les Carnivores, aussi les muscles temporaux et masséters, qui en sont les principaux agents, offrent-ils un très grand développement chez ces animaux. — Ces deux muscles varient en raison inverse l'un de l'autre.

Le *temporal*, qui est l'élévateur principal chez les Carnivores, naît de la fosse temporale, passe en dedans de l'arcade zygomatique et se porte sur les deux faces de l'apophyse coronoïde du maxillaire inférieur.

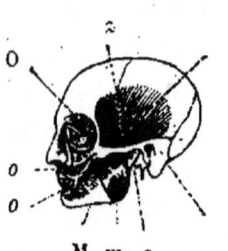

Fig. 58. — Muscles de la tête.

a, articulation de la mâchoire inférieure ; — M, mâchoire inférieure ; — *m*, muscle masséter ; — O, muscle orbiculaire des paupières ; — *o, o*, muscle orbiculaire des lèvres ; — *oc*, occipital ; — *t*, muscle temporal ; — *z*, arcade zygomatique.

Le *masséter*, qui est l'élévateur principal chez les Herbivores, naît du bord inférieur de l'arcade zygomatique et s'insère, d'autre part, sur la face externe de la branche du maxillaire inférieur.

c. *Déglutition*. — Quand les aliments ont été divisés par la mastication et réduits en bouillie (*bol alimentaire*) par leur mélange avec la salive (*insalivation*), ils doivent traverser le pharynx pour se rendre dans l'œsophage et arriver ensuite dans l'estomac. La *déglutition* est l'acte qui a pour but d'effectuer ce transport du bol alimentaire de la bouche dans l'estomac.

Dans un premier temps, la langue fait, pour ainsi dire, le gros dos et le bol alimentaire, comprimé entre la langue et la voûte palatine, est poussé vers le pharynx. Aussitôt celui-ci se soulève par sa partie inférieure; alors l'épiglotte, soulevée aussi, vient butter contre la base de la langue et est renversée sur l'ouverture supérieure du larynx qu'elle recouvre; mais déjà le voile du palais s'est tendu horizontalement, de façon à oblitérer l'orifice de communication du pharynx avec les fosses nasales et à produire, par son soulèvement, une aspiration du bol (Carlet). — La seule voie ouverte au bol alimentaire est donc l'entrée de l'œsophage, puisque, par la langue, par l'épiglotte et par le voile du palais, les autres ouvertures du pharynx sont closes. Aussitôt la glotte se ferme et une dépression thoracique due à la contraction du diaphragme facilite la descente du bol en raréfiant l'air sur le trajet qu'il doit parcourir (Arloing) et accentuant l'aspiration produite par le soulèvement actif du voile du palais.

Dans un second temps, le bol alimentaire, qui est arrivé à l'orifice supérieur de l'œsophage, est saisi par les contractions successives (*contractions péristaltiques*) des fibres musculaires de l'œsophage qui le chassent du côté de l'estomac.

d. *Mouvements de l'estomac et de l'intestin*. — Ils sont lents et faibles, mais de même nature que ceux de l'œsophage : ils facilitent la digestion en présentant les diverses parties de la masse alimentaire à l'action des sucs digestifs.

e. *Défécation*. — C'est l'acte qui a pour but d'expulser au dehors les résidus de la digestion, —

La défécation s'effectue sous l'influence de la contraction des muscles abdominaux qui forcent la tension du sphincter de l'anus, aidés par un muscle du bassin (*releveur de l'anus*) qui amène au devant des matières fécales l'orifice qu'elles doivent franchir.

B. PHÉNOMÈNES CHIMIQUES. — a. *Action de la salive*. — La salive contient un ferment soluble (*ptyaline*) qui transforme la fécule *cuite* en dextrine et en glycose. — Elle n'a pas d'action sur les autres aliments organiques.

b. *Action du suc gastrique*. — Le suc gastrique contient un *acide libre* et un ferment soluble (*pepsine*) qui en agissant *simultanément* sur les albuminoïdes les transforment en *peptones* ou *albuminose*. — Les peptones diffèrent des albuminoïdes en ce qu'elles sont solubles dans l'eau et très diffusibles. — Le suc gastrique est sans action sur les autres aliments.

c. *Action du suc pancréatique*. — Ce suc saccharifie les féculents cuits ou crus, peptonise les albuminoïdes, émulsionne et même décompose les graisses (BERNARD). — Le suc pancréatique est le plus important des fluides digestifs : son ferment (*pancréatine*) contient trois autres ferments ayant chacun leur action spéciale.

d. *Action de la bile*. — Peu connue. — La bile est faiblement émulsive.

e. *Action du suc intestinal*. — Le suc intestinal, grâce à un ferment soluble (*ferment inversif*), transforme le sucre de canne, qui n'est pas assimilable, en un mélange de glycose et de lévulose qui est directement utilisable pour l'économie (Bernard).

— Il semble aussi compléter ce que les autres sucs ont commencé et paraît avoir, mais à un faible degré, un triple pouvoir saccharifiant, peptonisant et émulsif.

Dans le gros intestin, les aliments ne subissent pas de modification appréciable.

Absorption digestive. — L'*absorption* a été définie plus haut (*voy.* p. 54). — Quand les aliments ont été digérés, il faut, pour qu'ils puissent servir à la nutrition des diverses parties du corps, qu'ils quittent le tube digestif et c'est alors que commence le rôle de l'absorption. — Celle-ci se fait surtout dans l'intestin où la surface d'absorption est énorme, à cause de la présence des valvules conniventes et des villosités. — Ces dernières présentent à leur surface un réseau sanguin d'une grande richesse et leur axe est occupé par un capillaire lymphatique.

On démontre en physiologie : 1° que l'absorption ne s'exerce que sur les fluides; 2° que les organes ou voies de l'absorption sont les veines et les vaisseaux lymphatiques. — Les villosités sont donc admirablement disposées pour accomplir le phénomène de l'absorption, tant à cause de leur richesse vasculaire que parce qu'elles baignent dans les substances alimentaires rendues solubles (peptones et glycose) par les sucs digestifs. — Il est vrai de dire que les matières grasses ne sont qu'en partie décomposées (*saponifiées*) par le suc pancréatique. La plus grande partie de ces matières reste à l'état d'*émulsion*, c'est-à-dire en gouttelettes très fines; mais leur absorption se fait par *pénétration directe* dans le protoplasma des cellules épithéliales qui recouvrent les villosités.

L'expérience a fait voir: 1° que les peptones et la glycose sont absorbées, en grande partie, par les capillaires sanguins; 2° que les matières grasses passent presque uniquement par les lymphatiques des villosités, ainsi que le démontre l'aspect lactescent des *chylifères* (vaisseaux lymphatiques de l'intestin) pendant la digestion.

Que les produits de la digestion soient absorbés par les veines ou par les chylifères, ils se rendent tous, en définitive, dans le système veineux et traversent le poumon, avant de servir à la nutrition.

TREIZIÈME LEÇON

MAMMIFÈRES

APPAREIL CIRCULATOIRE ET CIRCULATION

Sang. — Nous avons déjà, en parlant du sang des Vertébrés (*voy.* p. 28), dit que les *globules rouges* des Mammifères ont, à l'exception de ceux des Camélidés qui sont elliptiques, la forme de disques excavés, sans noyau. — Chez l'Homme, ils ont 7 millièmes de millimètre de diamètre et 2 millièmes de millimètre d'épaisseur. — Les globules rouges se composent, presque en totalité, d'une substance (*hémoglobine*) à laquelle le sang doit sa couleur. — Ils sont très nombreux (5 millions dans un millimètre cube).

Les *globules blancs* sont plus volumineux et moins denses que les précédents. — Nous avons insisté sur leurs mouvements (*voy.* p. 29).

Le *plasma* ou partie liquide du sang est du *sérum* tenant en dissolution de la *fibrine*, de l'*albumine* et diverses substances.

ANALYSE DU SANG. — 100 grammes de sang renferment :

$$100 \begin{cases} 79 \text{ gr. Eau.} \\ 21 \text{ gr. Substances sèches} \end{cases} \begin{cases} 12 \text{ globules.} \\ 6 \text{ albumine.} \\ 3 \text{ sels; graisse; sucre;} \\ \text{fibrine (0,3); etc.} \end{cases}$$

Ces chiffres sont faciles à retenir. 79 et 21 sont les volumes d'azote et d'oxygène qui forment 100 volumes d'air; 12 est le nombre 21 renversé; 6 est la moitié et 3 le quart de 12.

Le sang renferme les mêmes gaz que l'air atmosphérique, mais leur ordre d'importance dans le liquide sanguin est précisément l'inverse de ce qu'il est dans l'air : ainsi l'acide carbonique est le gaz dominant du sang et l'oxygène y est plus abondant que l'azote qui n'y existe qu'en faible quantité.

L'oxygène introduit dans les poumons par la respiration se fixe sur l'hémoglobine et est ainsi transporté dans les tissus. Ceux-ci rendent une quantité à peu près égale d'acide carbonique qui se combine avec les carbonates alcalins du sérum et les fait passer à l'état de bicarbonates. — L'oxygène communique au sang une couleur rouge cerise (*sang rouge*) et l'acide carbonique lui donne une teinte rouge pourpre (*sang noir*). — Comme le sang rouge se trouve dans les artères et le sang noir dans les veines de la grande circulation, on appelle aussi le premier *sang artériel* et le second *sang veineux*; mais ces dernières expressions sont inexactes pour la petite circulation.

Appareil circulatoire. — Il se compose d'un organe d'impulsion (CŒUR) et de canaux ramifiés ou VAISSEAUX (*artères, capillaires, veines*).

CŒUR. — Muscle creux à quatre cavités qui envoie par les artères le sang qu'il reçoit par les veines.

Une cloison intérieure partage le cœur en deux moitiés dans le sens de la longueur, l'une à gauche, l'autre à droite : il y a ainsi deux *cœurs* indépendants, l'un *gauche*, l'autre *droit*. — Chacun de ces cœurs est subdivisé à son tour en deux loges, au moyen d'une paroi transversale qui présente une ouverture. — La loge supérieure communique avec les veines qui lui amènent le sang et s'appelle *oreillette*. — La loge inférieure communique avec les artères qui emmènent le sang et s'appelle *ventricule*. — L'ouverture (*orifice auriculo-ventriculaire*) qui, dans chaque moitié du cœur, fait communiquer l'oreillette avec le ventricule, est munie d'une valvule (*valvule auriculo-ventriculaire*) qu'on nomme *mitrale* dans le cœur gauche parce qu'elle est formée de 2 voiles membraneux et *tricuspide* dans le cœur droit parce qu'elle est com-

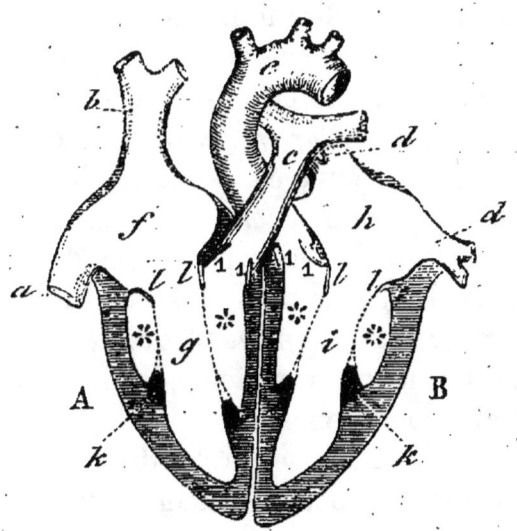

Fig. 59. — Schéma des deux moitiés du cœur.

A, moitié droite; — B, moitié gauche; — *a*, veine cave inférieure, — *b*, veine cave supérieure; — *c*, artère pulmonaire; — *d*, veines pulmonaires; — *e*, aorte; — *f*, oreillette droite; — *g*, ventricule droit; — *h*, oreillette gauche; — *i*, ventricule gauche; — *k*, piliers avec les cordages tendineux marqués d'un astérisque; — *l*, valvules auriculo-ventriculaires; — 1, valvules sigmoïdes (Budge).

posée de 3 languettes terminées en pointe. — Ces valvules sont des replis membraneux rattachés aux parois ventriculaires par des cordages tendineux dont la base est charnue (*piliers*); elles laissent passer le sang de l'oreillette dans le ventricule, mais s'opposent à son reflux. — Les cavités intérieures du cœur sont tapissées par une membrane (*endocarde*) et le cœur lui-même est recouvert par une séreuse (*péricarde*). — Le cœur est muni, chez quelques Herbivores (Bœuf, Cerf, Éléphant), d'un os dans les parois ventriculaires (*os du cœur*). — Les deux moitiés du cœur sont distinctes extérieurement à la pointe chez le Dugong.

Ventricules. — Chaque ventricule présente l'ouverture d'un tronc artériel. — Dans le ventricule droit est l'orifice de l'*artère pulmonaire* qui conduit le sang noir aux poumons. — Dans le ventricule gauche est l'orifice de l'*aorte* qui emmène le sang rouge dans le reste du corps. — Ces deux orifices sont munis chacun de trois replis en forme de nids de pigeon (*valvules sigmoïdes*) qui permettent le passage du sang du ventricule dans l'artère, mais s'opposent à son retour.

Oreillettes. — Dans les oreillettes on ne trouve que des orifices veineux. — Dans l'oreillette droite débouchent les deux *veines caves* qui ramènent le sang noir du corps. — Dans l'oreillette gauche s'ouvrent les quatre *veines pulmonaires* qui ramènent le sang rouge du poumon. — Le cœur *droit* est donc tout entier *veineux* et le cœur *gauche* tout entier *artériel*.

Système artériel. — Toutes les artères, excepté celles des poumons, sont des branches du tronc artériel unique (*aorte*) qui part du ventricule gauche du cœur. — Après avoir fourni, dès son origine, les artères *coronaires* ou *cardiaques* destinées à la nutrition du cœur, l'aorte se recourbe en crosse (*crosse de l'aorte*), passe derrière le cœur, traverse la poitrine (*aorte thoracique*) puis l'abdomen (*aorte abdominale*) et, arrivée au bassin, se divise en trois branches terminales : une médiane (*sacrée moyenne*) qui n'est bien développée que chez les animaux munis d'une queue, et deux latérales (*iliaques primitives*).

De la crosse de l'aorte émanent les *carotides* destinées à la tête et les *sous-clavières* aux membres supérieurs ou antérieurs.

L'aorte thoracique fournit des branches à l'œsophage, aux bronches et aux espaces intercostaux.

L'aorte abdominale donne le *tronc cœliaque* qui se distribue à l'estomac, au foie et à la rate, les *artères mésentériques* pour l'intestin, les *artères spermatiques* pour les organes génitaux, les *artères rénales* pour les reins. — Quant aux iliaques primitives, elles se divisent, de chaque côté, en *iliaque interne* qui dessert le bassin et en *iliaque externe* qui fournit successivement, sous différents noms, les artères des membres inférieurs ou postérieurs.

Les artères sont composées de trois tuniques, dont la moyenne est à la fois élastique et contractile. — C'est grâce à l'épaisseur de cette tunique que les artères restent béantes lorsqu'elles sont vides de sang.

Système veineux. — Le système veineux suit, en général, pour ramener le sang, la direction que le système artériel affecte pour le porter aux organes. — Les veines de toutes les parties du corps, excepté celles du cœur, des poumons et des viscères abdominaux moins les organes génito-urinaires, vont s'ouvrir, en fin de compte, dans deux gros troncs veineux (*veine cave supérieure* et *veine cave inférieure*) qui débouchent dans l'oreillette droite du cœur.

Les veines du cœur (*veines coronaires* ou *cardiaques*) s'ouvrent directement dans l'oreillette droite.

Les veines des poumons (*veines pulmonaires*) sont au nombre de quatre, deux pour chaque poumon : elles viennent s'ouvrir, par quatre orifices distincts, dans l'oreillette gauche.

Les veines de tous les organes contenus dans la cavité abdominale, excepté les organes génito-urinaires, forment un système connu sous le nom de *système de la veine porte*. — Le tronc de cette veine pénètre dans le foie où il se ramifie en capillaires comme une artère. — Ce n'est qu'après avoir traversé ces capillaires du foie que le sang entre dans les veines hépatiques, d'où il se rend dans la veine cave inférieure pour arriver ensuite au cœur.

Les veines sont composées des mêmes tuniques que les artères, mais leur membrane moyenne est beaucoup moins épaisse que celle des artères et ne leur permet pas de rester béantes lorsqu'elles sont vides de sang. — Elles offrent généralement, dans leur intérieur, un nombre plus ou moins considérable de replis en forme de poches (*valvules*). L'effet de ces poches, dont le fond est situé du côté des capillaires, est d'empêcher le passage du sang vers ces vaisseaux, tandis qu'elles ne s'opposent pas à son cours du côté du cœur.

Système capillaire. — Il est constitué, dans tous les tissus, par des vaisseaux excessivement fins intermédiaires entre les artères et les veines. — La paroi mince des capillaires laisse exsuder le plasma du sang et c'est dans ce milieu que se passent les phénomènes de nutrition.

Circulation. — Depuis l'immortelle découverte d'Harvey (1619), on appelle *circulation* le mouvement que le sang exécute à travers l'organisme. — Ce mouvement est en effet circulaire, en ce sens que chaque particule de la masse du sang qui sort d'une cavité du cœur revient à son point de départ, après un temps plus ou moins long.

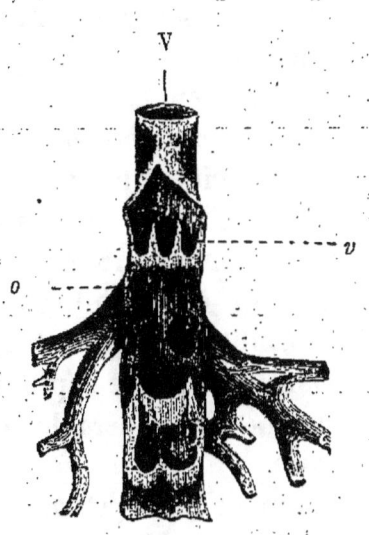

Fig. 60. — Veine ouverte.

o, ouverture d'une branche veineuse dans le tronc V; — *v*, valvules à concavité dirigée vers le cœur.

La circulation se fait sous l'influence des mouvements du cœur qui se contracte (*systole*) ou se relâche (*diastole*). — Il est démontré que deux cavités de même nom dans le cœur se contractent ou se relâchent simultanément et que deux cavités de noms différents se contractent ou se relâchent alternativement. — La systole des oreillettes chasse dans les ventricules le sang qui vient d'arriver par les veines. — La systole des ventricules envoie le sang dans les troncs artériels en faisant claquer les valvules auriculo-ventriculaires, ce qui produit un bruit (1ᵉʳ *bruit du cœur*). — Quand cesse la systole ventriculaire, le sang projeté dans le système artériel tend à refluer dans les ventricules, mais il développe, dans son mouvement de retour, les valvules sigmoïdes qu'il fait claquer (2ᵐᵉ *bruit du cœur*) et qui lui barrent entièrement le passage. — La *pulsation cardiaque* (choc du cœur) et le phénomène du *pouls* coïncident avec la systole ventriculaire.

L'élasticité des artères supprime l'intermittence du mouvement donné par le cœur; elle rend le cours du sang uniforme dans les capillaires. — Elle facilite aussi le débit du cœur (Marey).

Dans le système capillaire, le sang éprouve une résistance considérable et un ralentissement de vitesse.

Enfin, dans le système veineux, le retour du sang est facilité par la présence des valvules qui viennent en aide aux forces motrices (action du cœur, contractilité des veines, contraction musculaire, aspiration thoracique).

On évalue à 7 litres environ la quantité de sang renfermée dans le corps de l'Homme et à 25 secondes la durée de la révolution circulatoire, c'est-à-dire le temps que met une molécule de sang pour revenir à son point de départ.

Circulation chez le fœtus. — Nous ne ferons que jeter un coup d'œil rapide sur cette question envisagée chez l'Homme. C'est vers le quinzième jour que s'établit une circulation d'abord subordonnée à l'existence de la vésicule ombilicale (*première circulation*). Celle-ci fait place ensuite à une *deuxième circulation* appelée encore *allantoïdienne* ou *placentaire*, qui se transforme, après la naissance, en une *troisième circulation* à laquelle le développement du poumon imprime un caractère définitif.

1° *Première circulation.* — Le cœur, d'abord rectiligne, s'incurve en S et fournit, par son extrémité supérieure, deux vaisseaux *(premiers arcs aortiques)*, tandis que son extrémité inférieure reçoit le tronc commun de deux veines *(veines omphalo-mésentériques)*. En même temps qu'il s'incurve, le cœur se complique de trois dilatations que séparent deux étranglements. La dilatation supérieure forme ce qu'on appelle le *bulbe aortique;* la moyenne, le ventricule encore simple; l'inférieure, l'oreillette offrant, comme le ventricule, une cavité unique. — Le sang, chassé par les contractions du cœur, arrive dans les parois de la vésicule ombilicale où il se charge de produits nutritifs et retourne finalement à l'embryon.

2° *Deuxième circulation.* — Vers la cinquième semaine, le rôle de la vésicule ombilicale est terminé et l'allantoïde a gagné la périphérie de l'œuf. Les vaisseaux de la vésicule ombilicale *(vaisseaux omphalo-mésentériques)* disparaissent à mesure que se développent ceux de l'allantoïde *(vaisseaux ombilicaux)* qui vont pénétrer dans les villosités du chorion pour former le placenta. — En même temps, le cœur se cloisonne et se partage en deux ven-

8.

tricules distincts; mais le cloisonnement de la cavité auriculaire ne se fait que d'une manière incomplète et cette cavité présente, en son milieu, un orifice de communication (*trou ovale* ou *trou de Botal*) qui fait communiquer les deux oreillettes. Une valvule spéciale (*valvule d'Eustache*), rudimentaire chez l'adulte, embrasse une partie du pourtour de la veine cave inférieure et se dirige vers le trou de Botal. — Le système artériel présente une particularité importante, savoir la présence d'un canal de communication (*canal artériel* ou *canal de Botal*) entre l'artère pulmonaire et la crosse de l'aorte.

Le fonctionnement de l'appareil circulatoire, à l'époque placentaire, est facile à comprendre. — Le placenta est à la fois un organe de nutrition et de respiration; c'est lui qui fournit le sang artérialisé. Ce sang est conduit jusqu'à la face inférieure du foie par la veine ombilicale et se rend ensuite dans la veine cave inférieure par deux chemins : l'un direct, représenté par un canal spécial (*canal veineux* ou *canal d'Aranzi*), l'autre indirect et constitué par une partie de la veine porte qui conduit le sang au foie d'où il arrive dans la veine cave inférieure par les veines hépatiques. Le sang de la veine cave inférieure est donc en grande partie artériel, quand il arrive dans l'oreillette droite où la valvule d'Eustache le dirige vers le trou de Botal; il passe ainsi, presque en entier, dans l'oreillette gauche et de là dans le ventricule gauche d'où il sort par l'aorte pour prendre deux directions différentes : l'*aorte ascendante* (carotides et sous-clavières) et l'*aorte descendante*. Quant au sang veineux qui arrive dans l'oreillette droite par la veine cave supérieure, il passe presque intégra-

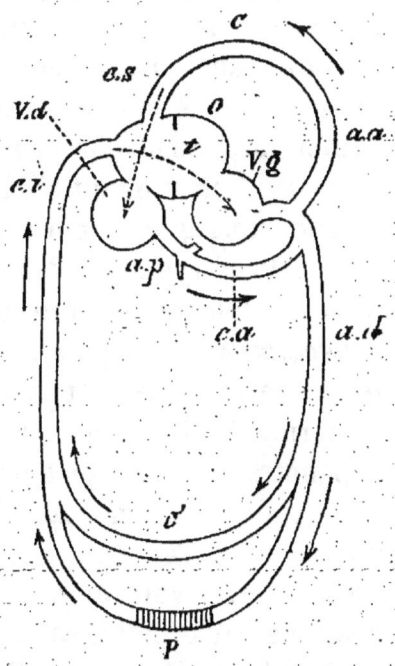

Fig. 61. — Schéma de la deuxième circulation.

aa, aorte ascendante ; — *ad*, aorte descendante ; — *ap*, artère pulmonaire ; — *c*, *c'*, capillaires des extrémités supérieure et inférieure ; — *ca*, canal artériel ; — *ci*, veine cave inférieure ; — *cs*, veine cave supérieure ; — *o*, oreillettes ; — *P*, placenta ; — *t*, trou de Botal ; — *vd*, ventricule droit ; — *vg*, ventricule gauche (G. C.).

lement dans le ventricule droit. Celui-ci en envoie une partie insignifiante dans les poumons à peine perméables et le reste passe, par le canal artériel, dans l'aorte descendante qui le conduit aux extrémités inférieures et au placenta que nous avons choisi pour point de départ du trajet circulatoire qui se trouve ainsi complet. — Communication des oreillettes, absence de petite circulation. mélange du sang artériel et du sang veineux, tels sont les principaux caractères de la deuxième circulation. — Il suit de ce qui précède que la partie supérieure de l'embryon reçoit du sang artériel mélangé avec une très petite quantité de sang veineux, tandis que la partie inférieure reçoit du sang veineux mélangé avec une très petite quantité de sang artériel. On comprend ainsi que la portion sus-ombilicale du corps de l'embryon soit beaucoup plus développée que la portion sous-ombilicale.

3° *Troisième circulation*. — Après la naissance, le foyer de l'hématose se déplace et la circulation placentaire est terminée. Le nouveau-né change de milieu; l'air pénètre dans les voies pulmonaires et le poumon, jusqu'alors rudimentaire, se développe sous l'influence de l'afflux sanguin. En un mot, l'enfant respire. On voit alors se produire l'oblitération des vaisseaux ombilicaux, du canal veineux, du canal artériel, du trou de Botal, enfin s'établir la circulation que nous avons étudiée chez l'adulte.

QUATORZIÈME LEÇON

MAMMIFÈRES

APPAREIL RESPIRATOIRE ET RESPIRATION. — APPAREIL URINAIRE ET URINATION

Appareil respiratoire. — Il est constitué par les *poumons*, le *tube aérien* qui les précède et les *cavités nasales*.

Les CAVITÉS NASALES sont au nombre de deux et présentent : 1° un vestibule plus ou moins dilatable (*narines* ou *naseaux*); 2° des *fosses nasales* à parois fixes et des diverticules en forme de cavités anfractueuses (*sinus*) creusées dans les os de la tête. — Les narines sont la porte d'entrée de l'air qui doit servir à la respiration : elles sont quelquefois la seule voie ouverte à ce fluide (Jumentés, Cétacés) à cause de la disposition du voile du palais qui rend impossible l'arrivée de l'air par la bouche. — Le plus souvent, la bouche sert aussi à l'introduction de l'air; mais les cavités nasales sont mieux appropriées au service de la respiration : elles présentent des replis (*cornets*) séparés par des excavations (*méats*) et sont tapissées par une muqueuse très vasculaire (*membrane pituitaire*) couverte de cils vibratiles.

Le trajet aérien, qui fait suite aux cavités nasales et buccale, comprend le *pharynx*, le *larynx*, la *trachée* et les *bronches*.

Le PHARYNX sert à la fois au passage de l'air et des aliments. — Il est toujours béant, et ce n'est que pendant les très courts instants de la déglutition qu'il cesse de fonctionner comme canal aérifère.

Le LARYNX est situé à la partie antérieure et inférieure du pharynx. — Il constitue l'organe de la phonation et sera, comme tel, étudié plus loin. — Il présente une ouverture (*glotte*) qui peut se rétrécir à certains moments et par où passe l'air.

On trouve, en avant du larynx, un organe glanduleux dépourvu de canal excréteur (*corps thyroïde* qui est très développé chez l'Éléphant. — L'accroissement anormal de cet organe, chez l'Homme, constitue le *goitre*. — On ne connaît pas les usages de la glande thyroïde.

La TRACHÉE est un tube qui fait suite au larynx. — Elle est située en avant de l'œsophage et maintenue béante par une série d'anneaux cartilagineux incomplets en arrière et réunis à leurs extrémités libres par des fibres musculaires. — Elle est tapissée à l'intérieur par une membrane muqueuse revêtue d'un épithélium vibratile. — Elle se divise, au-dessus de la base du cœur, en deux branches qui portent le nom de *bronches*.

Les BRONCHES, au nombre de deux, exceptionnellement de trois (Ruminants, Porcins), figurent chacune un arbre aérien qui se divise en une multitude de rameaux successivement centrifuges et

APPAREIL RESPIRATOIRE. 143

de plus en plus petits. — Elles sont pourvues d'anneaux cartilagineux complets, qui ne tardent pas à dégénérer en petits noyaux, puis à disparaître, de manière que les plus petits tubes bron-

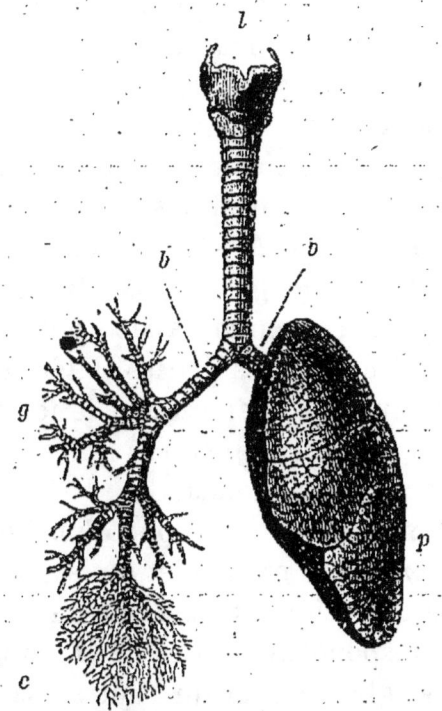

Fig. 62. — Poumons et tube aérien de l'Homme.
b, b, les deux bronches; — *c*, bronches capillaires; — *g*, grosses bronches; — *l*, larynx; — *p*, l'un des poumons; l'autre a été détruit pour montrer les ramifications des bronches.

chiques (*bronches capillaires*) sont uniquement musculo-membraneux.

Les POUMONS sont deux organes spongieux, le plus souvent divisés en deux ou plusieurs lobes. Chez l'Homme, le poumon gauche a deux lobes et le droit en présente trois. — A l'examen microscopique, les poumons se montrent composés d'une grande quantité d'ampoules (*lobules pulmonaires*) où viennent se terminer les dernières divisions bronchiques. — Les parois de ces ampoules sont elles-mêmes renflées en petits culs-de-sac (*vésicules* ou *alvéoles pulmonaires*).

Les poumons sont renfermés dans une cavité (*thorax* ou *poitrine*) où ils occupent tout l'espace laissé libre par le cœur et les gros vaisseaux. — C'est une boîte conique, complètement close, dont le sommet est formé par la base du cou, la face antérieure par le sternum, la face postérieure par la colonne vertébrale, les parties latérales par les côtes et les muscles intercostaux, le fond par une cloison musculaire (*diaphragme*) qui sépare nettement le thorax de l'abdomen.

Chaque poumon est enveloppé d'une membrane séreuse (*plèvre*) dont un feuillet tapisse une moitié de la cavité thoracique, tandis que l'autre revêt le poumon correspondant. — Ces deux feuillets sont en contact et glissent l'un sur l'autre : la cavité de la plèvre est close et vide d'air.

Respiration. — Fonction complexe où des phénomènes mécaniques s'associent à des phénomènes physico-chimiques pour produire une absorption d'oxygène en même temps qu'une exhalation d'acide carbonique et de vapeur d'eau.

Phénomènes mécaniques. — Ils ont pour but le renouvellement de l'air et comprennent deux phases : 1° l'*inspiration*, 2° l'*expiration*.

Inspiration. — C'est l'acte qui détermine l'introduction de l'air dans les voies respiratoires. — L'inspiration se fait par la contraction du diaphragme et des muscles élévateurs des côtes. — Le diaphragme représente un dôme musculo-membraneux qui est toujours convexe du côté du thorax. Par la contraction du diaphragme, sa courbure diminue et la cage thoracique se trouve agrandie dans son diamètre longitudinal. Simultanément, les muscles élévateurs des côtes portent celles-ci en dehors, en même temps qu'ils les élèvent, ce qui amène la dilatation des deux autres diamètres du thorax.

Il résulte de l'agrandissement de la cage thoracique une diminution de pression à son intérieur et par conséquent à l'intérieur du poumon, car cet organe étant *élastique* et séparé de la cage par un sac vide, suit les parois thoraciques; alors l'air extérieur se précipite dans le poumon. — Il faut savoir que, pendant l'inspiration, l'orifice glottique est trop étroit pour laisser entrer dans le poumon la quantité d'air suffisante pour y rétablir la pression atmosphérique. En d'autres termes, pendant l'inspiration, la pression de l'air intrapulmonaire est toujours inférieure à la pression atmosphérique.

Expiration. — C'est l'acte qui a pour but l'expulsion de l'air du poumon. — L'expiration se fait surtout par le retour du poumon sur lui-même, en vertu de son élasticité. — Le poumon est donc *actif* dans l'expiration, tandis qu'il est *passif* dans l'inspiration. — L'élasticité du thorax joue aussi un certain rôle dans l'expiration et, lorsque cette élasticité a été dépassée, elle peut donner lieu à une sorte d'inspiration. C'est sur cette inspiration par élasticité du thorax que sont fondés la plupart des procédés pour rappeler les noyés à la vie.

A l'inverse de ce qui se passe pour l'inspiration, les côtes s'abaissent et se portent en dedans. — En même temps, le diaphragme, qui a cessé de se contracter, est entraîné du côté de la poitrine par l'élasticité pulmonaire. — La cage thoracique se trouve ainsi rétrécie dans ses trois diamètres et l'air intra-pulmonaire comprimé est rejeté dehors. — Dans les expirations énergiques, un certain nombre de muscles (*muscles expirateurs*) interviennent pour comprimer le réservoir thoracique.

Rhythme des mouvements respiratoires. — L'inspiration et l'expiration se succèdent sans repos intermédiaire (MAREY). — Ces mouvements s'accompagnent de bruits qu'il importe au médecin de connaître et dont la théorie constitue une branche de la science médicale (AUSCULTATION). — La durée du *mouvement* expiratoire est plus longue que celle du *mouvement* inspiratoire, mais la durée du *bruit* expiratoire est plus courte que celle du *bruit* inspiratoire. — L'Homme adulte effectue environ 18 mouvements respiratoires par minute.

PHÉNOMÈNES PHYSIQUES. — Ce sont ceux qui président aux échanges gazeux entre l'air et le sang. — La quantité d'air qui entre dans le poumon, à chaque mouvement respiratoire, est un peu plus grande que celle qui en sort. On a, en effet, démontré que le volume de l'oxygène absorbé est un peu plus grand que celui de l'acide carbonique exhalé. — Si l'on admet l'égalité parfaite entre les volumes de l'air inspiré et de l'air expiré, on peut dire que, dans un mouvement respiratoire ordinaire, le volume de l'air qui entre et sort (*air courant*) est d'environ un demi-litre.

Les *produits du travail respiratoire* de l'Homme doivent être appréciés à environ 20 litres d'oxygène absorbé et 16 litres d'acide carbonique exhalé, par heure. — De plus, l'air expiré contient une quantité d'azote très légèrement supérieure à celle de l'air inspiré. Cet azote provient des aliments. — Enfin, l'air expiré contient une petite quantité de matière animale voisine de l'état de décomposition.

Des expériences ont été entreprises pour évaluer les *pressions* engendrées par les mouvements d'inspiration et d'expiration. — On a ainsi trouvé que la pression de l'expiration est plus grande que celle de l'inspiration; mais la différence est très petite dans la respiration ordinaire.

De toutes les influences exercées sur le travail respiratoire par diverses conditions physiques, celle de la *pression barométrique* est la mieux connue. — 1° Si la pression diminue, le sang s'appauvrit en oxygène et en acide carbonique, mais il perd relativement plus d'oxygène que d'acide carbonique (Bert). — 2° Si la pression augmente, le sang devient de plus en plus riche en oxygène, mais la quantité d'acide carbonique qu'il contient varie peu (Bert). — Quant à l'azote, la quantité de ce gaz qui est contenue dans le sang augmente proportionnellement à la pression. — La diminution de l'oxygène avec la pression explique les phénomènes que présentent les aéronautes, les voyageurs en montagnes (*mal des montagnes*), les habitants des lieux élevés (*anoxyhémie* de Jourdanet ou anémie par manque d'oxygène). — L'augmentation de l'oxygène avec la pression enraye les oxydations organiques, quand la tension de ce gaz est trop forte, et peut même exercer une véritable action *toxique* (Bert). Ainsi s'explique l'espèce d'anémie des ouvriers qui travaillent dans l'air comprimé. — Enfin, le dégagement de bulles d'azote dans le sang, au moment d'une décompression trop brusque, interrompt la circulation pulmonaire et peut amener la mort subite.

On appelle TRANSPIRATION PULMONAIRE le dégagement de vapeur d'eau qui accompagne le travail respiratoire. — L'air expiré renferme une quantité de vapeur aqueuse beaucoup plus grande que l'air inspiré. — C'est la vapeur d'eau contenue dans l'air expiré qui se condense et apparaît sous forme de nuage, au sortir du nez ou de la bouche, quand la température extérieure est suffisamment basse. — C'est encore cette vapeur qui forme un dépôt de rosée sur une glace qui reçoit le courant d'air de l'expiration. On a même quelquefois recours à cette dernière expérience dans les cas de mort douteuse ; mais c'est là un moyen peu fidèle.

La transpiration pulmonaire est d'autant plus

intense que la respiration est plus active. — On peut évaluer à environ 500 grammes la quantité d'eau dégagée par les poumons de l'Homme, dans l'espace de 24 heures.

Quelle est l'origine de la vapeur d'eau exhalée par le poumon? Nous savons déjà que, dans la respiration, la proportion de l'oxygène absorbé l'emporte sur celle de l'acide carbonique exhalé. Il est démontré que l'oxygène en excès, ainsi introduit dans l'organisme, est destiné à brûler l'hydrogène des éléments organiques pour former de l'eau. Mais ce serait une erreur de voir dans cette combustion la source unique de la vapeur d'eau pulmonaire; car l'eau ainsi formée est en quantité minime, comparativement à celle qui s'exhale par la transpiration pulmonaire. Celle-ci est surtout alimentée par les boissons et même la plupart des matières solides que nous introduisons dans notre corps, pour réparer ses pertes incessantes.

Respiration cutanée. — La peau de l'Homme absorbe une faible quantité d'oxygène et exhale : 1° une quantité d'acide carbonique, qui est environ 200 fois moindre que l'exhalation de ce gaz par le poumon ; 2° une quantité de vapeur d'eau, qui est à peu près le double de celle qui est fournie par la transpiration pulmonaire. — On désigne le dégagement invisible de vapeur d'eau qui est fourni par la surface du corps sous le nom de *transpiration insensible*, pour le distinguer de la *transpiration liquide*, qui s'échappe sous forme de *sueur*.

PHÉNOMÈNES CHIMIQUES. — Tous les tissus du corps des animaux absorbent de l'oxygène et exhalent de l'acide carbonique. Or, l'oxygène du sang est presque en entier fixé sur les globules rouges, à l'état de combinaison chimique : les tissus, pour respirer, doivent donc détruire cette combinaison. — Quant à l'acide carbonique du sang, il est tout entier combiné aux sels du sérum (BERT), et sa sortie, pendant la traversée pulmonaire, est un phénomène de dissociation. — On admet aujourd'hui que la production de l'acide carbonique a lieu plutôt dans les tissus que dans le sang (PFLÜGER) : ce gaz passe ensuite des tissus dans les capillaires. — Le sang contient, en moyenne, 40 à 45 pour 100 de gaz qui se répartissent ainsi :

Sang artériel....	Acide carbonique	28
	Oxygène	16
Sang veineux....	Acide carbonique	32
	Oxygène	8

ASPHYXIE. — C'est la suspension des phénomènes de la respiration. Elle se produit soit par diminution de l'absorption d'oygène, soit par diminution de l'exhalation d'acide carbonique. Elle a lieu soit par cause mécanique (submersion, strangulation), soit par suite de la viciation de l'air. — Dans *l'air confiné*, la mort des animaux à sang chaud est déterminée par le manque d'oxygène, et celle des animaux à sang froid par l'excès d'acide carbonique (BERT).

On désigne aussi quelquefois sous le nom d'*as-*

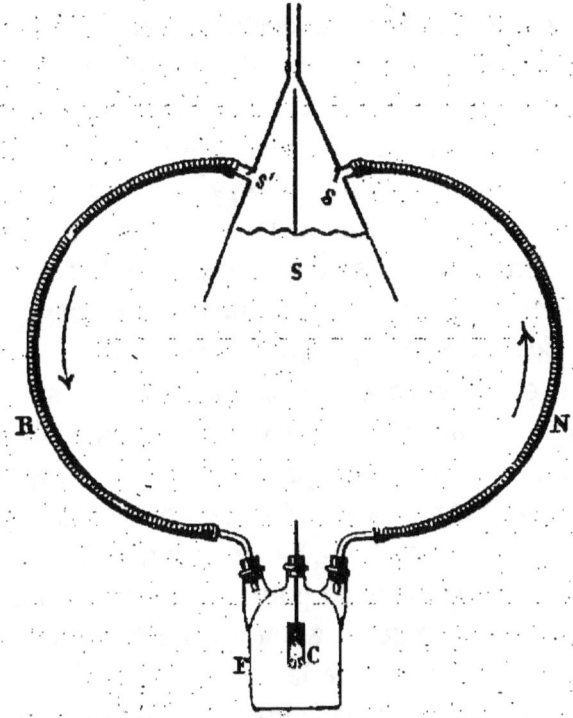

Fig. 63. — SCHÉMA DE LA RESPIRATION.

C, charbon incandescent, figurant la respiration interne (combustion); — F, flacon simulant le système capillaire; — N, demi-cercle à sang noir (chargé d'acide carbonique) de l'appareil circulatoire; — R, demi-cercle à sang rouge (oxygéné); — S, soufflet représentant la cage thoracique et effectuant la respiration externe. — Au moment de l'inspiration, il y a à la fois, sous l'influence du vide produit, entrée de l'air dans le poumon et sortie de l'acide carbonique du sang à l'intérieur de cet organe. Pendant l'expiration, au contraire, en même temps que l'acide carbonique est chassé au dehors, il y a pénétration dans le sang d'une partie de l'oxygène inspiré. Ces phénomènes sont représentés au moyen des deux soupapes s et s'. La première (s) s'ouvre de façon à laisser sortir l'acide carbonique du tube N lorsqu'on ouvre le soufflet; la seconde (s') s'ouvre de manière à laisser entrer de l'air oxygéné dans le tube R quand on ferme le soufflet. — La cloison médiane qu'on voit dans le soufflet a pour but d'empêcher l'acide carbonique exhalé en s pendant l'inspiration, de s'introduire en s' pendant l'expiration.

phyxie, l'intoxication par certains gaz délétères. — Dans l'*empoisonnement par l'oxyde de carbone*, ce gaz prend la place de l'oxygène dans les globules rouges et la mort arrive rapidement, produite en réalité par une privation d'oxygène (Bernard).

Théorie de la respiration. — La respiration est une fonction qui se décompose en deux autres : la *respiration interne* et la *respiration externe*. — La *respiration interne* n'est qu'une *combustion lente* de carbone et d'hydrogène (Lavoisier), qui se passe dans les tissus (W. Edwards) et non dans le poumon, car le sang qui sort de cet organe a une température moins élevée que celui qui y entre (Cl. Bernard). — La *respiration externe* ou *hématose* a pour siège le poumon : elle sert à l'absorption de l'oxygène, ainsi qu'à l'élimination de l'acide carbonique et de la vapeur d'eau.

La combustion de carbone et d'hydrogène produit une quantité de chaleur qui élève la température du sang. — Celui-ci, entraîné par la circulation, réchauffe tout l'organisme, et la marche de cet appareil de chauffage est réglée par le système nerveux.

Nous avons construit un appareil schématique de la respiration qui montre les deux sortes de respiration chez les Mammifères. — Il se compose essentiellement : 1º d'un soufflet chargé d'effectuer le mécanisme de la respiration et ses échanges gazeux; 2º d'un flacon contenant un charbon incandescent, qui figure le système capillaire et les matières carbonées de l'organisme; 3º de deux tubes de caoutchouc allant du soufflet au flacon et correspondant aux vaisseaux qui sont interposés entre le poumon et les capillaires généraux (p. 151).

Appareil urinaire. — Les *reins*, toujours au

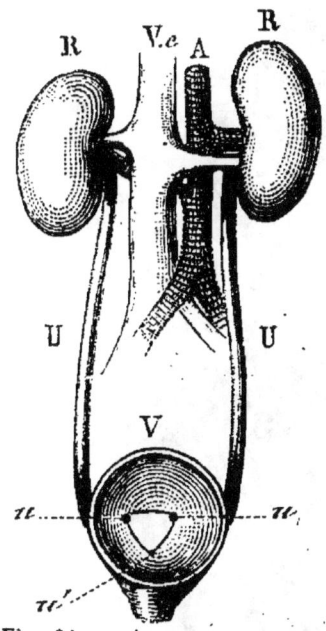

Fig. 64. — Appareil urinaire.

A, aorte; — R, reins; — U, uretères; — *u*, leurs orifices dans la vessie; — *u'*, orifice de l'urèthre; — V, vessie sectionnée; — Vc, veine cave inférieure.

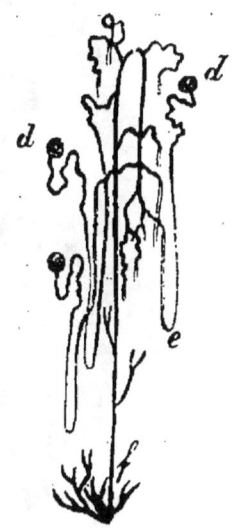

Fig. 65. — Schéma de la structure du rein.

d, corpuscules de Malpighi, — *e*, anse décrite par un canalicule urinifère; — *f*, tube de Bellini.

nombre de deux, sont placés dans l'abdomen, de chaque côté de la colonne vertébrale. — Ils peuvent être simples (Homme), lobulés (Bœuf) ou lobés (Cétacés). — Leur forme est généralement celle d'un haricot dont l'échancrure (*hile*) est située en dedans. — Une poche membraneuse, en forme

9.

d'entonnoir (*bassinet*), occupe le hile et se continue par un long tube (*uretère*), qui pénètre obliquement dans un réservoir musculo-membraneux (*ves-

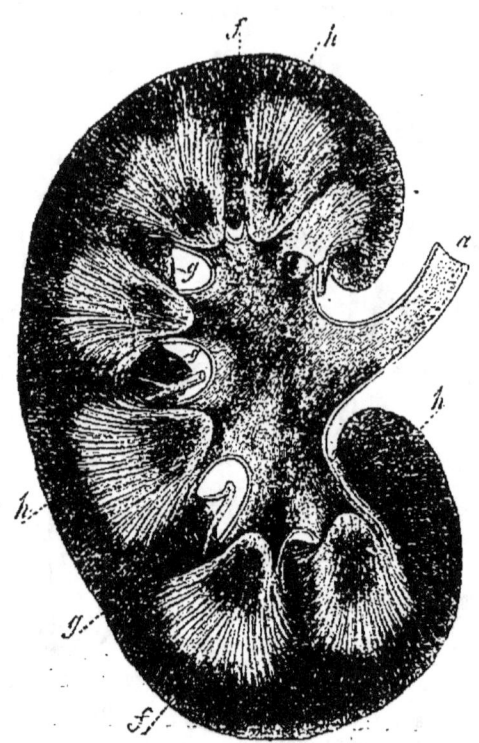

Fig. 66. — Section longitudinale du rein.

a, uretère; — *b*, bassinet; — *c*, calices; — *d*, papilles; — *e*, pyramides; — *f, g, h*, substance périphérique ou corticale.

sie). — Au devant des deux orifices des uretères se trouve l'ouverture du canal (*urèthre*) qui sert à l'écoulement de l'urine contenue dans la vessie. L'urèthre est entouré, à son origine, d'un sphincter (*sphincter uréthral*).

Le *rein* se compose essentiellement de petits tubes (*canalicules urinifères*) plus ou moins contournés en anse et se terminant en culs-de-sac renflés vers la périphérie du rein. — Chacun de ces renflements aboutit à un petit peloton artériel (*glomérule de Malpighi*), qu'il coiffe à la manière d'un bonnet de coton (*capsule de Bowmann*). — L'ensemble du glomérule et de la capsule se nomme *corpuscule de Malpighi*. — Les canalicules urinifères sont les canaux excréteurs des corpuscules de Malpighi : ils se rendent dans des tubes droits (*tubes de Bellini*) et ceux-ci se groupent de façon à former des *pyramides* dont les sommets (*papilles*) sont entourés de petits cônes membraneux (*calices*) qui vont s'ouvrir dans le bassinet.

Il existe, au-dessus du rein, un organe lymphoïde (*capsule surrénale*) dont les usages sont inconnus. — Ce corps a un volume exagéré chez l'embryon et se réduit ensuite de plus en plus.

Urination. — Fonction qui a pour but l'expulsion des principes liquides et des principes solides tenus en dissolution, qui ne sont pas utilisables pour la nutrition.

Le mécanisme de l'excrétion urinaire n'est pas encore connu d'une façon satisfaisante. — On admet généralement l'exsudation de l'eau par le glomérule et l'excrétion des autres matières de l'urine par les cellules de l'épithélium sphéroïdal qui tapisse la partie contournée des canalicules urinifères (Bowmann).

L'excrétion de l'urine par les reins est continue.

— Ce liquide s'accumule dans la vessie par les uretères et ne peut rétrograder dans ces conduits; car ils font valvule, par suite de leur pénétration oblique dans le réservoir urinaire. — L'expulsion de l'urine (*miction*) se fait, à intervalles plus ou moins éloignés, sous l'action des fibres musculaires de la vessie qui, avec l'aide des muscles abdominaux, triomphent de la tension permanente du sphincter uréthral.

L'urine n'est, au fond, qu'une dissolution d'*urée*. — L'*acide urique*, beaucoup moins soluble que l'urée, est moins abondant que celle-ci dans l'urine : ces deux substances sont des produits d'oxydation des matières azotées. — Plus la nourriture est azotée, plus il y a d'urée dans l'urine.

Toutes les parties constituantes de l'urine sont contenues dans le sang : aucune ne se forme dans le rein. — L'urine peut être considérée comme du sang privé de ses globules, de sa fibrine et de son albumine, mais contenant plus de chlorure de sodium, de phosphates et de sulfates. — Le rein n'est donc qu'un filtre, mais c'est un *filtre sélecteur*.

Chez un Homme du poids moyen de 65 kil., il y a environ 65 gr. de matériaux solides dans l'urine de 24 heures. — La moitié de ce chiffre environ, (30 gr.), correspond à la quantité d'urée, et la proportion d'acide urique est trente fois moindre (1 gr.). — L'urine des animaux Omnivores est très riche en urée. — L'acide hippurique remplace l'acide urique dans l'urine des Herbivores.

Une remarque intéressante, après ce qui précède, c'est que le sang du rein, arrivant directement de l'aorte par l'artère rénale et venant d'être décarboné dans le poumon, se débarrasse de son urée dans le rein et est, au sortir de cet organe, dans la veine rénale, le sang *le plus pur* de tout l'organisme.

QUINZIÈME LEÇON

MAMMIFÈRES

APPAREIL REPRODUCTEUR. — REPRODUCTION. — DÉVELOPPEMENT

Appareil génital. — *A*. APPAREIL MALE. — Il comprend : le *testicule*, l'*épididyme*, le *canal déférent*, la *vésicule séminale*, le *conduit éjaculateur*, le *pénis* avec le *canal de l'urèthre*, enfin des *glandes accessoires*.

Le *testicule* est la glande qui produit le sperme. — Il est toujours double et se développe dans le voisinage des reins; mais il ne reste à cette place que chez les Cétacés et les Monotrèmes. — Il subit, au moment de la naissance, un déplacement et descend, en poussant devant lui le péritoine, dans un canal membraneux situé au pli de l'aine (*canal inguinal*), où il reste quelquefois (Rongeurs,

Chameau, Loutre). — Le plus souvent, le testicule traverse le canal inguinal et vient se loger à l'extérieur, dans un repli musculo-cutané (*scrotum*).

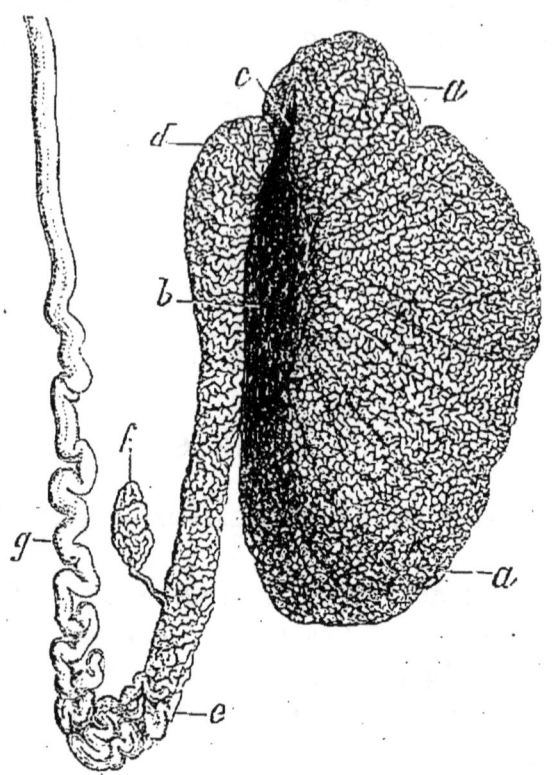

Fig. 67. — Testicule, épididyme, canal déférent.
a, b, c, testicule; — *d, e*, épididyme; — *f*, diverticule de l'épididyme (*vas aberrans*); — *g*, canal déférent.

Quelquefois, après l'époque du rut, il rentre dans la cavité abdominale.

Le testicule se compose d'un grand nombre de tubes flexueux (*canalicules séminifères*), dont l'une des extrémités est terminée en cul-de-sac, tandis que l'autre aboutit à un système de canaux excréteurs, dont la réunion donne naissance à un long conduit (*épididyme*), replié sur lui-même un très grand nombre de fois, et se terminant par le conduit excréteur du testicule (*canal déférent*).

Les deux canaux déférents, après avoir formé chacun un renflement vésiculaire (*vésicule séminale*) qui n'existe pas toujours (Carnivores, Cétacés, Monotrèmes), prennent le nom de *conduits éjaculateurs*, et ceux-ci débouchent l'un à côté de l'autre dans l'urèthre. — Le *canal de l'urèthre* conduit, à travers le pénis, l'urine et la liqueur spermatique.

Le *pénis* ou la *verge* est l'organe de la copulation. — Il est toujours externe, excepté chez les Monotrèmes, où il est renfermé dans le cloaque. — Il est composé d'une partie érectile (*corps caverneux; corps spongieux de l'urèthre*) et de deux enveloppes, dont l'une fibreuse et l'autre cutanée (*fourreau de la verge*). — Il renferme quelquefois un axe cartilagineux ou osseux (*os pénial*, (Chien). — Le corps spongieux de l'urèthre présente, à la partie antérieure, un renflement (*gland*) entouré d'un repli cutané (*prépuce*) formé par le fourreau. — Chez quelques Mammifères (Primates, Cheiroptères), la verge est pendante; chez les autres, elle est portée dans une gaîne, le long des parois de l'abdomen. — Le gland est exceptionnellement bifide chez les Marsupiaux et les Monotrèmes.

Les glandes qui s'ouvrent à l'intérieur de l'urèthre sont : la *prostate*, les *glandes de Cowper* et celles de *Littre*. — On trouve aussi quelquefois des glandes spéciales annexées au pénis et sur lesquelles nous aurons à revenir plus loin (*glandes du castoréum; poche du musc*).

B. APPAREIL FEMELLE. — Il comprend : l'*ovaire*, l'*oviducte*, l'*utérus* ou *matrice*, le *vagin*, la *vulve*.

L'*ovaire* est la glande qui produit l'ovule. — Il est toujours double et intérieur.

L'*oviducte* ou *trompe utérine* est un petit canal flexueux. — Il présente à son extrémité libre, près de l'ovaire, une partie évasée (*pavillon de la trompe*) qui reçoit l'ovule à sa sortie.

L'*utérus* est un réservoir, le plus souvent impair, où séjourne l'œuf jusqu'à son entier développement. — Il présente un *corps* et un *col* qui fait plus ou moins saillie dans le vagin (*museau de tanche*). — L'utérus est double et présente deux museaux de tanche chez les Implacentaires et quelques Rongeurs (Lapin); il est *bifide*, à museau de tanche simple, chez la plupart des Rongeurs; il est *bicorne* ou divisé seulement à sa partie supérieure, chez les Insectivores, les Carnivores, les Ongulés et les Cétacés; enfin, il est *simple* chez les Primates.

Le *vagin* est un canal membraneux, faisant suite à l'utérus. — C'est lui qui reçoit le pénis pendant l'accouplement et livre passage au nouvel être. — Chez les Monotrèmes, le vagin est remplacé par le cloaque.

La *vulve* est l'orifice extérieur du vagin. — Elle présente deux replis cutanés (*grandes lèvres*) et, le plus souvent, deux *petites lèvres* ou *nymphes*, si-

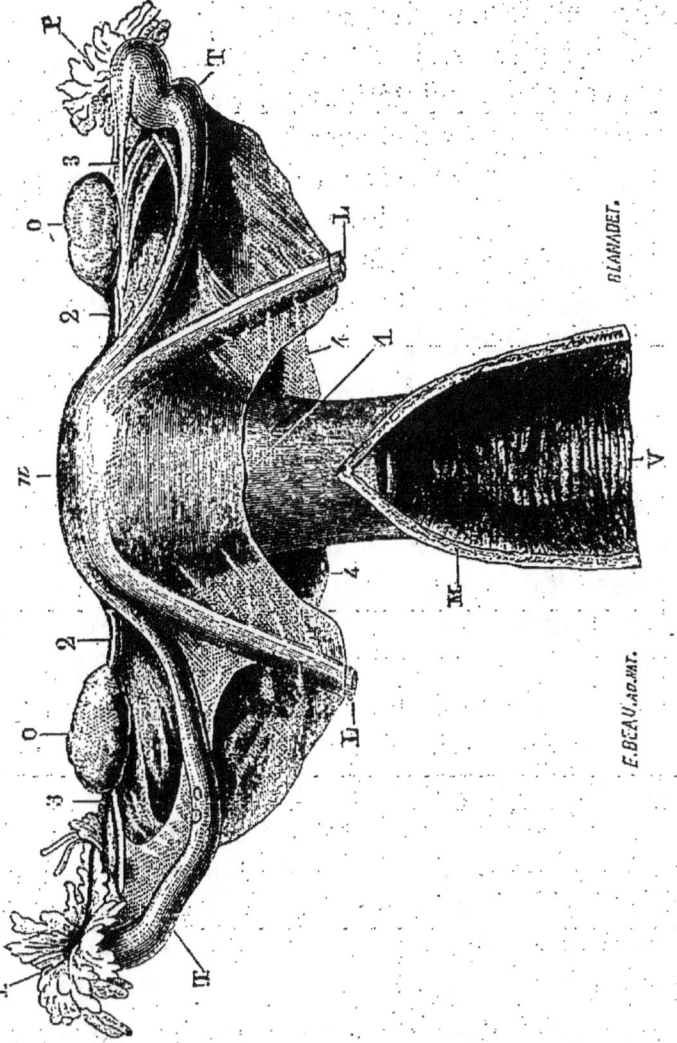

Fig. 68. — APPAREIL GÉNITAL INTERNE DE LA FEMME.

1, 4, feuillets du péritoine qui recouvrent l'utérus *u*; — 2, ligament de l'ovaire O; — 3, ligament qui va de l'ovaire à la trompe T; — L, ligament rond de l'utérus; — M, section du vagin V montrant en haut le museau de tanche; — P, pavillon de la trompe tuées en dedans des grandes lèvres. — Chez les femelles vierges, il existe souvent, à l'entrée du vagin ou dans son intérieur, un repli de la muqueuse formant une valvule (*hymen*).

La vulve présente encore un organe érectile (*clitoris*), qui est l'homologue du pénis du mâle. — Le clitoris est quelquefois traversé par l'urèthre (Lémuriens, Taupe, Rongeurs). — Il existe un *os clitoridien* chez la Loutre.

Les glandes annexées à l'appareil génital femelle sont les glandes vulvo-vaginales, correspondant aux glandes de Cowper du mâle.

Mamelles. — Ce sont des glandes en grappe, qui sécrètent le *lait*. — Elles constituent l'apanage exclusif de la classe des **Mammifères** et sont toujours munies d'un *mamelon*, excepté chez les Monotrèmes. — Elles sont ordinairement plus ou moins gonflées de graisse chez la Femme ; mais, le plus souvent, chez les animaux, elles ne deviennent apparentes qu'à l'époque de l'allaitement.

La situation des mamelles est variable ; elles peuvent être : *pectorales* (Primates, Proboscidiens), *abdominales* (Carnivores, Rongeurs) ou *inguinales* (Ruminants, Jumentés). — Quelques Mammifères portent à la fois ces trois sortes de mamelles.

Le nombre des tétines est ordinairement en rapport avec celui des petits de chaque portée.

Les mamelles sont toujours extérieures, excepté chez les Marsupiaux où elles sont situées au fond d'une poche profonde (*poche marsupiale*) placée sous le ventre. — Chez ces derniers animaux, les petits, nés à l'état embryonnaire, séjournent dans la bourse, entés sur les tétines de la mère jusqu'à leur complet développement.

Reproduction. — Les animaux parvenus à l'âge du développement normal des organes sexuels (*puberté*) ont des époques (*rut*) où le mâle et la femelle s'unissent (*accouplement* ou *copulation* ou *coït*) pour accomplir la reproduction.

L'accouplement se fait grâce à un état de turgescence du pénis (*érection*) amené par l'accumulation du sang dans son tissu érectile. — La verge s'introduit à l'état d'érection dans le vagin, et les sensations voluptueuses qui accompagnent l'acte du coït amènent, plus ou moins rapidement, l'émission du sperme (*éjaculation*).

La copulation ne féconde qu'une seule portée et cesse, en général, aussitôt après l'éjaculation. — Chez les animaux sauvages, elle n'a lieu ordinairement qu'une fois par an, le plus souvent au printemps, quelquefois à la fin de l'été (Ruminants), ou même en hiver (Carnivores, Sanglier). — Les animaux domestiques acquièrent la faculté de s'accoupler en toute saison. — Quelques Mammifères, surtout les Carnivores, s'unissent par couple pour tout le temps que dure l'éducation des petits. Il en est même (Chevreuil) qui ne se quittent point pendant toute la vie. Une seule femelle suffit en général à un mâle.

Le moment du rut, pour les femelles, coïncide avec celui de la maturité d'un ou de plusieurs ovules dans l'ovaire, et, pour les mâles, avec la présence des spermatozoïdes dans le fluide séminal. — A ce moment, les parties extérieures des organes sexuels présentent des phénomènes de congestion. Les muqueuses de l'appareil femelle sécrètent des mucosités sanguinolentes, et ce suintement est l'analogue de la *menstruation*, c'est-à-dire de l'hémorrhagie mensuelle qui, chez la Femme, coïncide avec la chute de l'ovule dans le pavillon de la trompe utérine.

La *fécondation* résulte, on le sait, de la rencontre de l'ovule avec les spermatozoïdes. — Cette rencontre a lieu, soit sur l'ovaire, soit au niveau du pavillon de la trompe.

Développement. — Nous avons assisté à la formation de l'amnios et de l'allantoïde chez les Mammifères, les Oiseaux et les Reptiles. — Chez les Oiseaux et les Reptiles, les vaisseaux de l'allantoïde forment un réseau capillaire dont les ramuscules restent étalés dans l'épaisseur de cette membrane. Il en est de même chez les Marsupiaux et les Monotrèmes (*Mammifères implacentaires*), où il n'y a aucune union entre la mère et le produit. — Chez tous les autres Mammifères (*Mammifères placentaires*), le chorion se garnit de villosités (*chorion villeux*), et quand l'allantoïde développée arrive en contact avec le chorion, des houppes sanguines de celle-ci s'introduisent dans les villosités. Ces dernières grandissent et s'introduisent dans la muqueuse utérine, où elles constituent un organe d'union (*placenta*) entre la mère et l'embryon. — L'amnios entoure d'une gaîne les vaisseaux de l'allantoïde, et ainsi se constitue un cordon (*cordon ombilical*), qui sert d'intermédiaire entre le fœtus et le placenta.

Chez certains Mammifères (*Décidués*), le produit est uni très intimement à la mère, et, à la naissance, une partie (*caduque*) de la muqueuse utérine se détache. — Chez les autres Mammifères (*Adécidués*), rien de cela n'a lieu.

A. Mammifères adécidués. — Chez ces animaux, les villosités du chorion pénètrent dans des fossettes de la muqueuse utérine, qui se développent au moment de la gestation, et dont elles se détachent entièrement à l'époque de la parturition, sans qu'il y ait élimination d'aucune partie de la muqueuse.

Ce groupe comprend deux divisions :

1º *Placenta diffus*. — Les villosités du chorion occupent toute la surface de l'œuf ; elles sont *simples* et s'enfoncent dans des fossettes également simples de la muqueuse utérine (Lémuriens, Porcins, Jumentés, Camélidés, Tragulidés, Cétacés).

2º *Placenta cotylédonaire*. — Les villosités du chorion sont *ramifiées* et pénètrent profondément dans des dépressions de la muqueuse utérine, de façon à constituer un grand nombre de petits placentas (*cotylédons*) (Ruminants).

B. Mammifères décidués. — Chez ces animaux, les parties fœtales et maternelles sont unies si intimement en un placenta unique, que, dans la parturition, la muqueuse utérine est éliminée avec le produit, soit en partie, soit en totalité (Primates supérieurs).

Ce groupe comprend également deux divisions :

1° *Placenta zonaire.* — Les villosités du chorion, au lieu d'être disséminées sur toute la surface, sont limitées à une large ceinture qui entoure la région équatoriale de l'œuf, les pôles restant lisses (Carnivores, Proboscidiens, Hyraciens).

2° *Placenta discoïde.* — Les villosités du chorion n'occupent aussi qu'une partie de l'œuf, mais constituent un disque unique ou deux lobes discoïdes (Primates, Cheiroptères, Insectivores, Rongeurs, certains Édentés).

Gestation. — Période qui s'étend depuis la fécondation de l'œuf jusqu'à son expulsion. — Sa durée est généralement en rapport avec la taille de l'animal : elle est de deux ans pour l'Éléphant ; de onze mois pour le Cheval ; de neuf mois pour la Femme et la Vache ; de neuf semaines pour le Chien ; de quatre semaines pour le Lièvre, etc.

Chez les Marsupiaux, les petits sont mis au monde prématurément, dans un tel état d'imperfection qu'ils périraient, s'ils n'étaient pas recueillis dans la poche marsupiale où la gestation continue jusqu'à ce qu'ils aient acquis une taille suffisante.

Parturition. — Acte par lequel le fœtus, parvenu au terme de son accroissement, est expulsé de la matrice. — Cette expulsion s'effectue à l'aide des contractions des fibres musculaires de l'utérus et de celles des muscles abdominaux. — Généralement, c'est la tête du fœtus qui sort la première.

Après l'expulsion du fœtus, celle du placenta se produit (*délivrance*). — La femelle dévore cet organe aussitôt qu'il est sorti, débarrassant ainsi le fœtus d'un appendice devenu incommode et inutile. — C'est par une aberration de cet instinct que certaines femelles, surtout chez les animaux domestiques, ne s'arrêtent pas au placenta et mangent encore le jeune. — En général, les Herbivores naissent assez forts et les Carnivores faibles, quelquefois même aveugles. — Tous ont besoin d'être allaités. — Le lait est un aliment qui renferme tous les principes nécessaires à l'accroissement du corps pendant la première période de la vie.

SEIZIÈME LEÇON

MAMMIFÈRES

APPAREIL LOCOMOTEUR (Squelette)

Colonne vertébrale. — Elle se compose de cinq régions distinctes :

A. Région cervicale. — Elle compte 7 vertèbres, quelle que soit la longueur du cou, à part les seules exceptions du Lamantin, qui a 6 vertèbres cervicales, et des Bradypes qui en ont 8 ou 9. — Les vertèbres cervicales présentent des apophyses

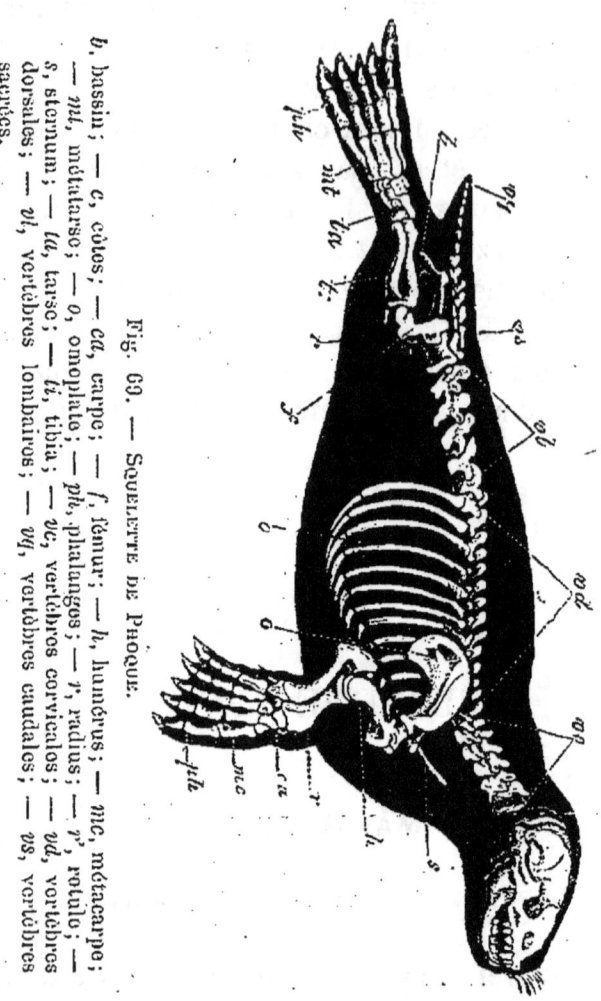

Fig. 69. — Squelette de Phoque. — *b*, bassin; — *c*, côtes; — *ca*, carpe; — *f*, fémur; — *h*, humérus; — *mc*, métacarpe; — *mt*, métatarse; — *o*, omoplate; — *ph*, phalanges; — *r*, radius; — *r'*, rotule; — *s*, sternum; — *ta*, tarse; — *ti*, tibia; — *vc*, vertèbres cervicales; — *vd*, vertèbres dorsales; — *vl*, vertèbres lombaires; — *vq*, vertèbres caudales; — *vs*, vertèbres sacrées.

latérales (*apophyses transverses*) qui sont soudées avec une côte rudimentaire attachée au corps de l'os. Un trou (*trou hémal*), pour le passage de l'artère vertébrale, existe habituellement entre ces deux pièces qu'on décrit à tort comme les deux racines de l'apophyse transverse. — Les neurépines sont, en général, peu développées à cause de la mobilité de cette partie du corps.

La première vertèbre cervicale (*atlas*) possède toujours deux facettes articulaires qui reçoivent les condyles de l'occipital.

La deuxième vertèbre cervicale (*axis*) est munie, excepté chez les Cétacés, d'une longue apophyse (*apophyse odontoïde*) autour de laquelle pivote l'atlas et s'effectue le mouvement rotatoire de la tête.

B. Région dorsale. — Elle varie sous le rapport de la longueur et du nombre des vertèbres; mais celui-ci est le plus souvent de 12 ou 13. — Les vertèbres dorsales présentent de longues apophyses épineuses et de courtes apophyses transverses; enfin elles portent des facettes articulaires pour les côtes.

C. Région lombaire. — Elle compte, comme la région précédente, un nombre variable de vertèbres; mais, si l'on réunit ces dernières aux vertèbres dorsales, on a un nombre assez constant de 19 (Simiens, Ruminants, Rongeurs) ou de 20 (Carnivores) *vertèbres dorso-lombaires*. — Les neurépines sont généralement grandes, et les apophyses transverses réduites à un simple mamelon (*apophyses mamillaires*) situé en arrière d'une longue apophyse homologue d'une côte (*apophyse costiforme*).

170 MAMMIFÈRES.

D. RÉGION SACRÉE. — Elle comprend habituellement de 3 à 5 vertèbres soudées entre elles et formant un os impair (*sacrum*) compris entre les deux os iliaques. — Cette région n'est pas distincte chez les Cétacés, par suite de l'absence des membres postérieurs. — La largeur du sacrum atteint

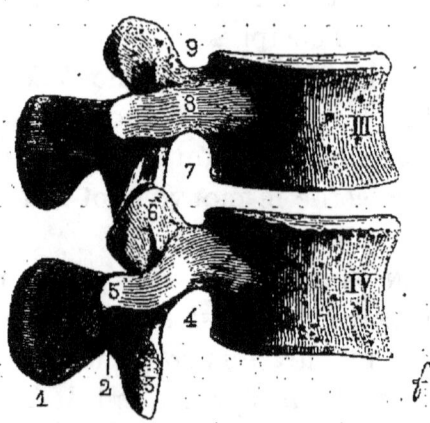

Fig. 70. — TROISIÈME ET QUATRIÈME VERTÈBRES LOMBAIRES DE L'HOMME (vues de profil).

1, apophyse épineuse; — 2, lames vertébrales (*neurapophyses*); — 3, apophyse articulaire inférieure; — 4, 9, échancrures concourant à former un trou de conjugaison; — 5, apophyse costiforme; — 6, apophyse articulaire supérieure; — 7, trou de conjugaison.

son maximum dans l'espèce humaine, à cause de l'attitude bipède.

E. RÉGION CAUDALE. — C'est la plus variable de toutes les régions du rachis. — Elle est très réduite (*coccyx*) chez l'Homme et les Singes anthropoïdes. — Les vertèbres antérieures sont seules pourvues du trou central qui existe dans toutes les vertèbres précédentes pour loger la moelle épinière.

Crâne. — Le crâne est formé, à la partie posté-

rieure, de quatre os qui se fusionnent en un seul
(*occipital*). — L'occipital présente un trou (*trou
occipital*) pour le passage de la moelle épinière et
une paire d'éminences osseuses (*condyles occipitaux*) servant à l'articulation de la tête avec l'atlas.
— En avant des condyles se trouve un trou (*trou
condylien antérieur*) livrant passage au nerf grand
hypoglosse.

Les *pariétaux*, situés à la partie latéro-supérieure du crâne, en avant de l'occipital, offrent une
crête externe, qui est d'autant plus saillante et plus
rapprochée de la ligne médiane, que le muscle temporal, qui s'y insère, est lui-même plus puissant.

Les *temporaux*, situés au-dessous des pariétaux,
se composent primitivement de quatre portions
(*squamosal, pétreux, mastoïdien, tympanique*). — Le
squamosal présente une cavité (*cavité glénoïde*), pour
l'articulation de la mâchoire inférieure, et une
longue éminence (*apophyse zygomatique*), qui va
s'unir avec l'os jugal pour former l'*arcade zygomatique*, véritable anse jetée du crâne sur la face. Cette
arcade, très saillante chez les Carnivores, manque
chez quelques Insectivores et Édentés. — Le *pétreux*
ou *rocher* est la partie la plus dure du squelette et contient, dans son intérieur, les cavités de l'oreille
interne. Entre l'occipital et le bord postérieur du
rocher se trouve un grand trou (*trou déchiré postérieur*) par lequel sortent les nerfs glosso-pharyngien, pneumogastrique et spinal. Enfin, à la face
postérieure du rocher, un enfoncement (*trou auditif interne*) livre passage aux nerfs auditif et facial.

— Le *mastoïdien* présente une saillie (*apophyse mastoïde*) très développée chez l'Homme, mais qui reste rudimentaire chez beaucoup de Mammifères.
— Enfin le *tympanique* constitue la majeure partie de la *caisse du tympan* et du *conduit auditif externe*. Cette caisse forme, à la base du crâne, un renflement (*bulle tympanique*) qui devient considérable chez les Carnivores et les Rongeurs.

Le *sphénoïde* est situé à la partie inférieure du crâne, en avant de l'occipital. — Il se compose de deux pièces (*sphénoïde antérieur* et *sphénoïde postérieur*) dont les parties médianes se soudent chez l'Homme pour constituer le corps de l'os, qui est creusé d'une cavité (*sinus sphénoïdal*).

Les *frontaux* sont situés devant les pariétaux. — Toujours pairs, ces os se réunissent en un seul chez l'Homme et quelques animaux. — Chez les Ruminants pourvus de cornes, les frontaux donnent naissance à des chevilles osseuses formant l'axe de la corne. Les Bovidés ont ces chevilles creusées de cellules qui communiquent avec les *sinus frontaux*. — On désigne sous ce dernier nom des cavités qui existent à la base des frontaux et débouchent dans les fosses nasales.

L'*ethmoïde* est enclavé entre le frontal et le sphénoïde. Il se compose de deux *masses latérales* et d'une pièce médiane (*lame perpendiculaire*). — Les deux masses latérales sont limitées, en haut, par une cloison (*lame criblée*) perforée pour le passage du nerf olfactif; elles présentent de nombreuses lamelles osseuses roulées en petits cornets (*volutes ethmoïdales*). — Quant à la lame perpendiculaire, son bord supérieur forme, dans le crâne, la *crête ethmoïdale* terminée, le plus souvent, à la partie antérieure, par une éminence osseuse (*apophyse*

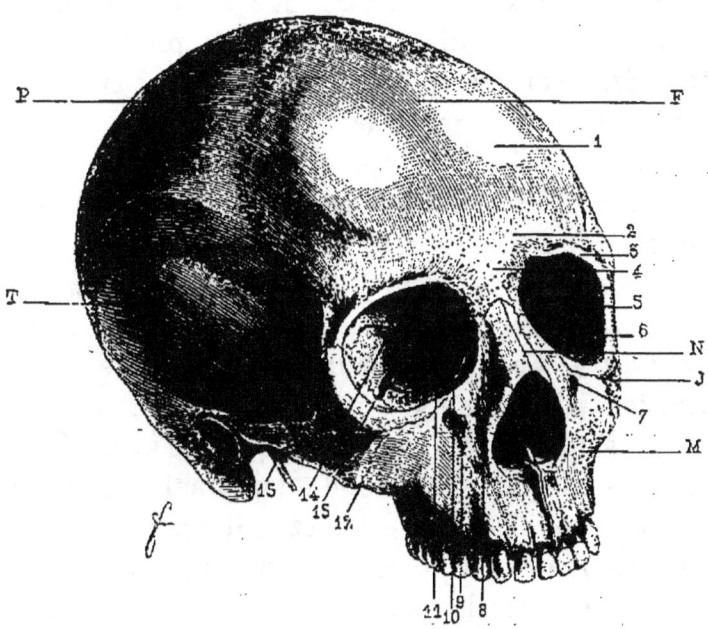

Fig. 71. — Tête osseuse de l'Homme.

F, frontal ; — J, jugal ; — M, maxillaire supérieur ; — N, nasal ; — P, pariétal ; — T, temporal ; — 1, bosse frontale ; — 2, arcade sourcilière ; — 3, arcade orbitaire ; — 4, bosse nasale ; — 5, partie orbitaire du sphénoïde ; — 6, partie orbitaire du jugal ; — 7, trou sous-orbitaire ; — 8, branche montante du maxillaire supérieur ; — 9, fosse canine ; — 10, lacrymal ; — 11, ethmoïde ; — 12, suture du jugal et du maxillaire supérieur ; — 13, fente sphéno-maxillaire ; — 14, fente sphénoïdale et trou optique ; — 15, suture de l'arcade zygomatique avec le jugal.

crista-galli) qui donne attache à la faux du cerveau ; son bord inférieur s'articule avec le vomer et se continue avec la lame cartilagineuse qui sépare les deux fosses nasales.

10.

La *cavité de la base du crâne* présente trois *fosses* (*antérieure, moyenne, postérieure*). — La première est formée par la partie orbitaire du frontal, la lame criblée de l'ethmoïde et le sphénoïde antérieur; la deuxième montre une fossette médiane (*selle turcique*) qui reçoit le corps pituitaire; la troisième comprend la portion du crâne située en arrière du bord supérieur du rocher.

Face. — Elle se compose, en général, de 18 os, savoir : *2 maxillaires supérieurs*, *2 intermaxillaires*, *1 maxillaire inférieur*, seuls os destinés à l'implantation des dents, *2 nasaux*, *2 lacrymaux*, *2 jugaux*, *2 cornets*, *1 vomer*, *2 palatins* et *2 ptérygoïdiens*. — Ce nombre peut varier : en plus, par la division persistante du temporal et de l'occipital en plusieurs pièces; en moins, par l'absence de certains os, par exemple du lacrymal (Dauphin), ou du jugal (Tenrec). — Chez l'Homme, les deux intermaxillaires sont soudés, presque sans trace de suture, avec les maxillaires supérieurs, et ne sont pas comptés comme os distincts : de même les ptérygoïdiens, bien qu'autogènes, se soudent en haut avec le corps du sphénoïde, et forment ce qu'on appelle, en anatomie humaine, l'*aile interne de l'apophyse ptérygoïde*. On ne décrit donc chez l'Homme que 14 os de la face.

Au point de vue topographique, la face présente : une paire de *fosses orbitaires*, une paire de *fosses nasales*, dont tous les sinus sont des dépendances, et la *cavité buccale*. Toutes ces cavités communiquent entre elles : les orbites avec les fosses nasales par les canaux lacrymaux, celles-ci avec la bouche par l'ouverture postérieure des fosses nasales. — Au point de vue descriptif, la face se divise en deux parties : 1° la *mâchoire supérieure*, constituée principalement par le maxillaire supérieur ; 2° la *mâchoire inférieure*, formée par le seul os maxillaire inférieur.

L'*orbite* n'est fermée de tous côtés que chez les Primates ; chez les autres Mammifères, elle se confond plus ou moins complètement avec une fosse située en dedans de l'arcade zygomatique (*fosse zygomatique*), tandis que, chez l'Homme, elle ne communique avec cette fosse que par deux fentes étroites. — Le fond de l'orbite offre toujours un trou (*trou optique*) pour le passage du nerf optique.

Les *fosses nasales* sont situées entre les orbites et la bouche. — Leur partie médiane est constituée par le vomer et la lame perpendiculaire de l'ethmoïde ; leur plancher est formé par la voûte du palais ; leur plafond par les naseaux, l'ethmoïde et le sphénoïde. Enfin, c'est entre les ptérygoïdiens qu'est située l'ouverture postérieure des fosses nasales. — Chez les Cétacés, les fosses nasales ont une direction plus ou moins verticale. L'orifice des narines (*évent*) se trouve ainsi assez éloigné de l'extrémité du museau.

La *cavité buccale* du squelette se borne à la *voûte palatine*, surface parabolique où l'on aperçoit la suture cruciale des palatins et des apophyses palatines des maxillaires supérieurs.

Le *maxillaire inférieur* s'articule toujours avec

le crâne par un *condyle* saillant et convexe qui se loge dans la cavité glénoïde du temporal, disposition *spéciale* aux Mammifères. — Le condyle est porté sur la partie rétrécie (*col*) d'une branche montante faisant un angle plus ou moins ouvert (*angle de la mâchoire*) avec le corps de l'os qui loge les dents inférieures. — La forme du condyle et la longueur, ainsi que la direction de la branche montante, varient suivant le régime de l'animal, par suite des divers genres de mouvements que les mâchoires exécutent. — En avant du condyle, se trouve une éminence osseuse (*apophyse coronoïde*) où s'insère le muscle temporal. — Les deux moitiés du maxillaire inférieur peuvent rester distinctes ou au contraire s'unir intimement, de façon à former un os unique à l'âge adulte, comme chez l'Homme.

Ce n'est qu'exceptionnellement qu'on trouve, dans quelques genres, d'autres os que ceux que nous venons de signaler. — De ce nombre sont : l'*os prénasal* des Paresseux, l'*os prémaxillaire* de l'Ornithorynque, l'*os du boutoir* du Porc et de la Taupe.

Appareil hyoïdien. — On rattache à l'étude de la tête, un petit appareil osseux (*hyoïde*) qui sert de support à la langue ainsi qu'au larynx et au pharynx.

L'appareil hyoïdien est suspendu à la base du crâne : il résulte de l'assemblage de plusieurs pièces. L'une d'elles, médiane, constitue le *corps* de l'os ; les autres forment deux paires de branches (*cornes*) dont les antérieures sont fixées au temporal et les postérieures au cartilage thyroïde. — Le corps de l'hyoïde est très developpé chez les Alouates (Singes hurleurs), où il loge un appareil de résonance qui communique avec le larynx.

Vertèbres céphaliques. — On admet généralement aujourd'hui que la tête osseuse, qui loge quatre organes des sens, se compose de quatre vertèbres contenant chacune un de ces organes. — La vertèbre *occipito-hyoïdienne* ou *auditive* loge les principaux organes de l'ouïe ; la vertèbre *pariéto-maxillaire* ou *gustative* protège le sens du goût ; la vertèbre *fronto-mandibulaire* ou *visuelle* renferme les organes de la vue ; enfin la vertèbre *naso-turbinale* ou *olfactive* contient le sens de l'odorat (Lavocat).

Côtes. — Elles sont divisées en *vraies* et *fausses côtes*, selon qu'elles s'articulent ou non avec le sternum. — Leur nombre varie comme celui des vertèbres dorsales. — Elles sont composées de deux parties : l'une est en rapport avec les vertèbres (*côte vertébrale*) ; l'autre s'attache au sternum (*côte sternale*) et est ordinairement cartilagineuse.

Les côtes s'articulent en général, par leur *tête*, avec une facette articulaire appartenant à deux corps de vertèbres et, par leur *tubérosité*, avec l'apophyse transverse de la vertèbre postérieure.

Sternum. — Il se compose ordinairement d'une série d'osselets dont le nombre correspond à celui des espaces intercostaux. — Quand il est en rapport avec la clavicule, sa partie antérieure est large (*manubrium*) ; elle est au contraire étroite et allongée quand la clavicule manque. — La partie postérieure se termine par une pièce médiane (*appendice xiphoïde*) qui reste le plus souvent cartilagineuse. — Le milieu du sternum porte une crête chez les Mammifères fouisseurs ou volants (Taupe, Chauve-Souris) dont les muscles pectoraux sont très développés.

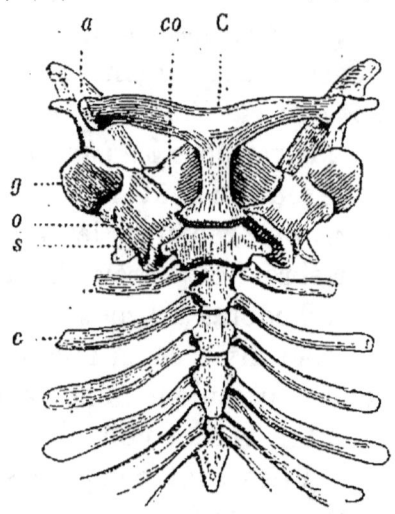

Fig. 72. — Arc scapulaire de l'Ornithorynque.

a, acromion; — C, clavicule; — *c*, côtes; — *co*, os coracoïdien; — *g*, cavité glénoïde; — *o*, omoplate; — *s*, sternum.

Arc scapulaire. — Il est constitué, de chaque côté, par deux os : l'*omoplate* et la *clavicule*.

L'*omoplate* existe toujours et a une forme à peu près triangulaire : sa face externe présente une forte crête (*épine*) dont l'extrémité libre (*acromion*) s'articule avec la clavicule, quand celle-ci est bien developpée.

La *clavicule* n'atteint son complet développement et ne s'unit au sternum que chez les Mammifères dont les membres antérieurs jouissent de mouvements très étendus (Primates, Cheiroptères, une partie des Insectivores et des Rongeurs) : elle est rudimentaire chez les Carnivores et quelques Rongeurs, enfin elle manque complètement (Ongulés) quand les membres ne jouissent plus que de mouvements de flexion et d'extension. — Seuls, les Monotrèmes possèdent une clavicule postérieure (*os coracoïdien*) qui s'articule avec le sternum. — Chez les autres Mammifères, l'os coracoïde est une simple apophyse (*apophyse coracoïde*) de l'omoplate, qui ne rejoint pas le sternum.

Arc pelvien. — Il se compose, de chaque côté, de trois os (*ilion, ischion, pubis*) qui se soudent de bonne heure entre eux (*os iliaque*) et avec les parties latérales du sacrum, pour former une ceinture (*bassin*) complétée par l'articulation ventrale des pubis (*symphyse pubienne*). — Le bassin reste cependant ouvert en bas chez quelques Insectivores (Taupe), Cheiroptères et Rongeurs. — Chez les Cétacés, la ceinture pelvienne n'est représentée que par deux os placés au milieu des muscles et

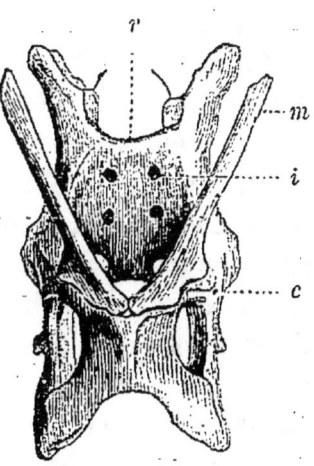

Fig. 73. — Arc pelvien de l'Échidné.

c, cavité cotyloïde; — *i*, os iliaque; — *m*, os marsupiaux; — *r*, rachis.

qui ne sont unis, ni entre eux, ni à la colonne vertébrale. — Enfin, chez les Mammifères implacentaires, on observe deux *os* dits *marsupiaux* qui sont implantés sur les pubis dans l'épaisseur des parois abdominales.

Membre antérieur. — Il se compose de cinq parties : le *bras*, l'*avant-bras*, le *carpe*, le *métacarpe* et les *doigts*. — Ces trois dernières parties constituent la *main*.

A. BRAS. — Il est constitué par un seul os (*humérus*) qui peut être court et large (Mammifères aquatiques et fouisseurs) ou long et grêle (Mammifères grimpeurs et volants).

B. AVANT-BRAS. — Il est toujours composé de deux os : le *radius* et le *cubitus*.

Le *cubitus* est ordinairement le plus long à cause de la présence d'une apophyse (*olécrâne*) qui sert à consolider l'articulation du *coude*, c'est-à-dire de l'avant-bras avec le bras. — Il est rudimentaire chez les Jumentés, les Ruminants et surtout les Cheiroptères où il paraît même manquer dans quelques espèces.

Le *radius* sert surtout à l'articulation de l'avant-bras avec la main. — Il est mobile autour du cubitus chez les seuls Mammifères où sont possibles les mouvements de pronation et de supination.

C. CARPE. — Le *carpe* ou *poignet* est la partie la plus petite de la main. — Il se compose de deux rangées d'os dont le nombre est variable.

Chez l'Homme, la première rangée (*procarpe*) se compose, de dehors en dedans : du *scaphoïde*, du *semi-lunaire*, du *pyramidal*, enfin du *pisiforme*, petit os développé dans un tendon. — La seconde rangée (*mésocarpe*) est constituée par le *trapèze*, le *trapézoïde*, le *grand os* et l'*os crochu*, en allant toujours du radius vers le cubitus.

D. MÉTACARPE. — Il varie beaucoup sous le rapport de la longueur et du nombre des os qui le composent. — Il est court chez les Mammifères préhenseurs ou fouisseurs ; il est au contraire très long chez les Cheiroptères et les Ongulés. — Un seul os du métacarpe (*canon*) existe chez les Ruminants où il est formé par la fusion des troisième et quatrième métacarpiens ; il porte, en dehors, un métacarpien rudimentaire. — Chez le Cheval, le canon est formé par le troisième métacarpien qui porte latéralement deux os styliformes représentant les deuxième et quatrième métacarpiens. — Chez les autres Mammifères, il y a cinq métacarpiens, sauf chez quelques-uns qui en ont trois (Rhinocéros) ou quatre (Porc).

E. DOIGTS. — Le nombre typique des doigts est de cinq ; aucun Mammifère n'en possède davantage. — Dans le groupe des *Artiodactyles* (Mammifères ongulés à doigts en nombre pair), le pouce manque toujours ; mais les troisième et quatrième doigts se développent d'une manière prépondérante. — Dans le groupe des *Périssodactyles* (Mammifères ongulés ayant un nombre impair de doigts et inférieur à cinq), c'est le cinquième doigt qui disparaît après le pouce, et il ne reste que trois doigts (Rhinocéros) ou même un seul (Cheval).

Chaque doigt est composé de trois phalanges, à l'exception du pouce qui n'en a que deux ou une. — Il faut noter l'allongement considérable des phalanges chez les Cheiroptères et leur augmentation de nombre dans les doigts du milieu chez les Cétacés.

Membre postérieur. — Il se compose de 5 parties : la *cuisse*, la *jambe*, le *tarse*, le *métatarse* et les *orteils*, qui sont homologues des segments correspondants du membre antérieur. — Les trois dernières parties constituent le *pied*.

Contrairement au membre antérieur qui ne manque jamais, le membre postérieur fait défaut chez les Sirénides et les Cétacés.

A. Cuisse. — Constituée par le *fémur*. — Le fémur présente, à sa partie supérieure, deux saillies osseuses (*trochanters*), au-dessus desquelles il se coude en dedans, pour se terminer par une *tête* plus ou moins sphérique qui s'articule avec l'os iliaque. — Une troisième saillie située plus bas (*troisième trochanter*) s'observe chez les Jumentés, les Hyraciens et quelques Rongeurs.

B. Jambe. — Formée par deux os, le *tibia* et le *péroné*, qui correspondent respectivement au radius et au cubitus. — Le tibia, toujours plus fort que le péroné, forme, avec le fémur, l'articulation du *genou* et porte le pied à son extrémité opposée. — Le péroné est situé sur le côté externe du tibia; il est quelquefois rudimentaire (Jumentés, Ruminants, Cheiroptères).

C. Tarse. — Il est en rapport avec le tibia par

l'*astragale* qui, avec le *calcanéum* (os du talon) et le *scaphoïde*, forme le protarse. — Le mésotarse est constitué par le *cuboïde* et les *trois os cunéiformes*. — Il peut y avoir au tarse un nombre d'os moins considérable (Édentés, Ruminants), par suite de la soudure de quelques pièces.

D. Métatarse et orteils. — Les modifications du métatarse et des orteils sont analogues à celles du métacarpe et des doigts.

Rotule. — Cet os se développe dans le tendon du muscle extenseur de la jambe (triceps fémoral), au-devant de l'articulation du genou. — La rotule protège l'articulation et rend plus oblique l'insertion du triceps sur le tibia, disposition qui facilite l'action de ce muscle.

Articulations. — On désigne sous ce nom le mode d'union des os. Les articulations comprennent les *synarthroses*, les *amphiarthroses* et les *diarthroses*.

A. Synarthroses. — Appelées encore *sutures*. — Elles ne présentent point de mouvements (*articulations immobiles*) et sont caractérisées anatomiquement par ce fait que les os sont réunis par une simple lame de tissu fibreux. (Exemple : *Sutures des os du crâne*.)

B. Amphiarthroses. — Appelées encore *symphyses*. — Elles offrent des mouvements peu étendus de *balancement* (*articulations semi-mobiles*). — Elles sont caractérisées anatomiquement par ce fait que les os sont soudés entre eux par une masse fibreuse adhérente aux surfaces articulaire cartilagineuses. (Exemple : *Symphyse pubienne*.)

C. Diarthroses. — Appelées aussi *articulations mobiles*. — Elles sont susceptibles de mouvements de *glissement* habituellement très étendus. (Exemple : *Articulation de l'épaule*.) — Anatomiquement, elles sont pourvues de *ligaments périphériques* et leurs surfaces articulaires sont recouvertes d'un cartilage. — A la limite de ce cartilage, s'insère une membrane mince (*synoviale*) qui va, comme un manchon, d'un os à l'autre. — Celle-ci contient un liquide alcalin et filant (*synovie*) facilitant le glissement des deux surfaces articulaires. Ces dernières sont maintenues en contact parfait par la pression atmosphérique (Weber).

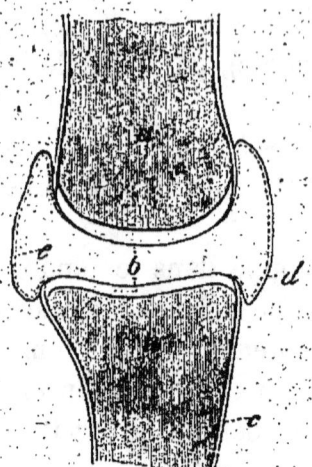

Fig. 74. — Schéma d'une articulation (diarthrose).

a, a, les deux os ; — *b*, cartilage articulaire ; — *c*, périoste ; — *d*, membrane synoviale ; — *e*, épithélium de la synoviale.

DIX-SEPTIÈME LEÇON

MAMMIFÈRES

APPAREIL LOCOMOTEUR (Muscles). — LOCOMOTION. — APPAREIL ET FONCTION DE LA PHONATION

Muscles. — Les muscles constituent ce qu'on appelle communément la *chair* des animaux. — Leur structure nous est déjà connue (*voy.* p. 44). — Les muscles les plus importants sont ceux qui font mouvoir les os (*muscles du squelette*) et ceux qui produisent des mouvements plus ou moins étendus de la peau (*muscles peaussiers*).

A. Muscles du squelette. — Ils sont disposés à peu près de la même manière chez tous les Mammifères; ceux des membres présentent plus de variations que les autres. — Ils se composent d'un *corps* ou *ventre* et de *tendons* ou d'*aponévroses d'insertion*.

Le *corps* est constitué par des fibres musculaires qui se groupent en *faisceaux primitifs*. Ceux-ci sont enveloppés par une gaîne conjonctive (*périmysium interne*) qui forme aussi une loge à chaque fibre. — Ces faisceaux primitifs se réunissent à leur tour en *faisceaux secondaires* visibles à l'œil nu, et le corps charnu du muscle est tapissé lui-même par une couche conjonctive (*périmysium externe*). — Enfin le tout est entouré d'une enveloppe (*gaîne aponévrotique*) formée de fibres conjonctives et de fibres élastiques.

Les *insertions* ou *attaches* des muscles se font soit par les fibres musculaires qui vont s'implanter directement sur le périoste, soit par les tendons, et, dans ce dernier cas, l'os présente des traces rugueuses aux points d'attache. — Quand les tendons sont larges, ils prennent le nom d'*aponévroses d'insertion*.

Un *principe de mécanique musculaire* qu'il ne faut pas oublier, c'est que le *raccourcissement* d'un muscle dépend de sa *longueur* et que l'énergie de sa contraction ou sa *force* dépend de sa *section*, c'est-à-dire du nombre de ses fibres musculaires.

Au point de vue anatomique, on a divisé les muscles du corps en : muscles de la *tête*, muscles du *cou*, muscles du *tronc* et muscles des *membres*.

Au point de vue physiologique, on a distingué ceux qui communiquent aux divers segments du corps des mouvements de *flexion*, d'*extension*, d'*adduction*, d'*abduction*, de *rotation*, etc.

B. Muscles peaussiers. — Le système des muscles peaussiers, rudimentaire chez l'Homme, est plus ou moins développé chez les Mammifères. — Quelquefois il enveloppe tout le tronc, comme chez les animaux qui peuvent se rouler en boule (Hérisson); d'autres fois il est surtout développé le long de la colonne vertébrale (Chien, Chat) et permet aux animaux de faire le *gros dos*. — Chez le

Cheval, le principal muscle peaussier fait mouvoir la peau qui recouvre le tronc et empêche ainsi les Insectes de venir se poser à sa surface.

Locomotion. — Fonction par laquelle le corps se transporte, de lui-même, d'un lieu à un autre.

A. Locomotion terrestre. — C'est le mode de locomotion le plus répandu.

Bipèdes. — La *marche* est l'allure la plus naturelle et la plus usitée de l'Homme ; elle est caractérisée par ce fait que le corps ne quitte jamais le sol, tandis que, dans la *course* et le *saut*, le corps reste suspendu, pendant un certain temps.

Nous distinguerons deux temps dans la MARCHE : celui du *double appui* où les deux jambes sont en contact avec le sol et celui de l'*appui unilatéral* où l'une des jambes est à l'appui, l'autre au soutien. — Dans chacune de ces phases, les diverses articulations des membres inférieurs se fléchissent et s'étendent tour à tour. — Au milieu du temps du double appui, le tronc est à sa situation la plus basse et situé au-dessus de l'axe du chemin parcouru. — Au contraire, au milieu du temps de l'appui unilatéral, le tronc est à sa situation la plus élevée, en même temps qu'il est à son maximum d'écart de l'axe du chemin, du côté de la jambe à l'appui.

Le tronc subit donc des *oscillations verticales* et *horizontales* pendant la marche. — Sous l'influence de ces mouvements, un point central, le pubis, décrit des méandres réguliers qu'on peut considérer comme inscrits dans une gouttière au

fond de laquelle se trouvent les minima et aux bords de laquelle sont tangents les maxima (CARLET).
— En même temps que le tronc s'élève et se porte latéralement sur la jambe à l'appui, il s'incline en avant et de côté. — Enfin les bras oscillent en sens inverse des jambes et luttent ainsi contre le mouvement de rotation contraire du bassin, de telle sorte que le tronc, animé d'un *mouvement de tor-*

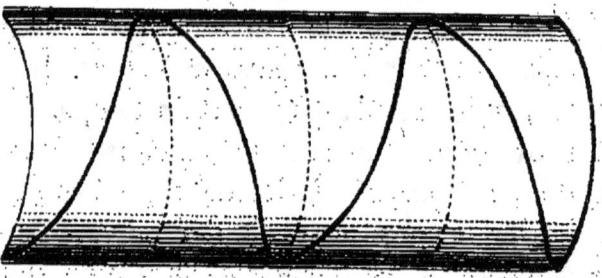

Fig. 75. — TRAJECTOIRE DU PUBIS PENDANT LA MARCHE (G. C.).
La courbe est figurée inscrite dans une gouttière.

sion, fait constamment face au chemin qu'il doit parcourir. — Aucun des mouvements de la marche ne s'effectue sans l'intervention de l'action musculaire.

Dans la COURSE et le SAUT, les membres se fléchissent beaucoup pendant l'appui et s'étendent brusquement pour projeter le corps en avant et en haut. — Celui-ci abandonne alors le sol; mais, dans la course, il ne s'élève pas autant qu'on pourrait le croire et l'effet produit par la suspension en l'air tient plutôt à ce que les jambes se sont, pour ainsi dire, retirées du sol (MAREY).

Quadrupèdes. — La marche des quadrupèdes comprend deux allures : 1° le *pas* ; 2° l'*amble*.

Dans l'AMBLE, le corps est porté alternativement par les deux pattes du même côté qui restent appliquées sur le sol, pendant que celles du côté opposé oscillent. — La Girafe et le Chameau marchent l'amble ; un certain nombre de Chevaux sont *ambleurs*.

Dans le PAS, les mouvements sont croisés, le membre antérieur d'un côté et le membre postérieur du côté opposé fonctionnant ensemble, soit à l'appui, soit à la levée; mais les deux pattes qui agissent d'une manière similaire ne se lèvent pas en même temps; il y a quatre levées et autant de poses distinctes.

Dans la COURSE, soit au trot, soit au galop, le corps quitte le sol à un moment donné. — Le GALOP est une allure compliquée dont nous ne nous occuperons pas ici. — Le TROT est, au contraire, une allure simple qui s'effectue en trois temps disdincts. Pendant le premier temps, le corps est supporté par un bipède diagonal; pendant le deuxième, il est en l'air; pendant le troisième, il est soutenu par l'autre bipède diagonal.

B. LOCOMOTION AÉRIENNE. — On ne l'observe que chez les Cheiroptères, où le vol s'effectue par le moyen des membres antérieurs transformés en sortes d'ailes, grâce à l'existence d'un repli cutané étendu entre les membres antérieurs et postérieurs, repli qui embrasse aussi, à l'exception du pouce, les doigts excessivement allongés des pattes antérieures. — Cette membrane aliforme est mise en mouvement par les muscles des membres thoraci-

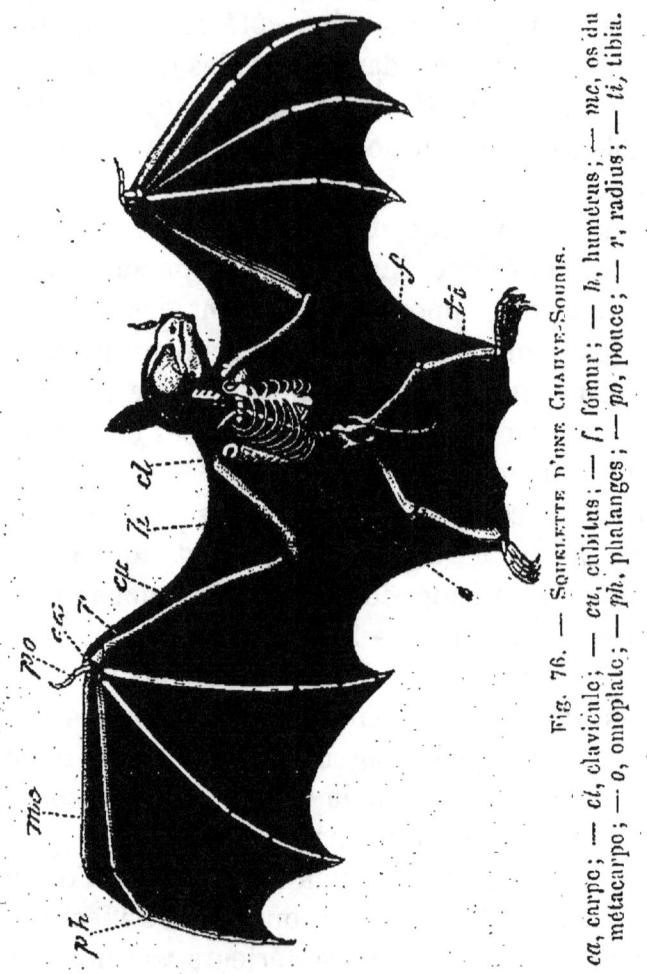

Fig. 76. — Squelette d'une Chauve-Souris. ca, carpe; — cl, clavicule; — cu, cubitus; — f, fémur; — h, humérus; — mc, os du métacarpe; — o, omoplate; — ph, phalanges; — po, pouce; — r, radius; — ti, tibia.

ques et bat l'air avec force, de façon à imprimer au corps une série d'impulsions.

C. Locomotion aquatique. — Elle se fait au battant l'eau, tantôt au moyen des doigts réunis entre eux par une membrane (*doigts palmés*) comme chez les Phoques (ce qui n'empêche pas les membres de faire aussi progresser le corps sur la terre ferme), tantôt par la transformation de ces pieds en véritables *nageoires* (Cétacés), cas auquel s'ajoute encore un organe de natation, la *nageoire caudale*, qui, au lieu d'être verticale et pourvue de rayons comme celle des Poissons, est au contraire horizontale et constituée par un simple lobe cutané renforcé de tissu élastique.

D'ailleurs, beaucoup d'animaux terrestres peuvent nager sans qu'il y ait, pour cela, une disposition spéciale des membres. — Ainsi, le Chien nage au moyen des mouvements ambulatoires ordinaires. — Chez l'Homme, les mouvements natatoires résultent d'une éducation plus ou moins longue et ressemblent à ceux de la Grenouille.

Appareil et fonction de la phonation. — La *phonation* est la fonction qui a pour but de produire la voix et la parole. — Elle a pour organe essentiel le *larynx* qui est le siège de la production du son.

Larynx. — C'est la partie supérieure de la trachée modifiée dans sa forme et sa structure. — Les anneaux cartilagineux de ce tube se transforment en pièces spéciales du larynx (*cartilage thyroïde, cartilage cricoïde, cartilages aryténoïdes*).

Le *cartilage thyroïde* a la forme d'un bouclier. Sa saillie sous la peau constitue la *pomme d'Adam*. Il est attaché en haut, par une membrane, à l'os hyoïde et articulé en bas avec le cartilage cricoïde.

Un ligament membraneux rattache encore ces deux cartilages l'un à l'autre.

Le *cartilage cricoïde* peut être considéré comme le support des diverses pièces qui composent le larynx et il repose lui-même sur le premier anneau de la trachée. — Il a la forme d'une bague à chaton postérieur.

Les *cartilages aryténoïdes*, au nombre de deux, sont les cartilages les plus importants du larynx. — Ils ont la forme de petites pyramides triangulaires dont la base est creusée d'une facette au moyen de laquelle ils s'articulent, de chaque côté, sur le bord supérieur du chaton du cricoïde. — Des muscles sont disposés de façon à les rapprocher ou à les éloigner l'un de l'autre ils sont d'ailleurs mobiles dans tous les sens, autour de leur articulation. — Leur base donne insertion en avant au muscle le plus essentiel du larynx (*muscle thyro-aryténoïdien*) qui se porte horizontalement jusqu'à l'angle rentrant du cartilage thyroïde.

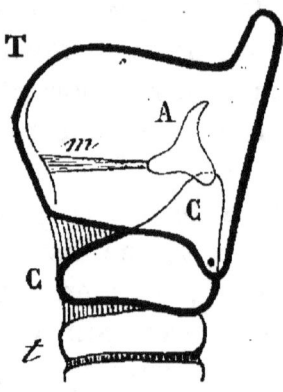

Fig. 77. — Schéma du larynx.

A, cartilage aryténoïde; — C, cartilage cricoïde; — m, muscle thyro-aryténoïdien; — T, cartilage thyroïde; — t, trachée. — Dans cette figure, le cartilage thyroïde est supposé transparent, de façon à laisser voir les parties qu'il entoure.

Les deux muscles *thyro-aryténoïdiens* sont recouverts par la muqueuse du larynx. — Entre eux et la muqueuse se trouve interposé, de chaque côté, un ligament élastique (*ligament thyro-aryténoïdien inférieur*) qui constitue ce qu'on appelle, en anatomie, la *corde vocale inférieure*.

Les *lèvres vocales* se composent du muscle thyro-aryténoïdien, du ligament thyro-aryténoïdien inférieur et du repli de la muqueuse. — Elles limitent l'orifice phonateur ou *glotte*.

La *glotte* est la partie la plus étroite du larynx. — C'est une ouverture en forme de triangle à sommet antérieur. — Elle est surmontée, de chaque côté, d'un élargissement (*ventricule du larynx*) limité lui-même, en haut, par un rétrécissement. Celui-ci est formé par un ligament élastique (*ligament thyro-aryténoïdien supérieur*) qui soulève la muqueuse et constitue la *corde vocale supérieure*.

Au-dessus des cordes vocales supérieures, se trouve un élargissement (*vestibule du larynx*) surmonté d'une languette fibro-cartilagineuse (*épiglotte*). Celle-ci, pendant la respiration et la phonation, s'élève obliquement dans l'arrière-gorge, laissant ouvert le vestibule du larynx; mais, comme nous l'avons vu (p. 125), elle s'abaisse pendant la déglutition et couvre la glotte.

PHONATION. — Pendant la respiration, la glotte a la forme d'un V ouvert en arrière et ne produit aucun son. — Pendant la phonation, les deux bords de la glotte deviennent parallèles.

Dans la phonation, ce sont les lèvres vocales qui vibrent, tendues par les muscles thyro-aryténoïdiens et ébranlées par le courant d'air de l'expiration.

Les différents degrés de rétrécissement de la glotte, déterminés par la contraction des muscles thyro-aryténoïdiens, modifient la hauteur du son. — Plus la glotte est resserrée, plus les lèvres vocales sont tendues, plus le son est aigu. — Le son produit par la glotte est renforcé par les vibrations de la partie du canal aérien qui surmonte le larynx.

La glotte ne produit qu'un son inarticulé. — L'articulation des sons (*parole* ou *langage articulé*) est due presque entièrement au jeu des cavités pharyngienne, buccale et nasales, qui modifient les sons de manière à donner soit des *voyelles*, soit des *consonnes* par l'association de certains bruits se produisant dans ces mêmes cavités.

Les modifications de la voix chez les Mammifères tiennent à la conformation particulière du larynx et de l'appareil de renforcement qui le surmonte. — Les cordes vocales supérieures manquent chez un grand nombre de Mammifères (Bœuf, Lièvre) et, chez les Cétacés, les lèvres vocales font aussi défaut. — Enfin on rencontre parfois au larynx des cavités accessoires qui constituent tantôt des cavités à air (Baleine), tantôt des appareils résonateurs destinés à renforcer le son (Singes hurleurs).

DIX-HUITIÈME LEÇON

MAMMIFÈRES

SYSTÈME NERVEUX. — INNERVATION

Idée générale du système nerveux.—Le système nerveux a essentiellement pour but de recevoir les impressions extérieures sur des organes périphériques (*surfaces sensibles, organes des sens*) qui les transmettent par des conducteurs centripètes (*nerfs sensitifs*) à des organes centraux (*centres nerveux*) chargés de réagir, au moyen de conducteurs centrifuges (*nerfs moteurs*), sur les organes profonds (*muscles, glandes*, etc.).

Nous savons déjà que le système nerveux se compose de deux parties distinctes : le *système cérébro-spinal* pour les organes de relation et le *système du grand sympathique* pour les autres organes. — Chacun de ces systèmes comprend des parties centrales et des nerfs dont la structure a été étudiée plus haut (*voy.* p. 47 et suiv.). — Le premier système est soumis à l'influence de la *volonté;* le second est indépendant de cet excitant physiologique.

Système cérébro-spinal de l'Homme. — Il comprend des *centres nerveux* composés de substance blanche et de substance grise (*encéphale* dans le crâne; *moelle épinière* dans le canal vertébral) et des *nerfs* qui sont les uns *crâniens*, les autres *rachidiens* (*voy.* p. 105).

Des membranes (*méninges*) fixent et protègent les masses centrales (*voy.* p. 105).

MOELLE ÉPINIÈRE. — A. *Anatomie*. — Deux *sillons médians*, l'un *antérieur*, l'autre *postérieur*, divisent la moelle en deux moitiés réunies par deux commissures : l'une blanche (*commissure blanche* ou *antérieure*), l'autre grise (*commissure grise* ou *postérieure*) qui renferme un *canal central*.

La moelle épinière fournit les *nerfs rachidiens* qui sortent par les trous de conjugaison de la colonne vertébrale. — Ceux-ci forment autant de paires qu'il y a de vertèbres. — Ils naissent par deux racines : l'une *antérieure*, l'autre *postérieure* et munie d'un ganglion (*ganglion intervertébral*). — Si l'on arrache ces deux séries de racines, on produit sur la moelle deux sillons artificiels ; l'un est le *sillon collatéral antérieur*, l'autre le *sillon*

Fig. 78. — SECTION TRANSVERSALE DE LA MOELLE ÉPINIÈRE.

a, racine antérieure ; — *b*, racine postérieure ; — *c*, canal central ; — *d*, commissure antérieure ; — *e*, commissure postérieure ; — *f*, contour de la moelle ; — *g, i*, cordon postérieur ; — *h*, substance gélatineuse ; — *k, l*, cordon latéral ; — *m*, cordon antérieur ; — *n*, veines.

collatéral postérieur. — La présence de ces sillons médians et collatéraux divise, de chaque côté, la substance blanche ou extérieure de la moelle en trois *cordons :* 1º le *cordon antérieur* situé entre le sillon médian antérieur et le sillon collatéral antérieur ; 2º le *cordon latéral* interposé entre les deux sillons collatéraux ; 3º le *cordon postérieur* compris entre le sillon collatéral postérieur et le sillon médian postérieur.

Une section transversale de la moelle montre que chacune de ses moitiés renferme un croissant de substance grise à concavité extérieure entouré de la substance blanche dont nous venons d'étudier la division en cordons. — Chaque croissant a deux *cornes*, l'une *antérieure* qui est l'origine de la racine antérieure des nerfs rachidiens, l'autre *postérieure*, dont les relations avec la racine postérieure ne sont pas encore bien connues. — Quoiqu'il en soit, il est parfaitement démontré que les racines antérieures sont *motrices* et les racines postérieures *sensitives* (Magendie). — Le nerf qui résulte de leur réunion est *mixte* (moteur et sensitif).

Il importe de savoir que les racines antérieures jouissent d'une *sensibilité* dite *récurrente* qu'elles reçoivent, non de la moelle, mais des racines postérieures, par le moyen de fibres qui se détachent de ces racines pour se réfléchir sur les antérieures (Magendie). — Bien plus, des filets nerveux récurrents associent, à la périphérie, non seulement les nerfs sensibles aux nerfs moteurs, mais encore les nerfs sensibles entre eux (Arloing et L. Tripier).

C'est en raison de cette dernière association que la sensibilité persiste dans le territoire d'un nerf centripète sectionné et que les nerfs de la peau constituent une véritable surface sensible ininterrompue.

B. *Physiologie*. — La moelle est à la fois un *conducteur*, qui va de l'encéphale aux nerfs périphériques, et un *centre nerveux* pour les racines rachidiennes.

Fig. 79. — Racines des nerfs rachidiens (schéma).
A, A, racines antérieures ; — P, P, racines postérieures munies chacune de leur ganglion intervertébral.

Les *cordons postérieurs* conduisent principalement les sensations de *tact*. — Les cordons antérieurs et les cordons latéraux (*cordons antéro-latéraux*) servent surtout à transmettre les ordres de la volonté; mais ils subissent, au niveau du bulbe rachidien (cordons latéraux) et dans la commissure blanche de la moelle (cordons antérieurs), un entre-croisement qui fait que l'hémisphère cérébral d'un côté commande les mouvements de l'autre côté du corps. La partie postérieure des cordons latéraux renferme des fibres centripètes, et l'excitation directe de cette partie détermine de la douleur. — La *substance grise* centrale est surtout affectée à la conduction des *sensations générales*.

Enfin les cellules de la substance grise de la moelle président aux *actes réflexes*. — On désigne sous ce dernier nom, les phénomènes de mouvement qui succèdent à des impressions non senties, c'est-à-dire ceux qui se passent sans l'intervention du cerveau.

Encéphale. — A. *Anatomie*. — L'encéphale se compose de quatre parties essentielles : 1° la *moelle allongée* ou *bulbe rachidien ;* 2° le *cervelet ;* 3° les *tubercules quadrijumeaux ;* 4° les *hémisphères cérébraux*.

1° *Bulbe rachidien*. — Il ne diffère pas de la moelle épinière à la partie inférieure, mais il se développe à la partie supérieure où le canal central de la moelle devient une cavité spacieuse (*quatrième ventricule*).

2° *Cervelet*. — Il surplombe le quatrième ventricule. Il envoie, de chaque côté, des fibres transverses qui passent au-devant du bulbe (*protubérance annulaire* ou *pont de Varole*) et n'existent que chez les Mammifères. — Il se compose de deux lobes latéraux réunis par un lobe moyen plus petit (*vermis*). — Il est formé de substance grise groupée autour d'un noyau blanc qui offre, sur des coupes verticales, un aspect arborescent (*arbre de vie*). — Trois ordres de *pédoncules cérébelleux* partent de la substance blanche centrale : 1° les *pédoncules cérébelleux supérieurs*, qui unissent le cervelet au cerveau ; 2° les *pédoncules cérébelleux moyens*, qui forment les fibres superficielles de la protubérance annulaire et réunissent entre eux les deux lobes du cervelet ; 3° les *pédoncules cérébelleux inférieurs*, qui rattachent le cervelet au bulbe rachidien.

3° *Tubercules quadrijumeaux*, etc. — En avant du pont de Varole, les fibres longitudinales du bulbe rachidien continuent leur trajet et forment deux faisceaux divergents (*pédoncules cérébraux*) au-dessus desquels se trouvent quatre élévations arrondies : deux antérieures et deux postérieures (*tubercules quadrijumeaux*). — Au-dessus des deux tubercules antérieurs, on voit un organe particulier (*glande pinéale*) dont les usages sont inconnus. — Sous la masse formée par les tubercules quadrijumeaux existe un canal (*aqueduc de Sylvius*) qui va du quatrième ventricule dans le *troisième ventricule*. Celui-ci est une cavité étroite située entre deux masses nerveuses (*couches optiques*) que traversent les pédoncules cérébraux. — Le plancher du troisième ventricule est façonné en une sorte de canal qui aboutit (*infundibulum*) à un corps particulier (*hypophyse* ou *corps pituitaire*). — Le troisième ventricule communique lui-même en avant, par deux orifices (*trous de Monro*), avec deux grandes cavités (*ventricules latéraux*) qui occupent le centre de chaque hémisphère cérébral.

4° *Hémisphères cérébraux*. — Ils sont au nombre de deux, séparés en haut par une scissure longitudinale (*scissure interhémisphérique*).

Chaque hémisphère présente quatre *lobes* (frontal, sphénoïdal, pariétal, occipital). Ceux-ci offrent des saillies contournées (*circonvolutions*) séparées par des *sillons* plus ou moins profonds, parmi lesquels les plus importants sont : la *scissure de Sylvius*, qui sépare le lobe sphénoïdal du lobe pariétal et le *sillon de Rolando*, qui sépare ce dernier lobe du lobe frontal.

Les hémisphères cérébraux se composent d'une partie centrale blanche et d'une partie périphérique grise.

Le centre de chaque hémisphère est occupé, comme nous venons de le voir, par le *ventricule latéral*. — Le plancher de ce ventricule est formé par deux grosses masses nerveuses dont l'une, blanche, nous est déjà connue (*couche optique*), et dont l'autre grise (*corps strié*) est située en avant de la précédente et pénétrée par les fibres qui viennent de la traverser. — Le plafond des ventricules latéraux est formé par une voûte (*corps calleux* ou *mésolobe*) qui sert de trait d'union entre les deux hémisphères du cerveau. — Au-dessous du corps calleux se trouve une autre voûte (*trigone cérébral* ou *voûte à quatre piliers*) qui constitue le plafond du troisième ventricule. — Le trigone cérébral est uni en arrière avec le corps calleux ; mais ces deux voûtes sont séparées en avant, de façon à laisser entre elles un espace vide où se trouve une lame nerveuse (*cloison transparente*) qui sépare les deux ventricules latéraux. — La cloison transparente se compose de deux lamelles entre lesquelles existe un petit intervalle (*ventricule de la cloison transparente*).

Outre le corps calleux et le trigone cérébral, il y a encore trois *commissures* reliant entre eux les hémisphères cérébraux. Deux de ces commissures sont blanches et situées : l'une (*commissure blanche antérieure*) entre les deux corps striés, l'autre (*commissure blanche postérieure*), entre les parties postérieures des deux couches optiques; la troisième est grise (*commissure grise*) et traverse le troisième ventricule en réunissant les parties moyennes des deux couches optiques.

B. *Physiologie*. — 1° Le *bulbe rachidien* est surtout célèbre par les expériences dont il a été l'objet de la part de Flourens et de Cl. Bernard. — C'est à la partie inférieure du plancher du quatrième ventricule que siège le *nœud vital* (Flourens) ou centre des mouvements respiratoires. — Une simple piqûre de ce centre suffit pour arrêter immédiatement la respiration et amener la mort subite, chez les animaux à sang chaud. — Un peu plus haut que le nœud vital, la piqûre du plancher produit le diabète et, un peu plus haut encore, l'albuminurie (Cl. Bernard).

2° La *protubérance annulaire* paraît être le siège des *sensations brutes*, c'est-à-dire des sensations qui ne se transforment pas en idées.

3° Le *cervelet* est le centre coordinateur des mouvements de la locomotion. — On a fait aussi de cet organe le centre de l'*instinct génital*, de l'*amour physique*.

4° Les *tubercules quadrijumeaux* (lobes optiques) sont les centres des nerfs optiques.

5° Les *hémisphères cérébraux* sont le siège de la *perception*, de l'*intelligence*, de l'*instinct*, de la mé-

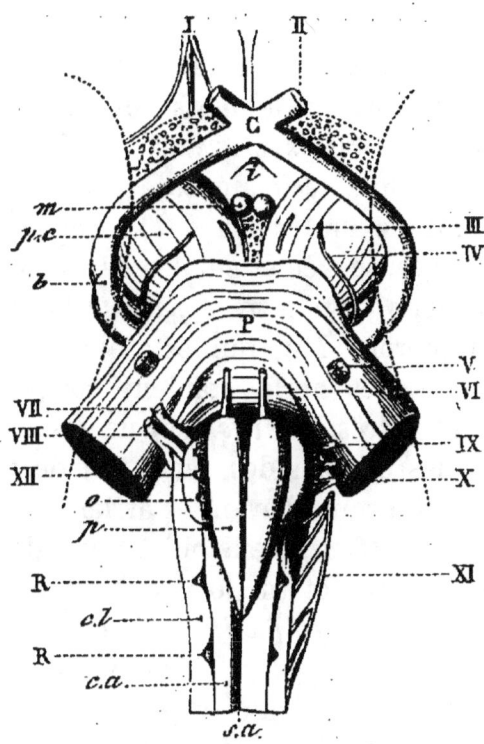

Fig. 80. — Origine apparente des nerfs craniens.

I, nerf olfactif; — II, nerf optique; — III, nerf oculo-moteur commun; — IV, nerf pathétique; — V, nerf trijumeau; — VI, nerf oculo-moteur externe; — VII, nerf facial; — VIII, nerf auditif; — IX, nerf glosso-pharyngien; — X et les filets radiculaires situés au-dessus, nerf pneumo-gastrique; — XI, nerf spinal; — XII et les filets radiculaires voisins, nerf grand hypoglosse; — b, bandelette optique; — C, chiasma; — c.a, cordon antérieur de la moelle; — c.l, cordon latéral; — i, infundibulum; — m, tubercules mamillaires; — p, pyramides; — P, protubérance annulaire; — p.c, pédoncules cérébraux; — R, racines antérieures des premiers nerfs rachidiens; — s.a, sillon médian antérieur (Huguenin).

moire et de la *volonté*. — Il n'est pas encore possible d'y localiser chaque faculté. — La seule localisation qui soit démontrée est celle du *langage* dans la troisième circonvolution frontale gauche (Broca).

Nerfs crâniens. — A la base de l'encéphale naissent douze paires de nerfs qui sortent par des trous du crâne (*nerfs crâniens*). — Ils ont deux *origines* : 1° l'une *réelle*, encore peu connue, qui est le point de l'intérieur de l'encéphale où les cellules nerveuses émettent les filets qui constituent les nerfs; 2° l'autre *apparente* (la seule que nous indiquerons ici), qui est le point d'où ils émergent. — Les nerfs crâniens sont : les uns *moteurs;* les autres *sensitifs*, soit de *sensibilité spéciale* pour les organes des sens, soit de *sensibilité générale*. — Ce sont, d'avant en arrière :

1° Le nerf *olfactif* (sensibilité spéciale : olfaction). — C'est plutôt un lobe olfactif qu'un nerf. Ce lobe ou *bulbe olfactif*, qui est plein chez l'Homme, est creux chez les animaux et communique avec les ventricules latéraux. — Il naît par trois racines (une grise et deux blanches) de la partie postéro-inférieure du lobe frontal (*espace perforé antérieur*). — Les véritables nerfs olfactifs sont les filets qui naissent de la face inférieure du bulbe olfactif et traversent la lame criblée de l'ethmoïde, pour gagner la membrane pituitaire.

2° Le nerf *optique* (sensibilité spéciale : vision). — Il naît des tubercules quadrijumeaux et de la partie postéro-inférieure de la couche optique (*corps genouillés*), puis forme un ruban (*bandelette optique*) qui contourne le pédoncule cérébral correspondant. — Les deux bandelettes optiques viennent s'unir sur la ligne médiane pour constituer le *chiasma* ou commissure des nerfs optiques. — Sort du crâne par le trou optique.

3º Le nerf *oculo-moteur commun* (moteur de tous les muscles de l'œil, à l'exception du grand oblique et du droit externe). — Naît de la face interne du pédoncule cérébral; sort par la fente sphénoïdale.

4º Le nerf *pathétique* (moteur du muscle grand oblique de l'œil). — Naît en arrière des tubercules quadrijumeaux; sort par la fente sphénoïdale.

5º Le nerf *trijumeau* (mixte : moteur pour les muscles de la mastication; de sensibilité générale pour toute la face; de sensibilité spéciale pour la gustation, par le nerf lingual qui innerve la pointe de la langue). — Il naît, sur le côté de la protubérance annulaire, par deux racines : l'une petite, *motrice;* l'autre grosse, *sensitive.* Celle-ci se renfle en un ganglion (*ganglion de Gasser*) d'où partent trois nerfs : 1º l'*ophthalmique*, sortant par la fente sphénoïdale; 2º le *maxillaire supérieur*, sortant par un trou du sphénoïde (*trou grand rond*); 3º le *maxillaire inférieur*, sortant par un autre trou du sphénoïde (*trou ovale*). La petite racine s'unit au nerf maxillaire inférieur.

6º Le nerf *oculo-moteur externe* (moteur du muscle droit externe de l'œil). — Naît dans le sillon qui sépare la protubérance d'avec le bulbe rachidien; sort par la fente sphénoïdale.

7º Le nerf *facial* (moteur des muscles de la face). — Naît du bulbe rachidien, au-dessous de la protubérance, pénètre dans le conduit auditif interne et sort par un trou du temporal (*trou stylo-mastoïdien*).

8° Le nerf *auditif* (sensibilité spéciale : audition). — Naît à côté du facial qu'il accompagne au fond du conduit auditif interne, puis s'en sépare pour se diviser en branches cochléaire et vestibulaire, qui pénètrent dans l'oreille interne. — Entre le facial et l'auditif naît un filet grêle (*nerf intermédiaire de Wrisberg*).

9° Le nerf *glosso-pharyngien* (mixte : moteur pour le pharynx; de sensibilité générale pour l'isthme du gosier; de sensibilité spéciale pour la gustation à la base de la langue). — Naît d'un sillon (*sillon latéral du bulbe*) à la partie supérieure du bulbe; sort par le trou déchiré postérieur, où il se renfle en un petit ganglion (*ganglion d'Andersch*).

10° Le nerf *pneumogastrique* (mixte pour l'appareil respiratoire, le cœur et l'appareil digestif; préside aux mouvements respiratoires aphones de la glotte). — Naît au-dessous du glosso-pharyngien; sort par le trou déchiré postérieur, où il présente un renflement (*ganglion jugulaire*).

11° Le nerf *spinal* (moteur pour divers muscles; préside aux mouvements vocaux de la glotte). — Naît par deux ordres de racines : les unes *bulbaires*, au-dessous de l'origine du pneumo-gastrique; les autres *médullaires*, entre les racines antérieures et postérieures des six premiers nerfs rachidiens. Le tronc ainsi formé sort par le trou déchiré postérieur.

12° Le nerf *grand hypoglosse* (moteur de la langue). — Naît du bulbe, à la face antérieure, dans un sillon qui sépare deux régions du bulbe appelées *olive* et *pyramide;* sort par le trou condylien antérieur.

Système cérébro-spinal des Mammifères. — Le corps calleux est rudimentaire chez les Mammifères Implacentaires; mais c'est surtout par les circonvolutions que le système nerveux des Mammifères se distingue de celui de l'Homme.

La surface des hémisphères cérébraux est lisse ou à peine creusée de quelques sillons superficiels chez la plupart des Implacentaires, les Rongeurs, les Insectivores et les Cheiroptères. Mais, chez les Cétacés, les Ongulés, les Carnivores et surtout les Primates, on trouve un nombre de circonvolutions plus ou moins considérable.

Outre le *type zoologique*, qui imprime surtout son cachet à la disposition des circonvolutions, il faut aussi tenir compte du *volume* du cerveau et même de la *taille* des animaux, qui varient, d'une manière assez directe, avec le développement des circonvolutions.

DIX-NEUVIÈME LEÇON

MAMMIFÈRES

SENS DU TOUCHER

Définition. — Le *tact* ou *toucher* est un sens multiple qui renseigne sur la forme des corps, leur température et la pression qu'ils exercent sur les téguments. — Il y a donc, pour ainsi dire, trois sortes de toucher : 1° le *toucher géométrique*; 2° le *toucher thermométrique*; 3° le *toucher dynamométrique*.

Nous savons que le sens du toucher réside dans le tégument externe et dans une partie des muqueuses; mais nous n'étudierons ici que son appareil fondamental, la *peau*.

Peau. — Nous avons vu plus haut (p. 107) qu'elle se compose de l'*épiderme* et du *derme*.

A. ÉPIDERME. — Membrane épithéliale présentant deux couches : l'une profonde *(couche muqueuse ou de Malpighi)*, l'autre superficielle *(couche cornée)*, celle-ci résultant d'une transformation de celle-là.

B. DERME. — Il est formé essentiellement de faisceaux de fibres conjonctives et de fibres élastiques, entre lesquels se trouve interposée une

PEAU.   209

matière amorphe très tenace. — Il est très vasculaire et contient des muscles lisses, des glandes, des nerfs. — Il se compose de deux couches : l'une profonde (*couche réticulaire*) renfermant des aréoles

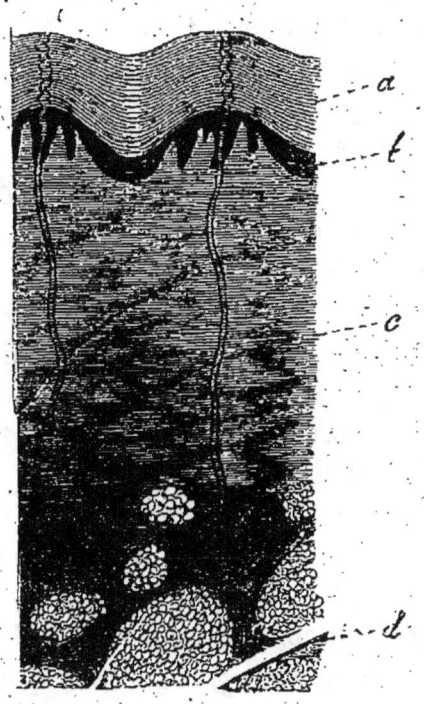

Fig. 81. — Coupe verticale de la peau de l'Homme (gross. 20 diam.).

a, couche cornée de l'épiderme; — *b*, couche muqueuse; — *c*, derme présentant en haut des papilles et en bas des lobules adipeux séparés par des fibres conjonctives *d*. — On voit deux glandes sudoripares dont le conduit excréteur va s'ouvrir à la surface de l'épiderme.

graisseuses, l'autre externe (*couche papillaire*) constituée par une matière d'apparence amorphe et présentant un nombre considérable de petites éminences (*papilles*) contenant le plus souvent des corpuscules du tact (*corpuscules de Meissner* et *corpuscules de Krause*) où les nerfs viennent se terminer. — Le derme est rendu imputrescible par l'opération du tannage.

Appendices tégumentaires. — Nous examinerons, sous ce chef, les *poils*, les *ongles*, les *sabots*, les *cornes*, les *glandes sudoripares*, les *glandes sébacées*, les *muscles horripilateurs*.

A. POILS. — Ils s'implantent dans des dépressions de la peau (*follicules pileux*) dont le fond est soulevé en manière de bouton (*papille du poil*). — Le poil surmonte la papille, prolongement vasculo-nerveux qui en est l'organe nourricier et n'est qu'une papille modifiée de la peau. — La *racine* du poil est la partie contenue dans le follicule; la *tige* en est la partie libre ou saillante.

Le poil n'est qu'un ensemble de cellules épithéliales qui offre à considérer de dedans en dehors : 1° la *moelle*, 2° la *substance corticale*, 3° la *cuticule*.

1° La *moelle* est constituée par des cellules polyédriques contenant des granulations pigmentaires. — Elle n'existe pas dans certains poils (Porc).

2° La *substance corticale* ou *écorce* paraît formée de cellules étirées en filaments allongés. — Elle contient aussi des granulations pigmentaires. — Quand celles-ci font défaut dans la moelle et l'écorce, il en résulte ce qu'on appelle l'*albinisme*. — La substance corticale paraît manquer chez le Porte-Musc.

3° La *cuticule* forme une couche composée de cellules lamelleuses. — Chez les Chauves-Souris, elle revêt l'aspect d'une série de cornets emboîtés les uns dans les autres.

Les *cheveux* de l'Homme sont des poils longs et fins ; les *crins* du Cheval sont des poils longs et grossiers. — Il est à noter que les poils sont droits lorsqu'ils sont cylindriques et qu'ils sont, au contraire, plus ou moins frisés lorsqu'ils sont prismatiques.

On observe généralement, chez les Mammifères, deux sortes de poils : les uns plus ou moins longs et raides (*jarres*), les autres courts et fins (*duvet* ou *bourre*). — Le développement relatif de ces deux sortes de poils, très faciles à observer chez le Lapin, varie beaucoup avec la température. — Les jarres prédominent sur le duvet dans les pays chauds ; c'est le contraire dans les pays froids. — Dans les pays tempérés, le pelage change avec les saisons et ne devient riche en duvet que pendant l'hiver, époque à laquelle la dépouille des animaux à fourrure est surtout recherchée.

C'est dans le groupe des jarres qu'il faut ranger les *soies* (Porc), les *crins* (Cheval), les *épines* (Hérisson), les *piquants* (Porc-Épic). — Au contraire, la *laine* n'est qu'un duvet à poils longs, fins et contournés.

La *couleur* des poils est d'autant plus vive que les animaux habitent des régions plus chaudes. — Les pelages blancs s'observent surtout dans les régions circumpolaires. — Dans les régions tempérées, la teinte du pelage varie avec les saisons et devient souvent blanche en hiver. Ainsi, l'Écureuil commun, qui est roux en été, devient gris en hiver, dans les pays froids; sa fourrure est alors connue sous le nom de *petit-gris*.

Les parties noires du pelage restent toujours noires. — L'Hermine qui, en été, a le pelage roux et l'extrémité de la queue noire, devient entièrement blanche en hiver, à l'exception du bout de la queue qui reste noir.

L'influence de la domestication agit surtout sur le mode de distribution des taches de la robe qui cessent d'être symétriques, comme elles le sont, presque toujours, à l'état sauvage.

Les poils qui tombent, c'est-à-dire qui s'atrophient et se séparent de la papille, sont reproduits, à l'état normal, par cette même papille. — On désigne sous le nom de *mue* la chute périodique des poils qu'il est facile d'observer chez beaucoup de Mammifères au commencement de l'été, tandis que les poils de renouvellement apparaissent en automne. — A ce renouvellement du poil correspond son changement de couleur.

Poils tactiles. — Ce sont des poils qui n'existent guère à l'état de développement chez l'Homme, mais qui, chez la plupart des animaux, sont les organes du toucher proprement dit. — Tantôt ils sont longs (moustaches du Chat), tantôt ils sont courts (poils du groin du Porc). — La surface inférieure de la membrane alaire des Chauves-Souris est garnie de poils tactiles à peine visibles; c'est grâce à eux qu'elles peuvent se guider dans les cavernes obscures, sans se heurter aux obstacles, même après avoir perdu la vue. Ces poils tactiles sont, en effet, différemment impressionnés suivant que le courant d'air déterminé par les mouvements de l'aile rencontre un obstacle plus ou moins rapproché.

B. ONGLES. — L'*ongle* est, comme le poil, une formation de la couche cornée de l'épiderme. — Il est constitué par des cellules formant des lamelles superposées. — Chez certains Carnivores (Chat), les griffes sont rétractiles et relevées à l'aide d'un ligament jaune élastique qui se porte de la deuxième à la troisième phalange.

Les ongles ne sont pas toujours situés à l'extrémité des doigts : ainsi, il existe un organe de ce genre (*ongle caudal*) à l'extrémité de la queue du Lion. — Enfin, ce sont des

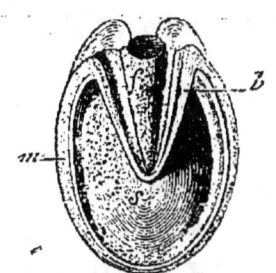

Fig. 82. — SABOT DU CHEVAL.
b, barres; — *f*, fourchette; *m*, muraille; — *s*, sole.

produits analogues aux ongles qui constituent les écailles imbriquées du corps du Pangolin, production qu'il ne faut pas confondre avec l'armure tégumentaire du Tatou, car celle-ci résulte de l'ossification partielle du derme.

C. SABOTS. — Ce sont des organes qui enveloppent complètement l'extrémité du doigt, tandis que les ongles n'en recouvrent qu'une partie.

Le *sabot* du Cheval présente à considérer trois parties : la *muraille*, la *sole* et la *fourchette*.

La *muraille* est la partie apparente, quand le pied pose sur le sol. C'est une épaisse lame cornée qui entoure la phalange et se replie en dedans, de façon à former un V ouvert en arrière. — On appelle *barres* les deux branches de ce V.

La *sole* est une large plaque cornée qui occupe la face inférieure du sabot ; elle remplit l'espace compris entre le bord inférieur du sabot et celui des barres.

La *fourchette* est une masse de corne pyramidale engagée dans l'espace triangulaire compris entre les barres.

Chez les Ruminants, le sabot est double à chaque pied et prend le nom d'*onglon*; il ne présente pas de fourchette.

D. Cornes. — Ce sont des étuis coniques, de substance cornée, qui entourent les prolongements osseux du frontal des Ruminants. — Les éléments des cornes sont des lamelles épithéliales formées par la peau qui enveloppe les chevilles osseuses du frontal.

E. Glandes sudoripares. — Les organes qui produisent la sueur sont des glandes en tube dont la partie terminale est enroulée plusieurs fois sur elle-même (*glomérules*). Leur conduit excréteur est plus ou moins long et contourné. — Ces glandes ne se rencontrent que dans la classe des Mammifères ; elles sont très développées chez le Cheval et rudimentaires chez le Chien.

F. Glandes sébacées. — Ce sont des glandes en cul-de-sac qui sécrètent une matière grasse et épaisse. — Elles sont généralement annexées aux poils et s'ouvrent dans leur follicule.

Le *suint*, qui enduit la toison des Moutons, est un produit de glandes sébacées. — Ce sont aussi des sortes de glandes sébacées qui, situées au dessus de la grande fente interdigitale des Ruminants, sécrètent une humeur spéciale, destinée à lubrifier les sabots. — Ce sont encore des glandes analogues qu'on observe sous le cou des

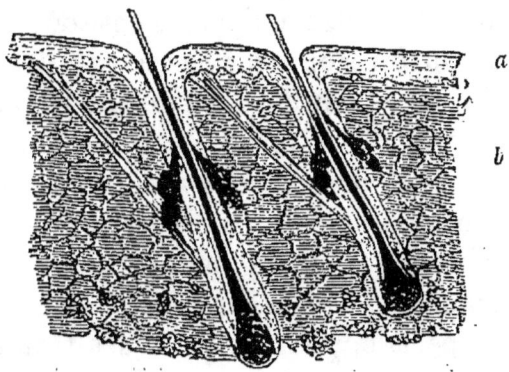

Fig. 83. — Deux follicules pileux munis de glandes sébacées.
a, épiderme; — *b*, derme; — *c*, muscles horripilateurs étendus à côté des glandes sébacées.

Chauves-Souris et vers le milieu du flanc des Musaraignes. — Les *larmiers* du Cerf ne sont pas autre chose que des appareils glandulaires sous-cutanés qui sécrètent un liquide onctueux; il en est de même de la paire de glandes temporales de l'Éléphant.

G. Muscles horripilateurs. — Ce sont ceux qui produisent le phénomène connu sous le nom de *chair de poule*. Ils sont constitués par des faisceaux de fibres musculaires lisses, allant obliquement de la partie superficielle du derme à la base des follicules pileux, de façon à amener le redressement du poil par leur contraction.

Sensations tactiles. — Chez l'Homme, la main est l'organe privilégié et immédiat du toucher. La sensibilité est surtout développée à l'extrémité palmaire des doigts où les corpuscules tactiles sont en nombre considérable. — La longueur et la grande mobilité des doigts, l'aptitude qu'a le pouce de pouvoir s'opposer aux autres doigts, font de la main un admirable instrument de *palpation* ou, si l'on veut, de *toucher actif*. — Toute autre partie de l'enveloppe cutanée n'est douée que d'un *toucher* pour ainsi dire *passif* et ne peut nous donner que la notion plus ou moins parfaite de contact. Cependant, le pied lui-même, délié par une éducation spéciale, peut arriver à des résultats surprenants.

Le pied du Singe ne diffère de celui de l'Homme qu'en ce qu'il est préhensile; la disposition de ses os et de ses muscles est la même que chez l'Homme. Le pied des Primates possède trois muscles qui manquent à leur main (Huxley). Le nom de *Quadrumanes*, donné autrefois aux Singes, n'est donc pas exact.

VINGTIÈME LEÇON

MAMMIFÈRES

GOUT. — ODORAT. — OUIE

Gustation. — C'est le sens qui donne la sensation des *saveurs*. — Le sens du *goût* a pour siège principal la face dorsale de la *langue* (base, pointe et bords).

LANGUE. — Chez l'Homme, elle a la forme d'un cône aplati, soutenu par une charpente ostéo-fibreuse. — Sa masse est constituée par des muscles nombreux et sa surface est revêtue d'une muqueuse sur laquelle agissent les corps *sapides*. — Cette surface présente de nombreuses saillies (*papilles linguales*) dont la plus grosse (*trou borgne*) est située vers le tiers postérieur de la ligne médiane et entourée comme d'un calice par un repli circulaire de la muqueuse; d'où l'apparence d'un trou. — De chaque côté du trou borgne, part une série

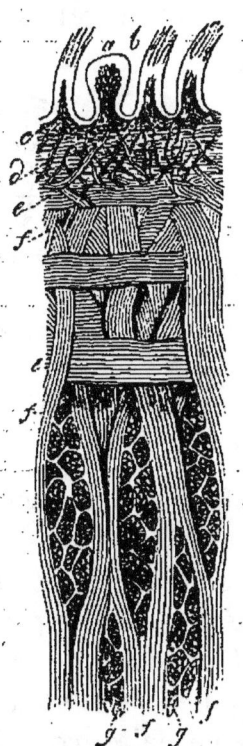

Fig. 84. — SECTION VERTICALE DE LA LANGUE.
a, papille fungiforme; — *b*, papille filiforme; — *c*, muqueuse linguale; — *d*, couche fibreuse sous-jacente; — *e, f, g*, faisceaux musculaires.

de papilles formant un V ouvert en avant (*V lingual*). Ces papilles sont *caliciformes*, comme celle du trou borgne. — En avant du V lingual, se trouvent des *papilles* dites *fungiformes* à cause de leur ressemblance avec un champignon, enfin des *papilles coniques* ou *filiformes* très nombreuses, formant comme un gazon touffu à la surface de la langue. — Les intervalles entre les papilles fungiformes et

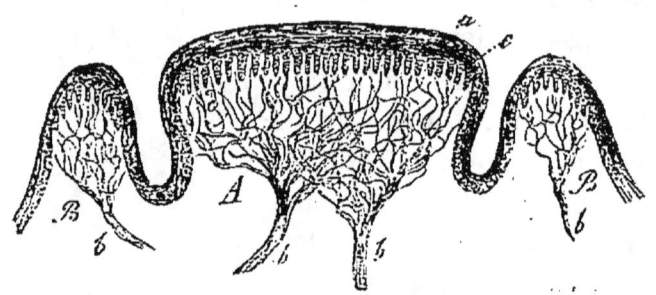

Fig. 85. — Section d'une papille caliciforme de la langue.
A, mamelon central de la papille ; — B, relief annulaire qui l'entoure ; a, épithélium ; — b, nerfs ; — c, papilles secondaires.

filiformes sont occupés par de très petites *papilles hémisphériques*. — En arrière du V lingual, la surface de la langue est parsemée de papilles hémisphériques et de papilles coniques.

C'est chez les Mammifères aquatiques que les papilles sont le moins développées ; elles semblent même faire complètement défaut chez quelques Cétacés.

Les fibres nerveuses sont très nombreuses dans le derme lingual. — Les unes sont destinées à la *sensibilité*, soit *générale* soit *tactile*, et se terminent par des extrémités libres ou dans des corpuscules de Krause. — Les autres sont *gustatives* et se rendent dans des appareils spéciaux de forme ovalaire (*corpuscules du goût*).

Sensibilité gustative. — D'après la plupart des physiologistes, la base de la langue, innervée par le *glosso-pharyngien*, serait la région gustative pour les saveurs *amères*; tandis que la pointe, qui est sous la dépendance du *lingual* (branche du trijumeau), serait plutôt impressionnée par les saveurs *acides* ou *sucrées*.

La sensibilité gustative paraît réservée aux papilles fungiformes et caliciformes ; c'est, par conséquent, dans ces papilles que se trouvent les corpuscules du goût. — Les papilles coniques sont généralement considérées comme des organes de tact.

Olfaction. — C'est le sens qui donne la notion des *odeurs*. — Le sens de l'*odorat* a pour siège les *fosses nasales* qu'il ne faut pas confondre avec les *narines* qui en sont de simples vestibules.

Fosses nasales. — Leur squelette, qui a été étudié ailleurs (*voy.* p. 175), est tapissé d'une muqueuse (*membrane pituitaire* ou *membrane de Schneider*) sur laquelle agissent les corps *odorants*. — La surface de la membrane pituitaire est recouverte de cils vibratiles ; mais ceux-ci font défaut dans la région supérieure des fosses nasales. — Cette dernière est la *région olfactive* appelée encore quelquefois *région jaune*, à cause de sa coloration. C'est seulement dans cette région que pénètrent les rameaux des nerfs olfactifs et que l'on trouve les *cel-*

lules olfactives qui leur servent de terminaison.

Les *narines* de l'Homme sont tapissées par un repli de la peau portant des poils (*vibrisses*) destinés à arrêter au passage les corpuscules qui flottent dans l'atmosphère. — Ces cavités sont surmontées d'un organe à charpente ostéo-cartilagineuse (*nez*).

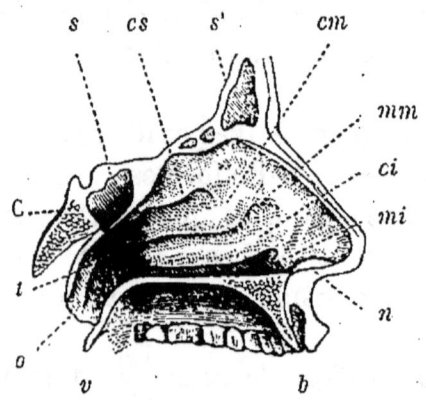

Fig. 86. — Coupe verticale des fosses nasales.

b, bouche; — C, portion de la base du crâne; — *ci*, cornet inférieur; — *cm*, cornet moyen; — *cs*, cornet supérieur; — *mi*, méat inférieur; — *mm*, méat moyen; — *n*, narine; — *o*, ouverture postérieure des fosses nasales; — *s*, sinus sphénoïdal; — *s'*, sinus frontal; — *t*, orifice de la trompe d'Eustache; — *v*, voile du palais.

Le nez n'affecte la forme qu'il a chez l'Homme que chez quelques Singes : partout ailleurs, il devient un organe tactile (*museau*) ou fouisseur (*groin, boutoir*). — Chez l'Éléphant, il s'allonge outre mesure, pour former un véritable instrument de préhension (*trompe*). — Cette trompe est percée de deux canaux parallèles qui font suite aux narines et sont séparés par une cloison médiane. Ses parois offrent un nombre considérable de faisceaux musculaires qui lui permettent les mouvements dans tous les sens et même l'enroulement. — Chez quelques Chauves-Souris, les narines sont entourées de replis cutanés (*feuille nasale*) servant peut-être à concentrer les effluves odorants.

Sensibilité olfactive. — L'odorat est moins développé chez l'Homme que chez un grand nombre de Mammifères qui prennent l'odorat pour guide dans la recherche de la nourriture, la reconnaissance de l'ennemi et le rapprochement des sexes.

Pour que les substances odorantes amenées par l'air dans les fosses nasales produisent une sensation, il faut que cet air soit mis en mouvement par le courant inspiratoire. De là vient l'action de *flairer* les aliments dont l'état de fraîcheur ou de conservation paraît suspect. — Le goût se trouve ainsi subordonné à l'odorat, qui est une sorte de *goût à distance*.

Le *nerf olfactif* est le seul nerf de l'odorat.

Audition. — C'est le sens qui fait percevoir les *sons*. — L'oreille de l'Homme et des Mammifères est constituée par trois cavités qui sont, de dehors en dedans : 1° l'*oreille externe*, dépendance du système cutané, s'ouvrant au dehors par le *méat auditif*; 2° l'*oreille moyenne*, appendice du pharynx, restant en communication avec ce canal par la *trompe d'Eustache*; 3° l'*oreille interne*, annexe du cerveau.

Les deux premières cavités ne sont que des organes de transmission des ondes sonores; la troisième ou oreille interne est le véritable organe de l'ouïe : elle est composée essentiellement de parties membraneuses dans lesquelles les fibres du *nerf auditif* viennent se terminer en se mettant en rapport avec un épithélium particulier.

A. Oreille externe. — Elle comprend le *pavillon* et le *conduit auditif externe*.

a. *Pavillon*. — C'est une expansion en forme d'entonnoir plus ou moins évasé qui fait saillie au dehors du méat auditif. — Sa charpente est constituée par une (Homme) ou plusieurs (Cheval) pièces cartilagineuses rattachées au crâne par des ligaments.

Le pavillon est pourvu de muscles rudimentaires (Homme) ou bien développés (Cheval, Lièvre, etc.). — Chez l'Homme, il présente des saillies et des dépressions qui ont reçu des noms particuliers. — L'*hélix* est ce qu'on appelle vulgairement le bourrelet de l'oreille, en avant duquel est une saillie concentrique (*anthélix*) qui entoure une excavation (*conque*) au fond de laquelle s'ouvre le méat auditif. — De chaque côté de la conque, se trouvent deux petites saillies qui se font face : le *tragus* en avant et l'*antitragus* en arrière. — Au bas du cartilage du pavillon, pend une petite masse adipo-cutanée (*lobule de l'oreille*) qui est propre à l'Homme.

Le pavillon manque chez un certain nombre de Mammifères fouisseurs (Taupe) ou aquatiques (Cétacés).

Le pavillon a pour double but de renforcer les sons et de renseigner sur leur direction. — Sa perte

OUÏE. 223

n'entraîne qu'un léger affaiblissement de l'ouïe.
b. *Conduit auditif externe.* — C'est un canal ostéo-

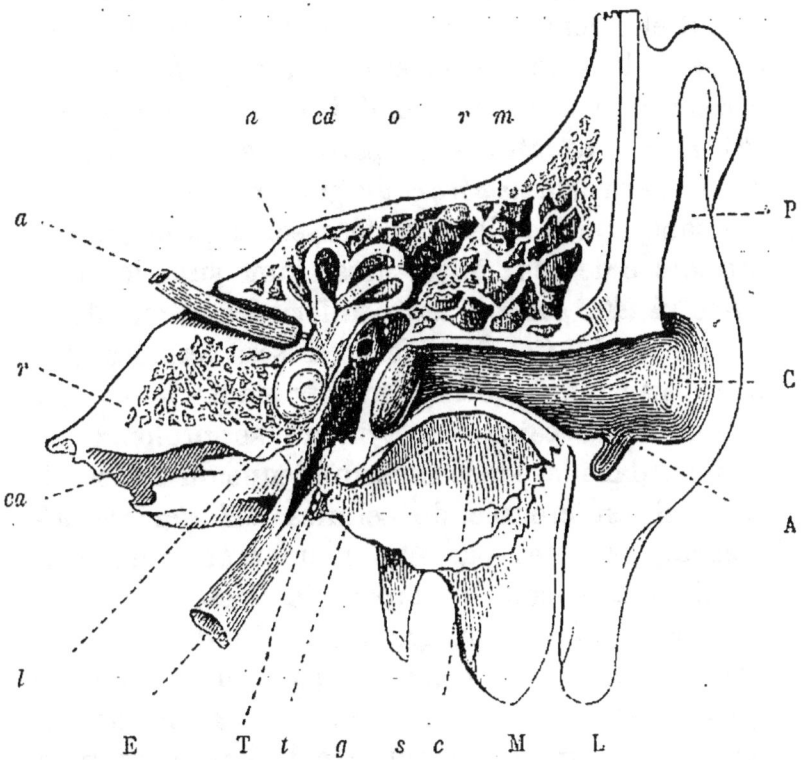

Fig. 87. — Coupe de l'appareil auditif. (La chaîne des osselets a été enlevée pour faire mieux voir la caisse du tympan.)

A, antitragus ; — *a*, nerf auditif; — C, conque; — *c*, conduit auditif externe ; — *ca*, canal carotidien ; — *cd*, canaux demi-circulaires ; — E, trompe d'Eustache ; — *g*, cavité glénoïde ; — L, lobule ; — *l*, limaçon ; — M, apophyse mastoïde ; — *m*, cellules mastoïdiennes ; — *o*, ouverture conduisant dans ces cellules ; — P, pavillon ; — *r, r*, rocher ; — *s*, apophyse styloïde ; — T, caisse du tympan sur la paroi interne de laquelle on aperçoit la fenêtre ovale et la fenêtre ronde ; — *t*, membrane du tympan ; — *v*, vestibule.

cartilagineux qui se termine en dedans par la *membrane du tympan*, laquelle sépare l'oreille externe de l'oreille moyenne. — Il conduit les ondes sonores à la membrane du tympan.

B. Oreille moyenne. — Elle est constituée essentiellement par une cavité (*caisse du tympan*) creusée dans le rocher et communiquant avec les arrière-narines par un conduit ostéo-cartilagineux (*trompe d'Eustache*). — La paroi externe de la caisse est formée par la *membrane du tympan* et la portion de l'os dans laquelle elle est enchâssée. Sa paroi interne est percée de deux ouvertures: l'une supérieure et ovale (*fenêtre ovale*), l'autre inférieure et circulaire *fenêtre ronde*). Ces deux fenêtres sont fermées chacune par une cloison membraneuse. — Chez l'Homme, la caisse du tympan se prolonge en arrière, dans la portion mastoïdienne du temporal. Celle-ci est creusée de cellules (*cellules mastoïdiennes*) revêtues par une membrane muqueuse continue avec celle qui tapisse la caisse.

De la membrane du tympan à celle de la fenêtre ovale, la caisse est traversée par une chaîne de quatre osselets (*marteau, enclume, os lenticulaire, étrier*). — Le marteau a son manche dans l'épaisseur même de la membrane du tympan et l'étrier est fixé par sa base à la membrane de la fenêtre ovale. — Les vibrations de la membrane du tympan sont transmises à la membrane de la fenêtre ovale par la chaîne des osselets qui se déplace dans son ensemble. — Deux *muscles*, l'un *du marteau*, l'autre *de l'étrier*, servent respectivement à tendre ou à relâcher la membrane du tympan.

Plus la membrane du tympan est tendue, moins

elle entre facilement en vibration et plus l'amplitude de ses oscillations est faible (SAVART). Cette membrane fortement tendue préservera donc l'organe de l'ouïe des impressions trop fortes, et faiblement tendue, sera convenablement disposée pour recevoir les impressions les plus faibles. — Elle

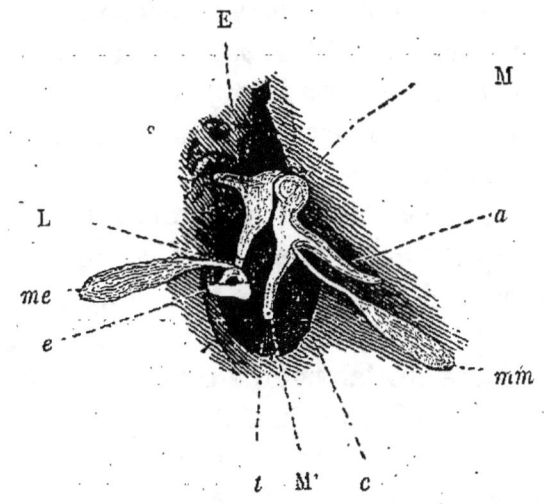

Fig. 88. — MEMBRANE DU TYMPAN ET CHAÎNE DES OSSELETS.

a, apophyse du marteau; — *c*, cadre de la membrane du tympan; — E, enclume; — *e*, base de l'étrier qui s'applique exactement sur la fenêtre ovale; — L, os lenticulaire; — M, tête du marteau; — M', manche du marteau; — *me*, muscle de l'étrier; — *mm*, muscle du marteau; — *t*, membrane du tympan.

n'est pas indispensable à l'audition; sa perte rend seulement l'oreille dure, sans amener une surdité complète.

La trompe d'Eustache a pour but de maintenir l'équilibre entre l'air extérieur et celui de la caisse, en même temps qu'elle s'oppose aux variations de température et d'état hygrométrique des membranes de cette cavité, conditions sans lesquelles les propriétés acoustiques de ces membranes seraient modifiées et donneraient des sensations différentes sous l'influence de sons identiques.

C. Oreille interne. — Appelée encore *labyrinthe*. — C'est une cavité entièrement close et remplie de liquide. — Elle se décompose en trois cavités secondaires : (*limaçon, vestibule, système des trois canaux demi-circulaires*). — Chacune de ces cavités osseuses renferme une cavité membraneuse de même nom.

Toutes les cavités du labyrinthe membraneux communiquent entre elles. — Un liquide (*endolymphe*) remplit le labyrinthe membraneux; celui-ci est, à son tour, plongé dans un liquide (*périlymphe*) qui le sépare du labyrinthe osseux. — Les parois de ce dernier ne sont jamais complètement ossifiées : elles offrent, d'une part, des ouvertures pour le passage du nerf auditif et, d'autre part, des membranes que nous avons déjà signalées comme donnant aussi dans l'oreille moyenne (*membrane de la fenêtre ovale* et *membrane de la fenêtre ronde*).

Le nerf auditif se termine sur le labyrinthe membraneux (*limaçon, vestibule* et *canaux demi-circulaires*).

Quand les vibrations sonores sont arrivées à la membrane de la fenêtre ovale par la base de l'étrier, cette membrane agit sur la périlymphe qui baigne sa face interne et, par suite, les vibrations sont transmises à l'endolymphe. — La pression ainsi déterminée se propage dans le liquide jusqu'à la membrane de la fenêtre ronde qui est aussitôt repoussée du côté de la caisse, de telle sorte qu'aucun effet nuisible de compression ne se produit sur les parties délicates de l'oreille interne.

Dans le limaçon membraneux se trouve une membrane (*membrane basilaire*) qui présente des fibres analogues à des cordes tendues dont la longueur croît de la base au sommet du limaçon. — On admet que chacune de ces fibres est accordée pour un son différent, et, comme il y en a au moins six mille, ce nombre est plus que suffisant pour que le clavier basilaire réponde, par une corde spéciale, à chacun des sons de l'échelle musicale (HELMHOLTZ). — L'*intensité* du son dépend de l'énergie avec laquelle la fibre est ébranlée; la *hauteur* du son, du rang occupé par la fibre; enfin le *timbre* du son, du nombre des fibres ébranlées. — Dans le vestibule membraneux et les canaux demi-circulaires, on trouve des cils plongeant dans l'endolymphe où flottent des corpuscules microscopiques (*otolithes*).

On suppose que le vestibule et les canaux demi-circulaires ne servent qu'à recueillir les *bruits*, tandis que le limaçon serait, comme nous venons de le dire, réservé pour les *sons musicaux*.

VINGT ET UNIÈME LEÇON

MAMMIFÈRES

SENS DE LA VUE

Définition. — Considérations générales. — Le sens de la *vue* est celui qui fait connaître les corps *lumineux*. — Son appareil est constitué par les *yeux*. — Chacun de ceux-ci est formé essentiellement par une membrane sensible (*rétine*) sur laquelle les objets lumineux viennent peindre leur image par l'intermédiaire d'un appareil dioptrique. — L'ensemble de ces parties forme le *globe de l'œil*, qui est suspendu dans l'orbite et en communication avec le cerveau par le *nerf optique*. — Enfin, autour de ce globe, on remarque des organes accessoires qui le protègent, le font mouvoir et lubrifient sa surface antérieure.

Appareil de protection du globe de l'œil. — Il comprend les *sourcils* et les *paupières*.

A. Sourcil. — C'est une arcade musculo-cutanée située au-dessus de l'orbite, entre le front et la paupière supérieure. — Cette arcade est recouverte de poils plus ou moins raides et dirigés obliquement. — Le sourcil est destiné à ombrager l'œil contre une lumière trop vive et à détourner des yeux la sueur qui vient du front.

B. PAUPIÈRES. — Ce sont deux voiles musculo-membraneux, l'un supérieur, l'autre inférieur, qui se meuvent sur le globe de l'œil qu'ils peuvent recouvrir entièrement.

Les deux paupières laissent entre elles un intervalle (*fente palpébrale*) dont les deux extrémités se nomment *commissures*. — L'angle interne de l'œil contient un petit corps glanduleux (*caroncule lacrymale*) et un repli de la conjonctive (*pli semi-lunaire*). Celui-ci est rudimentaire chez l'Homme mais constitue, chez quelques **Mammifères** (Ongulés, Édentés), une paupière interne (*membrane clignotante*) qui ne peut cependant jamais recouvrir complètement le devant de l'œil, comme elle le fait chez les Oiseaux. — A la paupière interne se rattache une glande en grappe (*glande de Harder*) qui occupe l'angle interne de l'œil et sécrète une substance sébacée. — La face postérieure des paupières est tapissée par une membrane muqueuse (*conjonctive*) qui se réfléchit au-devant du globe de l'œil ; leur bord libre présente des poils raides (*cils*) ; enfin leur occlusion est déterminée par un muscle spécial (*orbiculaire des paupières*). — Chaque paupière renferme, dans son épaisseur, un cartilage (*cartilage tarse*) destiné à s'opposer au froncement de ces organes, et des glandes en grappe (*glandes de Meibomius*). Celles-ci s'ouvrent sur le bord libre des paupières et sécrètent une matière grasse qui empêche l'écoulement du fluide lacrymal hors de l'œil.

Appareil lacrymal. — Il comprend la *glande* et les *voies lacrymales*.

230 MAMMIFÈRES.

A. Glande lacrymale. — C'est une glande en grappe située au-dessus du globe de l'œil, dans sa partie externe. — Elle s'ouvre, par plusieurs conduits excréteurs, dans le cul-de-sac conjonctival supérieur.

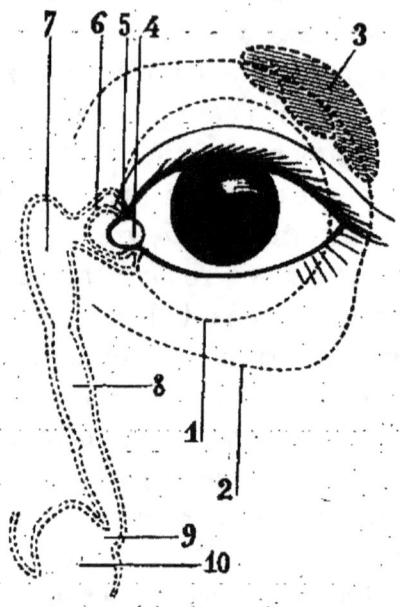

Fig. 89. — Appareil lacrymal (figure schématique).

globe oculaire; — 2, orbite; — 3, glande lacrymale; — 4, caroncule lacrymale; — 5, point lacrymal supérieur; — 6, conduit lacrymal supérieur; — 7, sac lacrymal; — 8, canal nasal; — 9, son orifice inférieur; — 10, méat inférieur des fosses nasales (Camuset).

B. Voies lacrymales. — Elles commencent aux *points lacrymaux*, petits orifices au nombre de deux, situés à la partie interne du bord libre des paupières, au sommet de deux papilles (*tubercules lacrymaux*). — Deux canaux (*conduits lacrymaux*) vont des points lacrymaux à un sac (*sac lacrymal*) situé à l'angle interne de l'orbite. — Le sac lacrymal se continue avec le *canal nasal*, et celui-ci s'ouvre dans les fosses nasales.

Muscles de l'œil. — Chez les Primates, ils sont au nombre de sept : le *releveur de la paupière supérieure*, les quatre *muscles droits* (supérieur, inférieur, externe, interne), le *grand oblique* et le *petit oblique*.

Tous ces muscles, à l'exception du petit oblique, partent du pourtour du trou optique. — Les quatre droits s'insèrent à la partie antérieure de la sclérotique ; les deux obliques à sa partie postérieure ; le releveur de la paupière supérieure au cartilage tarse supérieur. — Le grand oblique, arrivé à la partie antéro-supérieure de l'orbite, se réfléchit sur un anneau fibreux pour se porter en arrière. — Le petit oblique part du plancher de l'orbite et contourne en dehors le globe de l'œil, pour aller rejoindre l'insertion du grand oblique qu'il semble continuer.

Chez les autres Mammifères, il existe encore un muscle particulier (*muscle coanoïde*) qui, partant du fond de l'orbite, embrasse le globe de l'œil et constitue une espèce d'entonnoir situé entre les quatre muscles droits.

Globe de l'œil. — Il a la forme d'un sphéroïde dont la partie antérieure (*cornée*) est plus bombée. — On y étudie des *membranes* et des *milieux transparents*.

A. MEMBRANES. — Elles sont au nombre de trois : 1° l'*externe* ou fibreuse (*sclérotique* en arrière, *cornée* en avant) ; 2° la *moyenne* ou musculo-vasculaire (*choroïde* en arrière, *iris* en avant); 3° l'*interne* ou nerveuse *(rétine)*.

a. La *sclérotique* est opaque, blanchâtre et percée d'un trou, en arrière, pour le passage du nerf optique. — A l'endroit où elle change de ca-

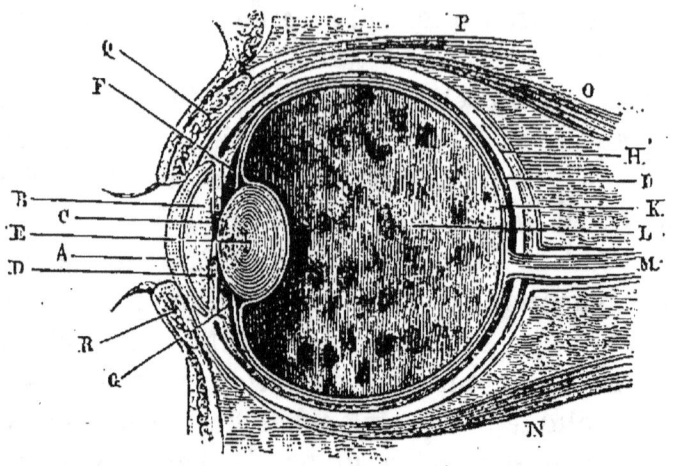

Fig. 90. — Coupe verticale de l'œil.

A, cornée transparente; — B, chambre antérieure; — C, pupille; — D, iris; — E, cristallin; — F, chambre postérieure; — G, procès ciliaires; — H, sclérotique; — I, choroïde; — K, rétine; — L, corps vitré; — M, nerf optique; — N, muscle droit inférieur; — O, muscle droit supérieur; — P, muscle releveur de la paupière supérieure; — Q, R, paupières.

ractères physiques pour devenir la *cornée transparente*, se trouve un canal veineux circulaire *(canal de Schlemm* ou *de Fontana)*.

b. La *cornée transparente* se compose d'une membrane propre comprise entre deux couches épithéliales ayant chacune pour support une mince lamelle hyaline. — Elle ne contient pas de vaisseaux.

c. La *choroïde* présente deux zones : l'une postérieure (*zone choroïdienne*), l'autre antérieure (*zone ciliaire.*)

1° La *zone choroïdienne* présente des cellules pigmentaires qui, chez quelques Mammifères, manquent sur une partie de cette tunique qui prend alors un aspect brillant et nacré (*tapis* ou *miroir*)

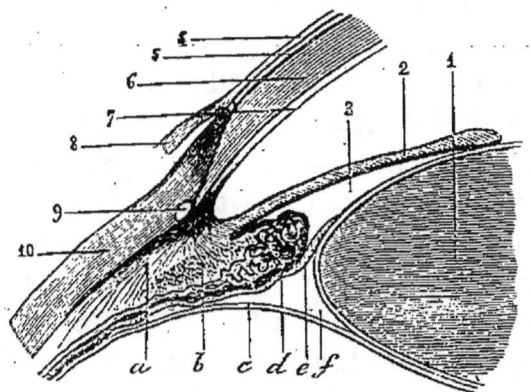

Fig. 91. — MUSCLE CILIAIRE ET SES RAPPORTS.

1, cristallin; — 2, iris; — 3, chambre postérieure; — 4, 5, 6, 7, cornée; — 8, conjonctive; — 9, canal de Schlemm; — 10, sclérotique; — *a*, *b*, muscle ciliaire; — *c*, membrane hyaloïde; — *d*, un procès ciliaire; — *e*, zone de Zinn; — *f*, canal de Petit.

bien connu chez les Carnivores et les Ruminants.

2° La *zone ciliaire* se compose en avant de deux couches : l'une externe (*muscle ciliaire*), l'autre interne (*corps ciliaire*). — Le muscle ciliaire constitue un anneau à coupe triangulaire qui entoure le cristallin. — Le corps ciliaire est un ensemble de plis (*procès ciliaires*) formés par la tunique choroïdienne, qui s'avancent entre la face postérieure de l'iris et le cristallin, embrassant celui-ci à la manière des griffes du chaton d'une bague.

d. L'*iris* est une membrane musculo-vasculaire percée d'un trou (*pupille*) à son centre. — C'est un véritable diaphragme adhérant à son pourtour et libre sur ses deux faces. — La pupille peut se dilater où se resserrer par l'action des fibres musculaires radiées ou circulaires de l'iris.

L'espace compris entre l'iris et la cornée se nomme la *chambre antérieure;* il a la forme d'un segment sphérique à une seule base. — On appelle *chambre postérieure* l'espace annulaire compris entre l'iris, les procès ciliaires et le cristallin; c'est un secteur sphérique. — Les deux chambres communiquent par la pupille, dont les bords sont en contact avec le cristallin. — La pupille est tantôt circulaire (Primates), tantôt elliptique avec le grand axe vertical (Carnivores) ou horizontal (Ruminants). — La face postérieure de l'iris est toujours noire (*pigment uvéen*) excepté chez les albinos. La coloration de la face antérieure varie avec les individus. — Quand les deux iris n'ont pas la même couleur, on dit que les yeux sont *vairons*.

e. La *rétine* n'est que l'épanouissement des fibres du nerf optique. Celles-ci se recourbent en dehors et se terminent par des organes particuliers (*bâtonnets* et *cônes*) qui sont impressionnés par la lumière. Ces organes n'existent pas à l'entrée même (*papille*) du nerf optique. — Chez les Primates, on observe, au pôle postérieur de l'œil, une petite *tache jaune* creusée d'une *fossette centrale*,

B. Milieux transparents. — Ce sont l'*humeur aqueuse*, le *cristallin* et le *corps vitré*.

a. L'*humeur aqueuse* est un liquide incolore qui remplit la chambre antérieure et la chambre postérieure de l'œil.

b. Le *cristallin* est une lentille biconvexe dont la

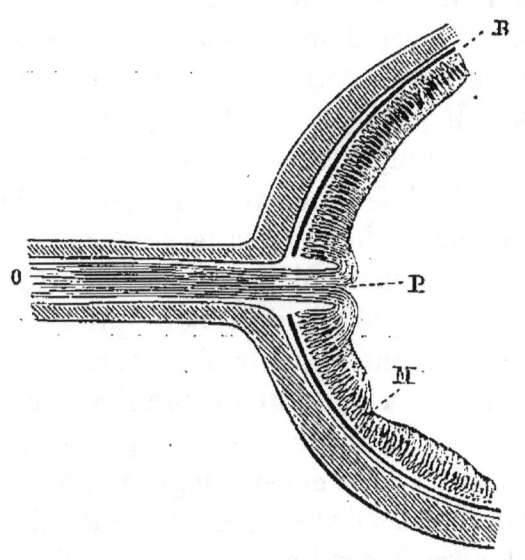

Fig. 92. — Coupe de la rétine (schéma).

B, couche des bâtonnets et des cônes ; — M, tache aune et fossette centrale ; — O, nerf optique ; — P, papille (M. Duval).

face postérieure est plus bombée que l'antérieure. — Il offre une consistance plus dure au centre (*noyau*) qu'à la périphérie et est renfermé dans une *capsule* transparente (*cristalloïde*) présentant à la périphérie un canal circulaire (*canal godronné* ou *de Petit*).

c. Le *corps vitré* a la forme d'une sphère transparente creusée en avant d'une fossette pour loger le cristallin. — On y distingue l'humeur proprement dite (*humeur vitrée*) et une membrane transparente qui la renferme (*membrane hyaloïde*).

Théorie de la vision. — Elle comprend des *phénomènes physiques* et des *phénomènes physiologiques*.

A. Phénomènes physiques. — L'œil est une chambre obscure dont la rétine est l'écran et dont les milieux transparents représentent la lentille (Képler). Il suit de là que l'image qui se forme sur la rétine est toujours renversée. — La forme sphérique de l'œil fait que tous les points de l'écran rétinien sont au foyer de la lentille oculaire.

Le pigment choroïdien absorbe les rayons lumineux et remplace l'enduit noir qui se trouve à l'intérieur des instruments d'optique.

L'iris règle la quantité de lumière nécessaire et suffisante pour la vision. — Il s'oppose aussi, concurremment avec la non-homogénéité du cristallin, aux phénomènes d'aberration de sphéricité.

L'œil perçoit des images nettes à des distances variables, par suite des changements de forme du cristallin sous l'action du muscle ciliaire. — Dans la vision lointaine, le muscle ciliaire est relâché et le cristallin aplati, tandis que, dans la vision des objets rapprochés, ce muscle se contracte et fait bomber la face antérieure du cristallin. — L'ensemble des phénomènes précédents, qui adaptent l'œil à des distances variables, est connu sous le nom d'*accommodation*.

B. Phénomènes physiologiques. — 1° *Sensa-*

tions lumineuses. — Les diverses régions de la rétine ne sont pas également excitables par la lumière. — La *tache jaune* constitue le point le plus sensible, tandis que la *papille* n'est pas excitable et mérite le nom de *punctum cæcum* qui lui a été donné.

Malgré que les images qui se forment sur la rétine soient renversées, nous voyons cependant les objets droits, ou, en d'autres termes, la *perception* redresse l'*impression*.

2° *Sensations de couleur*. — Les objets nous paraissent *colorés* lorsqu'ils décomposent la lumière blanche et absorbent certains rayons, tandis qu'ils nous en envoient d'autres qui ne sont pas complémentaires réciproquement. Les objets nous paraissent *noirs* lorsqu'ils absorbent la presque totalité de la lumière qui les frappe et *gris* lorsque cette absorption est moindre. — On suppose que ce sont les cônes rétiniens qui sont chargés de donner la sensation des couleurs.

A l'état normal, la rétine est rouge (*pourpre rétinienne*) et cette coloration a son siège dans les bâtonnets. — La pourpre rétinienne est sensible à l'action de la lumière comme un papier photographique et la formation des images rétiniennes n'est au fond qu'un phénomène photo-chimique (BOLL).

VINGT-DEUXIÈME LEÇON

DIVISION DES MAMMIFÈRES EN ORDRES
PRIMATES — LÉMURIENS

DIVISION DES MAMMIFÈRES EN ORDRES

Les caractères principaux de la classe des Mammifères ont été résumés plus haut (*voy.* p. 110). — Après les détails dans lesquels nous sommes entré sur l'organisation de ces animaux et avant ceux que nous allons donner sur leurs groupes les plus importants, le tableau ci-contre suffira pour se rendre compte des considérations sur lesquelles se base la division des Mammifères en ordres.

PRIMATES

(*primates*, les premiers citoyens)

Trois sortes de dents; deux paires d'incisives à chaque mâchoire. — Orbites complètes. — Deux mains. — Deux pieds, préhensiles ou non. — Deux mamelles pectorales. — Utérus simple. — Placenta discoïde.

Les Primates comprennent deux sous-ordres : les *Bimanes* et les *Simiens*.

Bimanes (Hommes). — *Primates doués du langage*

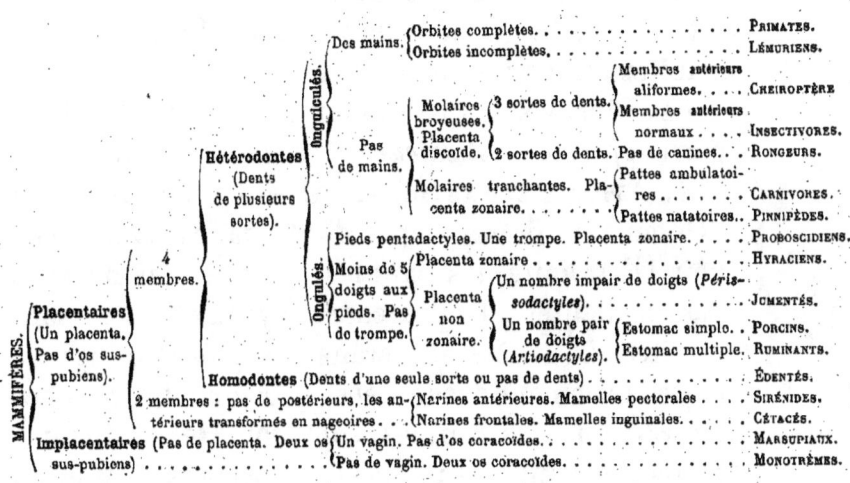

articulé et de la faculté de l'abstraction. — Station verticale. — Pieds non préhensiles, à plante large et orteils courts.

Cuvier faisait des Bimanes un ordre distinct; mais Huxley a démontré que les différences anatomiques entre l'organisation de l'Homme et celle des Singes supérieurs sont beaucoup plus faibles que celles qui existent entre ceux-ci et les Singes inférieurs. Il n'en est pas moins vrai que l'Homme est très supérieur au Singe le plus élevé, par ses manifestations intellectuelles.

Les Bimanes se distinguent surtout des Simiens par *l'appareil masticateur* et la *station verticale*.

A. Appareil masticateur. — La dentition de l'Homme ne présente pas d'intervalles pour recevoir l'extrémité des canines, et celles-ci ne sont pas saillantes. Les arcades zygomatiques sont étroites. La voûte du crâne ne présente pas de crêtes fortement accentuées. — Au contraire, chez les Simiens, les canines sont robustes, saillantes et reçues dans des intervalles spéciaux. Les arcades zygomatiques sont larges pour livrer passage aux muscles temporaux.

La formule dentaire de l'Homme adulte est :

$$\frac{2}{2} \text{ i}, \frac{1}{1} \text{ c}, \frac{5}{5} \text{ m}.$$

Chez l'enfant, avant l'apparition des dents permanentes, c'est-à-dire en ne considérant que les *dents de lait*, la dentition est :

$$\frac{2}{2} \text{ i}, \text{ – c}, \frac{2}{2} \text{ m}.$$

***B.* Station verticale.** — Elle est caractérisée anatomiquement : 1° par la largeur et la position horizontale de la plante des pieds qui fournissent une large base de sustentation ; 2° par l'importance de l'ossature et de la musculature de la jambe pour soutenir le tronc ; 3° par la largeur du bassin qui supporte les viscères abdominaux ; 4° par la situation antérieure et inférieure du trou occipital qui permet l'équilibre de la tête sur la colonne vertébrale.

***C.* Autres caractères.** — Il faut encore noter chez l'Homme : 1° la saillie du menton ; 2° la gracilité des membres supérieurs plus courts que les inférieurs, ceux-ci servant seuls de points d'appui, pendant la locomotion ; 3° la grande perfection de la main qui est réservée au toucher et à la préhension ; 4° la prépondérance du crâne sur la face qui est située presque à angle droit au-dessous de lui ; 5° la forme du crâne dont les dimensions relatives ont une grande importance.

a. *Brachycéphales* et *Dolichocéphales*. — Le rapport entre le diamètre antéro-postérieur et le diamètre transverse du crâne varie beaucoup. En supposant le diamètre antéro-postérieur égal à 100, le transverse varie de 99 à 62. — On appelle *indice céphalique* le rapport du diamètre transverse maximum au diamètre antéro-postérieur maximum ; sa formule est : $\frac{\text{diamètre transverse} \times 100}{\text{diamètre antéro-postérieur}}$.

Les peuples qui possèdent un crâne ayant un indice céphalique égal ou supérieur à 80 sont dits

Brachycéphales ou à tête courte (βραχύς, court; κεφαλή, tête). Leur tête paraît plus ou moins carrée et à angles arrondis (exemple : les Mongols). — Ceux qui ont un indice moindre sont appelés *Dolichocéphales* ou à tête longue (δολιχός, long; κεφαλή, tête). Leur tête est ovale ou elliptique (exemple : les Nègres).

b. *Prognathes* et *Orthognathes*. — Dans chacun des groupes Brachycéphales et Dolichocéphales, il y a des *Prognathes* (πρό, en avant; γνάθος, mâchoire) et des *Orthognathes* (ὀρθός, droit; γνάθος, mâchoire). — Chez les premiers, les maxillaires font saillie en avant, à la manière d'un museau, et les incisives sont dirigées obliquement en avant. — Chez les seconds, les maxillaires sont peu saillants et les dents incisives verticales.

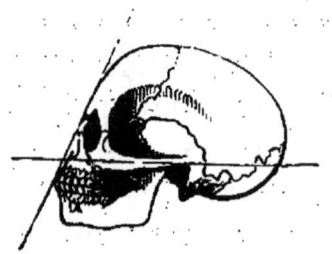

Fig. 93. — Angle facial (figuré sur une tête de Nègre).

c. *Angle facial*. — Si l'on mène une ligne droite par les deux points les plus saillants de la face (front et surface antérieure des incisives) et une autre ligne par le trou auditif et le bord inférieur des narines, on détermine un angle (*angle facial de Camper*) qui, chez l'Européen, varie de 80° à 85°, tandis qu'il n'est que de 70° chez le Nègre et varie de 65° à 70° chez les Simiens. — Le crâne et la face sont généralement dans un rapport inverse de développement. L'une de ces parties semble pour ainsi dire, augmenter aux dépens de l'autre.

d. *Volume de la cavité crânienne.* — Pour faire le *cubage de la cavité crânienne*, le procédé le plus simple est de la remplir de plomb de chasse, après avoir bouché le fond de l'orbite avec du coton. — On trouve ainsi que le crâne des races inférieures a une capacité moindre que celui des races supérieures. — Chez les Européens, cette capacité est d'environ 1,500 centimètres cubes, tandis qu'elle n'est que de 1,220 centimètres cubes chez les Australiens et de 500 centimètres cubes seulement chez le Gorille.

Origine de l'Homme. — Il règne une obscurité presque complète sur l'origine de l'Homme et les premiers temps de son existence. Cependant, il est maintenant hors de doute que l'Homme, doué de tous les caractères humains, vivait déjà dans l'Europe moyenne, durant la période diluvienne, et qu'il fut contemporain du Mammouth (*Elephas primigenius*), du Rhinocéros lanigère (*Rhinoceros tichorhinus*), de l'Ours des cavernes (*Ursus spelæus*), de la Hyène des Cavernes (*Hyæna spelæa*), etc., animaux éteints aujourd'hui. — C'est là l'*Homme fossile* dont la présence est décelée par des squelettes ou des instruments, d'abord de pierre (*âge de pierre*), puis de bronze (*âge de bronze*), enfin de fer (*âge de fer*).

D'après Darwin, l'Homme dérive des Primates par voie de sélection naturelle. — Il n'y a pas, suivant Hæckel, un seul organe dans le corps humain qui ne vienne des Singes. — Les naturalistes sont divisés en deux camps sur la question de savoir si l'Homme dérive d'un couple unique (*monogénistes*) ou de plusieurs couples (*polygénistes*).

Races humaines. — La classification des races humaines offre les plus grandes difficultés, car les types en apparence les plus dissemblables sont reliés par une série de formes intermédiaires. — Pour classer les races humaines, on se base sur la nature des cheveux, la forme du crâne et la couleur de la peau.

a. *Ulotriques.* — Les races les plus inférieures sont caractérisées par une chevelure laineuse (*Ulotriques*) (οὖλος, crépu ; θρίξ, cheveu), chaque cheveu étant aplati et offrant une section elliptique. — Ces cheveux crépus sont tantôt inégalement distribués en touffes ou petites houppes disposées isolément comme les faisceaux d'une brosse (*Lophocomes*) (λόφος, aigrette ; κόμη, chevelure), tantôt uniformément répartis en toison sur toute la surface du cuir chevelu (*Ériocomes*) (ἔριον, laine ; κόμη, chevelure).

Les Ulotriques habitent l'hémisphère méridional et ne franchissent l'Équateur qu'en Afrique : ils sont prognathes, ont les lèvres épaisses, la peau, les cheveux et les yeux de couleur très foncée ; enfin, ils ne sont pas susceptibles d'un haut développement intellectuel. — Les femmes des Lophocomes présentent un amas adipeux considérable à la région fessière (*stéatopygie*) (στέαρ, graisse ; πυγή, fesse).

b. *Lissotriques.* — On désigne sous ce nom (λισσός, lisse ; θρίξ, cheveu) les Hommes à cheveux lisses, que ceux-ci soient droits (*Euthycomes*) (εὐθύς, droit ; κόμη, chevelure) ou bouclés (*Euplocames*) (εὐπλόκαμος, aux belles boucles de cheveux). Ces derniers ne se rencontrent que dans la race caucasique.

Le tableau suivant résume la classification des principales races :

RACES
- LISSOTRIQUES.
  - **Orthognathes.** Lèvres minces. . Peau blanche. *R. caucasique.*
  - **Prognathes.**
    - Lèvres minces. . Peau cuivrée. . *R. américaine.*
    - Peau jaune. . . *R. mongolique.*
    - Lèvres épaisses. . Peau brune. . *R. malaise.*
    - Peau noire. . . *R. australienne.*
- ULOTRIQUES.
  - **Ériocomes.** . . Dolichocéphales. Peau noire. . . *R. nègre.*
  - **Lophocomes.** . Brachycéphales. Peau noire. . . *R. mélanésienne.*

La *race caucasique* habite l'Europe, le nord de l'Afrique et le sud-ouest de l'Asie.

La *race américaine* habite l'Amérique tout entière.

La *race mongolique* habite la Chine, le Japon, la Sibérie orientale, etc.

La *race malaise* habite l'archipel de la Sonde, la Polynésie, Madagascar.

La *race australienne* habite l'Australie.

La *race nègre* habite le sud de l'Afrique.

La *race mélanésienne* habite la Nouvelle-Guinée, la Mélanésie, etc.

Le chiffre total de la population humaine est de 1,450 millions d'individus parmi lesquels 160 millions seulement ont la chevelure laineuse. — Les deux races qui tiennent le premier rang sont la race caucasique et la race mongolique, qui sont représentées chacune par 560 millions d'individus environ.

Simiens (*simius*, singe). — *Primates à station oblique ou horizontale. — Pieds préhensiles, ne touchant le sol que par le bord externe.*

Fig. 94. — Tête de Macaque.

Le corps est couvert de poils, à l'exception de la face, qui est nue par places, et des callosités sur les fesses. La ressemblance de la face avec le visage humain est plus grande dans le jeune âge, à cause du peu de développement des mâchoires. — L'angle facial atteint rarement 30° dans un seul cas 60° (*Chrysotrix*). — Les membres antérieurs sont plus longs que les postérieurs et servent à la locomotion. — Ces animaux sont essentiellement grimpeurs et sauteurs; ils se servent souvent de leur queue comme organe préhensile accessoire, en l'enroulant autour des branches. Ils marchent et courent mal, à cause de leurs pieds qui ne posent sur le sol que par le bord externe. — Le gros orteil est toujours opposable et muni d'un ongle plat. Les autres orteils peuvent être armés de griffes (*Arctopithèques*.) — Les Singes sont principalement frugivores et granivores ; rarement ils se nourrissent d'Insectes ou d'œufs. — Les traits caractéristiques de leur caractère sont : la gloutonnerie, la luxure et l'esprit d'imitation ; ils sont susceptibles d'éducation et portent une grande affection à leurs petits. — Ils ne se trouvent, en Europe, que sur les rochers de Gibraltar (Magot, *Inuus ecaudatus*).

On distingue trois groupes chez les Simiens :

SIMIENS { à ongles plats. { Cloison nasale étroite.... *Catarrhiniens*.
{ Cloison nasale large.. ... *Platyrrhiniens*.
à griffes. ... Cloison nasale large.. .... *Arctopithèques*.

A. CATARRHINIENS (κατά, dessous ; ῥίς, nez). — *Cloison nasale étroite ; narines rapprochées regardant en avant et en bas. — Des ongles plats à tous les doigts.*

32 dents. — Des abajoues, des callosités, une queue non préhensile. — Ces trois organes manquent chez les Anthropoïdes : Gorille (*Gorilla*), Chimpanzé (*Troglodytes*), Orang (*Satyrus*). — Main bien conformée, excepté chez les Colobes. Ces derniers manquent de pouce. — Singes de l'Ancien Monde.

Les Magots (*Inuus*), les Papions (*Cynocephalus*), les Semnopithèques (*Semnopithecus*), les Macaques (*Macacus*), etc., appartiennent à ce groupe.

B. PLATYRRHINIENS (πλατύς, large ; ῥίς, nez). — *Cloison nasale large; narines écartées, regardant de côté. — Des ongles plats à tous les doigts.*

36 dents. — Pas d'abajoues ni de callosités. — Queue sou-

vent prenante. — Pouce souvent atrophié. — Singes du Nouveau Monde.

A ce groupe appartiennent : les Singes hurleurs (*Mycetes*); les Atèles (*Ateles*); les Sajous (*Cebus*); les *Chrysotrix*; les Singes de nuit (*Nyctipithecus*); les Sakis (*Pithecia*).

C. ARCTOPITHÈQUES (ἄρκτος, ours ; πίθηκος, singe). — *Cloison nasale large.* — *Pouce non opposable.* — *Des griffes, excepté au gros orteil qui porte un ongle plat.*

32 dents. — Animaux de petite taille, munis d'une queue longue et touffue. — Habitent l'Amérique méridionale. Un seul genre : Ouistiti (*Hapale*).

LÉMURIENS

(*lemures,* spectres ; allusion à leur vie nocturne)

Trois sortes de dents. — *Orbites incomplètes.* — *Deux mains.* — *Deux pieds préhensiles.* — *Mamelles pectorales ou abdominales.* — *Utérus bicorne ou double.* — *Placenta diffus.*

Les Lémuriens sont des animaux nocturnes dont la face est velue, proéminente et porte de grands yeux. — Les membres antérieurs sont plus courts que les postérieurs. — Les pouces ont généralement des ongles plats; les autres doigts sont habituellement munis de griffes. — La queue n'est jamais prenante. — Ils n'ont ni abajoues ni callosités. — Le clitoris est souvent traversé par l'urèthre. — Habitent Madagascar, l'est de l'Asie et le sud de l'Afrique. — Vivent d'Insectes et de petits Mammifères.

Genres principaux : Makis (*Lemur*); Indris (*Lichanotus*); Tarsiers (*Tarsius*); Cheiromys (*Chiromys*). — Ces derniers n'ont pas de canines et leur dentition rappelle celle des Rongeurs, tandis que celle des autres Lémuriens ressemble au système dentaire des Insectivores.

VINGT-TROISIÈME LEÇON

CHEIROPTÈRES—INSECTIVORES—RONGEURS

CHEIROPTÈRES

(χείρ, main; πτερόν, aile)

Trois sortes de dents. — Pas de mains. — Doigts des membres antérieurs, à l'exception du pouce, extraordinairement allongés pour soutenir une membrane servant au vol.— Doigts postérieurs courts, onguiculés.— Deux mamelles pectorales.— Placenta discoïde.

La membrane alaire des Cheiroptères ou Chauves-Souris se continue sur les flancs et entre les membres postérieurs, en enveloppant la queue. — Elle est douée d'une sensibilité tactile très délicate (*voy*. p. 212). Celle-ci supplée à l'imperfection des yeux qui sont petits et impropres à diriger dans l'obscurité ces animaux nocturnes. — La faculté du vol est caractérisée anatomiquement : 1º par la membrane alaire ; 2º par la présence, sur le sternum, d'une crête donnant insertion aux muscles abaisseurs de l'aile ; 3º par la force de la clavicule ; 4º par la présence d'un os accessoire (*éperon*) qui part du calcanéum et sert à tendre la membrane. — Le nez et les oreilles présentent souvent des appendices lobés chez les Cheiroptères insectivores. — Les poils offrent une particularité de structure assez singulière (*voy.* p. 210).

Les Chauves-Souris passent le jour dans des endroits obscurs, suspendues par les griffes des pieds de derrière, la tête en bas, les ailes repliées. — Quand elles veulent se mouvoir par terre, elles s'appuient sur les griffes des pouces et ramènent les pieds postérieurs sous le corps de façon à le pousser en soulevant le train de derrière. — Le pénis est pendant et possède souvent un os intérieur. — Les Cheiroptères manquent dans les pays très froids ; les espèces des climats tempérés se pressent les unes contre les autres, pendant l'hiver, et s'endorment d'un long sommeil.

On distingue deux sous-ordres : les *Cheiroptères frugivores* et les *Cheiroptères insectivores*.

Cheiroptères frugivores. — *Dents molaires à couronne plate.* — *Oreilles petites, dépourvues de tragus.* — *Museau allongé.* — *Queue courte ou nulle.* — *Index à trois phalanges.*

Ces Chauves-Souris sont de grande taille et habitent les

forêts des pays chauds (Afrique, Inde, Australie). — Une espèce du genre Roussette (*Pteropus edulis*) est recherchée dans l'archipel Indien pour sa chair savoureuse.

Cheiroptères insectivores. — *Dents molaires hérissées de pointes.* — *Oreilles très grandes, souvent munies de valves.* — *Museau court.* — *Index à une ou deux phalanges.*

Les uns de ces Cheiroptères (*Gymnorhiniens*) ont le nez lisse et se nourrissent exclusivement d'Insectes dont ils broyent les parties dures entre les pointes de leurs molaires ; ils comprennent les Oreillards (*Plecotus*), les Barbastelles (*Synotus*), les Vespertilions (*Vespertilio*), les Molosses (*Molossus*), etc. — Les autres (*Phyllorhiniens*) ont le nez muni d'une crête et de lamelles foliacées.

Fig. 95. — Tête de Vampire.

Une des espèces les plus intéressantes de ce dernier groupe est le Vampire de l'Amérique centrale (*Vampyrus spectrum*) qui se nourrit d'Insectes et suce aussi quelquefois le sang des Mammifères pendant leur sommeil, après avoir fait une légère blessure à la peau. La succion est suivie d'une hémorrhagie sans gravité. — Les Rhinolophes (*Rhinolophus*), appelés vulgairement *Fers-à-Cheval* à cause de la forme des membranes du nez, appartiennent aussi à ce groupe.

INSECTIVORES

(*insectum*, insecte; *vorare*, manger)

Trois sortes de dents : canines petites, molaires hérissées de pointes. — Doigts armés de griffes. — Mamelles pectorales ou abdominales. — Placenta discoïde.

Les Insectivores sont en général petits et forment un trait d'union entre les Cheiroptères et les Carnivores. — Leurs pieds sont courts, pentadactyles et à plante nue. En marchant, ils appuient la plante tout entière sur le sol; ils sont donc plantigrades.

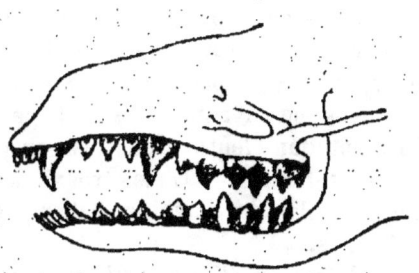

Fig. 96. — Dents d'un Insectivore.

— Leur tête est généralement terminée par un museau très allongé; leurs dents, à pointes coniques, rappellent celles des Cheiroptères insectivores; tous sont claviculés, à l'exception du *Potamogale*. — Ils se nourrissent d'Insectes et de Vers, rarement de végétaux. En général, ils sont utiles à l'Homme par la destruction qu'ils font des Insectes nuisibles à l'agriculture. — La plupart se creusent des retraites souterraines d'où ils ne sortent que la nuit; leurs yeux sont parfois très développés (Hérisson), d'autres fois très petits ou même recouverts par la peau (*Talpa cæca*). — Ils habitent les régions tempérées; beaucoup d'entre eux passent l'hiver en léthargie. — On n'en trouve ni en Australie ni dans l'Amérique du Sud.

Genres principaux. — Les plus connus sont les Hérissons, les Musaraignes, les Desmans, les Taupes, auxquels il faut joindre les Macroscélides et, comme genre aberrant, les Galéopithèques.

Les Galéopithèques (*Galeopithecus*) se rapprochent des Chauves-Souris par une expansion cutanée qui leur sert de parachute pour sauter d'arbre en arbre. Cette membrane est garnie de poils de chaque côté ; elle unit les extrémités jusqu'aux griffes et comprend aussi la queue qui est longue. — Les incisives inférieures sont pectinées, c'est-à-dire dentelées en peigne, et inclinées en avant. — Pendant le jour, les Galéopithèques dorment dans leurs cachettes, suspendus à la manière des Chauves-Souris. — On les trouve dans le sud-est de l'Asie et dans les îles de l'archipel indien ; leur chair est estimée des indigènes.

Le Hérisson d'Europe (*Erinaceus europæus*) a le dos couvert de piquants et peut se rouler en boule de façon à être hérissé de toutes parts pour résister à ses ennemis. — Ce phénomène résulte, en grande partie, de la contraction d'un muscle peaucier appelé *orbiculaire du pannicule*. — Le Hérisson est comestible. C'est un animal utile qui détruit les Insectes, les Souris et aussi les Vipères contre lesquelles il lutte, sans être incommodé de leurs morsures ; il mange aussi des fruits.

Les Musaraignes (*Sorex*) sont de très petits animaux dont l'aspect rappelle celui des Souris, mais qui s'en distinguent par leur museau pointu, leurs dents aiguës, leur queue nue presque sans poils. — Elles ont, de chaque côté du corps, entre les membres antérieurs et postérieurs, une glande qui sécrète une substance musquée. — Le *Sorex etruscus* est le plus petit Mammifère que l'on connaisse. — La plus grosse de nos Musaraignes (*S. fodiens*) est aquatique, à queue comprimée et à pattes bordées de poils raides qui aident à la natation.

Les Desmans (*Myogale*) sont des animaux aquatiques qui ont un long museau en forme de trompe et les pieds palmés. — Ils ont des glandes musquées sous la base de la queue. — Le Desman de Russie (*M. moscovita*) a la taille d'un Hérisson ; sa queue, longue de 19 centimètres, écailleuse et apla-

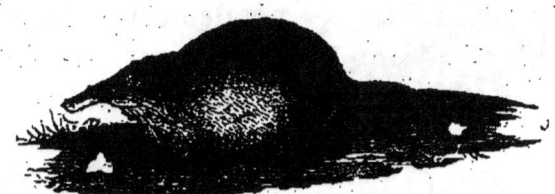

Fig. 97. — Desman.

tie latéralement, était employée autrefois en médecine, mais ne sert plus qu'à la parfumerie. — Le Desman des Pyrénées (*M. pyrenaica*) est plus petit et moins odorant que le précédent.

Les Macroscélides (*Macroscelides*) ont une longue trompe nue et la taille de la Souris ; d'où leur nom de Souris-Éléphants. — Ils habitent l'Afrique méridionale.

Les Taupes (*Talpa*) sont des animaux essentiellement souterrains et fouisseurs. — Leurs membres sont très courts ; ceux de devant ont la paume tournée en dehors, avec des ongles très forts, plats et tranchants. — C'est à l'aide de ces organes que la Taupe creuse des galeries dans le sol pour aller à la recherche des larves d'Insectes. — La Taupe commune (*T. europœa*) a des yeux rudimentaires ; elle est plus utile par les larves qu'elle détruit que nuisible par les taupinières qu'elle forme à la surface du sol.

RONGEURS

Deux grandes incisives arquées à chaque mâchoire. — Pas de canines. — Molaires séparées des incisives par un intervalle (barre) *et offrant des replis d'émail transversaux. — Pieds onguiculés, en général pentadactyles. — Placenta discoïde.*

Fig. 98. — Tête d'un Rongeur.

Les Rongeurs sont généralement petits et d'allures vives. — Ils sont plantigrades et se nourrissent ordinairement de matières végétales dures qu'ils attaquent avec les incisives. Celles-ci sont revêtues d'émail seulement en avant et s'usent en arrière; elles n'ont pas de racines et continuent à croître pendant toute la vie. Les molaires, dont le nombre varie de $\frac{2}{2}$ à $\frac{6}{6}$, sont sillonnées, à leur surface triturante, de replis d'émail transversaux qui en font de véritables râpes. — Les condyles du maxillaire inférieur et les cavités glénoïdes correspondantes sont dirigés d'avant en arrière, permettant le mouvement longitudinal de la mâchoire inférieure. — Les muscles masséters sont très développés et rétrécissent l'ouverture buccale. Celle-ci se trouve un peu agrandie par une fente de la lèvre supérieure (*bec de lièvre*). — Ces animaux se cachent dans des galeries ou des trous qu'ils creusent dans le sol. — Ils jouissent d'une grande fécondité au moyen de laquelle ils luttent contre la destruction que leur font subir les Carnivores. Quelques-uns sont nuisibles à l'Homme, à cause des provisions de grains qu'ils font pour l'hiver; d'autres lui sont utiles par leurs fourrures. — Ils sont répandus sur toute la terre, à l'exception de Madagascar.

Genres principaux. — Les uns ont des clavicules bien développées (Écureuils, Loirs, Marmottes, Rats, Hamsters, Campagnols, Castors, etc.). — Les autres ont des clavicules imparfaites ou en manquent tout à fait (Porcs-Épics, Paccas, Cabiais, Cobayes, Lièvres).

Les Écureuils (*Sciurus*) ont un ongle plat au pouce et une queue touffue. — Dans le Nord, l'Écureuil commun (*S. vulgaris*) devient gris en hiver et a le ventre blanc. Sa fourrure est alors connue sous le nom de *petit-gris*.

Les Loirs (*Myoxus*) sont des animaux nocturnes qui ressemblent beaucoup à l'Écureuil, mais sont plus bas sur jambes. — On distingue le Loir commun (*M. glis*) de la taille d'un Rat, le Lérot (*M. nitela*) dont la queue n'est touffue que vers le bout et le Muscardin (*M. muscardinus*) de la taille d'une petite Souris.

Les Marmottes (*Arctomys*) ont le corps lourd et la queue touffue. — Leur peau est employée comme fourrure; les montagnards mangent leur chair.

Les Rats (*Mus*) se reconnaissent à leurs dents molaires au nombre de $\frac{3}{3}$. — On distingue : le Rat noir (*M. rattus*) aujourd'hui remplacé presque partout par le Surmulot (*M. decumanus*) importé d'Orient, le Mulot (*M. sylvaticus*) qui habite les forêts et non les habitations de l'Homme, comme les précédents et la Souris (*M. musculus*).

Les Hamsters (*Cricetus*) se rapprochent des Rats par le

nombre et la forme des dents, mais s'en éloignent par leur queue courte et velue, ainsi que par l'existence d'abajoues. — Le Hamster commun (*C. frumentarius*) se trouve depuis le Rhin jusqu'en Sibérie. Il est très nuisible à l'agriculture à cause de la quantité de grains qu'il transporte dans ses abajoues pour les amasser dans son terrier.

Les Gerboises (*Dipus*) ont les extrémités antérieures très courtes et les pattes postérieures très longues, organisées pour le saut. — L'attitude du corps porté sur les pattes de derrière les a fait appeler *Rats à deux pieds*. — On les trouve dans les steppes de l'Ancien et du Nouveau Monde.

Les Campagnols (*Arvicola*) sont moins omnivores que les divers Rongeurs dont nous nous sommes occupé jusqu'ici; ils établissent le passage aux Rongeurs essentiellement herbivores. Leurs molaires, au nombre de trois à chaque mâchoire, croissent toute la vie et présentent, sur la surface triturante, des plis d'émail en zigzag. — Le Rat d'eau (*A. amphibius*), le Campagnol des neiges (*A. nivalis*), le Campagnol des champs (*A. agrestis*) sont les espèces les plus communes. — Le Rat musqué du Canada (*Fiber zibethicus*) est un Campagnol à pieds semi-palmés, qui bâtit des cabanes comme le Castor.

Les Castors (*Castor*) sont de grands Rongeurs aquatiques dont la queue est écailleuse et aplatie en forme de rame. — Le Castor commun (*Castor fiber*) a environ 1 mètre de long, y compris la queue. — Ses molaires sont au nombre de $\frac{4}{4}$. Ses pattes postérieures sont palmées; ses doigts antérieurs courts, garnis d'ongles en gouttière et propres à fouir. Il habite le bord des eaux en Allemagne, en Sibérie et en Russie. En France, il est devenu presque introuvable; il était connu, sur les bords du Rhône, sous le nom de *Bièvre*.

Le Castor du Canada (*C. canadensis*) est considéré

comme une espèce particulière. Pendant l'été, il vit solitaire dans des terriers; mais, à l'approche de l'hiver, il quitte sa retraite et se réunit à ses semblables pour construire une demeure d'hiver. Celle-ci, faite de terre et de branches, se compose de huttes à deux étages : le supérieur à sec destiné à l'habitation, l'inférieur, sous l'eau, servant de magasin pour les écorces et les racines qui constituent la provision alimentaire.

Les Castors sont recherchés pour leur fourrure et une substance odorante (*castoreum*) que sécrètent deux poches glandulaires spéciales, surtout développées chez le mâle et débouchant dans le fourreau préputial. — Ces poches ont environ 10 centimètres de long et présentent, à leur intérieur, un grand nombre de replis membraneux.

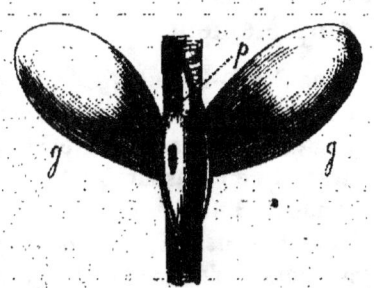

Fig. 99. — Poches du Castor.
g, glandes ou poches du castoréum ; — *p*, pénis. (Le fourreau préputial est incisé et ouvert pour montrer le pénis et les orifices des poches.)

On trouve, dans le commerce, deux espèces de castoréum : l'un d'*Amérique* ou du *Canada*, seul employé en France; l'autre de *Russie* ou de *Sibérie*. Ces deux sortes de castoréum se vendent renfermées dans leurs poches naturelles qui ont l'apparence de testicules. — Le castoréum du Canada a une odeur de térébenthine et celui de Russie une odeur de cuir russe, ce qui tient, paraît-il, à ce que les Castors du Canada se nourrissent d'écorces de pin, tandis que ceux de Russie mangent des écorces de bouleau. — A l'état frais, le castoréum est onctueux et presque fluide; plus tard, il forme une masse résineuse et compacte. — Le castoréum était employé autrefois comme stimulant et antispasmodique; mais son prix élevé et son insuffisance l'ont fait abandonner presque complètement.

Les Porcs-Épics (*Hystrix*) ont les dents molaires ($\frac{4}{4}$) pourvues de racines et le dos armé de piquants qu'ils redressent quand ils sont irrités ou effrayés. — Ils sont nocturnes, solitaires et se creusent des terriers. — Ils vivent dans les pays chauds de l'Ancien et du Nouveau Monde.

Les Cabiais (*Hydrochœrus*) et les Cobayes (*Cavia*) ont les dents molaires ($\frac{4}{4}$) dépourvues de racines. — Les Cabiais sont les plus grands des Rongeurs actuels. — Le Cochon d'Inde (*Cavia cobaya*) est bien mal nommé, car il nous vient de l'Amérique.

Les *Léporidés* forment un groupe à part (DUPLICIDENTÉS); ils se distinguent des Rongeurs ordinaires par la présence de deux petites incisives placées derrière les deux grandes incisives de la mâchoire supérieure; leurs dents molaires sont dépourvues de racines. — Ils comprennent : 1° le genre *Lepus*, dont les oreilles sont longues et la queue courte; 2° le genre *Lagomys*, dont les oreilles sont courtes et la queue nulle.

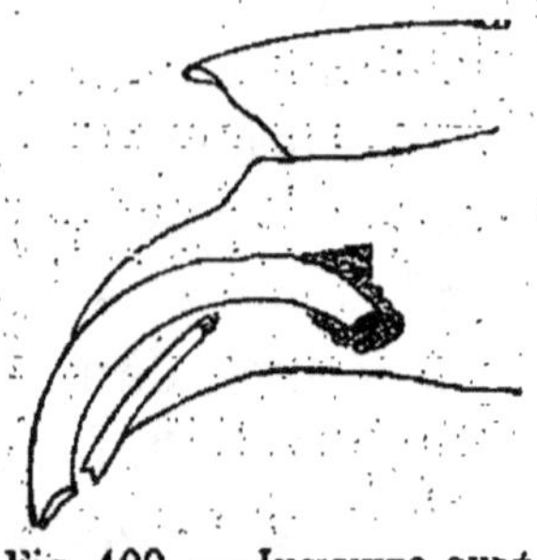

Fig. 100. — INCISIVES SUPÉRIEURES DU LAPIN.

Tout le monde connaît le Lièvre (*Lepus timidus*) et le Lapin (*Lepus cuniculus*). — Le premier vit solitaire et ses petits viennent au monde avec les yeux ouverts; le second vit en société et ses petits naissent aveugles.

VINGT-QUATRIÈME LEÇON

CARNIVORES — PINNIPÈDES

CARNIVORES

(*caro*, chair; *vorare*, manger)

Trois sortes de dents : $\frac{3}{3}$ incisives; $\frac{1}{1}$ canines, grandes et pointues; molaires en nombre variable, généralement tranchantes et subdivisibles en prémolaires, carnassières et tuberculeuses. — Doigts libres, armés de griffes. — Clavicules rudimentaires ou nulles. — Placenta zonaire.

Les Carnivores sont généralement de taille moyenne; mais il y a, parmi eux, de grandes espèces (Lion) et d'autres petites (Belettes). — Ils sont caractérisés surtout par le système dentaire, les membres et les organes des sens.

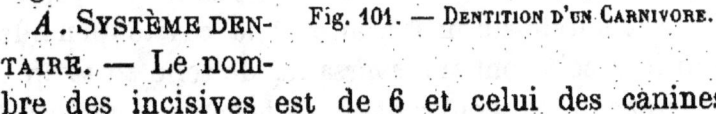

Fig. 101. — Dentition d'un Carnivore.

A. Système dentaire. — Le nombre des incisives est de 6 et celui des canines de 2, à chaque mâchoire. — Parmi les molaires, on observe une dent plus grosse, plus saillante, plus tranchante que les autres. C'est la *dent carnassière*, qui est ordinairement munie d'un *talon* plus ou moins prononcé. — Derrière la carnassière se trouvent une ou deux dents arrondies que l'on nomme *tuberculeuses*. Ce sont ces dents qui permettent aux Chiens de mâcher de l'herbe, comme ils le font quelquefois. — On tient souvent compte de toutes ces dents dans la formule dentaire. Ainsi celle du Chien s'écrira :

$$\tfrac{3}{3} i, \tfrac{1}{1} c, \left(\tfrac{3}{4}, \tfrac{1}{1}, \tfrac{2}{2}\right) m;$$

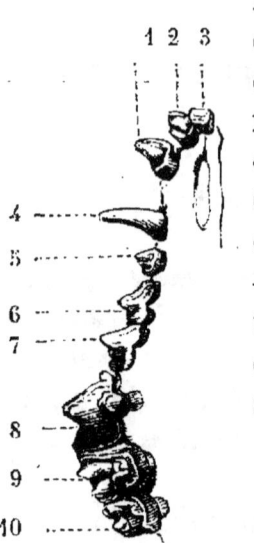

Fig. 102. — Dents de la mâchoire supérieure du Chien.

1, 2, 3, incisives; — 4, canine; — 5, 6, 7, prémolaires; — 8, carnassière; — 9, 10, tuberculeuses.

ce qui veut dire : 1° pour la mâchoire supérieure et de chaque côté : 3 incisives, 1 canine, 3 prémolaires, 1 carnassière, 2 tuberculeuses; 2° pour la mâchoire inférieure et de chaque côté : 3 incisives, 1 canine, 4 prémolaires, 1 carnassière et 2 tuberculeuses.

Plus l'animal est sanguinaire, plus les canines et moins les molaires sont développées.

Le condyle du maxillaire et la cavité glénoïde qui le reçoit sont transversaux, de telle sorte que les mâchoires s'ouvrent et se ferment comme les branches d'une paire de ciseaux. — De plus, le volume des muscles élévateurs de la mâchoire inférieure (masséters et temporaux) est énorme, car le mouvement d'élévation se fait avec une grande énergie. De là viennent : la saillie des crêtes pariétales, la force et la courbure prononcée de l'arcade zygomatique, enfin la brièveté de la branche du maxillaire inférieur.

B. MEMBRES. — Ils sont forts et servent surtout à la locomotion; d'où l'atrophie de la clavicule. — Ils sont armés de griffes quelquefois rétractiles et ont servi de base à une division des Carnivores en *Plantigrades* et *Digitigrades*, suivant que la plante tout entière (Ours) ou les doigts seulement (Chien) appuient sur le sol. — Cette classification est aujourd'hui abandonnée.

C. ORGANES DES SENS. — L'odorat est excessivement développé, l'œil perçant et quelquefois apte à voir pendant la nuit, l'ouïe très fine, le toucher rendu très délicat sur certains points de la face (*moustaches*); enfin le sens du goût ne le cède en rien à celui des autres Mammifères.

Familles. — On a divisé les Carnivores en six familles : 1° les *Ursidés;* 2° les *Mustélidés;* 3° les *Canidés;* 4° les *Viverridés;* 5° les *Hyénidés;* 6° les *Félidés.*

A. URSIDÉS (*ursus*, ours). — *Molaires tuberculeuses.* — *Animaux plantigrades, à formes lourdes, autant frugivores que carnivores.*

Trois genres principaux : Ours (*Ursus*); Ratons (*Procyon*); Coatis (*Nasua*).

B. Mustélidés (*mustela*, belette) — $\frac{1}{1}$ *tuberculeuses; carnassière à talon petit. — Plantigrades ou sub-plantigrades. — Ongles non rétractiles. — Animaux à fourrures, munis souvent de glandes anales dont la sécrétion a une odeur désagréable.*

Genres principaux : Blaireaux (*Meles*), plantigrades, omnivores, creusant des terriers à plusieurs issues. — Mouffettes (*Mephitis*). — Gloutons (*Gulo*). — Martres (*Mustela*) : Martre ordinaire (*M. martes*); Fouine (*M. foina*); Zibeline (*M. zibelina*). — Putois (*Putorius*) : Putois ordinaire (*P. putorius*); Belette (*P. vulgaris*); Hermine (*P. erminea*). — Loutres (*Lutra*), à doigts palmés, nageant bien, vivant principalement de poisson, mais mangeant aussi des substances végétales.

C. Canidés (*canis*, chien). — $\frac{2}{2}$ *tuberculeuses; carnassière à talon petit. — Digitigrades. — Ongles non rétractiles.*

Genre Chien (*Canis*), comprenant : le Loup (*C. lupus*), le Chacal (*C. aureus*), le Renard (*C. vulpes*), le Renard bleu (*C. lagopus*), gris en été et bleuâtre en hiver, le Chien domestique (*C. familiaris*).

D. Viverridés (*viverra*, civette). — $\frac{2}{1}$ *tuberculeuses; carnassière à talon grand. — Digitigrades ou subplantigrades. — Ongles souvent rétractiles.*

Outre les glandes anales, les animaux de cette famille ont, entre l'anus et l'ouverture sexuelle, une poche dans laquelle s'amasse une matière onctueuse et odorante ; leur langue est hérissée de papilles aiguës et rudes, comme dans les deux familles suivantes (Hyénidés et Félidés).

Les Civettes (*Viverra*) comprennent quatre espèces : 1° la Civette d'Afrique (*V. civetta*), pourvue d'une crinière dorsale ; 2° le Zibeth (*V. zibetha*) ou Civette d'Asie, plus petit que la précédente et dépourvu de crinière ; 3° la Rasse (*V. indica*), plus petite encore et habitant l'Inde, la Chine, Java et

Fig. 103. — Civette.

Sumatra ; 4° le Lisang (*V. gracilis*), voisin des Genettes, habitant Java et Sumatra.

Les Civettes sont digitigrades et munies d'une longue queue ; leurs ongles sont rétractiles. — La poche odorifère existe dans les deux sexes ; elle est velue à l'intérieur et communique avec deux cavités de la grosseur d'une amande. Les parois de celles-ci contiennent des glandes en cæcum qui sécrètent la matière odorante (*viverreum*). — Le viverréum est onctueux et jaunâtre quand il est frais, mais il brunit et devient très épais en vieillissant. Il exhale une forte odeur ammoniacale.

Fig. 104. — Appareil odorant de la Civette.

— Le viverréum était autrefois employé comme antispasmodique, mais il ne sert plus maintenant qu'à la parfumerie. — Pour le récolter, on élève les Civettes en captivité et on vide leur poche, toutes les semaines.

La Genette (*V. genetta*) d'Afrique et d'Espagne n'a qu'une poche rudimentaire et ne fournit pas de parfum. — Enfin les Mangoustes (*Herpestes*) d'Afrique n'ont pas de poche odorante.

E. Hyénidés (*hyæna*, hyène). — $\frac{1}{0}$ *tuberculeuse petite; carnassière supérieure à petit talon; $\frac{3}{4}$ prémolaires. — Digitigrades. — Ongles non rétractiles. — Une crinière sur le dos.*

Les Hyènes (*Hyæna*) ont des pieds à quatre doigts et des glandes anales. Elles se nourrissent principalement de charognes et habitent surtout l'Afrique.

F. Félidés (*felis*, chat). — $\frac{1}{0}$ *tuberculeuse petite; carnassière supérieure à petit talon; $\frac{2}{3}$ prémolaires. — Digitigrades. — Ongles rétractiles.*

Les doigts antérieurs sont au nombre de cinq et les postérieurs de quatre, tous armés de griffes qui sont redressées pendant la marche par un ligament élastique et ne touchent pas le sol.

Espèces principales : Lion (*Felis leo*); Couguar ou Puma (*F. concolor*); Tigre (*F. tigris*); Jaguar (*F. onca*); Panthère (*F. pardus*); Lynx (*F. lynx*); Chat (*F. catus*).

PINNIPÈDES

(*pinna*, nageoire; *pes*, pied)

Trois sortes de dents. — Pieds courts, pentadactyles et en forme de nageoire, les postérieurs dirigés en arrière. — Pas de clavicules. — Queue très courte.

— *Placenta zonaire.* — *Animaux marins, couverts de poils.*

Les Pinnipèdes ont le corps allongé et fusiforme; ils se rapprochent des Carnivores par l'armature dentaire, le squelette et la forme du placenta; mais leur vie aquatique et leur mode de locomotion les font ressembler aux Cétacés. — Les organes de l'ouïe et de l'odorat sont munis extérieurement de muscles spéciaux qui peuvent les fermer. — Le cerveau est pourvu de nombreuses circonvolutions, la cornée peu convexe, le cristallin presque sphérique. — Ils vivent en troupes sur les côtes des pays froids et tempérés, dans les deux hémisphères. Leur régime est animal et consiste principalement en Poissons, Mollusques, etc. Ils viennent souvent à terre, mais y sont toujours plus ou moins embarrassés dans leurs mouvements.

Familles. — Deux : 1° les *Trichéchidés;* 2° les *Phocidés.*

A. Trichéchidés (θρίξ, poil; ἔχειν, avoir). — *Canines supérieures* (défenses) *grandes, saillantes et dépourvues de racines.*

Un seul genre, celui des Morses (*Trichechus*) comprenant la Vache marine (*T. rosmarus*).

B. Phocidés (*phoca,* phoque). — *Canines supérieures ordinaires, non saillantes.*

Les uns ont les oreilles munies d'un pavillon (*Otaria*); les autres en sont dépourvus. C'est dans ce dernier groupe qu'on trouve les Phoques proprement dits ou Chiens de mer (*Phoca*), animaux intelligents et faciles à apprivoiser.

VINGT-CINQUIÈME LEÇON

PROBOSCIDIENS — HYRACIENS — JUMENTÉS PORCINS

PROBOSCIDIENS

(προβοσκίς, trompe)

Deux incisives supérieures (défenses) *grandes et saillantes.— Pas de canines.— Molaires énormes.— Pieds pentadactyles.— Pas de clavicules.— Nez prolongé en une longue trompe préhensile. — Estomac simple. — Deux mamelles pectorales. — Placenta zonaire.*

Les Proboscidiens ou Éléphants sont les plus gros Mammifères terrestres. Leur peau épaisse est parsemée de poils rares; mais le principal caractère de l'ordre réside dans la trompe, organe sur lequel nous avons déjà appelé l'attention. La trompe est terminée par un appendice tactile en forme de doigt et qui en remplit les usages; elle sert à cueillir l'herbe et les feuilles dont l'Éléphant se nourrit; c'est avec elle qu'il pompe la boisson qu'il lance ensuite dans son gosier.— Les membres sont énormes; ils se terminent par cinq doigts empâtés dans la peau jusqu'au petit sabot arrondi qui entoure l'extrémité de ceux-ci. — Les défenses fournissent l'ivoire. — Pas d'incisives inférieures; les supérieures non recouvertes d'émail. — Les molaires sont normalement au nombre de deux, composées de lames d'ivoire entourées d'émail et soudées par du cément : elles se renouvellent et, quand l'antérieure tombe, une troisième molaire vient se placer derrière la deuxième qui devient la première. — Utérus bicorne. — Cerveau présentant de nombreuses circonvolutions.— Yeux petits.— Pavillon de l'oreille grand et pendant. — Animaux intelligents, vivant en troupes, déjà domestiqués du temps des Romains.

Deux espèces seulement : l'une, d'Afrique (*Elephas africanus*), à grandes oreilles, à front convexe, à dessins losangiques d'émail sur les molaires; l'autre, des Indes (*E. indicus*), plus petite, à oreilles moins grandes, à front concave, à dessins d'émail formant des ellipses allongées.

HYRACIENS

(ὕραξ, souris)

Des incisives et des molaires.— Pas de canines.— Membres antérieurs pentadactyles, avec un pouce rudimentaire et inongulé. — Membres postérieurs tridactyles. — Un troisième trochanter au fémur. — Pas de clavicules.— Pas de trompe.— Estomac simple.— Quatre mamelles inguinales et deux axillaires. — Placenta zonaire.

Mammifères ne dépassant pas la taille du Lapin et ne comprenant qu'un seul genre, les Damans

(*Hyrax*), dont les diverses espèces *H. capensis*, *H. syriacus*, etc., sont propres à la Syrie ou à l'Afrique méridionale.

Les Damans déposent dans les fentes des rochers leurs excréments arrosés d'urine. C'est ce singulier mélange qu'on a employé en médecine, sous le nom d'*hyracéum*.

JUMENTÉS ou PÉRISSODACTYLES

(περισσός, impair; δάκτυλος, doigt)

Trois sortes de dents. — *Membres ongulés à doigts impairs, dont le médian est plus développé que les autres.* — *Un troisième trochanter.* — *Astragale n'ayant pas la forme d'un osselet.* — *Pas de clavicules.* — *Estomac simple.* — *Deux mamelles inguinales.* — *Placenta diffus.*

Les Périssodactyles sont de grands animaux her-

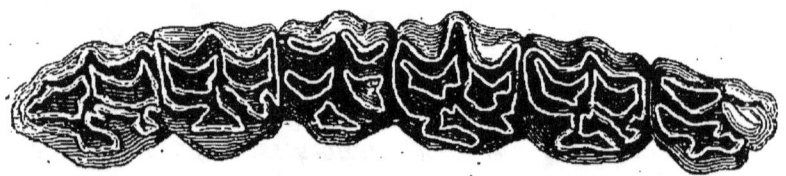

Fig. 105. — Dents molaires du Cheval.

bivores, à molaires composées. Les canines n'existent guère que chez les mâles.

Familles. — On en compte trois : 1° les *Solipèdes*; 2° les *Rhinocéridés*; 3° les *Tapiridés*.

A. Solipèdes (*solidus*, solide ; *pes*, pied). —

$\frac{3}{3}$ dents incisives.— Canines petites ou nulles.— Chaque pied muni d'un seul sabot. — Cou orné d'une crinière.

Un seul genre (*Equus*) comprenant : le Cheval (*E. caballus*), qui a la queue garnie de longs crins jusqu'à la base et les espèces qui ont la queue garnie de crins seulement à

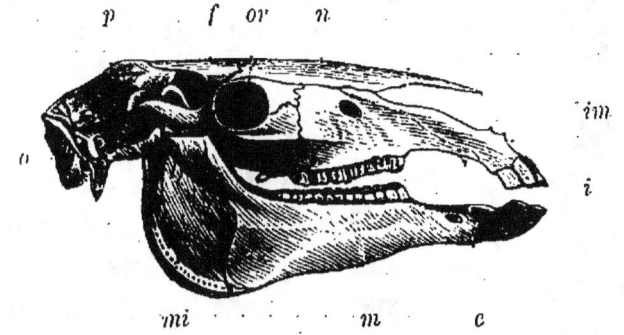

Fig. 106. — Tête osseuse du Cheval.

c, canine; — f, frontal; — i, incisives; — im, intermaxillaire; — m, molaires; — mi, maxillaire inférieur; — n, os nasal; — o, occipital; — or, orbite; — p, pariétal.

l'extrémité : l'Ane (*E. asinus*), l'Hémione (*E. hemionus*), l'Onagre (*E. onager*), le Couagga (*E. quagga*), le Zèbre (*E. zebra*).

B. Rhinocérides (ῥίν, nez; κέρας, corne).— *Dents incisives persistantes ou caduques.— Pas de canines. — Pieds tridactyles. — Une ou deux cornes sur la région fronto-nasale.— Peau épaisse, nue, sillonnée de plis profonds.*

Un seul genre (*Rhinoceros*). — Espèces : les unes avec une seule corne, Rhinocéros de l'Inde (*R. indicus*); les autres avec deux cornes (*R. sumatranus*) et (*R. africanus*).

270   MAMMIFÈRES.

C. TAPIRIDÉS. — $\frac{3}{3}$ *incisives*, $\frac{1}{1}$ *canines.* — *Pieds antérieurs tétradactyles; pieds postérieurs tridactyles.* — *Peau épaisse, non sillonnée.* — *Nez allongé en une petite trompe mobile.*

Un seul genre, les Tapirs (*Tapirus*) renfermant une espèce asiatique (*T. indicus*) et une espèce américaine (*T. americanus*).

PORCINS

Trois sortes de dents. — *Membres ongulés à doigts pairs, foulant le sol par deux ou quatre sabots.* — *Pas de troisième trochanter.* — *Métacarpiens et métatarsiens des deux doigts principaux distincts.* — *Astragale en forme d'osselet : à double poulie.* — *Pas de clavicules.* — *Estomac simple et impropre à la rumination.* — *Placenta diffus.*

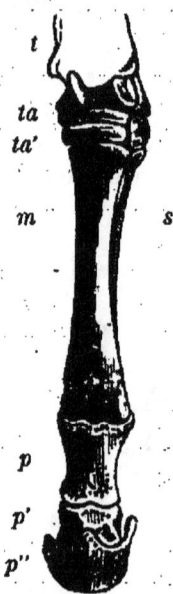

Fig. 107. — PIED POSTÉRIEUR DU CHEVAL.

m, métatarsien principal ou canon; — p, p', p'', première, deuxième et troisième phalanges; — s, stylet formé par un métatarsien latéral rudimentaire; — t, tibia; — ta, ta', première et seconde rangée des os du tarse.

Les Porcins forment, avec les Ruminants, le groupe des *Artiodactyles* (ἄρτιος, pair ; δάκτυλος, doigt) ou *Bisulques*, c'est-à-dire des Ongulés à doigts pairs ou à pied fourchu. — Les Bisulques sont des animaux presque tous grégaires, qui ont fourni à l'Homme la plupart de ses quadrupèdes domestiques. On en tire des peaux, des matières cornées, de la chair, du lait, etc.

PORCINS.

Familles. — Les Porcins comprennent deux familles : celle des *Suidés* et celle des *Hippopotamidés*.

A. SUIDÉS (*sus*, porc). — *Pieds touchant le sol par*

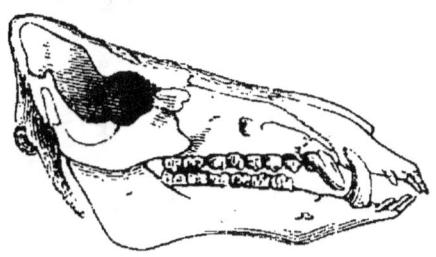

Fig. 108. — TÊTE OSSEUSE DE SANGLIER.

deux doigts seulement. — Peau plus ou moins couverte de soies. — Mamelles abdominales.

Genres principaux : 1° les Cochons (*Sus*), dont les canines sortent de la bouche et se recourbent vers le haut, de façon à constituer chez les mâles de fortes défenses. — Le Sanglier (*S. scrofa*) est la souche de nos Cochons domestiques. — Ceux-ci varient beaucoup pour la taille, la couleur, etc.; ils sont omnivores et fournissent deux sortes de graisse : le *lard*, qui est sous-cutané, et la *panne*, qui est située près des côtes, des intestins et des reins. C'est cette dernière qui, fondue et purifiée, constitue la graisse de Porc (*axonge* ou *saindoux*).

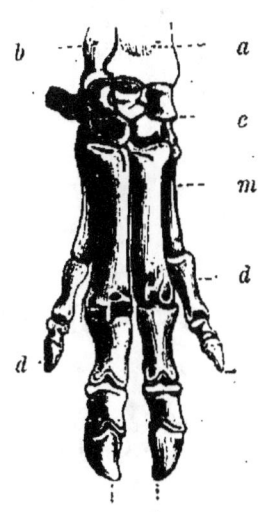

Fig. 109. — OS DU PIED DU PORC.

a, *b*, avant-bras; — *c*, carpe; — *d. d*, doigts latéraux; — D, D, doigts médians, touchant seuls le sol; — *m*, métacarpe.

2° Les autres genres de la famille sont les *Phacochœrus*, *Babyrussa*, *Potamochœrus*, *Dicotyles* ou Pécaris, dont les pieds postérieurs n'offrent que trois doigts, par suite de l'atrophie du doigt externe.

B. Hippopotamidés (ἵππος, cheval ; ποταμός, fleuve).
— *Pieds touchant le sol par quatre doigts.* — *Peau presque nue.* — *Mamelles inguinales.*

Un seul genre : Hippopotame (*Hippopotamus amphibius*) de l'intérieur de l'Afrique, dont les dents fournissent un excellent ivoire.

VINGT-SIXIÈME LEÇON

RUMINANTS — ÉDENTÉS

RUMINANTS

Artiodactyles généralement dépourvus d'incisives supérieures et de canines. — *Pieds fourchus, foulant le sol par deux sabots symétriques.* — *Pas de troisième trochanter.* — *Métacarpe et métatarse composés chacun d'un seul os* (canon). — *Astragale en osselet.* — *Pas de clavicules.* — *Estomac divisé en quatre (quelquefois trois) poches et propre à la rumination.* — *Placenta diffus ou cotylédonaire.*

Les Ruminants sont habituellement de grande taille et tous sont comestibles (*animaux de boucherie*). — Leur lait est excellent; leur graisse est connue sous le nom de *suif;* leur peau, rendue imputrescible par le tannage, constitue le *cuir*. —

Fig. 110. — Tête osseuse du Bœuf.

Fig. 111. — Astragale (en osselet) du Mouton.

Ils sont employés comme bêtes de somme, en agriculture.

La mâchoire inférieure des Ruminants porte quatre paires d'incisives. — Il existe une relation entre la présence des cornes et l'absence des dents canines. — Enfin les molaires, généralement au nombre de $\frac{6}{6}$, offrent des replis d'émail longitudinaux formant un dessin à double croissant. — Les molaires de la mâchoire inférieure sont moins extérieures que celles de la mâchoire supérieure, ce qui facilite la mastication par diduction qui est habituelle à ces animaux. — On trouve souvent, sur l'os lacrymal, des amas glandulaires connus sous le nom impropre de *larmiers*. — Des espèces de glandes sébacées s'observent souvent aussi, au-dessus de la fente interdigitale; elles sécrètent une humeur

Fig. 112. Pied du Cerf.

c, canon; — p, p', p'', premières, deuxièmes et troisièmes phalanges; — t, tibia; — ta, tarse.

qui exhale une odeur forte. — Les Ruminants sont assez intelligents et ont, pour la plupart, le cerveau pourvu de nombreuses circonvolutions; mais le caractère le plus saillant de ces animaux est la conformation de leur estomac disposé pour la rumination.

ESTOMAC DES RUMINANTS. — L'estomac du Bœuf ou du Mouton se compose de quatre poches distinctes (*panse, bonnet, feuillet, caillette*) différant par leurs dimensions, leur forme et leur structure.

a. *Panse.* — Ce réservoir est celui qui, chez l'adulte, offre le volume le plus considérable. — Il remplit presque tout le côté gauche de l'abdomen et est divisé en deux ventricules secondaires. — Il présente à l'intérieur deux orifices : l'un étroit, l'autre large; le premier correspond à l'œsophage, le second au bonnet.

b. *Bonnet.* — Cette poche, intermédiaire entre la panse et le feuillet, est renflée en cul-de-sac globuleux et communique par un petit orifice avec le feuillet.

c. *Feuillet.* — Il présente deux orifices donnant, l'un dans le bonnet, l'autre dans la caillette. — Ces deux orifices sont reliés l'un à l'autre, en bas par une gouttière lisse, en haut par une série de lames ou feuillets divisant sa cavité en tranches qui la font ressembler à l'intérieur d'une lanterne vénitienne de forme sphérique.

d. *Caillette.* — C'est l'estomac proprement dit, la poche acide où s'accomplit la digestion stomacale. — Les autres compartiments ne sont que de simples diverticula. — La caillette est pyriforme et débouche dans le duodénum par une ouverture pylorique munie d'un anneau musculeux. — Elle forme le réservoir le plus volumineux chez les jeunes animaux qui ne vivent encore que de lait.

Gouttière œsophagienne. — On désigne sous ce nom un canal qui fait communiquer la panse et le bonnet avec l'œsophage. — Que l'on imagine l'œsophage percé, à son extrémité inférieure, d'une boutonnière longitudinale située au-dessus de la panse et du bonnet ; ces deux cavités communiqueront avec l'œsophage quand les deux lèvres de la boutonnière seront ouvertes, et ce sera, au contraire, le feuillet qui communiquera avec l'œsophage quand les deux lèvres seront fermées. Ainsi, la gouttière œsophagienne s'étend de l'œsophage au feuillet et à la caillette ; au-dessous d'elle, la panse

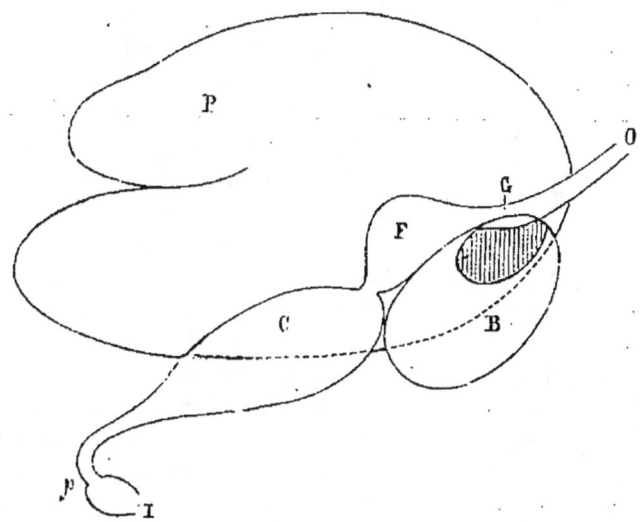

Fig. 113. — Estomac du Mouton (figure schématique).
B, bonnet ; — C, caillette ; — F, feuillet ; — G, gouttière œsophagienne avec ses deux lèvres ; — I, intestin ; — O, œsophage ; — P, panse ; — p, pylore. (Les hachures indiquent l'orifice de communication de la panse et du bonnet.)

à gauche et le bonnet à droite sont suspendus comme deux sacs.

Estomacs de divers Ruminants. — Chez le Cerf, la panse est divisée en trois compartiments ; chez le Chameau, elle offre un grand nombre de petites poches presque toujours remplies d'eau. Dans ce dernier animal, le feuillet est rudimentaire et dépourvu de replis ; enfin ce compartiment manque chez le Chevrotain de Java (*Tragulus javanicus*).

Rumination. — C'est l'acte par lequel les Ruminants ramènent à la bouche, pour les soumettre à une nouvelle mastication, les aliments déjà ingérés dans l'estomac.

Les aliments grossièrement divisés vont en grande partie dans la panse et un peu aussi dans le bonnet, après avoir écarté les lèvres de la gouttière œsophagienne. Ceux qui sont très divisés et les liquides se rendent à la fois dans les quatre poches stomacales (FLOURENS). — Sous l'influence des contractions de la panse, il se produit, dans cette cavité, un mélange des substances solides et liquides, mais ces dernières occupent toujours les parties déclives et en particulier le voisinage de la gouttière œsophagienne (COLIN). — Au moment de la réjection, la glotte se ferme, le diaphragme se contracte, et alors, sous l'influence du vide produit en avant du diaphragme, une certaine quantité des matières fluidifiées qui avoisinent la gouttière sont précipitées dans l'œsophage (CHAUVEAU et TOUSSAINT). — Les contractions successives de bas en haut (*contractions antipéristaltiques*) des fibres musculaires de l'œsophage amènent alors ces matières dans la bouche où elles sont soumises à une nouvelle mastication par les mouvements de diduction de la mâchoire inférieure. — Le bol régurgité ne tarde pas à être réduit en bouillie et est dégluti de nouveau pour se rendre, presque en totalité, par la gouttière œsophagienne fermée, dans le feuillet et de là dans la caillette. La panse et le bonnet ne prennent aucune part à la réjection.

Nous avons essayé, au moyen d'un schéma très simple, de reproduire le mécanisme de la réjection dans la rumination. Notre appareil se compose d'une cloche de verre tubulée

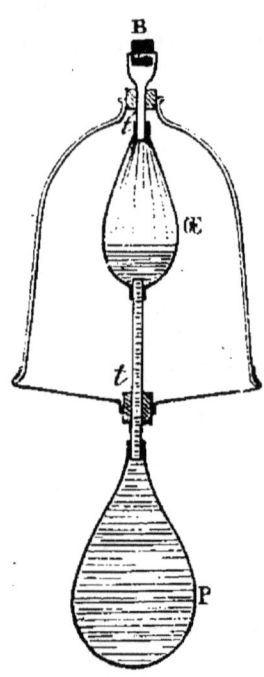

Fig. 114. — SCHÉMA DE LA RUMINATION.

B, bouchon; — Œ, vessie œsophagienne; — P, panse; — *t, t'*, tubes de verre.

parfaitement close et fermée à sa base par une membrane de caoutchouc. Celle-ci est traversée, à son centre, par un tube de verre qui supporte en bas une ampoule de caoutchouc extérieure à la cloche et remplie d'eau colorée. Le tube s'ouvre en haut dans une autre ampoule vide et renfermée dans la cloche, où elle unit lâchement ce tube à un autre tube qui traverse la tubulure et peut être fermé au moyen d'un bouchon. — La cloche représente la cage thoracique au moment où la glotte est fermée ; la membrane de caoutchouc est le diaphragme ; l'ampoule pleine, la panse ; l'ampoule vide, la partie inférieure de l'œsophage. Le bouchon qui ferme le tube supérieur simule la fermeture de l'origine de l'œsophage par le contact de ses parois. — Supposons l'appareil fermé ; si l'on exerce une traction sur le centre de la membrane, on voit aussitôt le liquide coloré s'élever dans le tube inférieur, ce qui réalise le mécanisme de la réjection.

Familles. — Il y en a cinq (*Cavicornes, Cervidés, Girafidés, Moschidés, Camélidés*). — Les derniers sont phalangigrades et ont les globules rouges du sang elliptiques ; les autres sont onguligrades et ont les globules du sang circulaires. — On peut résumer les principaux caractères de ces familles dans le tableau suivant :

RUMINANTS			
à cornes osseuses	recouvertes d'un étui corné		Cavicornes.
	sans étui	caduques	Cervidés.
		persistantes	Girafidés.
sans cornes	Lèvre supérieure non fendue.		Moschidés.
	Lèvre supérieure fendue.		Camélidés.

1. CAVICORNES (*cavus*, creux ; *cornu*, corne). — — $\frac{0}{4}$ *incisives ; canines nulles.* — $\frac{6}{6}$ *molaires.* — *Une paire de cornes dans les deux sexes ou seulement chez les mâles, persistantes et formées d'appendices creux du frontal recouverts d'un étui corné.* — *Placenta cotylédonaire.*

a. *Boviens.* — Cornes arrondies, recourbées en dehors. — Pas de larmiers ni de glandes interdigitales. — Un mufle (excepté chez l'Ovibos) — 4 mamelles.

Bison (*Bison*); Buffle (*Bubalus*); Yack (*Poephagus*); Ovibos ou Bœuf musqué (*Ovibos*); Bœuf (*Bos*), comprenant le Zébu (*B. indicus*), le Bœuf domestique (*B. taurus*), etc.

b. *Oviens.* — Cornes plus ou moins comprimées et annelées. — Pas de mufle. — 2 mamelles.

1° Brebis (*Ovis*). — Cornes recourbées en arrière, puis en avant. — La région comprise entre les yeux et les naseaux (*chanfrein*) est convexe. — Des larmiers et des glandes interdigitales. — Menton imberbe.

Brebis domestique (*O. aries*); Mouflon (*O. musimon*).

2° Chèvres (*Capra*). — Cornes recourbées en haut et en arrière. — Chanfrein plan ou concave. — Pas de larmiers ni de glandes interdigitales. — Menton barbu dans les deux sexes ou seulement chez le mâle.

Chèvre domestique (*C. hircus*); Bouquetin des Alpes (*C. ibex*).

c. *Antilopiens.* — Cornes rondes, droites ou courbes, pas toujours lisses. Quelquefois des larmiers.

Gazelle (*Antilope dorcas*); Chamois (*A. rupicapra*).

B. Cervidés (*cervus*, cerf). — *Une paire de cornes caduques* (bois) *pleines, complètement osseuses, tombant chaque année et spéciales aux mâles, excepté chez le Renne. — Des larmiers. — Le plus souvent une houppe de poils* (brosse) *à la face interne des pieds postérieurs. — Placenta cotylédonaire.*

Cerf (*Cervus elaphus*); Chevreuil (*C. capreolus*); Daim (*Dama*); Élan (*Alces*); Renne (*Rangifer*).

Chez le jeune Cerf (*faon*), le bois ne se développe guère que pendant la deuxième année et constitue alors une tige simple (*dague*). Il tombe au printemps et est bientôt remplacé par une nouvelle cheville osseuse qui s'élève à sa place et porte des branches (*andouillers*) sur la face antérieure de la tige principale (*merrain*). A la quatrième année, le bois se *couronne* d'une sorte d'*empaumure* garnie de pointes dont le nombre augmente avec les années. — Ce n'est que lorsque le nouveau bois est entièrement développé et durci que commence, en août, la saison du rut, pendant laquelle le Cerf peut devenir dangereux.

C. GIRAFIDÉS. — *Deux petites cornes revêtues d'une peau velue chez les deux sexes. — Cou très long. — Train de devant plus long que celui de derrière. — Pas de larmiers ni de glandes interdigitales. — Placenta cotylédonaire.*

Un seul genre et une seule espèce : Girafe (*Camelopardalis giraffa*); habite le midi de l'Afrique.

D. MOSCHIDÉS (*moschus*, musc). — *Pas de cornes ni de larmiers. — Une paire de canines saillantes, chez les mâles, à la machoire supérieure. — Train de derrière plus long que celui de devant.*

Fig. 115. — TÊTE OSSEUSE DU PORTE-MUSC.

3 genres : *Moschus, Tragulus, Hyæmoschus*. — Le premier est seul moschifère et pourvu d'un placenta discoïde ; le deuxième a un placenta diffus, ainsi que le troisième. Celui-ci est le seul Ruminant dont les métacarpiens et les métatarsiens ne soient pas constitués par un seul os ou canon.

Le Porte-musc (*Moschus moschiferus*) a la taille d'un jeune Chevreuil ; il habite les hautes montagnes de l'Asie. — Le mâle seul possède une poche glandulaire dont les parois sécrètent le musc. — Cette poche est ovale et longue de 6 centimètres

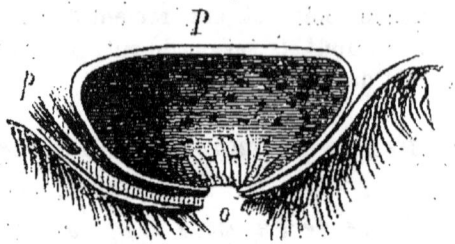

Fig. 116. — Poche du musc.

P, poche glandulaire qui sécrète le musc ; — o, orifice de cette poche ; — p, pénis.

environ. Sa partie supérieure est aplatie et appli-

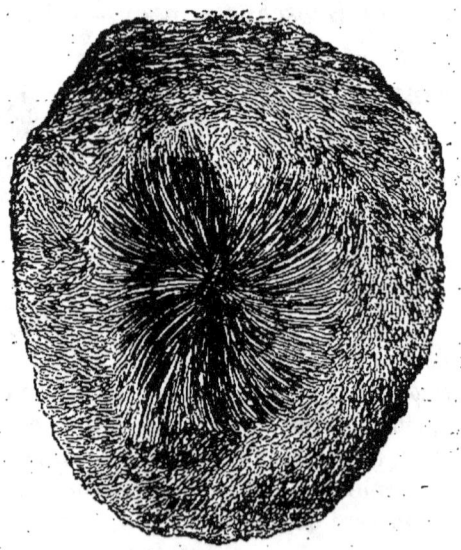

Fig. 117. — Musc en vessie.

quée contre les muscles de l'abdomen ; sa partie inférieure est bombée et percée, à son centre, d'un trou qui s'ouvre sur la ligne médiane, en avant du fourreau de la verge.

A l'état frais, le musc est demi-fluide et roux; à l'état sec, il est solide et brun. — On le trouve, dans le commerce, sous deux formes : 1° *en vessie*, c'est-à-dire inclus dans la poche où il s'est formé ; 2° *hors vessie*, ou débarrassé de sa poche. — Les vessies sont glabres sur leur face plate et au contraire poilues sur leur face convexe. Les poils convergent vers le trou médian, disposition qui permet souvent de distinguer les poches naturelles des poches artificielles. — Le musc est remarquable par la force et la persistance de son odeur, qui cependant disparaît par son mélange avec une émulsion d'amandes amères. — Le musc le plus apprécié est celui *de Chine*, expédié de Nankin dans des poches oblongues couvertes de poils roux, brunâtres autour de l'orifice de la poche. — Il est employé comme antispasmodique, mais sert surtout en parfumerie.

E. Camélidés (*camelus*, chameau). — *Pas de cornes.* — $\frac{1}{4}$ *incisives.* — $\frac{1}{1}$ *canines.* — *Plante des pieds calleuse.* — *Lèvre supérieure fendue.* — *Globules rouges du sang elliptiques.* — *Placenta diffus.*

2 genres : 1° les Chameaux (*Camelus*) caractérisés par la présence d'une ou de deux loupes graisseuses (*bosses*) sur le dos. — Ils comprennent le Dromadaire ou Chameau à une bosse (*C. dromedarius*) et le Chameau à deux bosses (*C. bactrianus*). — Ils habitent l'Ancien Monde (Afrique, Asie).

2° Les Lamas (*Auchenia*), dépourvus de bosse dorsale,

comprennent : le Lama (*A. llama*), le Guanaco (*A. paca*), la Vigogne (*A. vicugna*) et l'Alpaca (*A. alpaco*). — Ces animaux vivent par troupes sur les plateaux de l'Amérique méridionale. On les appelle les Chameaux du Nouveau Monde.

ÉDENTÉS

Dents d'une seule sorte, uniradiculées, dépourvues d'émail. — Pas d'incisives ni de canines. — Molaires en nombre variable. — Quelquefois pas de dents. — Membres subongulés, armés de grands ongles souvent comprimés. — Placenta diffus ou discoïde.

Une seule espèce (*Dasypus sexcinctus*) possède

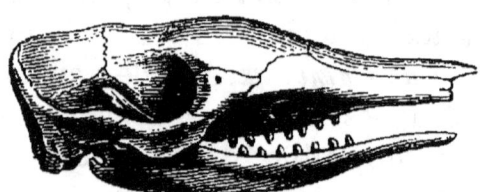

Fig. 118. — Tête osseuse de Tatou

des incisives. — Les molaires sont dépourvues de racines et continuent à croître toute la vie ; elles sont quelquefois en nombre considérable (une centaine chez le Tatou géant).

Les Édentés sont de taille moyenne et plus nombreux en Amérique que partout ailleurs. — Leur intelligence est tout à fait bornée.

Familles. — Au nombre de trois : *Bradypodidés, Dasypodydés, Vermilingues*.

A. Bradypodidés (βραδύς, lent ; πούς, *pied*). —

Tête ronde ; face courte. — Membres longs, surtout les antérieurs. — Queue très courte. — Estomac multiple. — Mamelles pectorales. — Placenta discoïde. — Herbivores.

La forme générale rappelle celle des Singes. — Animaux grimpeurs, à mouvements lents. — Pelage long et grossier. — Habitent l'Amérique méridionale.

Aï ou Paresseux à 3 doigts (*Bradypus tridactylus*); Unau ou Paresseux à 2 doigts (*Cholæpus didactylus*).

B. DASYPODIDÉS (δασύς, vigoureux ; πούς, pied). — *Tête allongée ; museau pointu. — Membres courts. — Queue plus ou moins longue. — Estomac simple. — 2 ou 4 mamelles pectorales. — Placenta discoïde. — Insectivores.*

Les Tatous (*Dasypus*) ont une cuirasse dermique sur le dos et sur la queue. — Ils habitent l'Amérique du Sud.

C. VERMILINGUES (*vermis*, ver ; *lingua*, langue). — *Museau très allongé. — Langue vermiforme, très protractile. — Membres courts. — Queue très longue. — Estomac simple. — Placenta diffus. — Insectivores.*

3 genres : Oryctérope (*Orycteropus*), d'Afrique ; Pangolin (*Manis*), d'Afrique et d'Asie ; Tamanoir (*Myrmecophaga*), de l'Amérique du Sud. — Se nourrissent surtout de fourmis qu'ils prennent en introduisant dans les fourmilières leur longue langue visqueuse.

Fourmiliers.
- Pourvus de dents. — Des poils . . . . *Oryctérope.*
- Sans dents.
  - Couverts d'écailles cornées. . *Pangolin.*
  - Couverts de poils. . . . . . . *Tamanoir.*

VINGT-SEPTIÈME LEÇON

SIRÉNIDES — CÉTACÉS — MARSUPIAUX MONOTRÈMES

SIRÉNIDES

(*siren*, sirène)

Pas de membres postérieurs; les antérieurs transformés en nageoires. — Une nageoire caudale horizontale. — Tête distincte du tronc. — Narines antérieures. — Larynx non saillant dans l'orifice postérieur des fosses nasales. — Mamelles pectorales. — Placenta diffus. — Corps couvert de soies peu nombreuses. — Herbivores, marins ou fluviatiles.

Ces animaux sont hétérodontes, mais manquent de canines.

2 genres : 1° les Lamantins (*Manatus*) à nageoire caudale ovale, recherchés comme animaux alimentaires par les tribus des bords de l'Amazone; 2° les Dugongs (*Halicore*) munis de deux incisives supérieures en forme de défenses, à nageoire caudale en croissant.

CÉTACÉS

(κῆτος, baleine)

Pas de membres postérieurs; les antérieurs trans-

formés en nageoires. — Une nageoire caudale horizontale. — Tête se confondant avec le tronc. — Narines frontales. — Larynx saillant dans l'orifice postérieur des fosses nasales. — Mamelles inguinales. — Placenta diffus. — Corps dépourvu de poils. — Carnivores, marins, très rarement fluviatiles.

Les Cétacés sont homodontes et mieux organisés que les Sirénides pour la vie aquatique. Ils renferment les plus grands de tous les animaux et se nourrissent cependant de très petites espèces : Mollusques, Poissons ou Crustacés; mais ils en absorbent des quantités considérables.

Deux sous-ordres : les *Cétodontes* et les *Mysticètes*.

Cétodontes (κῆτος, baleine; ὀδούς, dent). — *Des*

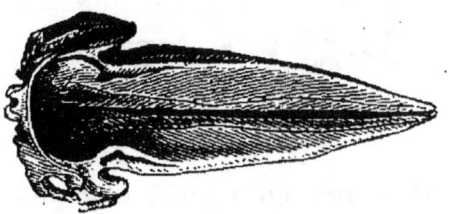

Fig. 119. — Tête osseuse d'un Cachalot (face supérieure). — On voit la cavité qui, sur le vivant, est remplie de spermaceti.

dents coniques à une ou deux mâchoires. — Pas de fanons. — Narines souvent reunies et présentant une seule ouverture (évent). *— Généralement une nageoire cutanée sur le dos.*

Cachalots (*Physeter*), à tête renflée en avant par l'accumulation d'une grande quantité de graisse liquide (*sperma ceti*), au-dessus du crâne et de la face. — Pas de dents à la mâchoire supérieure; des dents coniques à la mâchoire inférieure, d'où l'on retire de l'ivoire. — Évents séparés. — Fournissent l'ambre gris, substance odorante qui s'amasse dans l'intestin et flotte quelquefois à la surface de la mer.

Narvals (*Monodon*). — A la mâchoire supérieure, 2 dents qui restent petites chez les femelles, mais dont une, chez les mâles, prend un développement considérable (Licorne de mer, *Monodon monoceros*). Les autres dents tombent de bonne heure.

Dauphins (*Delphinus*) et Marsouins (*Phocæna*), avec dents coniques aux deux mâchoires et un seul évent.

Mysticètes. — *Pas de dents. — Des fanons. — Évents séparés.*

Les animaux de ce groupe ont des dents pendant

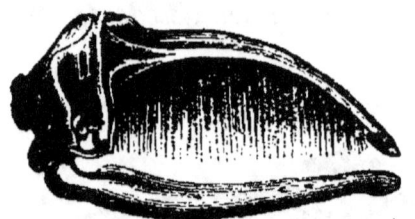

Fig. 120. — Tête osseuse d'une Baleine.

la vie embryonnaire seulement; elles disparaissent avant la naissance. — La voûte palatine et la mâchoire supérieure présentent des lamelles cornées (*fanons*) verticales et de forme triangulaire. — La vapeur d'eau du courant d'air expiré se condense sous l'influence du froid des régions où vivent ces animaux et a donné lieu à l'erreur de prétendus jets d'eau rejetés par les narines.

Baleine (*Balæna*), à ventre lisse et sans nageoire dorsale; Rorqual (*Balænoptera*), muni d'une nageoire dorsale et présentant sur le ventre des plis longitudinaux.

MARSUPIAUX

MARSUPIAUX

(μαρσύπιον, bourse)

Mammifères implacentaires munis de deux os sus-pubiens (os marsupiaux) *et d'une poche* (poche marsupiale) *dans laquelle sont renfermées des mamelles pourvues d'un long mamelon. — Des dents toujours simples. — Pas d'os coracoïdiens. — Pas de cloaque. — Corps calleux rudimentaire.*

Ces animaux sont terrestres et toujours couverts

Fig. 121. — Squelette d'un Kanguroo.
(On voit, au-dessus du pubis, les deux os marsupiaux.)

de poils; ils diffèrent beaucoup entre eux par la forme. — Ils offrent une double gestation. — Les petits sont mis au monde prématurément et, chez un animal de la taille d'un Chat, ne sont pas plus gros que des grains de café : ils sont aveugles et ont le corps nu au moment de la naissance. Ils sont introduits, dans cet état, à l'intérieur de la poche, où chacun d'eux s'attache à l'un des longs mamelons de la paroi dorsale. — Chez quelques espèces où la poche marsupiale manque, les petits sont portés de très bonne heure sur le dos de la mère (*Didelphys dorsigera*).

Il n'y a pas de communication directe entre la poche et les organes génitaux de la femelle. Ceux-ci offrent deux utérus complètement séparés et auxquels fait suite un vagin également double. — La verge du mâle est terminée par un gland bifide qui correspond au vagin double de la femelle.

Sauf les Sarigues, qui habitent l'Amérique, tous les Marsupiaux appartiennent à l'Australie.

On distingue deux sous-ordres : les *Créatophages* et les **Phytophages**.

Créatophages (κρέας, chair ; φαγεῖν, manger). — Animaux carnivores.

Genres principaux : Dasyures (*Dasyurus*), Sarigues (*Didelphys*), Péramèles (*Perameles*).

Phytophages (φυτόν, plante ; φαγεῖν, manger). — Animaux herbivores ou frugivores.

Genres principaux : Phascolomes (*Phascolomys*), Kanguroos (*Macropus*), Potoroos ou Kanguroos-rats (*Hypsiprymnus*), Phalangers (*Phalangista*).

Les Kanguroos et les Potoroos sont remarquables par la disposition de leurs pattes postérieures, qui sont beaucoup plus grandes que celles de devant, ainsi que par la longueur et la force de leur queue. Il résulte de l'inégalité des membres que la marche à quatre pattes ne peut s'effectuer qu'avec peine; le saut est, au contraire, ainsi rendu très facile. Les Kanguroos se tiennent sur les tarses et la queue comme sur un trépied; à l'aide de ces organes, ils peuvent faire des bonds prodigieux.

MONOTRÈMES

(μόνος, seul; τρῆμα, orifice)

Mammifères implacentaires munis de deux os suspubiens. — Mamelles dépourvues de mamelon. — Pas de dents véritables. — Deux os coracoïdiens. — Un cloaque. — Corps calleux rudimentaire.

Les Monotrèmes rattachent les Mammifères aux Oiseaux et possèdent, comme ceux-ci, un cloaque. — Un canal génito-urinaire s'ouvre dans ce cloaque par l'une de ses extrémités et présente, à l'autre extrémité, cinq ouvertures dont une médiane pour la vessie et deux de chaque côté pour les uretères et les conduits sexuels. — Ce sont les seuls Mammifères où les uretères ne s'ouvrent pas dans la vessie urinaire. — Les mamelles sont situées, de chaque

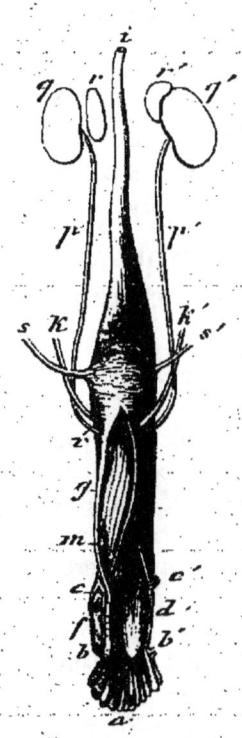

Fig. 122. — Appareil génital femelle de l'Ornithorynque.

a, sphincter du rectum ouvert; — *b*, orifice du fourreau clitoridien *f* ouvert pour laisser voir le clitoris *c*; — *d*, *m*, canal génito-urinaire s'ouvrant dans le cloaque *g*; — *i*, intestin; — *k*, *k'*, oviductes; — *p*, *p'*, uretères; — *q*, *q'*, reins; — *r*, *r'*, capsules surrénales; — *s*, *s'*, ligaments de la vessie. (Martin-St-Ange).

Carlet. Zool. méd.

côté de la ligne médiane, à la partie postérieure de l'abdomen. — L'ovaire droit est atrophié et les deux oviductes sont formés par la partie terminale élargie des oviductes. — Les mâles présentent, sur les pattes postérieures, un ergot creusé d'un canal communiquant avec une glande non venimeuse. — Il est probable que cet appareil joue un rôle pendant la copulation, car l'ergot peut pénétrer dans une fossette correspondante des pattes de la femelle.

Deux genres : l'Ornithorynque (*Ornithorynchus*) et l'Échidné (*Echidna*).

L'Ornithorynque (*O. paradoxus*) est couvert de poils et a un bec de canard avec deux dents cornées de chaque côté, sur chaque mâchoire. — Ses pieds sont palmés. — Il habite les bords des cours d'eau en Australie et nage fort bien ; il se nourrit de Vers et d'animaux aquatiques.

Les Échidnés sont couverts de piquants et ont un bec mince. Les mâchoires sont dépourvues de dents. — Ils possèdent une langue vermiforme, protractile, et se nourrissent principalement de Fourmis. — On les trouve en Australie et dans la Nouvelle-Guinée.

VINGT-HUITIÈME LEÇON

OISEAUX

APPAREILS DE NUTRITION ET DE REPRODUCTION

AMNIENS OVIPARES, COUVERTS DE PLUMES, BIPÈDES. — MEMBRES ANTÉRIEURS TRANSFORMÉS EN AILES. — UN SEUL CONDYLE OCCIPITAL. — RESPIRATION EXCLUSIVEMENT PULMONAIRE. — TEMPÉRATURE CONSTANTE.

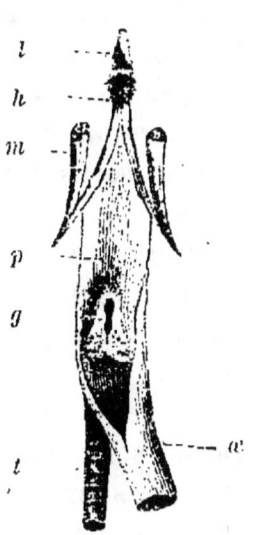

Fig. 123. — Cavité buccale de l'Oiseau.

g, glotte; — h, hyoïde; — l, langue; — m, muscles de l'hyoïde; — œ, œsophage; — p, pharynx; — t, trachée.

Appareil digestif. — A. Cavité buccale. — Un étui corné (*bec*), dont la forme varie suivant le régime de l'Oiseau, recouvre les mâchoires et remplace les dents. — La langue est généralement mince, protractile et pourvue, à la base, de longues papilles cornées dirigées en arrière. Elle est charnue chez les Palmipèdes et surtout chez les Perroquets où elle joue un grand rôle dans l'articulation des sons. — Le voile du palais et l'épiglotte n'existent pas. — Chez le Pélican, la cavité buccale communique avec une grande poche membraneuse suspendue entre les branches de la mâchoire inférieure. Cette poche sert de réservoir à l'animal, pour accumuler les Poissons qu'il vient de prendre, afin de les avaler à loisir ou de les dégorger devant ses petits.

B. Canal digestif. — L'*œsophage* présente souvent (Oiseaux granivores et carnivores) un renflement (*jabot*) où les aliments s'accumulent, avant d'être digérés. — Chez les Pigeons, après l'incubation, les glandes du jabot sécrètent un liquide lactescent que l'animal fait servir à l'alimentation des jeunes pendant les premiers jours. C'est là une sorte de lactation.

Au-dessous du jabot, se trouve une deuxième poche (*ventricule succenturié*), qui est la première chez les Oiseaux sans jabot (Oiseaux insectivores). — Le ventricule succenturié est le véritable estomac; ses parois sont garnies de *glandules pepsiques*.

Le *gésier* forme une dernière poche dont les parois sont minces chez les Oiseaux carnivores, mais très épaisses chez les granivores. Il offre, chez ces derniers, des fibres musculaires très développées et est doué d'une énorme puissance de trituration facilitée par la présence des corps durs que ces animaux ingèrent avec les aliments. — L'ouverture du ventricule succenturié dans le gésier est très voisine de l'orifice intestinal; un certain nombre de graines peuvent donc échapper à l'action triturante du gésier. Celles-ci sont alors évacuées dans un état d'intégrité presque parfait, et les Oiseaux peuvent ainsi servir à la propagation des végétaux.

L'*intestin* se divise en intestin grêle et gros intestin, ce dernier correspondant au rectum des Mammifères. — Le duodénum forme une anse dans laquelle se trouve logé le pancréas. — Le gros intestin reçoit, à son origine, deux appendices tubiformes (*cæcums*) qui peuvent se réduire à un seul (Hérons) ou manquer complètement (Perroquets). — Enfin, le gros intestin se termine dans un *cloaque* dont il est séparé par un sphincter (*anus interne*). — Par suite de cette disposition, l'urine s'accumule dans le cloaque, et c'est seulement au moment de la défécation que les matières fécales pénètrent dans cette cavité. Celle-ci se renverse alors et l'anus interne vient faire saillie au dehors. — Une poche glandulaire (*bourse de Fabricius*) s'ouvre dans la paroi postérieure du cloaque.

C. Annexes du tube digestif. — Les glandes sous-maxillaires et sublinguales sont les seules qu'on trouve chez les Oiseaux; elles sont fort réduites ou peuvent même manquer chez les Oiseaux aquatiques. — Le foie est ordinairement volumineux et formé de deux lobes principaux. La vésicule biliaire manque rarement (Pigeons, Autruche, la plupart des Perroquets); les canaux biliaires sont habituellement au nombre de deux, dont l'un porte la vésicule biliaire. — Le pancréas est le plus souvent très développé.

Appareil circulatoire. — Le cœur est constitué comme celui des Mammifères, à l'exception de la valvule tricuspide qui est formée par une seule lame musculaire qu'on dirait détachée de la cloison. — Il existe une veine porte rénale rudimentaire.

Appareil respiratoire. — Il comprend non seulement des poumons, mais encore des réservoirs membraneux (*sacs aériens*) communiquant avec ces organes et transmettant l'air dans diverses parties du corps.

La *trachée* est longue, à anneaux nombreux et complets. — Les *bronches* sont ordinairement courtes et formées d'anneaux incomplets qu'elles perdent dans le poumon pour y former des canaux membraneux; elles ne se divisent pas suivant le mode dichotomique qu'on observe chez les Mammifères.

Les *poumons* sont deux petites masses spongieuses dont la face supérieure convexe et imperforée est, pour ainsi dire, moulée sur la voûte du thorax. Leur face inférieure est plane et présente cinq orifices communiquant avec les sacs aériens. Ceux-ci sont : les uns *extra-thoraciques*, les autres *intra-thoraciques*.

Les *sacs extra-thoraciques* sont au nombre de cinq : un impair (*interclaviculaire*) communiquant avec les deux poumons et deux pairs (*sacs cervicaux* et *sacs abdominaux*) s'ouvrant chacun dans un seul poumon. Ces sacs tirent leurs noms de leur situation : ils offrent des prolongements qui débouchent dans des cavités (*cavités* **pneumati-**

ques) dont les os sont creusés. — Chez les Oiseaux, l'air remplace donc la moelle dont les os des autres Vertébrés sont remplis. Quelquefois même (Pélican, Fou), l'air se répand aussi sous la peau de tout le corps. — Le sac interclaviculaire communique avec l'humérus, le cervical avec les vertèbres cervicales et dorsales, l'abdominal avec les os du bassin et le fémur.

Les *sacs intra-thoraciques* sont constitués par deux paires de réceptacles n'offrant pas d'autre ouverture que celle par laquelle chacun d'eux s'ouvre dans le poumon correspondant.

MÉCANISME DE LA RESPIRATION. — Les mouvements du thorax se font uniquement par le jeu des côtes; le diaphragme est rudimentaire et ne joue aucun rôle (CAMPANA). — Les poumons, adhérents par toute leur surface, ne changent pas sensiblement de volume, mais il n'en est pas de même des sacs intra-thoraciques. Ceux-ci se dilatent, à chaque inspiration, et appellent dans leur cavité non seulement de l'air atmosphérique, mais encore de l'air qui provient des réservoirs extra-thoraciques. Pendant l'expiration, le thorax se resserre et expulse l'air des réservoirs intra-thoraciques. La plus grande partie de cet air s'échappe par la trachée, après avoir traversé le parenchyme pulmonaire; le reste reflue dans les sacs extra-thoraciques. — Il y a donc toujours antagonisme entre les sacs intra-thoraciques et les sacs extra-thoraciques; les uns se remplissent quand les autres se vident, et les poumons se trouvent ainsi constamment insufflés.

On a assimilé les sacs aériens à un appareil aérostatique,

mais l'allégement résultant de la pneumatisation des os n'a pas l'importance qu'on lui a attribuée tout d'abord ; cependant, les meilleurs voiliers ont les os les plus pneumatisés : il n'y a pas de cavités pneumatiques chez les Pingouins, qui ne volent que peu ou point. — On a assigné aux sacs aériens d'autres usages sur lesquels nous ne croyons pas devoir insister.

Appareil urinaire. — Les reins sont habituellement divisés en trois lobes. — Les uretères débouchent à la partie postérieure du cloaque, en dedans des pores génitaux. — Il n'y a pas de vessie ; l'urine s'accumule dans le cloaque. — Celle-ci n'est pas liquide, mais constitue une pâte blanchâtre qui renferme une grande quantité d'urate d'ammoniaque et forme la base du *guano* ; elle est expulsée au moment de la défécation.

Appareil reproducteur. — *A.* APPAREIL MALE. — Il se compose de deux testicules situés en avant des reins. — Les conduits spermatiques forment un épididyme sur le côté interne du testicule. — Le canal déférent vient s'ouvrir sur la paroi postérieure du cloaque et présente souvent, à sa partie inférieure, un renflement ampullaire (*vésicule séminale*). — Le plus souvent, il n'existe pas d'organe copulateur ; quelques Oiseaux seulement ont, à la partie antérieure et médiane du cloaque, un petit mamelon pénien (Autruche, Cigogne, Canard, etc.). — Les femelles de ces animaux présentent un clitoris correspondant.

B. APPAREIL FEMELLE. — Chez l'embryon, il y a un ovaire et un oviducte de chaque côté ; mais ces deux organes disparaissent de bonne heure du côté droit ou, plus rarement, restent rudimentaires quelques Rapaces). — Chez l'adulte, il ne reste donc que l'ovaire et l'oviducte gauches.

L'ovaire est situé à la face antérieure du rein gauche. — Les œufs s'y trouvent développés d'une manière fort inégale ; les uns sont très petits, les autres, plus volumineux, font saillie à la surface de l'ovaire et sont enveloppés chacun d'une capsule membraneuse pédonculée (*calice*). — L'oviducte est plus ou moins flexueux et se compose généralement de quatre parties : 1° le *pavillon*; 2° la *trompe*; 3° le *conduit albuminipare*; 4° l'*utérus*.

Au moment de la maturité de l'œuf, les vaisseaux de l'équateur du calice s'atrophient ; il en résulte une bande blanche (*stigma*) le long de laquelle le sac se déchire et l'œuf tombe dans le pavillon. — Cet œuf se compose alors du jaune et de la cicatricule renfermant elle-même le vitellus, la vésicule et la tache germinatives — De la trompe, l'œuf passe dans le conduit albuminipare, où il se recouvre d'une épaisse couche d'albumine, au milieu de laquelle on distingue deux cordons de la même substance contournés en hélice (*chalazes*). — Dans le passage étroit qui fait communiquer le conduit albuminipare avec l'utérus, l'albumine se recouvre d'une membrane très mince (*membrane coquillière*). Celle-ci est composée de deux feuillets qui s'écartent au niveau de la grosse extrémité, une fois que l'œuf est pondu, par suite de la pénétration de l'air. Il se forme ainsi, après la ponte, un espace (*chambre à air*) d'autant plus développé que l'œuf est moins frais. — L'utérus est un réceptacle villeux occupant la partie inférieure de l'oviducte ; il sécrète un liquide blanchâtre destiné à fournir les matériaux de la coquille. — Celle-ci est formée par une substance organique dans laquelle se déposent des sels calcaires ; elle présente des porosités qui permettent, une fois l'œuf pondu, la pénétration de l'air extérieur.

La fécondation est toujours intérieure et se fait par application des anus l'un contre l'autre. — La durée de l'accouplement est très courte. — En général, la ponte n'a lieu qu'une fois par an, excepté chez les espèces domestiques. — Dès que la femelle commence à couver, elle cesse de pondre. — La chaleur de l'incubation est d'environ 40° ; mais la chaleur fournie par le corps de la mère peut être remplacée par une incubation artificielle (*couveuses artificielles*) se faisant à la même température et sans empêcher l'accès de l'air. — La durée de l'incubation est variable (3 semaines chez la Poule, 6 chez le Cygne, 2 seulement chez beaucoup de Passereaux). — Tous les Oiseaux, excepté les Gallinacés, sont monogames ; presque tous construisent des nids, avec plus ou moins d'art, et prennent, à l'époque de la reproduction (les mâles surtout) une *parure de noce* due à un travail pigmentaire. En même temps, la voix devient plus pure et plus douce. Ordinairement, le plumage des mâles est plus vif que celui des femelles.

VINGT-NEUVIÈME LEÇON

OISEAUX

APPAREILS DE RELATION — CLASSIFICATION

Appareil locomoteur. — *A*. Squelette. — La *colonne vertébrale* n'a pas de région lombaire distincte, car la vertèbre qui suit immédiatement celles qui portent des côtes s'articule avec les os iliaques et contribue à la formation du sacrum. — La région cervicale (9-24 vertèbres) est longue et très mobile ; les régions dorsale et sacrée sont remarquables par leur fixité et la soudure plus ou moins complète de leurs vertèbres ; la région coccygienne, courte et peu mobile, se termine par une pièce en forme de soc de charrue (*pygostyle*).

Les os du *crâne* se soudent de bonne heure, pour former une boîte articulée par un seul condyle avec la colonne vertébrale.

Les os de la *face* ont une conformation spéciale. — Le bec est constitué essentiellement par les intermaxillaires. — La mâchoire inférieure est composée de plusieurs os qui, distincts dans le jeune âge, se soudent complètement à l'âge adulte. Chacune des branches de cette mâchoire se termine par une *cavité cotyloïdienne* et celle-ci reçoit la tête d'un os particulier (*os carré*), qui s'articule avec le temporal. — L'os carré correspond à l'un des osselets de l'ouïe des Mammifères.

L'os hyoïde a des branches très longues à l'extrémité desquelles vient s'insérer une paire de muscles partant de la face interne de la mâchoire inférieure.

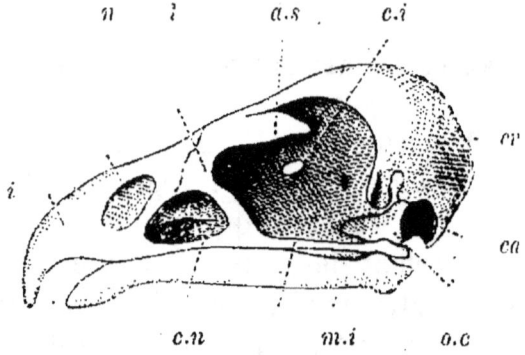

Fig. 124. — Tête osseuse d'Aigle.

a.s, apophyse sourcilière; — *ca*, caisse du tympan; — *c.i*, cloison interorbitaire; — *c.n*, cornets nasaux; — *cr*, crâne; — *i*, intermaxillaire; — *j*, jugal; — *l*, lacrymal; — *m.i*, mâchoire inférieure; — *n*, narine; — *o.c*, os carré.

Ces derniers, en se contractant, projettent l'hyoïde en avant, et par suite la langue fait saillie au dehors. Cette disposition est surtout curieuse chez le Pic.

Les *côtes* présentent, dans leur portion moyenne, une *apophyse récurrente* qui va s'appuyer sur la face externe de la côte suivante. — En général, les deux premières côtes sont flottantes; les autres s'articulent avec des os (*côtes sternales*) qui vont eux-mêmes s'articuler avec le sternum.

Le *sternum* est large et pourvu le plus souvent

(Carinates) d'une carène médiane (*brechet*) sur sa face inférieure. Le brechet manque chez les Oiseaux qui ne volent pas (Ratites). — Chez les Rapaces et les Palmipèdes, on observe, sur le sternum, des ouvertures paires fermées par des membranes

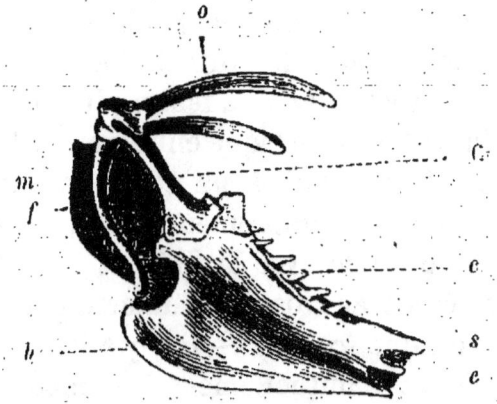

Fig. 125. — Arc scapulaire et sternum.

b, brechet; — C, coracoïdien; — *c*, côtes; — *e*, échancrures du sternum; — *f*, clavicule (os furculaire); — *m*, membrane sterno-cléido-coracoïdienne; — *o*, omoplate; — *s*, sternum.

(*fontanelles*). Ces trous sont convertis en échancrures chez les Gallinacés.

L'*arc scapulaire* se compose de l'omoplate, du coracoïdien et de la clavicule. — Celle-ci se soude, presque toujours, à l'extrémité inférieure, avec sa congénère, de façon à constituer un seul os (*fourchette*), en forme d'U ou de V.

L'*arc pelvien* est formé par trois pièces distinctes (*ilion, ischion, pubis*), mais ne constitue que très rarement une ceinture complète.

Le *membre antérieur* a un humérus tantôt plus

long, tantôt plus court que l'avant-bras. — Celui-ci se compose toujours d'un radius et d'un cubitus. — Le carpe est constitué par deux os (*radial* et *cubital*). Le métacarpe est primitivement composé de trois os qui se soudent entre eux par les progrès de l'âge. — Il n'y a que trois doigts dont le premier et le troisième n'ont qu'une phalange, tandis que le deuxième en possède ordinairement deux.

Le *membre postérieur* a un fémur plus court que le tibia. Celui-ci forme presque entièrement la jambe, car le péroné est réduit à un stylet osseux. — Le tarse n'existe pas, à proprement parler, car sa partie supérieure se soude avec le tibia, et sa partie inférieure se réunit aux os du métatarse pour former une pièce unique (*canon*). — Il n'y a jamais plus de quatre doigts : habituellement le pouce ou doigt interne a deux phalanges ; le deuxième doigt, trois ; le troisième, quatre ; le quatrième, cinq. — De ces quatre doigts, le pouce est, en général, le seul dirigé en arrière ; mais le doigt externe a aussi quelquefois cette direction. — Le Casoar a trois doigts ; l'Autruche n'en a que deux.

B. MUSCLES. — Ce sont les muscles de l'aile qui sont le plus développés. — Le *grand pectoral* se porte du brechet et des dernières côtes à l'humérus ; c'est le principal abaisseur de l'aile. — Le *petit pectoral* (CHAUVEAU) est situé sous le précédent, dans l'angle que fait le corps du sternum avec le brechet. Il passe dans un trou (*foramen ovale*) formé par l'union de la clavicule, de l'os coracoïde et de l'omoplate ; il se réfléchit sur cette poulie de renvoi et va s'insérer sur la face supérieure de l'humérus; c'est le principal élévateur de l'aile. — Ainsi, chez les Oiseaux, contrairement à ce qui a lieu chez les Mammifères, le principal muscle élévateur du bras est situé du même côté du corps que les muscles abaisseurs; mais cette disposition est très utile pour le maintien de l'équilibre pendant le vol. En effet, pour que cet équilibre soit stable, il faut que le centre de gravité soit plus bas que les articulations des épaules, condition qui se trouve remplie par l'augmentation de poids de la région sternale et l'allégement de la région dorsale.

Parmi les muscles du membre inférieur, il y en a un qui va du bassin aux phalanges. Ce muscle (*droit antérieur*) part du pubis et se continue en un tendon grêle qui, après avoir passé sur l'articulation du genou, se confond avec le muscle fléchisseur des orteils. — Par suite de cette disposition, chaque flexion du genou est accompagnée de celle des orteils, et l'Oiseau peut ainsi se maintenir sur les branches, pendant son sommeil.

C. Plumes. — Ce sont des productions épidermiques analogues aux poils. — Une plume complète se compose d'un axe (*hampe*) et d'une *lame* constituée par une série de lamelles aplaties (*barbes*). Celles-ci portent, de chaque côté, des filaments (*barbules*) d'où se détachent des *crochets* qui unissent les barbules et les barbes, dans les plumes ordinaires.

La hampe présente à considérer : 1° le *tuyau*, tube corné

rempli de lamelles blanchâtres formant une substance spongieuse (*moelle* ou *âme du tuyau*); 2° la *tige*, masse pleine sur laquelle se prolonge le tissu corné du tuyau et qui donne latéralement insertion aux barbes. — La tige présente à sa face interne un sillon longitudinal qui s'arrête au tuyau et présente là un orifice (*ombilic supérieur*) présentant généralement une houppe de barbes (*hyporachis*). Cet orifice sert à renouveler l'air du tuyau. — Une autre ouverture (*ombilic inférieur*) se trouve à l'extrémité adhérente de la plume. — Quand l'axe principal de la tige fait défaut et que la plume se compose seulement d'une houppe de filaments fins, il en résulte ce qu'on appelle le *duvet*. Celui-ci est très développé chez l'Oie, le Cygne et surtout l'Eider où il forme une couche d'une grande épaisseur constituant la substance connue sous le nom d'*édredon*.

Les grosses plumes (*pennes*) se distinguent en

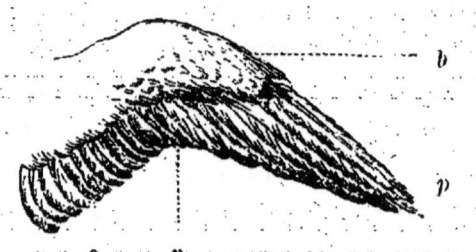

Fig. 126. — Aile d'un Faucon.
b, rémiges bâtardes ; — *p*, *r*, rémiges primaires ; — *r*, *s*, rémiges secondaires.

plumes de l'aile (*rémiges*) et plumes de la queue (*rectrices*). — Les rémiges du pouce s'appellent *bâtardes*; celles de la main, *primaires*; celles de l'avant-bras, *secondaires*; celles de l'humérus, *scapulaires*. — On désigne sous le nom de *couvertures* ou *tectrices* les plumes qui couvrent la base des pennes.

Vol. — Les ailes des Oiseaux ne se bornent pas à s'abaisser et à s'élever pendant le vol ; elles changent aussi d'inclinaison et de forme, de façon que la surface qui presse sur l'air soit plus étendue au moment de la descente qu'à celui de la remonte de l'aile. — Quand la surface de l'aile est grande (*Oiseaux voiliers*), l'Oiseau n'a besoin que de battements d'aile peu étendus pour se soutenir sur l'air : aussi, à une aile large correspondent des pectoraux et un sternum courts ; mais, si les ailes ont peu de surface (*Oiseaux rameurs*), l'amplitude des battements doit être considérable pour que l'Oiseau puisse se soutenir : or, pour produire ces mouvements étendus, les pectoraux et par conséquent le sternum doivent être longs (Marey). La descente de l'aile est moins rapide que sa montée ; sa face supérieure regarde en avant pendant la période de descente (*aile active*) et en arrière pendant la remonte (*aile passive*), d'où résulte le double effet de propulsion et de glissement, celui-ci soulevant l'Oiseau, à la manière d'un cerf-volant, en attendant le coup d'aile suivant (Liais). C'est le bout de l'aile qui produit surtout le premier effet et sa base le second. — La queue des Oiseaux, généralement composée de 12 rectrices, sert à la fois de balancier et de gouvernail.

Appareil phonateur. — La voix des Oiseaux ne se forme pas dans le larynx ; celui-ci, en effet, n'a ni lèvres vocales ni ventricules, et l'on sait que la section du cou d'un Canard n'empêche pas celui-ci de crier.

L'organe du chant ou *syrinx*, appelé autrefois *larynx inférieur*, peut occuper trois positions : 1° à l'extrémité inférieure de la trachée, dans la trachée seulement ; 2° à l'extrémité supérieure des bronches seulement ; 3° à la jonction de la trachée et des bronches, chacun de ces organes contribuant à sa formation. Cette dernière disposition est la plus fréquente. — Le syrinx manque chez l'Autruche et quelques Vautours.

Le syrinx trachéo-bronchique se trouve chez tous les Oiseaux chanteurs : il se compose d'une espèce de tambour trachéen dont l'intérieur est divisé par une crête osseuse dirigée d'avant en arrière et surmontée d'une membrane semi-lunaire. Ce tambour communique, à l'origine des bronches, avec deux glottes pourvues chacune de deux lèvres vocales. — Des muscles s'étendent, le plus souvent, entre les divers anneaux dont se composent ces parties et les meuvent, de manière à tendre plus ou moins les membranes qu'elles soutiennent.

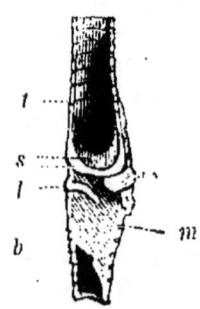

Fig. 127. — Syrinx d'un Oiseau (coupe verticale dirigée d'avant en arrière).

b, portion de la bronche droite mise à nu par la section d'une partie de sa membrane interne m ; — l, bourrelet que forme la lèvre interne de la glotte ; — s, crête osseuse surmontée de la membrane semi-lunaire ; — t, trachée.

Système nerveux. — La *moelle épinière* offre, à la région lombo-sacrée, une excavation naviculaire caractéristique (*sinus rhomboïdal*) remplie par une substance gélatineuse. Ce sinus ne présente aucune communication avec le canal central de la moelle (DUVAL). — Les *hémisphères cérébraux* n'ont pas de circonvolutions ni de corps calleux. — Les tubercules quadrijumeaux sont au nombre de deux (*tubercules bijumeaux*) situés sur les côtés et à la base du cerveau. — Le *cervelet* offre un grand lobe médian et une paire de lobes latéraux rudimentaires. Il présente des replis transversaux et sa coupe montre un arbre de vie. — Pas de pont de Varole.

Organes des sens. — La *peau* ne présente ni glandes sébacées ni glandes sudoripares. Une glande particulière (*glande du croupion*) sécrète une humeur huileuse surtout abondante chez les Palmipèdes et servant à enduire les plumes pour les préserver de l'action de l'eau. — Comme organe du toucher, la peau ne renferme que des éléments assez grossiers. Des corpuscules tactiles ont été constatés dans le bec des Perroquets, des Canards, etc.

Le sens du *goût* est peu développé. — La langue est généralement sèche et les aliments ne séjournent pas dans la bouche.

On a beaucoup exagéré la puissance *olfactive* des Oiseaux ; ils sont plutôt prévenus de la présence d'une proie par la vue que par l'odorat.

L'appareil de l'*ouïe* manque d'oreille externe. — L'oreille moyenne est traversée, de la membrane du tympan à la fenêtre ovale, par un osselet conique (*columelle*) qui correspond à l'étrier des Mammifères. — L'oreille interne diffère peu de celle des Mammifères. Le limaçon est à peine contourné ; sa portion membraneuse offre un renflement terminal (*lagena*).

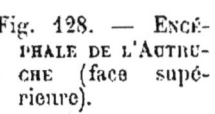

Fig. 128. — Encéphale de l'Autruche (face supérieure).

C, cerveau ; — *c*, cervelet ; — *m*, moelle épinière ; — *t*, tubercules bijumeaux.

L'appareil *visuel* présente une troisième paupière (*membrane clignotante* ou *nictitante*) située à l'angle interne de l'œil. Celle-ci glisse au devant du globe oculaire, par le moyen de deux muscles spéciaux, et revient sur elle-même par son élasticité. —

La sclérotique renferme, dans son épaisseur, en arrière de la cornée, un anneau de plaques osseuses disposées en forme de toque. — La pupille est toujours circulaire. — Un organe spécial (*peigne*), dont les usages sont peu connus, s'étend du point d'émergence du nerf optique à la face postérieure du cristallin, qu'il n'atteint pas toujours.

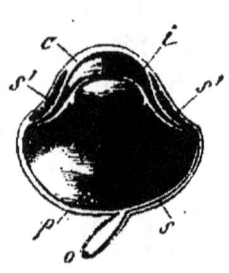

Fig. 129. — ŒIL D'UN OISEAU.

c, cornée; — i, iris; — o, nerf optique; — p, peigne; — s, sclérotique; — s', s', cercle osseux.

Classification. — 2 sous-classes basées sur la présence (*Carinates*) ou l'absence (*Ratites*) du bréchet. — 9 ordres :

OISEAUX	Carinates.	Doigts non palmés	libres	2 en arrière; langue	charnue . . PRÉHENSEURS. mince . . GRIMPEURS.
				1 en arrière; bec	crochu . . . RAPACES. non crochu COLOMBINS.
			réunis en partie	les antérieurs, à la base . GALLINACÉS. les deux externes; jambes	courtes. . . PASSEREAUX. longues . . ÉCHASSIERS.
		Doigts palmés . . . . PALMIPÈDES.			
	Ratites . . . . STRUTHIONS.				

RAPACES

Bec crochu, à narines percées dans une membrane spéciale (cire). — *Pattes robustes, préhensiles.* — *Deux doigts antérieurs et un postérieur, armés de serres.* — *Oiseaux prédateurs.*

Rapaces diurnes. — *Yeux latéraux.* — *Tête et cou bien proportionnés.*

Faucons (*Falco*); Vautours (*Vultur*); etc.

Rapaces nocturnes. — *Yeux dirigés en avant.* — *Tête grosse et cou court.*

Hiboux (*Otus*); Effraies (*Strix*); etc.

PRÉHENSEURS

Bec fort, épais, crochu, cérigère. — Langue épaisse, charnue, non protractile. — Pattes préhensiles. — Deux doigts antérieurs et deux postérieurs. — Sternum sans échancrures. — Oiseaux parleurs.

Perroquets (*Psittacus*); Cacatoès (*Plictolophus*); etc.

GRIMPEURS

Bec long, non crochu. — Langue mince protractile. — Pattes préhensiles. — Deux doigts antérieurs et deux postérieurs. — Sternum muni d'échancrures. — Oiseaux grimpeurs.

Pics (*Picus*); Coucous (*Cuculus*); Toucan (*Rhamphastus*); etc.

PASSEREAUX

Bec variable, toujours dépourvu de cire. —

Doigts externe et médian plus ou moins soudés. — Oiseaux chanteurs.

Dentirostres (*dens*, dent; *rostrum*, bec). — *Mandibule supérieure échancrée, dentée de chaque côté près de la pointe. — Insectivores et baccivores.*

Merles (*Turdus*); Loriots (*Oriolus*); etc.

Fissirostres (*fissus*, fendu; *rostrum*, bec). — *Bec court, large, sans échancrures, fendu très profondément. — Insectivores.*

Hirondelles (*Hirundo*); Engoulevents (*Caprimulgus*). — C'est à ce groupe qu'appartient la Salangane de l'Inde (*Collocalia esculenta*), renommée à cause des nids comestibles qu'elle construit avec un mélange d'algues et de salive. Ces nids sont très appréciés en Chine où ils sont connus sous le nom de *nids d'Hirondelles*.

Conirostres (*conus*, cône; *rostrum*, bec). — *Bec fort, plus ou moins conique, sans échancrure.*

Alouettes (*Alauda*); Moineaux (*Passer*); etc.

Ténuirostres (*tenuis*, grêle; *rostrum*, bec). — *Bec grêle, allongé, droit ou arqué, sans échancrure. — Insectivores.*

Colibris (*Trochilus*); Huppes (*Upupa*); etc.

Syndactyles (σύν, ensemble; δάκτυλος, doigt). — — *Doigts externe et médian presque égaux, unis entre eux jusqu'à l'avant-dernière phalange.*

Guêpiers (*Merops*); Martins-pêcheurs (*Alcedo*); etc.

COLOMBINS

Bec faible. — Doigts tous libres. — Ailes longues. — Oiseaux gyrateurs.

Pigeons (*Columba*); Tourterelles (*Turtur*); etc.

GALLINACÉS

Bec fort. — Doigts antérieurs réunis, à la base, par une courte membrane. — Ailes courtes. — Polygames. — Oiseaux gratteurs.

Coqs (*Gallus*); Paons (*Pavo*); Dindons (*Meleagris*); etc.

ÉCHASSIERS

Bec, cou, ailes, jambes et doigts longs. — Queue courte. — Doigts rarement libres. — Oiseaux voyageurs.

Limicoles (*limus*, limon; *colere*, habiter). — *Bec médiocre ou long et faible, propre à percer la terre ou à fouiller dans la vase.*

Vanneaux (*Tringa*); Bécasses (*Scolopax*); etc.

Hérodiens (ἐρωδιός, héron). — *Bec gros, long et fort, le plus souvent tranchant et pointu.*

Hérons (*Ardea*); Grues (*Grus*); etc.

Macrodactyles (μακρός, long; δάκτυλος, doigt). — *Bec plus ou moins comprimé. — Doigts longs, à ongles filiformes.*

Jacana (*Parra*); Râle (*Rallus*); etc.

PALMIPÈDES

Bec variable. — Pattes palmées. — Oiseaux nageurs.
Longipennes. — *Ailes longues. — Palmature comprenant seulement les trois doigts antérieurs.*

Pétrels (*Procellaria*); Albatros (*Diomedea*); etc.

Totipalmes. — *Ailes longues. — Palmature comprenant les quatre doigts.*

Frégate (*Tachypetes*); Pélican (*Pelecanus*); etc.

Lamellirostres. — *Ailes ordinaires. — Bords mandibulaires lamellés.*

Canards (*Anas*); Harles (*Mergus*); etc.

Brachyptères. — *Ailes courtes. — Bords mandibulaires non lamellés. — Bec comprimé.*

Grèbes (*Podiceps*); Pingouins (*Alca*); etc.

STRUTHIONS

(στρουθίων, autruche).

Sternum dépourvu de bréchet. — Ailes rudimen-

CLASSIFICATION.

taires, impropres au vol. — *Pieds formés de deux ou trois doigts antérieurs; rarement un doigt postérieur.* — *Clavicules rudimentaires ou nulles.* — *Oiseaux coureurs, généralement de grande taille.*

Autruches (*Struthio*); Nandous (*Rhea*); Casoars (*Casuarius*); Aptéryx (*Apteryx*).

Utilité des Oiseaux. — Toutes les espèces désignées sous le nom d'*Oiseaux de basse-cour* fournissent une excellente nourriture. — Beaucoup d'Oiseaux nous procurent du duvet, des œufs; les plumes de quelques-uns servent à fabriquer des objets de parure. — Un grand nombre d'Échassiers purgent la terre des Reptiles venimeux; beaucoup de Rapaces nous délivrent de petits Mammifères nuisibles à l'agriculture ou bien de cadavres en putréfaction dans les champs. — Les petites espèces insectivores détruisent une multitude d'Insectes nuisibles. — Tout le monde connaît l'importance, à certains moments, des Pigeons auxquels on peut faire remplir les fonctions de messagers. — On a pu apprendre au Jacana à garder les troupeaux. — En revanche, les Oiseaux granivores ou frugivores font souvent des dégâts considérables; mais ceux-ci sont compensés par l'utilité de ces espèces comme aliment. — On peut dire, en thèse générale, que les Oiseaux sont beaucoup plus utiles que nuisibles.

TRENTIÈME LEÇON

REPTILES

(*reptare*, ramper)

AMNIENS OVIPARES OU OVOVIVIPARES, RAMPANT SUR L'ABDOMEN. — PEAU ÉCAILLEUSE OU COUVERTE DE PLAQUES OSSEUSES. — DES ONGLES. UN SEUL CONDYLE OCCIPITAL. — RESPIRATION EXCLUSIVEMENT PULMONAIRE. — TEMPÉRATURE VARIABLE.

4 ordres :

REPTILES
- Pénis simple. Fente cloacale longitudinale (**Chélonochampsiens**).
  - Une carapace. Pas de dents . . . . CHÉLONIENS.
  - Pas de carapace. Des dents . . . . . CROCODILIENS
- Pénis double. Fente cloacale transversale (**Saurophidiens**) . . . .
  - Des paupières. Une vessie urinaire. . SAURIENS.
  - Pas de paupières ni de vessie urinaire. OPHIDIENS.

Appareil digestif. — Il varie surtout à ses deux extrémités. — Il existe un cloaque, comme chez les Oiseaux. — Le foie et le pancréas ne manquent jamais.

A. CHÉLONIENS. — Les Tortues n'ont pas de dents ; elles sont pourvues d'un bec corné assez analogue à celui des Oiseaux. — La langue est courte, non protractile. — L'ouverture du cloaque est une fente longitudinale.

APPAREILS DE NUTRITION.

B. Crocodiliens. — Ce sont les seuls Reptiles qui aient les dents implantées dans des alvéoles. Ces organes ne s'observent que sur les mâchoires.

— Chez les Gavials, les dents sont toutes de la même grandeur ; mais, chez les Crocodiles et les Caïmans, quelques-unes sont plus longues que les autres; en particulier la quatrième d'en bas qui est reçue dans une fossette de la mâchoire supérieure, chez les Caïmans, et dans une simple échancrure, chez les Crocodiles. — La langue est peu développée, adhérente au plancher buccal, non protractile. — L'estomac rappelle le gésier des Oiseaux. — Fente cloacale longitudinale.

C. Sauriens. — Les dents sont insérées sur les maxillaires, quelquefois aussi sur les intermaxillaires, plus rarement sur les palatins et les ptérygoïdiens. Elles sont, en général, simplement anky-

Fig. 130. — Tête de Lézard (Saurien fissilingue).

losées ; quelquefois elles sont fixées sur le bord externe de l'os (*Sauriens pleurodontes*), d'autres fois sur le bord libre (*Sauriens acrodontes*). — Les deux branches de la mâchoire inférieure sont soudées.

La langue est très variable : tantôt mince, échancrée, peu protractile (Brévilingues), tantôt épaisse, non protractile (Crassilingues), ou bien mince, bifide, très protractile (Fissilingues), ou bien enfin vermiforme, protractile et à extrémité

316 REPTILES.

renflée (Vermilingues). — Fente du cloaque transversale.

D. Ophidiens. — L'armature buccale des Ser-

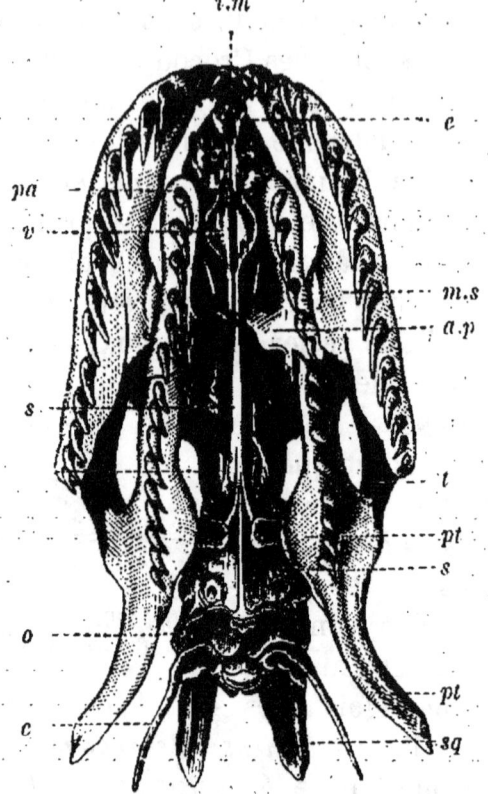

Fig. 131. — Machoire supérieure du Serpent Python.

a.p, apophyse palatine ; — *c*, columelle ; — *e*, ethmoïde ; — *i.m*, intermaxillaire ; — *m.s*, maxillaire supérieur ; — *o*, occipital ; — *pa*, palatin ; — *p.t*, ptérygoïdien ; — *s, s*, sphénoïde ; — *sq*, squamosal ; — *t*, os transverse ; — *v*, vomer.

pents se distingue par la mobilité de plusieurs de ses pièces, ce qui donne à la gueule la possibilité de se dilater, pour avaler une proie souvent énorme. —

Les mâchoires inférieures ne sont pas soudées sur la ligne médiane; elles se trouvent seulement réunies par un ligament élastique. — Les *maxillaires supérieurs*, les *intermaxillaires*, les *palatins*, les *ptérygoïdiens* forment les os principaux de la mâchoire supérieure. — La mâchoire inférieure est articulée avec l'*os carré*. Celui-ci est mobile chez les Saurophidiens et immobile chez les Chélonochampsiens; mais, dans les deux cas, il s'articule avec un autre os (le *squamosal*) qui relie finalement la mâchoire au crâne. — Les dents sont coniques, pointues, et reposent dans de petites dépressions alvéolaires. Elles peuvent être fixées sur les intermaxillaires, les maxillaires, les palatins, la partie antérieure des ptérygoïdiens. — Nous insisterons, plus loin, sur leur disposition et leur structure dans les divers groupes des Ophidiens. — Chez la plupart des Serpents, la langue, appelée communément *dard*, est grêle, cornée, fourchue et très protractile. Elle est logée dans une gaîne d'où elle peut être projetée, même lorsque la bouche est fermée, par une échancrure du museau; mais, contrairement au préjugé populaire, elle ne constitue jamais une arme offensive. — L'œsophage est très large, très dilatable, et se confond avec l'estomac. — Chez certains Serpents mangeurs d'œufs (*Rachiodon*), les dents sont rudimentaires et l'on observe, dans l'œsophage, des saillies osseuses formées par les apophyses épineuses inférieures des vertèbres, qui ont traversé la paroi supérieure de ce canal. Les œufs, avalés entiers, sont ainsi écrasés dans l'œsophage et leur contenu ne peut être perdu. — Fente cloacale transversale.

Appareil circulatoire. — Les Reptiles peuvent être divisés en *Reptiles à deux ventricules* (Crocodiliens) et *Reptiles à un seul ventricule* (Chéloniens, Ophidiens, Sauriens).

A. REPTILES A DEUX VENTRICULES. — Chez les Crocodiliens, il y a deux ventricules distincts et séparés, comme

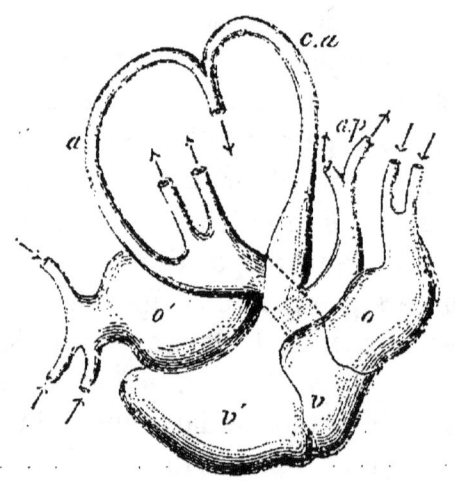

Fig. 132. — CŒUR DE CROCODILE.

a, crosse aortique gauche; — *a.p*, artère pulmonaire; — *c.a*. crosse aortique droite; — *o, o'*, oreillettes gauche et droite; — *v, v'*, ventricules gauche et droit.

les oreillettes, par une cloison imperméable. — Deux crosses aortiques naissent, l'une du ventricule gauche, l'autre du ventricule droit; elles se croisent à leur origine et sont séparées, en ce point, par une cloison qui ne descend pas jusqu'à leur embouchure dans les ventricules. Il en résulte un trou (*pertuis de Panizza*) qui fait communiquer les deux crosses de l'aorte à la sortie du cœur. Celles-ci ne se rencontrent, pour former l'aorte, qu'après que la crosse gauche a fourni les troncs artériels de la tête et des membres antérieurs. Ces régions reçoivent donc du sang artériel mélangé d'une très petite quantité de sang veineux qui s'est introduit par le trou de Panizza. Le reste du corps est alimenté par un mélange de ce sang avec celui qui provient de la crosse droite de l'aorte.

B. Reptiles a un seul ventricule. — Le cœur de ces animaux se compose toujours de deux oreillettes séparées chacune du ventricule unique par une valvule; mais celui-ci est divisé, par une cloison incomplète, en deux *loges* principales communiquant chacune avec l'oreillette correspondante. La loge gauche n'est percée d'aucun orifice artériel, mais la loge droite en présente trois, dont un pulmonaire et les deux autres aortiques. Ces orifices sont pourvus de deux valvules sigmoïdes empêchant le retour du sang dans le ventricule; les deux derniers donnent naissance à deux crosses qui se réunissent en arrière du cœur, pour former l'aorte ventrale.

Au moment de la diastole du ventricule, les valvules auriculo-ventriculaires sont abaissées et le *goulot interventriculaire* (c'est-à-dire l'orifice de communication entre les deux ventricules, au-dessus de la cloison) est fermé. Il en résulte que la loge gauche se remplit exclusivement de sang rouge et la loge droite de sang noir. — Quand arrive la systole, les valvules auriculo-ventriculaires se relèvent et la communication se trouve rétablie entre les deux loges du ventricule; mais alors les valvules de l'artère pulmonaire cèdent aussitôt, à cause de la faible pression du sang à l'intérieur de ce vaisseau. Une ondée de sang noir va donc remplir l'artère pulmonaire, et le contenu de la loge gauche arrive, par le goulot interventriculaire, dans la loge droite. Mais celle-ci est généralement partagée en deux compartiments : l'un inférieur (*vestibule pulmonaire*) où est situé l'orifice pulmonaire, l'autre supérieur (*vestibule aortique*) où sont percés les orifices aortiques et où débouche aussi le goulot interventriculaire. Grâce à cette disposition, le sang veineux passe seul dans l'artère pulmonaire et le système aortique reçoit du sang presque exclusivement artériel (Sabatier).

Appareil respiratoire. — La *trachée* est bien développée et s'ouvre quelquefois directement dans les poumons (Ophidiens). — Les *bronches* débouchent dans les sacs pulmonaires, par de simples orifices, ou se continuent sur la paroi en forme de gouttières, ou enfin fournissent des rameaux à l'intérieur du poumon, mais sans jamais se diviser dichotomiquement. — Les *poumons* constituent deux sacs à cavité unique (Sauriens) ou divisée transversalement en un certain nombre de compartiments (Chélonochampsiens). Chez les Ophidiens, ils sont, en général, très inégaux : l'un extraordinairement développé, l'autre rudimentaire et pouvant même quelquefois disparaître complètement.

La respiration se fait par des mouvements d'inspiration et d'expiration, même chez les Tortues (BERT).

Appareil urinaire. — Les reins sont souvent lobés; les uretères débouchent isolément dans le cloaque, sur la paroi antérieure duquel se trouve la vessie, chez les Chéloniens et les Sauriens. Ce réservoir fait défaut chez les Ophidiens et les Crocodiliens.

Appareil reproducteur. — A. APPAREIL MALE. — 2 testicules munis chacun d'un épididyme et d'un canal déférent. Celui-ci se réunit le plus souvent à l'uretère, près de sa terminaison, et il y a, de chaque côté, un canal génito-urinaire qui s'ouvre dans le cloaque.

Chez les Saurophidiens, l'organe copulateur consiste en deux organes creux situés de chaque côté de l'orifice transversal du cloaque. — A l'état de repos, ces organes sont invaginés à l'intérieur du cloaque.

Chez les Chélonochampsiens, l'organe copulateur est impair, médian, plein et attaché à la paroi antérieure du cloaque.

B. Appareil femelle. — 2 ovaires. — 2 oviductes se rapprochant à leur partie terminale, pour déboucher dans le cloaque. — Un clitoris double chez les Saurophidiens; un clitoris simple chez les Chélonochampsiens.

La fécondation se fait avant la ponte.

Les œufs sont pourvus d'une coque de consistance variable et souvent calcaire. Ils éclosent quelquefois dans la partie terminale de l'oviducte, qui devient alors une sorte d'utérus : c'est ainsi que les choses se passent chez quelques Lézards, l'Orvet et la Vipère. Celle-ci doit même son nom à cette particularité. — Habituellement les œufs sont abandonnés après la ponte; mais le Serpent Python les couve, en les enroulant de ses anneaux.

Squelette. — La *colonne vertébrale* atteint, chez les Ophidiens, un développement considérable : il y a plus de 400 vertèbres chez le Serpent Python. — Chez les Lézards, les Iguanes et les Geckos, une cloison mince, non ossifiée, s'observe au milieu de chaque vertèbre caudale; c'est en ce point que se brise la vertèbre quand on saisit ces animaux par la queue. — Les vertèbres ont le corps tantôt concave en avant et convexe en arrière (*vertèbres procœliques*), tantôt concave en arrière et convexe en avant (*vertèbres opisthocœliques*); elles peuvent être aussi biconvexes ou biconcaves. — Chez les Tortues, les pièces médianes de la carapace sont constituées

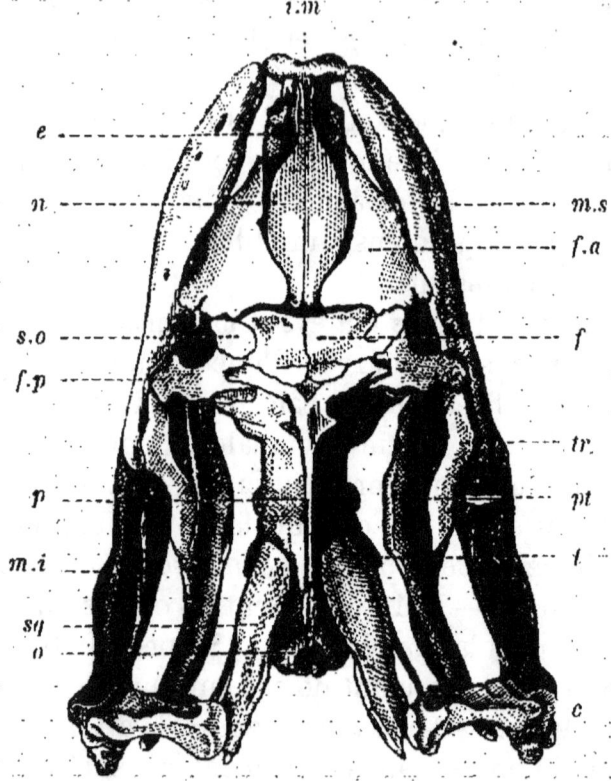

Fig. 133. — Tête osseuse du Serpent Python (face supérieure).

c, os carré; — *e*, ethmoïde; — *f*, frontal; — *f.a*, *f.p*, frontaux antérieur et postérieur; — *i.m*, intermaxillaire; — *m.i*, maxillaire inférieur; — *m.s*, maxillaire supérieur; — *n*, nasal; — *o*, occipital; — *p*, pariétal; — *pt*, ptérygoïdien; — *s.o*, susorbitaire; — *sq*, squamosal; — *t*, temporal; — *tr*, os transverse.

en partie par les apophyses épineuses des vertèbres correspondantes.

Le *crâne* a un nombre variable d'os; mais il est

toujours articulé par un seul condyle avec la colonne vertébrale.

La *face* présente un os particulier (*os transverse*) qui relie le ptérygoïdien au maxillaire supérieur. Cet os manque chez les Chéloniens. — Le système palato-maxillaire jouit d'une grande mobilité chez les Ophidiens. — La mâchoire inférieure s'articule toujours avec l'*os carré*, et celui-ci, à son tour, avec un os (*squamosal*) détaché de la région temporale du crâne.

Les *côtes* sont surtout remarquables chez les Chéloniens, où les parties moyennes de chacun des côtés de la carapace paraissent correspondre à l'union de ces organes élargis avec des plaques dermiques ossifiées. — Chez les Sauriens et les Ophidiens, les côtes peuvent exister sur toutes les vertèbres à l'exception de la première et des dernières. Chez le Lézard volant (*Draco volans*) de Java, les côtes moyennes sont très longues et, au lieu de ceindre le tronc, se portent directement en dehors, pour soutenir un repli de la peau en forme de parachute. — Chez les Crocodiliens, toutes les vertèbres cervicales sont pourvues de côtes qui, à l'exception des deux premières, portent à leur extrémité une saillie horizontale antéro-postérieure limitant beaucoup les mouvements latéraux du cou. Chez eux et les Sauriens, les côtes thoraciques s'articulent avec des *côtes sternales*, comme chez les Oiseaux.

Le *sternum* manque seulement chez les Ophidiens et les Sauriens apodes. — Chez les Tortues, il sert à constituer une partie du plastron. — On a décrit à tort, sous le nom de *sternum ventral*, un ensemble de fausses côtes situées dans la paroi inférieure de l'abdomen des Crocodiles ; ce sont de simples ossifications de parties tendineuses.

L'*arc scapulaire* manque chez les Ophidiens et est peu développé chez les Sauriens apodes. Il offre, chez les Tortues, la particularité curieuse d'être logé dans l'intérieur du thorax, au lieu de s'appuyer contre la face externe des parois thoraciques, comme chez les Mammifères, les Oiseaux et la plupart des Reptiles.

L'*arc pelvien* fait défaut chez presque tous les Serpents ; il est, dans les autres ordres, plus ou moins bien représenté.

Les *membres* manquent chez les Serpents et un certain nombre de Sauriens. — Le membre antérieur est constitué par un humérus, un radius et un cubitus distincts, enfin un nombre variable d'os du carpe, du métacarpe et des phalanges. — Le membre postérieur se rapproche, par sa structure, de celui de l'Oiseau.

Téguments. — L'épiderme de la peau des Reptiles présente, en général, un grand développement. C'est lui qui forme, dans les Chéloniens, ces plaques cornées dont le tissu constitue, chez la Tortue Caret, la substance connue, dans le commerce, sous le nom d'*écaille*. Le derme des Chéloniens peut aussi s'ossifier par places, et les ossifications ainsi produites, par leur union avec certaines parties du squelette, forment la carapace qui caractérise ces animaux. — La peau des Crocodiles n'a pas d'écailles proprement dites; ce sont des plaques dermiques qui recouvrent la nuque, le dos et la queue. — Les écailles imbriquées des Scinques sont aussi des prolongements dermiques ossifiés; mais, chez le plus grand nombre des Sauriens, la peau est simplement parsemée de petites écailles épidermiques. — Chez les Ophidiens, l'épiderme se renouvelle périodiquement d'une manière remarquable : la mue s'effectue plusieurs fois par an et l'animal sort de son vieil épiderme comme d'un fourreau qu'il retourne de la tête à la queue.

Chez les Reptiles, les pigments ne sont pas limités à la couche profonde de l'épiderme; ils peuvent aussi être logés dans le derme. — Les changements de couleur du Caméléon dépendent du mélange variable de deux pigments cutanés : l'un superficiel et fixe; l'autre profond et mobile, constitué par de petits corps colorés qui s'approchent ou s'éloignent de la surface (MILNE EDWARDS). Les mouvements de ces corpuscules sont commandés par deux ordres de nerfs dont les uns les font cheminer de la profondeur à la surface, tandis que les autres produisent l'effet inverse (BERT).

Appareil phonateur. — Il manque plus ou moins complètement. — Le sifflement des Serpents est dû à l'expulsion brusque de l'air du poumon par l'orifice rétréci du larynx. — Le bruit produit par le Serpent à sonnettes résulte des mouvements de la queue dont l'extrémité est garnie de pièces épidermiques en forme de grelot, emboîtées lâchement les unes dans les autres.

Système nerveux. — La *moelle épinière* présente une grande longueur chez les Ophidiens. — Les *tubercules bijumeaux* sont situés à la face supérieure du cerveau. — Le *cervelet* affecte la forme d'un lobe médian à surface lisse.

Organes des sens. — Le sens du *toucher* paraît peu développé.

Le sens du *goût* est rudimentaire. — Chez les Saurophidiens, la langue sert plutôt d'organe tactile; celle du Caméléon est un véritable instrument de préhension : elle peut, en sortant de la bouche où elle est rétractée, atteindre la longueur du corps et être dardée, avec une grande rapidité, sur les Insectes dont cet animal veut faire sa proie.

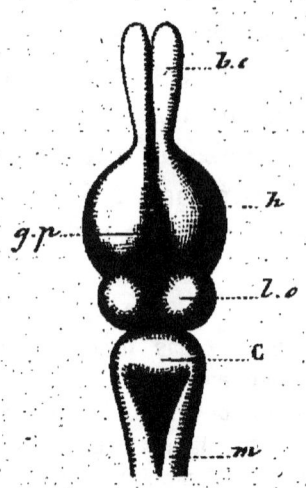

Fig. 134. — Encéphale d'un Lézard (face supérieure).

b.o, bulbes olfactifs ; — C, cervelet ; — *g.p*, glande pinéale ; — *h*, hémisphères cérébraux ; — *l.o*, lobes optiques (tubercules bijumeaux) ; — *m*, moelle épinière.

L'organe de l'*olfaction* offre son plus grand développement chez les Chéloniens et les Crocodiliens. Ces derniers et les Ophidiens aquatiques ont les orifices externes des narines garnis de valvules qui s'opposent à l'entrée de l'eau.

L'organe de l'*ouïe* ne présente pas d'oreille externe. — La membrane du tympan est à fleur de tête chez les Chéloniens et la plupart des Sauriens. — La caisse et la membrane du tympan, ainsi que la trompe d'Eustache, manquent chez les Ophidiens. — La columelle est en rapport avec la fenêtre ovale et les muscles de la région temporale. — Le limaçon n'est pas en spirale.

Le globe de l'*œil* est dépourvu de paupières chez les Serpents, ou plutôt elles sont représentées par un voile cutané immobile comparable à un verre de montre. Les autres Reptiles possèdent deux paupières, dont l'inférieure peut recouvrir l'œil. — Une membrane nictitante s'observe chez les Chélonochampsiens. Chez ceux-ci et les Sauriens, la sclérotique est munie d'un cercle osseux. — Un peigne analogue à celui des Oiseaux, mais moins développé, s'observe chez la plupart des Sauriens et des Chéloniens.

CHÉLONIENS

(χελώνη, tortue)

Une carapace. — Quatre pattes. — Pas de dents. — Langue non protractile. — Des paupières. — Un tympan apparent à l'extérieur. — Fente anale longitudinale. — Pénis simple.

4 familles :

CHERSITES (χέρσινος, terrestre). — *Pieds en forme de moignons arrondis. — Carapace très bombée. — Tortues terrestres.*

Tortues proprement dites (*Testudo*), etc.

ÉLODITES (ἕλος, marais). — *Pieds plus ou moins*

palmés. — Carapace peu bombée. — Tortues paludines.

Émydes (*Emys*), etc.

POTAMITES (ποταμός, fleuve). — *Doigts distincts. — Carapace très déprimée. — Peau molle. — Tortues fluviales.*

Trionix (*Trionix*), etc.

THALASSITES (θάλασσα, mer). — *Pattes transformées en nageoires. — Carapace déprimée. — Tortues marines.*

Chélonées (*Chelonia*). — Le Caret (*C. imbricata*) fournit l'écaille. — La chair des Thalassites est délicate; leurs œufs sont très estimés.

CROCODILIENS

Quatre pattes plus ou moins distinctement palmées. — Dents implantées dans des alvéoles et n'existant que sur les maxillaires. — Langue peu développée, non protractile. — Des paupières. — Pénis simple, situé en avant de la fente anale longitudinale.

Crocodiles (*Crocodilus*); Gavials (*Ramphostoma*); Caïmans (*Alligator*).

SAURIENS

(σαύρα, lézard)

En général quatre membres; quelquefois deux; rarement point. — Bouche non dilatable. — Langue de longueur et de forme variables, protractile ou non. — Des paupières. — Un tympan apparent à l'extérieur. — Une vessie urinaire. — Pénis double, situé en arrière de la fente anale transversale.

4 sous-ordres :

Crassilingues. — *Langue courte, épaisse, charnue, non protractile, à peine échancrée à la pointe.*

Iguanes (*Iguana*); Geckos (*Platydactylus*); Hémidactyles (*Hemidactylus*); etc.

Les Geckos sont des animaux nocturnes, à peau verruqueuse, d'un aspect plus ou moins repoussant; leurs doigts sont élargis, plats en dessous et garnis de lamelles au moyen desquelles ils rampent facilement le long des murailles, même sur les plafonds. Ils sont partout un objet d'aversion, mais c'est à tort qu'on les a accusés d'être venimeux. — Un de ces Sauriens, le Gecko des murailles (*Platydactylus muralis*) habite le midi de la France et est connu, en Provence, sous le nom de *Tarente*. — Au Caire, l'apparence lépreuse des Geckos a fait croire que leur contact pouvait donner la lèpre; dans l'Inde, la même apparence fait, au contraire, employer les Geckos unis à divers aromates et pris à l'intérieur, pour combattre cette maladie.

Vermilingues. — *Langue vermiforme, protractile et préhensile.*

Caméléons (*Chamæleon*). — Leurs doigts sont au nombre de cinq partout et divisés en deux faisceaux opposables, ce qui leur donne une grande facilité pour grimper, d'autant plus que leur queue est prenante.

Fissilingues. — *Langue mince et fourchue, protractile.*

Varans (*Varanus*); Ameivides (*Ameiva*); Lézards (*Lacerta*); etc.

Brévilingues. — *Langue courte, épaisse, souvent échancrée, peu ou pas protractile. — Deux ou quatre membres; quelquefois point.*

Scinques (*Scincus*); Orvets (*Anguis*); Amphisbènes (*Amphisbæna*); etc.

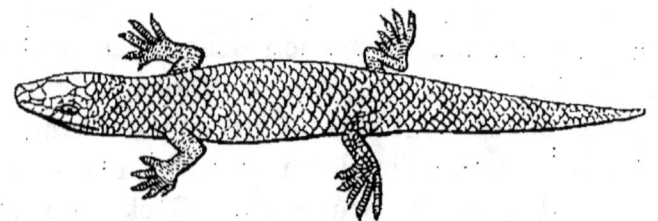

Fig. 135. — Scinque.

Le Scinque des boutiques (*Scincus officinalis*) habite le nord de l'Afrique et était autrefois employé dans la thériaque de Venise.

Aucun Saurien n'est venimeux.

OPHIDIENS

(ὄψις, serpent)

Corps cylindrique et apode. — Bouche dilatable. — Langue bifide et protractile. — Pas de paupières ni de tympan. — Pas de vessie urinaire. — Pénis double. — Fente anale transversale.

5 sous-ordres :

OPHIDIENS.
- Dents d'une seule sorte, lisses
  - sur une seule mâchoire . . . *Opotérodontes.*
  - aux deux mâchoires . . . *Aglyphodontes.*
- Dents de deux sortes : les unes lisses, les autres
  - sillonnées
    - situées en arrière sur le maxillaire supérieur . . . *Opisthoglyphes.*
    - situées en avant sur le maxillaire supérieur . . . *Protéroglyphes.*
  - tubuleuses . . . *Solénoglyphes.*

Opotérodontes (ὁπότερος, l'un ou l'autre; ὀδούς, dent). — *Serpents vermiformes, à bouche étroite, non extensible. — Dents lisses et n'existant qu'à une des mâchoires, la supérieure ou l'inférieure.*

Ils se nourrissent de Vers et d'Insectes. — *Non venimeux.*

La seule espèce européenne est le *Typhlops vermicularis* de Grèce.

Aglyphodontes (ἀ, priv.; γλυφή, sillon; ὀδούς, dent). — *Une rangée de dents sur la mâchoire inférieure et deux rangées sur la mâchoire supérieure.*

L'une de ces deux dernières rangées est sur les maxillaires, l'autre sur les palatins et les ptérygoïdiens. — *Non venimeux*.

Pythons (*Python*) de l'Inde, avec des dents sur les intermaxillaires; Boas (*Boa*) du Brésil, sans dents sur les intermaxillaires. Tous deux redoutables par leur force. — Couleuvres (*Coluber*, etc.). — Rouleaux (*Tortrix*); etc.

Les Couleuvres ont la tête couverte de grandes plaques; elles forment une famille très riche en espèces. Les plus connues sont : la Couleuvre à collier (*Tropidonotus natrix*); la Couleuvre vipérine (*T. viperinus*); la Couleuvre d'Esculape (*Coluber Æsculapii*); la Couleuvre à quatre raies (*C. quadrilineatus*); la Couleuvre verte et jaune (*C. viridiflavus*); la Couleuvre lisse (*Coronella lœvis*), etc. Toutes ces espèces se trouvent en France.

Fig. 136. — Tête de la Couleuvre a collier.

Opisthoglyphes (ὄπισθεν, en arrière; γλυφή, sillon). — *A la partie postérieure du maxillaire supérieur, deux ou trois dents plus longues que les autres, creusées d'un sillon antérieur et surmontées d'une glande venimeuse*.

Venimeux lorsqu'ils mordent avec les dents postérieures, et *inoffensifs* lorsque la morsure est faite avec les seules dents de devant. — Dans tous les cas, ces animaux sont *suspects*.

Le seul Opisthoglyphe qui vive en France est la Couleuvre de Montpellier (*Cœlopeltis insignitus*). — C'est à ce groupe qu'appartiennent aussi les *Dipsas*, les *Tragops*, etc.

Protéroglyphes (πρότερον, en avant). — *Dents sus-maxillaires antérieures cannelées et surmontées de glandes venimeuses. — Dents sus-maxillaires postérieures, palatines, ptérygoïdiennes et maxillaires inférieures, lisses.*

Ces Serpents, *tous venimeux*, n'existent pas en Europe. Ils comprennent les Najas, les Élaps et les Hydrophis.

Les Najas se reconnaissent facilement à la propriété qu'ils ont d'écarter les premières paires de côtes, de manière à dilater cette partie du corps lorsqu'ils sont irrités. Leur tête est élargie en arrière et couverte de grandes plaques.

Le plus redoutable est le Serpent à lunettes (*Naja tripudians*) de l'Inde, qui porte sur le cou un dessin en forme de binocle. — L'Aspic ou Serpent de Cléopâtre est le *Naja Haje;* il habite l'Égypte.

Le Serpent-corail (*Elaps corallinus*) est assez commun dans l'Amérique du Sud.

Les Serpents de mer (*Hydrophis*) ont la queue comprimée en forme de rame et sont ovovivipares; ils habitent principalement l'Archipel de la Sonde.

Solénoglyphes (σωλήν, tuyau). — *Maxillaires supérieurs très petits, portant chacun une longue dent tubulée* (crochet) *derrière laquelle se trouvent des dents de remplacement. — Petites dents simples* sur le palais et la mâchoire inférieure. — *Tête triangulaire. — Pupille verticale.*

Ces Serpents, *tous venimeux*, sont pour la plupart ovovivipares et ont la queue courte. — Les glandes

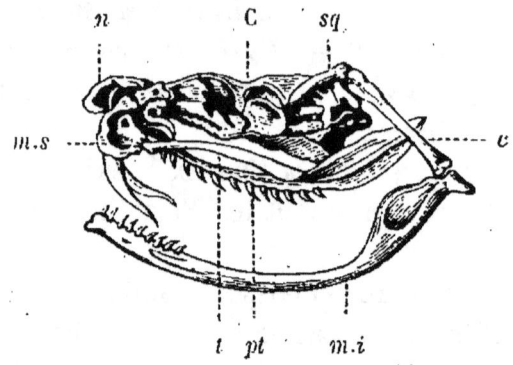

Fig. 137. — Tête osseuse du Crotale.

C, crâne; — c, os carré; — *m.i*, maxillaire inférieur; — *m.s*, maxillaire supérieur; — *n*, nasal; — *pt*, ptérygoïdien se continuant, en avant, avec le palatin; — *sq*, squamosal; — *t*, os transverse. (A l'état frais, l'extrémité postérieure du ptérygoïdien est unie à l'extrémité postérieure de l'os carré, dans l'angle que forme celui-ci avec la mâchoire inférieure. Quand la mâchoire s'ouvre, cet angle est poussé en avant, d'où résulte le mouvement de bascule des crochets qui prennent alors une direction verticale.)

à venin sont les glandes parotides modifiées et contenues dans une capsule fibreuse sur laquelle viennent s'insérer des faisceaux musculaires. Le venin est amené par le conduit excréteur de la glande à la base du canal que présente le crochet. — Quand l'animal est au repos, les crochets sont reployés vers le palais; mais, lorsqu'il veut se servir de ces organes, il les fait pivoter en avant par l'action de muscles spéciaux. — D'ailleurs, par le seul fait de l'abaissement de la mâchoire inférieure, les leviers formés par les os ptérygoïdiens, palatins et transverses font basculer les

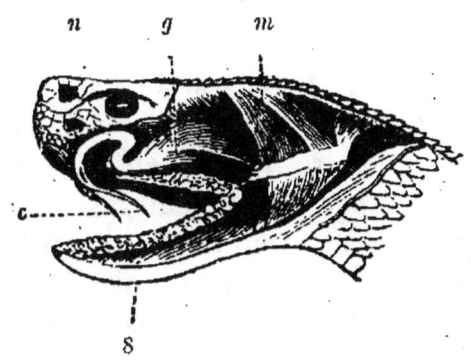

Fig. 138. — Appareil venimeux du Crotale.

c, crochets ; — g, glande venimeuse ; — m, muscles élévateurs de la mâchoire inférieure ; — n, narine, au-dessous de laquelle se voit la fossette lacrymale ; — s, glandes salivaires qui garnissent le bord des mâchoires.

maxillaires supérieurs dont les crochets prennent une direction verticale.

2 familles : les *Crotalidés* et les *Vipéridés*.

A. CROTALIDÉS. — *Une fossette entre l'œil et la narine.*

Cette *fossette* dite *lacrymale* est creusée dans l'os maxillaire supérieur.

Serpents à sonnettes (*Crotalus*), à queue terminée par des grelots épidermiques : Crotale de l'Amérique du Nord (*C. durissus*) ; Crotale de l'Amérique du Sud (*C. horridus*).

Trigonocéphales (*Trigonocephalus*) ; Bothrops (*Bothrops*) ; etc.

336   REPTILES.

B. Vipéridés. — *Pas de fossette lacrymale.*
3 espèces habitent la France :

Région intersour-ciliaire { garnie de petites écailles. Museau { tronqué . . . . . . *Vipera aspis.* / prolongé en corne . *Vipera ammodytes.* munie de 3 plaques (1 ant.; 2 post.). . *Pelias berus.*

La première (*V. aspis*) est la plus redoutable et la plus commune; sa tête présente deux bandes noires réunies en V. — Le museau porte en avant six plaques dont deux sont perforées par les narines. — Une petite plaque hexagonale s'observe entre les yeux.

La Vipère Ammodyte n'est pas très rare dans le Dauphiné.

La Péliade ou *petite Vipère* se trouve surtout dans les départements du Midi; elle est beaucoup moins dangereuse que les deux précédentes.

Fig. 139. — Tête de Vipère commune.

Les Cérastes (*Vipères cornues*) ont une corne au-dessus de chaque sourcil. — Les Échidnés (*Echidne*) n'ont pas de plaques sur la tête; leurs narines sont concaves et situées presque entre les yeux; à ce genre appartient le *Serpent cracheur* (*E. arietans*) de l'Afrique méridionale, dont le venin peut aveugler, dit-on, s'il touche les yeux.

Venins des Serpents. — Ils offrent entre eux les

plus grandes ressemblances, sont légèrement acides et ont, comme principes actifs, des substances albuminoïdes. — On estime à 15 centigrammes la quantité de venin d'une forte Vipère aspic. — Les venins n'ont pas d'action sur la muqueuse digestive lorsqu'elle est saine; mais il n'en est pas de même si celle-ci offre des érosions. Ils agissent à doses pondérables et ne se multiplient pas dans le sang, à la manière des virus; il est donc important de connaître la quantité de venin qui a été introduite dans une plaie. — Les venins peuvent supporter de très grands écarts de température sans cesser d'être actifs; la dessiccation ne leur fait pas perdre leurs propriétés, ce qui explique qu'on puisse s'en servir pour empoisonner des armes. — Le venin des Serpents n'agit pas sur l'espèce qui le fournit (FONTANA). Il a plus d'action sur les animaux à sang chaud, surtout les Oiseaux, que sur les animaux à sang froid; le venin de la Vipère n'en est pas un pour les Invertébrés. — Les animaux morts à la suite d'une morsure venimeuse paraissent pouvoir être mangés avec impunité. — Les principaux symptômes auxquels donnent lieu les morsures venimeuses sont : la tuméfaction inflammatoire, l'abaissement de température du corps, des nausées, des vomissements, de la diarrhée, des sueurs froides, la gêne de la respiration, etc. Si le malade résiste, la fièvre se montre, la chaleur revient et les symptômes locaux disparaissent peu à peu. — La piqûre des Crotales et des Trigonocéphales est presque toujours mortelle;

mais on a beaucoup exagéré la gravité de la morsure de la Vipère, car la mortalité due à celle-ci n'est guère que de 1/30. — Aussitôt après la morsure, il faut pratiquer la succion et la cautérisation, soit avec l'ammoniaque, soit avec le beurre d'antimoine. — Le jus de citron, appliqué sur la plaie et aussi pris en boisson, jouit, dans quelques parties du Dauphiné, d'une certaine réputation comme antidote.

TRENTE ET UNIÈME LEÇON

BATRACIENS

(βάτραχος, grenouille)

ANAMNIENS OVIPARES OU OVOVIVIPARES A PEAU GÉNÉRALEMENT NUE. — PAS D'ONGLES. — PAS DE NAGEOIRES IMPAIRES A RAYONS. — DEUX CONDYLES OCCIPITAUX. — RESPIRATION TOUJOURS BRANCHIALE DANS LE JEUNE AGE, PULMONAIRE ET BRANCHIALE OU PULMONAIRE SEULEMENT A L'AGE ADULTE. — TEMPÉRATURE VARIABLE. — DES MÉTAMORPHOSES.

Trois ordres :

BATRACIENS { présentant, chez l'adulte, { pas de queue. . . Anoures.
　　　　　　　des membres et . . . . { une queue . . . . Urodèles.
　　　　　　　n'ayant jamais de membres. . . . . Céciliens.

Appareil digestif. — La cavité buccale présente une large ouverture, excepté chez les Céciliens. — Quelques Batraciens (Crapauds, Pipas) sont dépourvus de dents. — La langue manque rarement (Pipas). Sa pointe est dirigée en arrière chez les Grenouilles et les Crapauds; elle est alors susceptible d'être projetée hors de la bouche pour la préhension des Insectes. — L'œsophage est garni, à l'intérieur, de cils vibratiles qui dirigent les aliments vers l'estomac. — Un cloaque. — Pas de glandes salivaires. — Foie et pancréas constants.

Appareil respiratoire. — Varie avec les métamorphoses. — A l'état de larves, les Batraciens respirent par des branchies; à l'âge adulte ils ont tous des poumons, mais ils conservent (Urodèles pérennibranches) ou perdent (Anoures; Urodèles caducibranches) leurs branchies.

ANOURES. — De l'œuf fécondé de la Grenouille sort un *têtard* muni d'une grosse tête et d'une queue, dépourvu de pattes et d'appareil respiratoire. La respiration est alors *cutanée;* mais, au bout de deux ou trois jours, des *branchies externes* couvertes de cils vibratiles se développent de chaque côté de la tête. Bientôt celles-ci disparaissent et sont remplacées par des *branchies internes* dépourvues de cils vibratiles et rappelant celles des Poissons. — Quelque temps après, le têtard acquiert des pattes et les branchies diminuent, tandis que les poumons se développent. — En même temps que les pattes poussent, la queue s'atrophie, enfin les branchies ont complètement disparu quand les poumons sont bien constitués. Ceux-ci n'offrent à l'intérieur que quelques replis cloisonnaires.

Le mécanisme de la respiration s'effectue par une véritable déglutition de l'air. Celui-ci entre dans la cavité buccale par les narines, sous l'influence du vide produit par l'abaissement du plancher buccal, la glotte étant fermée. Aussitôt, ce plancher se soulève et l'air est poussé, à travers la glotte ouverte, jusque dans les poumons.

Urodèles. — Les branchies sont toujours extérieures et laissent quelquefois des orifices branchiaux après leur chute (Ménopomes). — Elles persistent toute la vie chez la Sirène et le Protée.

Céciliens. — Il n'y a que des poumons à l'âge adulte et le droit est plus petit que le gauche.

Respiration cutanée. — Elle joue un rôle considérable. On peut même considérer la peau comme un démembrement de l'appareil respiratoire, car elle reçoit une branche du vaisseau afférent branchial ou pulmonaire.

Appareil circulatoire. — Dans le jeune âge (respiration branchiale), il rappelle celui des Poissons; dans l'âge adulte (respiration pulmonaire), il se rapproche de celui des Reptiles.

1º Dans le jeune âge, le cœur se compose d'une oreillette et d'un ventricule. Celui-ci est suivi d'un tube (*bulbe artériel*), qui fournit les artères des branchies et du reste du corps. — Une branche anastomotique très fine réunit, à la base des branchies, l'artère et la veine qui s'y distribuent.

2º Quand les poumons apparaissent, la dernière paire d'artères branchiales leur fournit une branche (*artères pulmonaires*). En même temps, l'oreillette se divise en deux par une cloison verticale et le sang qui revient du poumon arrive dans la loge gauche de l'oreillette.

3º Si la circulation doit devenir uniquement pulmonaire, les branches anastomotiques de la base des branchies se développent, peu à peu, en véritables canaux de traverse que le sang parcourt au lieu de se rendre aux branchies. Les vaisseaux branchiaux, abandonnés par le liquide nourricier, s'atrophient; alors les branches pulmonaires s'accroissent comme si elles bénéficiaient du sang dont les branchies sont privées.

Malgré que les deux oreillettes versent, l'une du sang rouge, l'autre du sang noir dans le ventricule, il n'y a pas néanmoins mélange complet des deux espèces de sang dans cette cavité. — Cela tient surtout à la structure aréolaire du ventricule. Les sangs de couleurs différentes qui pénètrent dans ces aréoles s'y maintiennent pendant la diastole. Quand arrive la systole, le sang noir s'écoule d'abord et remplit le système pulmonaire, tandis que le sang rouge alimente, presque seul, le système de la grande circulation (Sabatier).

Chez la Grenouille, les **vaisseaux lymphatiques** sont rares; il existe, sous la peau, des espaces où la lymphe s'accumule. Celle-ci est reprise par des sacs contractiles (*cœurs lymphatiques*) au nombre de quatre : un sous chaque omoplate et un de chaque côté du coccyx. La lymphe pénètre dans les cœurs lymphatiques, lors de leur diastole, par de nombreux canalicules creusés obliquement dans la paroi; leur systole la chasse dans une veine voisine avec laquelle ils communiquent par une ouverture munie de deux petites valvules. — Il y a aussi des cœurs lymphatiques chez les Reptiles, les Poissons et même quelques Oiseaux.

Appareil urinaire. — La masse du rein est habituellement indivise. — Les uretères débouchent dans le cloaque par une paire de pores situés sur sa face dorsale. — La vessie urinaire communique avec le cloaque, en avant de l'embouchure des uretères.

Appareil reproducteur. — *A*. Appareil male. — Deux testicules simples ou lobés. — Les canaux efférents du testicule tantôt débouchent dans l'uretère après avoir traversé le rein (Grenouille) et tantôt forment un canal déférent qui se rend directement au cloaque (Crapaud accoucheur).

B. Appareil femelle. — Deux ovaires creux à l'intérieur desquels les œufs tombent, puis passent, par déhiscence, dans les oviductes. — Ceux-ci sont des tubes longs et repliés sur eux-mêmes, qui se dilatent souvent à leur partie terminale (Grenouille), de façon à former un réservoir (*utérus*) où les œufs séjournent pendant un temps plus ou moins long. Ils débouchent sur la paroi dorsale du cloaque.

La fécondation se fait généralement après la ponte ou au moment même de celle-ci.

<small>Ordinairement les Batraciens abandonnent leurs œufs au milieu d'une matière glaireuse (*frai*); mais quelques-uns s'en occupent d'une manière spéciale. — Après que le Pipa a pondu ses œufs, le mâle place ceux-ci sur le dos de la femelle. Une irritation de la peau ne tarde pas à les entourer d'une sorte de matrice adventice à l'intérieur de laquelle les têtards se développent et d'où ils sortent à l'état parfait. — Chez le Crapaud accoucheur, c'est le mâle qui se charge des œufs, après que la femelle les a pondus; il les enroule autour de ses cuisses et les transporte jusqu'au moment de l'éclosion. A ce moment il se plonge dans l'eau et les têtards sortent bientôt de l'œuf, pour vivre de leur vie propre.</small>

Squelette. — La *colonne vertébrale* atteint son plus grand développement chez les Urodèles et les Céciliens. Chez les Anoures, elle est atrophiée à son extrémité postérieure qui se termine par une seule pièce osseuse grêle et allongée (*coccyx* ou *urostyle*).

Le *crâne* reste en partie à l'état cartilagineux; il présente deux condyles occipitaux.

Les *côtes* ne sont bien développées que chez les Céciliens; elles sont rudimentaires chez les Urodèles et manquent plus ou moins complètement chez les Anoures. Dans tous les cas, elles n'arrivent pas jusqu'au sternum.

Les *membres* présentent toujours des arcs scapulaire et pelvien; ils ne font défaut que chez les

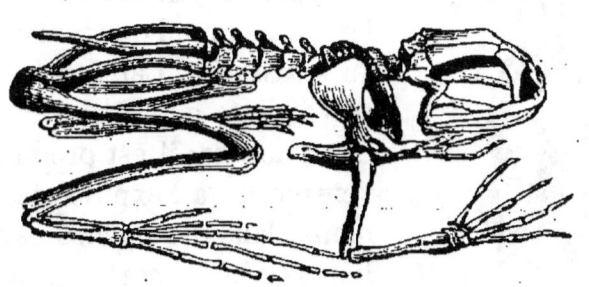

Fig. 140. — Squelette de Grenouille.

Céciliens. Les Sirènes n'ont que des pattes antérieures. — Le membre antérieur est constitué par un humérus, un radius et un cubitus confondus en un seul os, enfin un nombre variable d'os du carpe, du métacarpe et des phalanges. — Le membre postérieur se compose d'un fémur, d'un tibia et d'un péroné soudés chez les Anoures, enfin d'un nombre variable d'os du tarse, du métatarse et des phalanges.

Tégument. — La peau est, en général, complètement nue, lisse et visqueuse; cependant, chez les Céciliens, elle est pourvue d'écailles rudimentaires.

Rarement des portions du derme s'ossifient (*Ceratophys dorsata*). — Les glandes de la peau sécrètent du mucus ou des liquides caustiques. — Les glandes à venin constituent des masses assez considérables (*parotides*) dans la région parotidienne des Crapauds et des Salamandres. — Enfin, la peau présente des chromoblastes amenant, chez quelques Batraciens, des changements de couleur plus ou moins accentués.

Fig. 141. — Encéphale de la Grenouille.

b.o, bulbes olfactifs; — *c*, cervelet; — *h*, hémisphères cérébraux; — *l.o*, lobes optiques (tubercules bijumeaux); — *m*, moelle épinière; — *p*, glande pinéale.

Appareil phonateur. — Le larynx ne prend que peu de part au *coassement*. Celui-ci ne s'observe guère que chez les mâles des Anoures; il est produit par l'entrée de l'air expulsé des poumons dans des poches particulières (*poches vocales*) annexées au pharynx. Ces poches ont tantôt la forme d'une paire de vessies situées de chaque côté de la mâchoire inférieure (Grenouille), tantôt celle d'un sac médian placé sous cette mâchoire (Rainette, Crapaud).

Système nerveux. — La *moelle épinière* occupe toute la longueur du canal rachidien et ressemble, ainsi que l'encéphale, aux organes correspondants des Reptiles. — Le *cervelet* est représenté par une simple bande jetée comme un pont au-dessus du quatrième ventricule.

Organes des sens. — Le sens du *toucher* paraît plus développé que chez les Reptiles. — Le sens du *goût* et celui de l'*olfaction* ont été peu étudiés. — L'*oreille* ne présente ni caisse ni membrane du tympan chez les Céciliens et les Urodèles; mais ces deux organes existent chez les Anoures. L'oreille interne se compose essentiellement du vestibule et des trois canaux demi-circulaires; le limaçon est atrophié. — Le *globe de l'œil* offre une sclérotique cartilagineuse et un peigne rudimentaire. L'appareil lacrymal fait défaut. Chez les Cécilies et le Protée, les yeux sont atrophiés et cachés sous la peau.

ANOURES

(ἀν, privatif; οὐρά, queue)

Corps ramassé, à peau nue. — Deux paires de membres. — Pas de queue chez l'adulte. — Des organes vocaux. — Vertèbres procœliques.

Trois sous-ordres :

ANOURES.
- Une langue.
  - Doigts élargis en pelotes adhésives . . . . *Discodactyles.*
  - Doigts pointus . . . . *Oxydactyles.*
- Pas de langue . . . . *Aglosses.*

Les Anoures sont généralement herbivores dans le jeune âge et carnivores à l'âge adulte. — En parlant des appareils respiratoire et circulatoire, nous avons décrit les phénomènes les plus saillants de leurs métamorphoses. — Exceptionnellement celles-ci s'effectuent entièrement dans l'intérieur de l'œuf, chez l'*Hylodes martinicensis* (BAVAY).

DISCODACTYLES. — Les Rainettes (*Hyla*) grimpent sur les arbres avec facilité, au moyen des pelotes discoïdes qui terminent leurs doigts.

OXYDACTYLES. — Ils comprennent les Grenouilles (*Rana*), qui pondent leurs œufs en masses irrégulières; les Crapauds (*Bufo*); etc., qui déposent leurs œufs en cordons.

AGLOSSES. — C'est dans ce groupe que se trouve le *Pipa* dont nous avons parlé plus haut.

URODÈLES

(οὐρά, queue; δῆλος, visible)

Corps allongé, à peau nue. — Une ou deux paires de membres. — Une queue chez l'adulte. — Pas d'organes vocaux. — Vertèbres biconcaves ou opisthocœliques.

Les uns (*Protéides*) ont des branchies ou bien des fentes branchiales persistant ou ne disparaissant que dans un âge avancé. Les autres (*Salamandrides*) n'ont ni branchies ni orifices branchiaux à l'âge adulte. — La distinction entre ces deux groupes n'est pas très tranchée, car l'Axolotl appartient au premier, quand il est à l'état de larve (*Siredon*), et au second, après l'achèvement de ses métamorphoses (*Amblystoma*).

Les Salamandres aquatiques (*Triton*) pondent des œufs; les Salamandres terrestres (*Salamandra*) sont ovovivipares, et la Salamandre noire met au monde des petits complètement développés. — Chez les Salamandrides, il y a un véritable accouplement.

CÉCILIENS

Corps vermiforme, couvert de petites écailles. — Pas de membres ni de queue. — Vertèbres biconcaves.

Ces animaux ont l'apparence de Serpents et se nourrissent de larves d'Insectes. Ils vivent sous terre dans les contrées tropicales de l'Inde et de l'Amérique du Sud. — Deux genres principaux (*Cæcilia*) et (*Siphonops*).

Venins des Batraciens. — Le venin des Crapauds introduit sous la peau amène rapidement la mort d'un Oiseau, d'un Chien, etc.; il arrête les mouvements du cœur. — Le venin du *Trito cristatus* passe pour plus actif encore; tandis que celui de la *Salamandra maculosa* le serait beaucoup moins. — Le *Phyllobates chocoensis*, espèce du groupe des Discodactyles, exsude, sous l'action de la chaleur du feu, un liquide qui sert aux Indiens à empoisonner leurs flèches.

TRENTE-DEUXIÈME LEÇON

POISSONS

DIVISION EN ORDRES. — APPAREILS DE NUTRITION ET DE REPRODUCTION

ANAMNIENS OVIPARES OU OVOVIVIPARES, A PEAU GÉNÉRALEMENT ÉCAILLEUSE, RAREMENT NUE. — DES NAGEOIRES PAIRES ET DES NAGEOIRES IMPAIRES TOUJOURS MUNIES DE RAYONS. — VERTÈBRES HABITUELLEMENT BICONCAVES. — RESPIRATION BRANCHIALE, RAREMENT BRANCHIALE ET PULMONAIRE. — TEMPÉRATURE VARIABLE.

5 ordres :

POISSONS
- 2 orifices nasaux
  - Des branchies seulement
    - Crâne à os distincts
      - Des branchies et des poumons. . . . . . DIPNOÏENS.
      - Bulbe artériel à 2 valvules. . . . . . . TÉLÉOSTÉENS.
      - Bulbe à valvules multiples. . . . . . GANOÏDES.
    - Crâne sans divisions . . . . . PLAGIOSTOMES.
- Un seul orifice nasal, médian. . . . . CYCLOSTOMES

Appareil digestif. — *A.* CAVITÉ ET ARMATURE BUCCALES. — Chez les *Cyclostomes*, la bouche est circulaire et toujours dépourvue de mâchoires; la cavité buccale est disposée en forme de ventouse et hérissée de pointes cornées jusque sur la partie antérieure de la langue. Celle-ci sert à la succion par ses mouvements. — Tous les autres

Poissons ont une bouche disposée pour la mastication.

Chez les *Plagiostomes*, la bouche a la forme d'une fente transversale située en bas et assez loin de l'extrémité du museau. Les dents n'adhèrent qu'à la muqueuse et ne sont jamais implantées dans des alvéoles; elles sont renouvelées, à mesure qu'elles tombent, par d'autres, qui, nées en arrière, s'avancent pour les remplacer. — Les mâchoires sont cartilagineuses et reliées au crâne par un cartilage (*suspensorium*).

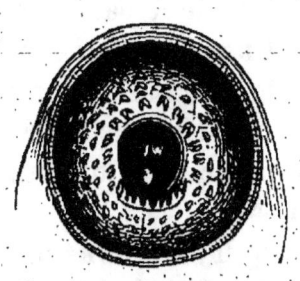

Fig. 142. — Cavité buccale de la Lamproie.

La cavité buccale des *Ganoïdes* rappelle tantôt celle des Plagiostomes, tantôt celle des Téléostéens. Les dents sont couvertes d'une couche d'émail et quelquefois enfoncées dans des alvéoles; elles font complètement défaut chez les Esturgeons.

C'est chez les *Téléostéens* ou Poissons osseux que l'appareil buccal atteint sa plus grande complication. — La mâchoire inférieure se compose de deux branches comprenant habituellement chacune quatre os: elle est rattachée au crâne par une chaîne de quatre pièces osseuses dont l'inférieure est l'*os carré*. — La mâchoire supérieure est formée de deux branches libres en arrière. Chaque branche se compose de trois os: un *intermaxillaire*, un *maxillaire* et un *sus-maxillaire*, ce dernier manquant quelquefois. — L'appareil hyoïdien, que nous étudierons dans un instant, complète la cavité buccale. — Des dents se rencontrent sur la plupart et quelquefois même la totalité des os qui entrent dans la composition de la cavité buccale; elles font rarement défaut. Ces dents sont formées, le plus souvent, uniquement d'ivoire; elles n'ont habituellement pas de racines et sont soudées aux os.

Chez la **Myxine** et les *Dipnoïens*, les cavités buccale et nasale communiquent ensemble, mais cette disposition ne s'observe que chez eux; les autres Poissons ont toujours le sac nasal terminé en cul-de-sac.

B. Tube digestif. — L'*œsophage* est court. L'*estomac* offre habituellement un grand cul-de-sac; il est séparé de l'intestin par une valvule. — A l'origine de l'intestin, on trouve souvent des appendices en cul-de-sac (*appendices pyloriques*) sécrétant un liquide acide qui paraît compléter l'action du suc gastrique. — L'*intestin grêle* offre, chez les Plagiostomes, les Ganoïdes et les Dipnoïens, des replis muqueux formant, à son intérieur, une *valvule spirale* qui ne se rencontre pas chez les Téléostéens. — Le *gros intestin* présente un cloaque chez les Plagiostomes; mais, chez les Poissons osseux, l'anus est situé en avant des orifices génital et urinaire.

C. Annexes du tube digestif. — Pas de glandes salivaires. — Foie de forme variable, indivis ou lobé. Vésicule biliaire presque constante. — Pancréas plus développé chez les Plagiostomes que chez les autres Poissons.

Appareil circulatoire. — Nous savons déjà que le cœur est simple et veineux (*voy.* p. 60).

Les veines qui apportent le sang des diverses parties du corps débouchent dans un grand réservoir veineux (*sinus de Cuvier*) communiquant avec l'oreillette. — Celle-ci est toujours simple (exceptionnellement divisée en deux loges par une cloison incomplète chez le *Lepidosiren paradoxa*) et communique avec le ventricule par une ouverture garnie de valvules. — Le ventricule s'ouvre dans une poche plutôt élastique que musculaire (*bulbe artériel*) qui offre, à sa partie postérieure, des valvules empêchant le retour du sang. Chez les Ganoïdes, les Dipnoïens et les Plagiostomes, le bulbe présente plusieurs rangs de valvules, au lieu d'une seule paire, comme chez les Téléostéens. — Le bulbe donne naissance à un gros tronc médian (*artère branchiale*) fournissant les artères des branchies. — Le sang hématosé dans les branchies, par le moyen de l'oxygène dissous dans l'eau, est repris par des *artères épibranchiales* qui le conduisent à l'*artère dorsale* ou *aorte*. — Celle-ci s'étend au-dessous de la colonne vertébrale et distribue le sang artériel à la plupart des parties du corps. Elle fournit à la vessie natatoire une branche qui forme, à l'intérieur de cet organe, des plexus vasculaires importants (*corps rouges*).

Appareil respiratoire. — On doit considérer deux sortes d'organes respiratoires : des *branchies* et des *organes accessoires de respiration*.

A. Téléostéens. — De chaque côté de la ligne médiane de la tête, montent cinq arcs parallèles formant le squelette de l'appareil respiratoire et composés eux-mêmes de plusieurs pièces.

L'arc antérieur est l'*os hyoïde;* il est constitué par un corps (*basihyal*) et deux branches latérales (*cornes de l'hyoïde*). Ces dernières portent, à leur bord inférieur, un certain nombre de rayons recourbés (*rayons branchiostèges*).

Les quatre arceaux suivants sont les *arcs branchiaux*, ainsi nommés parce qu'ils portent les branchies. Ils naissent d'un prolongement du corps de l'hyoïde et vont se fixer sur la base du crâne, par l'intermédiaire de petits os spéciaux (*pharyngiens supérieurs*). — Derrière la dernière paire d'arcs branchiaux, on trouve une paire d'*os* appelés *pharyngiens inférieurs*. Ceux-ci sont garnis de dents et ne font pas partie de l'appareil respiratoire.

Chacun de ces arcs branchiaux forme deux branches articulées pouvant s'écarter ou se rapprocher, de manière à produire la dilatation ou le resserrement de la cavité buccale. Ces arcs tournent leur concavité en dedans et sont recouverts par la muqueuse du pharynx. Ils portent, sur le bord antérieur, une série de crochets ou de tubercules cornés qui s'opposent au passage des aliments dans les intervalles (*fentes branchiales*) qui les séparent. Les fentes branchiales sont au nombre de cinq : la première, située entre l'hyoïde et le premier arc branchial ; la cinquième, entre le quatrième arc branchial et l'os pharyngien inférieur.

Le bord convexe des arcs branchiaux est creusé d'une gouttière sur les bords de laquelle s'implantent les lamelles branchiales. Celles-ci affectent la forme de deux triangles insérés, l'un à côté de l'autre, sur les bords opposés de la gouttière.

Chez la plupart des Téléostéens, les lamelles branchiales sont libres jusqu'à la base ; mais, dans quelques genres, elles

APPAREILS DE NUTRITION.

sont réunies, jusqu'à une certaine hauteur, par une membrane intermédiaire (*diaphragme branchial*). Les cornes de l'hyoïde ne portent qu'exceptionnellement quelques feuillets branchiaux ; le diaphragme branchial y est représenté par une membrane résistante, qui unit les rayons branchiostèges.

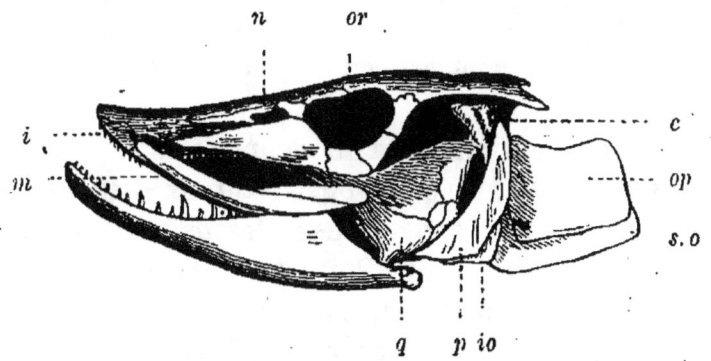

Fig. 143. — Tête osseuse du Brochet.

c, crâne ; — *i*, intermaxillaire ; — *io*, interopercule ; — *m*, maxillaire supérieur ; — *n*, fosses nasales ; — *op*, opercule ; — *or*, orbite ; — *p*, préopercule ; — *q*, os carré ; — *s.o*, sous-opercule.

Les rayons branchiostèges sont de simples stylets, à la base de l'arceau hyoïdien ; mais ils s'élargissent en s'approchant du crâne. Ce sont eux qui forment les os désignés sous les noms d'*opercule* et de *sous-opercule*. Ceux-ci se réunissent au *préopercule* et à l'*interopercule*, pour constituer l'*appareil operculaire*. L'espace compris entre cet appareil et le corps même de l'animal forme l'ouverture des *ouïes*.

Le mécanisme de la respiration s'effectue de la manière suivante. — Dans un seul et même temps, la bouche s'ouvre, le pharynx se dilate et les opercules se soulèvent ; puis, simultanément encore, la bouche se ferme, le pharynx se res-

serre et les opercules se rabattent (Bert). Dans ces conditions, l'eau entre par la bouche et sort par les ouïes. Cela tient :
1° à ce que le battant operculaire offre généralement, à son bord libre, une membrane flottante qui fait valvule sous la pression de l'eau extérieure et empêche celle-ci de pénétrer par les ouïes; 2° à ce que l'entrée de la bouche se trouve presque toujours garnie d'une valvule qui s'oppose à sa sortie, de telle sorte que ce liquide, refoulé vers les ouïes, s'échappe en soulevant leur portion membraneuse.

Voyons maintenant en quoi consistent les *organes accessoires* de la respiration. — Citons d'abord les labyrinthes dont sont creusés les os pharyngiens supérieurs chez certains Poissons (*Pharyngiens labyrinthiformes*). Ces os sont tapissés par la muqueuse, qui forme à leur surface des saillies spongieuses retenant une certaine quantité d'eau. Les branchies se trouvent ainsi maintenues dans un état d'humidité suffisant pour que le Poisson puisse rester assez longtemps à l'air. L'Anabas offre cet appareil labyrinthiforme à son maximum de complication.

Il faut encore considérer comme des appareils de respiration les *sacs appendiculaires de la cavité branchiale* qu'on observe chez le Saccobranche et l'Amphipnous. Ces sacs sont remplis d'air et ont les mêmes rapports vasculaires que les branchies.

Beaucoup de Poissons viennent souvent à la surface de l'eau pour mettre leurs branchies en contact avec l'air atmosphérique. On peut conserver ceux-ci dans l'eau bouillie, à la condition de les laisser venir à la surface, tandis qu'on les fait mourir rapidement dans l'eau ordinaire si, par le moyen d'un diaphragme, on les retient au-dessous du niveau. La respiration aquatique ne suffit donc pas à tous les Poissons; cela tient à ce qu'elle ne leur fournit pas assez d'oxygène. On explique ainsi comment il se fait que, de deux Poissons de même espèce exposés à l'air, l'un avec les ouïes fermées, l'autre avec les ouïes ouvertes, celui-là vit le moins longtemps qui a les ouïes fermées (W. Edwards). — La cause principale de la longue survie de certains Poissons dans l'air réside dans les propriétés de leurs tissus qui, consommant plus ou moins d'oxygène, amènent la mort plus ou moins vite (Bert).

Un certain nombre de Poissons, dont le plus connu est la Loche des étangs (*Cobitis fossilis*), avalent de l'air qu'ils rendent par l'anus, après avoir accompli une véritable respiration intestinale.

Vessie natatoire. — On désigne sous ce nom ou sous celui de *vessie aérienne*, une poche remplie de gaz située dans la cavité abdominale, au-dessous de la colonne vertébrale. Par sa forme et sa structure, cet organe se rapproche des poumons, tandis que, par ses connexions vasculaires et nerveuses, il s'en éloigne sensiblement. La vessie natatoire reçoit, en effet, du sang oxygéné et n'est pas innervée par le pneumogastrique. Elle constitue néanmoins un organe de respiration, car lorsqu'on laisse des Poissons s'asphyxier, ils consomment l'oxygène contenu dans ce réservoir, oxygène qui se dégage du sang contenu dans les capillaires mêmes de la vessie. (A. Moreau.) — La vessie aérienne fait défaut chez un assez grand nombre de Poissons.

La vessie aérienne ne mérite guère le nom de *vessie natatoire*, car les Poissons qui en sont pourvus se trouvent, au contraire, dans des conditions défavorables à la natation. Pendant les mouvements d'ascension ou de descente librement exécutés par un Poisson, le volume de sa vessie augmente ou diminue, mais c'est sous l'influence de la hauteur de la colonne d'eau qu'il supporte et nullement par une action musculaire. Le Poisson subit donc *passivement* l'effet des variations de volume de sa vessie et se conduit comme un ludion (A. MOREAU).

Les Poissons sans vessie sont toujours plus lourds que l'eau et ne peuvent rester immobiles sans descendre ; ils ont à lutter contre la pesanteur. La plupart reposent sur le fond de la mer (Raie, Sole, etc.) ou sont des Poissons de guerre (Requins, etc.) que la présence d'une vessie gênerait, comme nous allons le voir, dans leurs mouvements brusques de montée ou de descente.

Les Poissons à vessie trouvent toujours une certaine profondeur à laquelle leur densité est égale à celle de l'eau. Là ils peuvent rester en équilibre et sont avantagés s'ils se meuvent dans ce plan d'équilibre ; mais il en est tout autrement lorsqu'il s'agit de monter ou de descendre. En effet, s'ils montent, la vessie se gonfle et menace de les entraîner à la surface ; s'ils descendent, la vessie diminue de volume et tend à les faire tomber au fond. Dans les deux cas, le Poisson doit lutter, par sa puissance musculaire, contre les mauvaises conditions que lui crée sa vessie (A. MOREAU).

B. GANOÏDES. — Leur appareil branchial ne diffère que peu de celui des Téléostéens ; cependant on observe souvent (Esturgeon, etc.) une *branchie accessoire* à la face interne de l'opercule.

C. PLAGIOSTOMES. — Ils ont, en général, cinq paires de poches branchiales s'ouvrant isolément en dedans (*fentes hyoïdiennes*) et en dehors (*fentes operculaires*). Les parois de ces poches sont tapissées par des lamelles branchiales adhérentes dans toute leur longueur (*branchies fixes*).

Au premier abord, l'appareil branchial des Plagiostomes semble différer complètement de celui des Téléostéens et des Ganoïdes ; mais il n'y a qu'à prolonger, par la pensée, le diaphragme branchial des Poissons osseux jusqu'à la paroi operculaire pour diviser la chambre branchiale en cinq cavités distinctes comme chez les Plagiostomes. Si nous représentons par B les arcs branchiaux, b les lamelles branchiales, P l'os pharyngien inférieur chez les Téléostéens, b' la branchie operculaire ou postérieure de l'hyoïde (H) chez les Ganoïdes, C les chambres branchiales des Plagiostomes, nous aurons les formules suivantes, où les zéros indiquent l'absence de branchies :

	H	B_1	B_2	B_3	B_4	P
Téléostéens...	0 0	b b	b b	b b	b b	0 0
Ganoïdes....	0 b'	b b	b b	b b	b b	0 0
Plagiostomes..	C_1	C_2	C_3	C_4	C_5	

On voit que la paroi antérieure de la première chambre branchiale porte une branchie qui correspond à la branchie accessoire des Ganoïdes et que la dernière chambre n'a de branchie que sur sa face antérieure.

Chez certains Plagiostomes, on trouve, en arrière des yeux, deux orifices (*évents*) qui ne sont que les ouvertures de poches branchiales atrophiées. Ces évents sont des orifices inspiratoires : ils permettent, chez les Raies, l'introduction de l'eau nécessaire à la respiration, quand l'animal est à demi enfoui dans le sable.

Le mécanisme de la respiration s'effectue de la manière suivante. — L'eau entre par la bouche, sous l'influence de la dilatation de la cavité buccale; elle passe de là dans les poches branchiales d'où elle est expulsée par l'action d'un muscle constricteur puissant qui entoure l'appareil respiratoire. Des muscles particuliers ferment les orifices branchiaux au moment de l'inspiration.

D. CYCLOSTOMES. — Ils ont les branchies fixes, comme les Plagiostomes.

Chez la Lamproie, il y a sept paires de poches branchiales. Celles-ci débouchent à l'extérieur par autant de trous, mais s'ouvrent intérieurement dans un canal sous-œsophagien terminé en cul-de-sac à sa partie postérieure et garni, à son orifice, d'un appareil valvulaire assez compliqué.

Le mécanisme de la respiration se fait par les dilatations et contractions alternatives de la région branchiale. L'eau entre et sort par les orifices branchiaux, de telle sorte que la respiration continue à s'effectuer quand la Lamproie est fixée par la ventouse buccale.

La disposition de l'appareil respiratoire et le mécanisme de la respiration sont différents chez la Myxine.

E. Dipnoïens. — Outre les branchies, ces Poissons possèdent de véritables poumons qui s'ouvrent, au moyen d'une glotte, à la partie inférieure de l'œsophage.

Appareil urinaire. — Il est constitué, comme nous l'avons déjà vu (*voy.* p. 100) par les corps de Wolff. — Les reins sont simples ou lobés mais toujours situés au-dessus de la vessie aérienne. — Les uretères se réunissent habituellement en un tronc commun qui débouche directement au dehors ou bien ils s'ouvrent dans une vessie urinaire dont l'orifice est situé derrière le pore sexuel. — Chez les Ganoïdes, les Plagiostomes et les Dipnoïens, il y a fusion des appareils génito-urinaires à leur terminaison et ceux-ci débouchent dans un cloaque.

Appareil reproducteur. — La séparation des sexes est la règle : cependant, chez les Serrans, on peut observer, sur le même sujet, des spermatozoïdes et des ovules, particularité qui se rencontre quelquefois accidentellement chez d'autres Poissons (Merlans, Carpes, etc.).

APPAREIL DE REPRODUCTION.

Les testicules sont toujours pairs, excepté chez les Cyclostomes. — Les ovaires sont des sacs allongés, en général pairs, mais impairs chez les Cyclostomes, les Squales et quelques Poissons osseux. Chez les Cyclostomes, la cavité péritonéale sert de canal déférent et d'oviducte, les produits sexuels sont évacués par un pore génital situé derrière l'anus. — Chez la plupart des Téléostéens, les glandes sexuelles se continuent avec un canal vecteur qui s'ouvre entre l'anus et le méat urinaire.

C'est chez les Plagiostomes que l'appareil génital atteint sa plus grande complexité. — Les oviductes se réunissent en avant des ovaires et constituent une embouchure béante (*pavillon*); à la partie postérieure, ils se dilatent souvent pour former une cavité (*utérus*) destinée à fournir aux œufs des enveloppes accessoires. — Chez les mâles, il existe des *organes d'accouplement* en forme de tenailles.

Reproduction. — Dans l'immense majorité des cas, les Poissons sont ovipares, mais quelques-uns sont ovovivipares (la plupart des Squales, etc.).

Les œufs sont enveloppés d'une coque offrant, le plus souvent, un aspect ponctué dû à la présence d'un grand nombre de canalicules très fins. Chez les Plagiostomes, cette coque est cornée et revêt souvent une forme bizarre.

L'époque du frai est variable; mais la reproduction n'a lieu qu'une fois par an, habituellement au printemps. A ce moment, on observe quelquefois des changements remarquables dans la configuration et la couleur du corps ainsi que dans le genre de vie. Les individus des deux sexes se rassemblent et cherchent des fonds plats, près du bord des fleuves ou de la mer. En général, il n'y a pas d'accouplement; la femelle dépose ses œufs au fond de l'eau et le mâle verse sur eux son sperme (*laitance*). Dans quelques cas, les mâles déploient un instinct merveilleux. L'Épinoche et l'Épinochette sont remarquables, sous ce rapport; les mâles construisent de véritables nids d'herbes, soit sur les fonds sablonneux (Épinoche), soit au milieu des plantes aquatiques (Épinochette), puis ils vont chercher des femelles. Celles-ci, après avoir pondu à l'intérieur des nids, abandonnent aux mâles le soin des œufs et l'éducation des jeunes.

On observe quelquefois des individus *stériles* qui diffèrent un peu des individus sexués ; enfin quelques espèces produisent des hybrides.

TRENTE-TROISIÈME LEÇON

POISSONS

APPAREILS DE RELATION. — CARACTÈRES DES ORDRES

Squelette. — La *colonne vertébrale*, chez les Cyclostomes et les Dipnoïens, consiste en une notocorde qui ne se segmente pas. — Chez les Plagiostomes, la vertèbre commence à s'individualiser, mais elle reste cartilagineuse et a la forme d'un sablier. — Chez les Ganoïdes et les Téléostéens, les vertèbres sont encore concaves sur les deux faces (*amphicœliques*).

On peut, si l'on veut, considérer à la colonne vertébrale une *région cervicale* constituée par une seule vertèbre, celle qui s'articule avec le crâne ; mais on ne décrit habituellement que deux régions, l'une *abdominale*, l'autre *caudale*.

Le nombre des vertèbres est très variable : on en compte jusqu'à 365 chez les Requins ; il y en a 15 seulement chez les Coffres.

La colonne vertébrale offre trois modes de terminaison. 1º L'extrémité de la colonne vertébrale se prolonge en ligne droite dans la nageoire caudale, qui est arrondie : on dit alors que le Poisson est *diphycerque* (exemple : le Polyptère). 2º L'extrémité de la colonne se redresse et la nageoire caudale offre deux portions inégales, l'inférieure étant beaucoup plus large : le Poisson est dit *hétérocerque* (exemple : l'Esturgeon). 3º La colonne, bien que se redressant à l'extrémité, n'empêche pas la nageoire de paraître symétrique par rapport à l'axe du corps ; celle-ci est le plus souvent fourchue ; le Poisson est dit *homocerque* (exemple : la Carpe).

La *tête* est cartilagineuse chez les Cyclostomes et les Plagiostomes ; elle ne présente pas de sutures, contrairement à ce qui a lieu dans les autres ordres.

C'est chez les Téléostéens que la boîte osseuse de la tête atteint son maximum de complication ; elle est composée d'un grand nombre de pièces dont nous ne pouvons donner ici la description.

L'asymétrie du crâne des Pleuronectes adultes (Turbot, Sole, etc.) est très curieuse. Par suite d'un mouvement de torsion qui se fait dans le jeune âge, les deux orbites se trouvent situées du même côté.

Les *côtes* font défaut chez les Cyclostomes ; elles

sont rudimentaires chez les Plagiostomes et peu développées chez les Ganoïdes. — Chez les Téléostéens, elles sont, le plus souvent, assez fortes et s'insèrent, soit sur le corps des vertèbres, soit à la base des apophyses transverses.

Il ne faut pas confondre avec les côtes les organes costiformes désignés vulgairement sous le nom d'*arêtes*. Ces dernières doivent être considérées comme des faisceaux intermusculaires ossifiés.

Le *sternum* manque complètement.
L'*arc scapulaire* est variable et l'*arc pelvien* plus ou moins rudimentaire.
Les *membres* antérieurs et postérieurs des Vertébrés supérieurs sont représentés, chez les Poissons, par les *nageoires paires* (pectorales et abdominales).

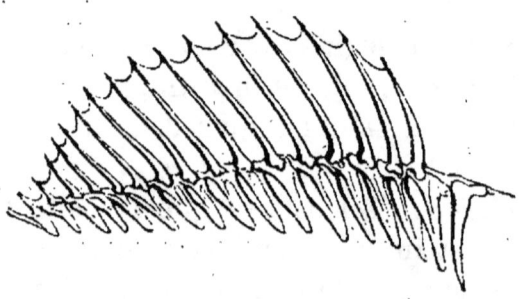

Fig. 144. — NAGEOIRE DORSALE D'UN ACANTHOPTÉRYGIEN. (On voit les rayons épineux articulés, à leur extrémité inférieure, avec les os interépineux.)

Les nageoires abdominales ont, chez les Téléostéens, une situation variable ; elles peuvent en effet être sous l'abdomen (*Poissons abdominaux*), ou sous les pectorales (*Poissons thoraciques*), ou enfin sous la gorge (*Poissons jugulaires* ou *subbrachiens*). Elles manquent chez un certain nombre de Téléostéens dits *apodes* (Anguilles, etc.).

Nous avons déjà dit (*voy.* p. 104) que les nageoires médianes ou verticales pouvaient être considérées comme des membres impairs. Ces nageoires sont, comme les nageoires paires, munies de rayons, et ceux-ci sont constitués, soit par des stylets spiniformes (*rayons épineux*) soit par une série d'os articulés et ramifiés à l'extrémité (*rayons mous*). On n'observe jamais de rayons dans les nageoires verticales des Batraciens, quand celles-ci existent (Urodèles). Les nageoires impaires sont situées sur le dos (*nageoire dorsale*), sous la queue (*nageoire anale*) ou à son extrémité (*nageoire caudale*). Les deux premières peuvent être simples ou multiples.

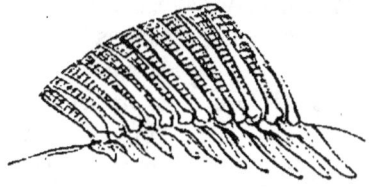

Fig. 145. — Nageoire dorsale d'un Malacoptérygien (rayons mous)

Quelquefois les rayons manquent dans une petite nageoire dorsale (*nageoire adipeuse*) située à la partie postérieure du corps.

Les nageoires impaires sont réunies à la colonne vertébrale, soit par une membrane partant des apophyses épineuses, soit, en outre, par des os spéciaux placés dans cette membrane (*os interépineux*).

Natation. — Elle offre beaucoup d'analogie avec le vol. Certains Oiseaux (Guillemots) emploient, tour à tour, les mêmes organes pour la natation et pour le vol. Il en est de

364   POISSONS.

même pour les Poissons appelés vulgairement *Poissons volants* (Dactyloptères, Exocets) parce qu'ils peuvent se soutenir, pendant un certain temps, au-dessus de la surface de l'eau ; enfin quelques Oiseaux (Manchots) ont des ailes impropres au vol et fonctionnant, dans l'eau, à la manière de nageoires. La différence entre la densité du corps et celle du milieu fluide étant moins grande chez les Poissons que chez les Oiseaux, il est clair que le travail mécanique effectué pour accomplir la locomotion sera moins considérable chez les premiers que chez les seconds.

La progression des Poissons est due essentiellement aux mouvements transversaux de la région postérieure du corps qui est flexible latéralement et terminée par la nageoire caudale. Celle-ci est verticale et les rayons qui la soutiennent sont susceptibles de s'écarter, de manière à augmenter l'étendue de la surface foulante.

Les nageoires latérales servent surtout au maintien de l'équilibre ; le mouvement de recul est dû principalement au jeu des nageoires pectorales. La forme du corps exerce une influence : toutes choses égales d'ailleurs, la natation sera d'autant plus rapide que le corps sera moins épais et plus allongé ; la forme en fuseau qu'il affecte chez la plupart des Poissons est appropriée à l'accomplissement de cette fonction. Le Poisson qui nage peut être assimilé à un bateau poussé en avant par le mouvement d'une hélice située à l'arrière.

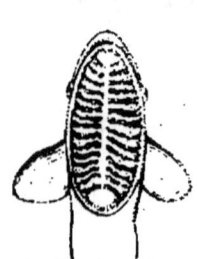

Fig. 146. — Disque céphalique d'un Rémora.

Une sorte de locomotion *passive* s'observe chez les Rémoras (Echeneis) : la première nageoire dorsale de ces animaux est transformée en un *disque céphalique* creusé d'une série de sillons transverses et fonctionnant comme organe adhésif. Par le moyen de cette espèce de ventouse, le Remora s'attache aux vaisseaux et à certains Poissons, qui peuvent ainsi le transporter à de grandes distances.

Téguments. — La peau est généralement adhérente aux tissus sous-jacents. L'épiderme est très caduc; ses cellules constituent, en grande partie, l'enduit glaireux dont le corps est recouvert. Le derme est composé de deux couches : l'une mince, hyaline (*derme proprement dit*); l'autre épaisse, formée de fibres conjonctives (*aponévrose dermique*).

Il est rare que la peau soit complètement nue (Lamproie, Congre); le plus souvent, elle renferme une multitude d'écailles dont la forme et la disposition varient beaucoup. Les écailles ne sont pas, comme les poils et les plumes, des formations épidermiques : elles proviennent du derme, et ne sont jamais en rapport avec des fibres musculaires; elles subissent cependant des déplacements passifs sous l'influence des mouvements du corps.

On considère trois sortes principales d'écailles : *cornées*, *ganoïdes* et *placoïdes*.

1° Les *écailles cornées* sont minces, flexibles; leur tissu se compose d'une substance organique azotée et de sels terreux. Elles se présentent sous deux aspects : tantôt leur surface libre est munie extérieurement de petites pointes (*spinules*) et le bord postérieur paraît denté (*écailles cténoïdes*); tantôt cette surface est lisse et le bord postérieur entier (*écailles cycloïdes*).

3° Les *écailles ganoïdes* sont constituées essentiellement par du tissu osseux recouvert d'émail. Leur présence caractérise l'ordre des Ganoïdes.

3° Les *écailles placoïdes* ressemblent aux écailles ganoïdes par le caractère osseux de leur tissu; elles forment des épines ou des tubercules. — Contrairement aux écailles cornées et ganoïdes qui sont persistantes, elles sont caduques et se renouvellent. On les observe chez les Plagiostomes.

En outre des écailles, les téguments présentent des chromoblastes situés dans l'aponévrose dermique et donnant lieu, chez quelques Poissons, à des changements de coloration plus ou moins accentués. Enfin, certaines parties de la peau peuvent s'ossifier et concourir ainsi à la formation du squelette.

Appareil phonateur. — On a signalé la faculté d'émettre des sons chez quelques espèces de Poissons (*Grondin*, *Poisson de Saint-Pierre*, etc.). Ces sons paraissent se produire dans la vessie aérienne. Celle-ci présente alors un diaphragme contractile et perforé au centre, que l'air inclus traverse plus ou moins rapidement.

Système nerveux. — La *moelle épinière* occupe généralement toute l'étendue du canal vertébral; elle offre souvent un *ganglion caudal* d'où naissent les nerfs de la nageoire terminale.

L'*encéphale* a été l'objet d'un grand nombre d'études; mais la question des homologies entre cet organe et celui des autres Vertébrés n'est pas encore complètement tranchée.

En examinant l'encéphale de la Carpe, par la face supérieure, on voit d'arrière en avant : les *bulbes olfactifs*; les *hémisphères cérébraux*, séparés par la glande pinéale des lobes optiques. Ceux-ci sont beaucoup plus développés que les hémisphères cérébraux et donnent naissance aux nerfs optiques. Le *cervelet* forme un mamelon grisâtre en arrière des lobes optiques, et l'on voit au-dessous de lui, sur les côtés du bulbe, deux renflements (*lobes pneumogastriques*) qui sont les noyaux d'origine des nerfs trijumeaux et pneumogastriques. La face inférieure de l'encéphale présente le corps pituitaire, dont la tige est entourée par deux renflements volumineux (*lobes inférieurs*).

L'encéphale des Ganoïdes forme la transition entre celui des Téléostéens et celui des Plagiostomes. Chez ces derniers, le cerveau constitue souvent une masse impaire creuse (Squales) ou compacte (Raies).

Organes des sens. — Les lèvres, les appendices cutanés, mous ou rigides, désignés sous le nom de *barbillons*, enfin les nageoires, constituent les principaux organes du *toucher;* les éléments tactiles (*corpuscules cyathiformes*) ont la forme de corps ovoïdes. — La langue est rudimentaire, peu mobile et paraît assez impropre à l'exercice du *goût*. — L'*appareil olfactif* est impair chez les Cyclostomes et pair chez tous les autres Poissons. — L'*organe de l'ouïe* ne possède ni oreille externe, ni oreille moyenne, ni limaçon; mais il y a un (Myxine) ou deux (Lamproie) ou trois (les autres Poissons) canaux demi-circulaires et un vestibule qui communique directement avec l'extérieur chez les Plagiostomes. — Le *globe oculaire* est plus ou moins aplati en avant; le cristallin est à peu près sphé-

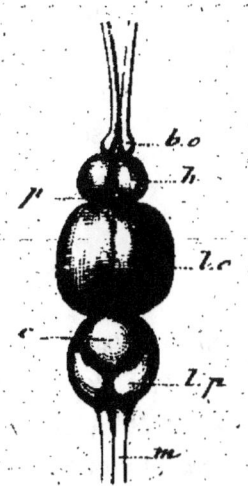

Fig. 147. — Encéphale d'une Carpe (face supérieure).

b.o, bulbes olfactifs; — *c*, cervelet; — *h*, hémisphères cérébraux; — *l.o*, lobes optiques; — *l.p*, lobes pneumogastriques; — *m*, moelle épinière; — *p*, corps pinéal.

rique et corrige le défaut de courbure de la cornée ; enfin un organe particulier (*ligament falciforme*) rappelant le peigne des Oiseaux et des Reptiles, va du fond de l'œil au cristallin. Cet organe s'élargit souvent en forme de cloche (*campanule de Haller*), à son extrémité antérieure.

DIPNOÏENS

(δίς, deux ; πνοή, respiration)

Squelette en partie cartilagineux, en partie osseux. — Corde dorsale persistante. — Corps couvert d'écailles cycloïdes. — Respiration à la fois branchiale et pulmonaire. — Bulbe artériel muni de valvules multiples ou de deux replis spiroïdes. — Intestin pourvu d'une valvule spirale. — Un chiasma des nerfs optiques.

Vivent dans les contrées tropicales de l'Afrique (*Protopterus*) ou de l'Amérique (*Lepidosiren*). Le genre *Ceratodus* habite l'Australie.

TÉLÉOSTÉENS

(τέλειος, parfait ; ὀστέον, os).

Squelette osseux. — Branchies libres et protégées par un battant operculaire. — Bulbe artériel muni d'une seule paire de valvules. — Pas de chiasma.
4 sous-ordres :

TÉLÉOSTÉENS	Branchies pectinées.	Mâchoire supérieure mobile.	Rayons épineux. . *Acanthoptérygiens.*
			Rayons mous . . . *Malacoptérygiens.*
		Mâchoire supérieure immobile. . . *Plectognathes.*	
	Branchies en houppes. . . . . *Lophobranches.*		

Acanthoptérygiens (ἄκανθα, épine; πτέρυξ, nageoire).
— Les rayons antérieurs de la nageoire dorsale sont toujours épineux et il en est généralement de même pour la nageoire anale. La vessie natatoire est close, dépourvue de tout canal de communication (*canal aérien*) avec le tube digestif. — Poissons le plus souvent thoraciques, rarement jugulaires ou abdominaux. — Beaucoup sont redoutés des pêcheurs et des baigneurs, à cause des piqûres souvent très douloureuses qu'ils font avec les épines de leur nageoire dorsale.

GENRES PRINCIPAUX. — Les Perches (*Perca*); les Bars (*Labrax*); les Serrans (*Serranus*); les Vives (*Trachinus*); les Rougets (*Mullus*); les Grondins (*Trigla*); les Dactyloptères (*Dactylopterus*); les Chabots (*Cottus*); les Rascasses (*Scorpœna*); les Épinoches (*Gasterosteus*); les Maigres (*Sciœna*); les Sargues (*Sargus*); les Castagnoles (*Brama*); les Anabas (*Anabas*); les Maquereaux (*Scomber*); les Thons (*Thynnus*); les Rémoras (*Echeneis*); les Espadons (*Xiphias*); les Dorades (*Coryphœna*); les Gymnètres (*Gymnetrus*); les Acanthures (*Acanthurus*); les Muges (*Mugil*); les Gobous (*Gobius*); les Baudroies (*Lophius*); les Chironectes (*Antennarius*); les Labres (*Labrus*); les Chromis (*Chromis*); etc.

Malacoptérygiens (μαλακός, mou). — Tous les rayons sont mous, excepté quelquefois le premier des nageoires dorsale ou pectorales.

A. ANACANTHIENS. — Se rapprochent des Acanthoptérygiens par leur structure et l'absence de canal aérien. — Les nageoires abdominales sont situées sous la gorge; d'où le nom de *Malacoptérygiens jugulaires*, sous lequel on les désigne aussi.

C'est dans ce groupe que se trouvent les Exocets (*Exoce-*

370 POISSONS.

lus); les Orphies (*Belone*); les Poissons plats ou Pleuronectes, dépourvus de vessie natatoire et comprenant : les Plies (*Platessa*), les Turbots (*Rhombus*), les Soles (*Solea*), etc; enfin les Gades (*Gadus*) dont le principal représentant est la Morue.

La Morue (*Gadus morrhua*) est un Malacoptérygien jugulaire pourvu de trois nageoires dorsales et de deux anales. Le corps est fusiforme, la bou-

Fig. 148. — Morue.

che grande et munie d'un barbillon à l'extrémité de la mâchoire inférieure. Le dos est gris et tacheté de jaunâtre, le ventre blanc. Sa longueur, à l'âge adulte, est d'environ 1 mètre. On la pêche, en quantités innombrables, dans les eaux de Terre-Neuve et aussi dans la mer du Nord, où on l'appelle *Cabillaud*. On la conserve de diverses manières, soit en la salant (*Morue verte*), soit en la faisant sécher sans la saler (*stockfish*), soit enfin en la salant, puis la faisant sécher au soleil (*Morue sèche*). — La Merluche (*G. merluccius*), l'Égrefin (*G. æglefinus*), le Dorsch ou petite Morue (*G. callarias*), le Merlan (*G. merlangus*) peuvent servir, avec la Morue à préparer une huile (*huile de foie de Morue*) qu'on retire du foie et qui est très employée contre le rachitisme, la phthisie, etc.

L'huile de foie de Morue agit surtout par la matière grasse et l'iode qu'elle renferme. Suivant sa coloration, elle est dite : *blanche, blonde, brune* ou *noire*. Elle a une odeur de Sardine d'autant plus désagréable qu'elle est plus foncée; l'acide azotique la colore en rose, et la rosaniline en rouge. Elle est très soluble dans l'éther. — Des efforts considérables ont été faits pour clarifier, décolorer, rendre moins désagréables les huiles de foie de Morue ; mais il est très probable qu'en opérant ainsi on leur fait perdre une partie de leurs propriétés. L'huile brune, purifiée, est certainement la plus active.

B. Physostomes. — Malacoptérygiens présentant toujours une vessie natatoire munie d'un canal aérien. Celui-ci laisse sortir de l'air, mais ne sert nullement à l'entrée de ce fluide qui est exhalé des parois mêmes de la vessie. — Les uns ont des nageoires abdominales situées en arrière des pectorales (*Physostomes abdominaux*); les autres n'ont pas de nageoires abdominales (*Physostomes apodes*).

1° *Physostomes abdominaux.* — C'est dans ce groupe que se trouvent : les Carpes (*Cyprinus*); les Barbeaux (*Barbus*); les Goujons (*Gobio*); les Tanches (*Tinca*); les Brêmes (*Abramis*); les Gardons (*Leuciscus*); les Chevaines (*Squalius*); les Vairons (*Phoxinus*); les Loches (*Cobitis*); les Brochets (*Esox*); les Silures (*Silurus*); les Malaptérures ou Silures électriques (*Malapterurus electricus*); les Saumons (*Salmo*), comprenant : le Saumon proprement dit (*S. salar*), l'Omble-Chevalier (*S. salvelinus*), la Truite commune (*S. fario*), la Truite saumonée (*S. trutta*); les Éperlans (*Osmerus*); les Ombres (*Thymallus*); les Harengs

(*Clupea*), comprenant : le Hareng commun (*C. harengus*) et la Sardine (*C. sardina*); les Anchois (*Engraulis*); etc.

2° *Physostomes apodes*. — Ce groupe comprend : les Murènes (*Muræna*); les Anguilles (*Anguilla*); les Congres (*Conger*); les Symbranches (*Symbranchus*); les Gymnotes (*Gymnotus*) qui, comme le Malaptérure, possèdent le pouvoir de donner de fortes commotions électriques. L'appareil du Gymnote est placé le long du dos et de la queue; celui du Malaptérure est situé sous la peau des flancs. Nous nous occuperons, dans un instant, de l'effet de ces appareils, en parlant de la Torpille.

Plectognathes (πλεκτός, enlacé; γνάθος, mâchoire). — Poissons osseux à corps globuleux ou fortement comprimé, à mâchoire supérieure immobile, à cuirasse dermique épaisse, souvent épineuse, généralement dépourvus de nageoires abdominales. — La vessie natatoire n'a pas de canal aérien.

Genres principaux. — *Diodon; Triodon;* Môles (*Orthagoriscus*); Balistes (*Balistes*); Coffres (*Ostracion*); etc.

Lophobranches (λόφος, houppe; βράγχια, branchies). — Poissons osseux, à corps cuirassé, différant des autres Téléostéens par leurs branchies en forme de houppes et non pectinées. — La vessie natatoire n'a pas de canal aérien; enfin les mâles possèdent ordinairement un appareil d'incubation pour les œufs. — Tous marins.

Genres principaux. — Aiguilles de mer (*Syngnathus*); Chevaux marins (*Hippocampus*); *Solenostoma; Pegasus*.

GANOÏDES

(γάνος, blancheur)

Squelette osseux ou cartilagineux. — *Crâne à divisions distinctes.* — *Peau nue ou couverte soit d'écailles émaillées, soit d'écussons osseux.* — *Branchies libres, protégées par un opercule.* — *Bulbe artériel à valvules multiples.* — *Un chiasma.* — *Intestin à valvule spirale.* — *Une vessie natatoire pourvue d'un canal aérien.*

Les uns (Holostéens) ont le squelette osseux et le corps couvert de plaques osseuses de forme rhomboïdale (*Lepidosteus, Polypterus*) ou de grandes écailles à bord libre arrondi (*Amia*).

Les autres (Chondrostéens) ont le squelette cartilagineux et la peau nue (*Polyodon*) ou couverte d'écussons osseux disposés en file plus ou moins interrompue (*Acipenser*).

C'est au groupe des Ganoïdes cartilagineux qu'appartiennent : l'Esturgeon commun (*Acipenser sturio*), le grand Esturgeon (*A. huso*), le Sterlet (*A. rhutenus*), le Scherg (*A. stellatus*), etc.

Les Esturgeons habitent surtout les mers Noire et Caspienne, ainsi que les fleuves qui s'y jettent. Ils remontent souvent le Pô, le Rhin, la Loire. Leur chair est assez grossière ; leurs œufs constituent la base d'un mets (*caviar*) très apprécié en Russie ; enfin leur vessie natatoire, nettoyée, puis desséchée, sert à fabriquer l'*ichthyocolle* ou *colle de Poisson*. — Celle-ci se trouve, dans le commerce, sous quatre formes principales (en *lyre,* en *cœur,* en *livre,* en *lanières*). Elle sert à clarifier une foule de liquides et est aussi employée pour la fabrication du taffetas d'Angleterre.

PLAGIOSTOMES

(πλάγιος, transversal; στόμα, bouche)

Squelette cartilagineux. — Crâne sans divisions. — Peau rugueuse, chagrinée, souvent munie d'écussons épineux, rarement nue. — Bouche ordinairement transversale située à la face inférieure du museau. — En général, 5 paires de sacs branchiaux et autant d'ouvertures branchiales externes. — Bulbe artériel à valvules multiples. — Un chiasma. — Intestin à valvule spirale. — Pas de vessie natatoire.

Les Plagiostomes comprennent deux sous-ordres : les *Holocéphales* et les *Sélaciens.*

Holocéphales (ὅλος, entier; κεφαλή, tête). — *Sacs branchiaux libres extérieurement et recouverts par un repli cutané operculaire. — De chaque côté, un seul orifice derrière la tête, pour la sortie de l'eau. — Peau nue. — Pas d'évents.*

C'est à ce groupe qu'appartient le Chat de mer (*Chimœra monstrosa*).

Sélaciens (σέλαγος, poisson cartilagineux). — *Sacs branchiaux adhérant extérieurement à la peau et s'ouvrant au dehors par autant de fentes, pour le rejet de l'eau. — Pas de véritable opercule. — Peau*

ORDRES. 375

rarement nue, le plus souvent chagrinée ou couverte de plaques osseuses. — Généralement des évents.

2 groupes : les *Squalides* et les *Rajides*.

A. SQUALIDES. — Corps allongé, subfusiforme, couvert de petits tubercules squamiformes. — Ouvertures branchiales situées sur les côtés.

Ce groupe comprend : les Roussettes (*Scyllium*); les Requins (*Carcharias*); les Émissoles (*Mustelus*); les Aiguillats (*Spinax*); les Leiches (*Scymnus*); les Marteaux (*Zygœna*); les Anges (*Squatina*); etc. — La plupart atteignent de grandes dimensions et sont la terreur des eaux qu'ils habitent. — Leur peau est employée comme râpe, sous les noms de *Chien de mer* et de *Galuchat;* leur chair est dure et très grossière; leur foie fournit une huile assez analogue à l'huile de foie de Morue.

B. RAJIDES. — Corps généralement long et déprimé, nu ou partiellement couvert d'écussons épineux. — Ouvertures branchiales situées sur la face ventrale.

Ce groupe comprend : les Raies (*Raja*); les Torpilles (*Torpedo*); les Scies (*Pristis*); etc.

Les Raies ont le corps rhomboïdal, la queue grêle, les nageoires pectorales s'étendant depuis le museau jusqu'aux nageoires ventrales. Les espèces les plus connues sont la Raie bouclée (*Raja clavata*) et la Raie blanche (*R. batis*). On extrait de leur foie une huile (*huile de foie de Raie*) employée en médecine comme succédanée de l'huile de foie de Morue, mais contenant moins d'iode.

Les Torpilles ont le corps nu, discoïde et muni d'une queue charnue, fusiforme ; la tête est entourée par les nageoires pectorales. L'espace compris entre celles-ci et la colonne vertébrale est presque entièrement occupé par un organe réniforme (*appareil électrique*) qui embrasse les branchies par sa concavité.

L'appareil électrique se compose d'une série de prismes, en général hexagonaux, limités par des cloisons connectives résistantes et disposés verticalement, les uns contre les autres, comme les alvéoles d'un gâteau d'Abeilles. Ces prismes, au nombre de plus de 500 de chaque côté, sont translucides, d'un gris rosé et d'une consistance gélatineuse ; ils sont subdivisés transversalement en une pile de *lamelles* où viennent se terminer des nerfs. Ceux-ci se détachent de la moelle allongée, mais émanent d'une paire de renflements volumineux (*lobes électriques*) surajoutés à l'encéphale et situés immédiatement derrière le cervelet.

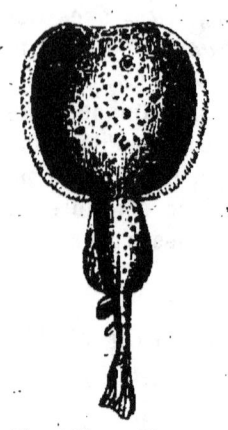

Fig. 149. — Torpille commune.

Il est démontré : 1° qu'en détruisant l'un de ces lobes ou les nerfs qui en partent, on anéantit la faculté de produire des commotions dans l'organe électrique du même côté ; 2° que l'électricité dégagée par l'appareil électrique est développée sur place, dans l'intérieur de celui-ci, et ne provient pas de l'encéphale (Matteucci). La décharge électrique de la Torpille possède, à la fois, les propriétés des décharges statiques, des courants voltaïques et des courants induits. Elle présente, avec l'acte musculaire, de frappantes analogies ; elle est, comme celui-ci, soumise à la volonté. Les influences qui modifient le travail musculaire agissent de la même manière sur le travail de l'appareil électrique (Marey). Les commotions produites par la Torpille sont moins violentes que celles du Gymnote. Le Malaptérure est moins bien doué, sous ce rapport, que les deux précédents.

La structure des appareils électriques du Gymnote et du Malaptérure est la même que chez la Torpille, mais leur configuration générale et leur position sont très différentes (*voy.* p. 372). Les Torpilles sont surtout communes dans la Méditerranée ; les Gymnotes habitent les eaux douces des régions chaudes de l'Amérique méridionale ; enfin les Malaptérures se trouvent dans le Nil.

CYCLOSTOMES

(κύκλος, cercle ; στόμα, bouche)

Squelette cartilagineux. — Peau nue. — 6 ou 7 paires de branchies, en forme de sacs, communiquant avec l'extérieur par autant d'orifices de chaque côté. — Bulbe artériel muni de deux valvules. — Un seul orifice nasal médian. — Bouche circulaire ou demi-circulaire, dépourvue de mâchoires et disposée pour la succion. — Pas de nageoires paires ni de vessie natatoire. — Corps cylindrique.

Cet ordre comprend les Lamproies (*Petromyzon*) et les Myxines (*Myxine*). Ce dernier genre est toujours parasite sur d'autres Poissons.

Les Lamproies subissent une métamorphose: Les larves, appelées autrefois *Ammocètes*, sont aveugles, ont la bouche inerme et ne possèdent pas de fente génito-urinaire. Les deux espèces les plus communes sont la Lamproie marine (*Petromyzon marinus*) et la Lamproie fluviatile (*P. fluviatilis*).

Chair des Poissons. — Poissons vénéneux. — La plupart des Poissons sont comestibles et de digestion facile ; mais leur chair est moins nourrissante que celle des autres Vertébrés. Cependant il existe, plus particulièrement dans les mers chaudes, des Poissons qui, par l'ingestion de leur chair, peuvent déterminer des accidents plus ou moins graves, quelquefois même mortels.

Le Thon, le Germon et le Maquereau, dont la chair est excellente à l'état frais, deviennent rapidement toxiques lorsque celle-ci commence à s'altérer. — Le Barbeau est nuisible au moment du frai et doit à ses œufs ses propriétés délétères.

Enfin il existe des Poissons dangereux dans tous les temps et dans tous les états. De ce nombre sont : la fausse Carangue (*Caranx fallax*); certains Tassards (*Cybium*); le Gobie vénéneux (*Gobius venenatus*); la Baudroie épineuse (*Lophius setiger*); certains Scares; la Sardine des Tropiques (*Clupea tropica*); la Melette des mers du sud (*Meletta venenosa*); les Diodons, Tétrodons, Gneions, Balistes, Ostracions, etc.

L'ingestion de la plupart de ces Poissons détermine des vomissements, une dilatation de la pupille, des crampes suivies d'une paralysie partielle des membres, quelquefois la mort. L'infusion concentrée de café, employée après les vomitifs, passe pour un bon antidote. — Quoi qu'il en soit, avec la tendance qu'il y a, de nos jours, à répandre les procédés frigorifiques pour la conservation des Poissons exotiques, il est à désirer, au point de vue de l'hygiène publique, que des commissions scientifiques soient instituées aux lieux de débarquement des Poissons conservés, pour examiner ceux-ci avant leur dissémination dans les centres commerciaux.

TRENTE-QUATRIÈME LEÇON

LEPTOCARDIENS — TUNICIERS

LEPTOCARDIENS

(λεπτός, mince; καρδία, cœur)

VERTÉBRÉS A SANG BLANC, OVIPARES, MANQUANT DE CRANE ET DE CŒUR CENTRALISÉ. — PEAU NUE. — PAS DE MEMBRES, NI DE VESSIE NATATOIRE, NI D'OS HYOÏDE, NI D'ORGANE DE L'OUÏE, NI DE RATE, NI DE PANCRÉAS, NI DE REINS VÉRITABLES. — BRANCHIES COUVERTES DE CILS VIBRATILES. — CORPS COMPRIMÉ.

Cette classe renferme le seul genre *Amphioxus*, dont il n'existe probablement qu'une espèce (*Amphioxus lanceolatus*), répandue sur les côtes de la mer du Nord, de la Grande-Bretagne, de l'Amérique du Sud et sur divers points des rivages méditerranéens. Le corps de l'Amphioxus est pointu à ses deux extrémités; il est muni d'une nageoire dorsale et d'une nageoire anale, qui se continuent, en arrière, avec une nageoire caudale de forme ovalaire.

APPAREIL DIGESTIF. — La bouche est dépourvue de mâchoires et de dents; elle a la forme d'une fente longitudinale maintenue béante par un anneau cartilagineux. De cet anneau partent des filaments de même nature constituant l'axe de petits tentacules ou cirres disposés en couronne autour de

380   LEPTOCARDIENS.

la bouche et tamisant l'eau au passage. La cavité buccale est garnie de cils vibratiles qui dirigent les particules alimentaires vers l'estomac; elle présente un *sac branchial* spacieux, commun à la digestion et à la respiration. Ce sac se continue avec un tube gastro-intestinal rectiligne et cilié. Une ouverture anale se trouve à la racine de la queue, un peu sur le côté. Le foie est rudimentaire, si tant est qu'on puisse le comparer à celui des autres Vertébrés; il occupe un diverticule (*cæcum*) sacciforme de l'estomac. Le pancréas et la rate font complètement défaut.

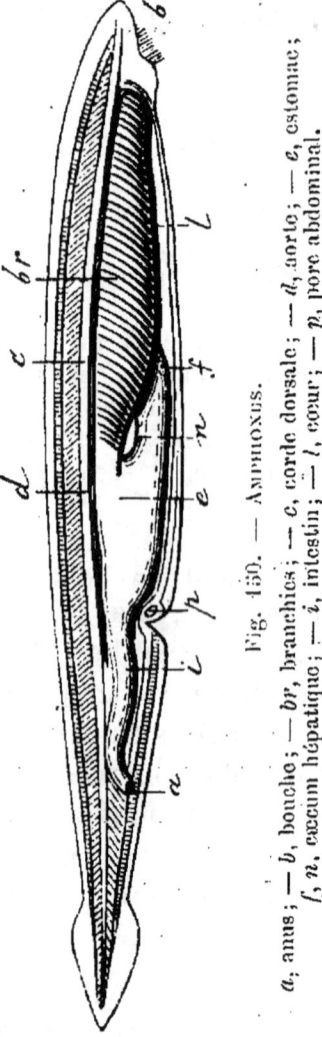

Fig. 150. — AMPHIOXUS.

a, anus; — *b*, bouche; — *br*, branchies; — *c*, corde dorsale; — *d*, aorte; — *e*, estomac; *f*, *n*, cæcum hépatique; — *i*, intestin; — *l*, cœur; — *p*, pore abdominal.

APPAREIL CIRCULATOIRE. — Il n'existe pas de cœur centralisé; le sang est mis en mouvement, comme chez les Annélides, par des vaisseaux contractiles. On désigne sous le nom de *cœur* un vaisseau longitudinal et médian situé au-dessous de la cavité branchiale. Ce tronc donne naissance aux *artères branchiales* qui longent les arcs branchiaux et se réunissent au-dessus de la cage branchiale, pour former l'*aorte*. Celle-ci passe entre l'intestin et la corde dorsale, envoyant à toutes les parties du corps des ramuscules qui se réunissent en un gros tronc veineux (*veine intestinale*) situé sur la face inférieure de l'intestin. Cette veine gagne ensuite le cul-de-sac hépatique, y formant une sorte de veine-porte, puis va se jeter dans un tronc (*veine cave*) qui débouche directement dans le vaisseau cardiaque que nous avons choisi comme point de départ de la circulation. Celle-ci s'effectue donc dans un système tubulaire fermé. Le sang est incolore; il circule, d'arrière en avant, dans la partie vasculaire inférieure et, au contraire, d'avant en arrière dans la partie vasculaire supérieure, c'est-à-dire dans l'aorte et ses dépendances.

Appareil respiratoire. — Contrairement à ce qu'on observe chez les Poissons, l'Amphioxus a des branchies couvertes de cils vibratiles. Il est, de plus, entièrement privé d'os hyoïde. Le squelette de l'appareil branchial est constitué par des rayons costiformes unis entre eux à la partie inférieure et s'insérant, en haut, sur la notocorde. Ceux-ci sont réunis, d'espace en espace, par des barreaux transversaux, de manière à constituer une cage à claire-voie qui supporte les vaisseaux branchiaux et est, elle-même, suspendue dans la cavité viscérale. L'eau destinée à la respiration entre par la bouche, traverse les fentes du treillage branchial, arrive dans la chambre viscérale et est expulsée par un orifice spécial (*pore abdominal*) situé en avant de l'anus.

Au-dessous de la cage branchiale, sur la ligne médiane, se trouve une gouttière ciliée (*gouttière hypobranchiale*) qui se rencontre aussi chez les larves des Cyclostomes et les Ascidies.

Appareil urinaire. — Il est très rudimentaire, si toutefois il existe. Hæckel considère comme étant un vestige d'appareil urinaire, deux longs *canaux latéraux* situés au-dessous des organes sexuels et s'ouvrant dans la cavité branchiale.

Appareil reproducteur. — A la partie moyenne de la cavité viscérale, de chaque côté de l'intestin, se trouvent une vingtaine de petites ampoules contenant des ovules chez les femelles et des spermatozoïdes chez les mâles. Ces petites poches n'ont pas de canal excréteur; les produits sexuels peuvent s'échapper par la bouche ou le pore abdominal.

Squelette. — Il est représenté seulement par la notocorde et la charpente cartilagineuse de l'appareil branchial.

Tégument. — Il est transparent, mince, composé d'un épiderme délicat et d'un derme fibreux sous-jacent.

Système nerveux. — Organes des sens. — Le *système nerveux central* est logé dans une gaine fibreuse qui représente le canal rachidien des autres Vertébrés. Il se compose d'une moelle épinière située au-dessus de la notocorde et présentant, à son extrémité antérieure, un petit renflement qui ne diffère pas sensiblement des nœuds de la moelle, au niveau de chacune des paires rachidiennes.

Les *organes des sens* sont représentés par un œil impair ayant la forme d'une tache de pigment et par une petite fossette ciliée (*organe olfactif*) située un peu à gauche de la ligne médiane. — Pas d'organe d'audition.

Il suit de ce qui précède que l'Amphioxus est le représentant le plus dégradé de l'embranchement des Vertébrés, dont il a la notocorde et la moelle épinière. — D'un autre côté, l'Amphioxus se rapproche des Invertébrés par l'absence du crâne et de la rate, par son sang incolore et son appareil circulatoire qui rappelle celui des Annélides ; mais, de tous les Invertébrés, ce sont les Tuniciers et, parmi eux, les Ascidies qui se rapprochent le plus de l'Amphioxus (Kowalevsky).

TUNICIERS

Animaux a symétrie bilatérale, en forme de sac ou de tonneau, solitaires ou agrégés, munis d'une enveloppe présentant deux orifices. — Un cœur simple et des vaisseaux. — Respiration branchiale. — Un seul ganglion nerveux. — Tous marins.

3 ordres :

TUNICIERS { Pas de queue chez l'adulte. Corps { cylindrique. . Salpiens.
sacciforme. . Ascidiens.
Une queue chez l'adulte. . . . . Appendiculariés.

ORGANISATION. 383

Appareil digestif. — L'orifice buccal, complètement dépourvu de mâchoires, conduit dans la cavité respiratoire au fond de laquelle se trouve l'entrée de l'œsophage. Entre ces deux orifices, on trouve un sillon cilié médian (*gouttière hypobranchiale*) situé, comme chez l'Amphioxus, à la face ventrale de la cavité respiratoire. L'œsophage est cilié et débouche dans l'estomac; l'intestin, après s'être recourbé en anse sur lui-même, s'ouvre dans la cavité respiratoire ou dans

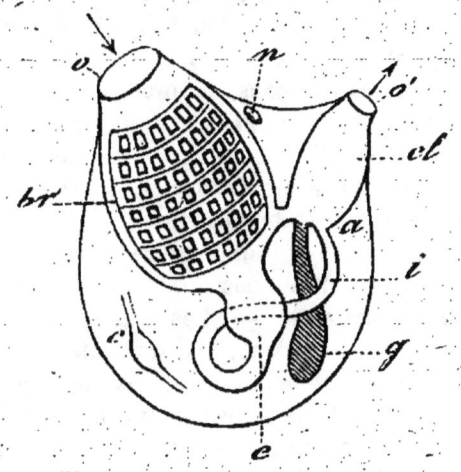

Fig. 151. — Ascidie (schéma).

a, anus; — *br*, sac branchial; — *c*, cœur; — *cl*, cloaque; — *e*, estomac; — *g*, organes génitaux; — *i*, intestin; — *n*, ganglion nerveux; — *o* et *o'*, orifices d'entrée et de sortie de l'eau.

un *cloaque* situé à la face dorsale de cette cavité et dans lequel se déversent aussi les produits sexuels. — Ce cloaque forme une cavité commune à plusieurs individus chez beaucoup d'Ascidies composées. — Chez les Appendiculariés, l'anus s'ouvre directement au dehors, sur la face ventrale.

Appareil circulatoire. — L'organe central de la circulation est toujours un cœur simple placé à côté de l'intestin; mais ses contractions changent de sens à intervalles assez réguliers (*circulation oscillatoire*). Les deux gros vaisseaux qui partent du cœur fonctionnent ainsi, alternativement, comme artères et comme veines.

APPAREIL RESPIRATOIRE. — Chez les Ascidiens, l'appareil de la respiration a la forme d'un sac treillisé suspendu dans la cavité respiratoire par de nombreux filaments. La cage ainsi formée est à claire-voie et le sang circule dans les barreaux. Ceux-ci sont couverts de cils vibratiles dont les mouvements déterminent l'entrée de l'eau par la bouche, son passage à travers les fentes du treillage branchial, enfin sa sortie par l'orifice du cloaque. Au-dessous de chacun des orifices d'entrée et de sortie de l'eau s'allongent deux tubes membraneux (*siphons*) qui vont s'ouvrir : l'un (*siphon afférent*) dans la chambre respiratoire, l'autre (*siphon efférent*) dans le cloaque. — Chez les Salpiens, la branchie est une cloison transversale trouée (*Doliolum*) ou a la forme d'une bande charnue creuse, remplie de sang et dépourvue d'orifices (*Salpa*). — Chez les Appendiculariés, le sac branchial ne présente que deux fentes branchiales.

APPAREIL URINAIRE. — Rudimentaire. Représenté (?) par une glande voisine de l'estomac.

APPAREIL REPRODUCTEUR. — Les Tuniciers sont hermaphrodites. Chez les Ascidiens, les testicules et les ovaires constituent une masse glandulaire située de chaque côté du corps. Dans chaque glande, l'ovaire est central et muni d'un oviducte, tandis que le testicule entoure l'organe et est pourvu de plusieurs canaux déférents. Tous ces conduits évacuateurs se rendent dans la cavité cloacale. La fécondation a lieu, le plus souvent, dans le cloaque ; les embryons sont expulsés par l'orifice de cette cavité.

Chez les Ascidies sociales et les Ascidies composées, la reproduction s'effectue non seulement par oviparité, mais encore par gemmiparité. Les individus nés ainsi, par bourgeonnement, forment des colonies qui restent étroitement unies pendant toute leur vie.

Chez quelques Ascidiens et chez les Salpiens, on observe des *phénomènes* dits *de génération alternante*, sur lesquels nous allons nous arrêter un instant.

Génération alternante. — On désigne sous ce nom ou sous ceux de *métagenèse*, *généagenèse*, *dige-*

nèse, un mode de développement caractérisé par l'alternance régulière d'une génération sexuelle avec une génération asexuelle.

Les Salpes se présentent sous deux aspects fort différents : celui d'individus isolés de grande taille (*Salpes libres*) et celui de longues chaînes (*Salpes agrégées*) dont chaque chaînon est formé par un individu de petite taille. Mais ces deux sortes de Salpes ne diffèrent pas seulement par la taille. Les Salpes libres n'ont pas d'organes sexuels; elles donnent à leur intérieur, par bourgeonnement, une chaîne d'individus sexués qui restent toujours unis. Ces Salpes agrégées, filles de Salpes libres, ne sont pas gemmipares; chacune d'elles produit des spermatozoïdes et un œuf unique d'où sort une Salpe libre, agame et gemmipare.

Développement. — Le développement de l'embryon offre, chez les Ascidies, une grande ressemblance avec celui de l'Amphioxus. La larve qui sort de l'œuf a la forme d'un têtard; elle est munie d'une notocorde, d'un tube médullaire et d'organes des sens. Bientôt la larve se fixe, la tête en bas, au moyen de trois ventouses; alors la queue, désormais sans usage, est résorbée avec la notocorde tout entière et la plus grande partie du tube médullaire. A ce moment, le têtard transformé n'est autre chose qu'une jeune Ascidie où le tube médullaire de la larve est devenu un simple ganglion et où les organes des sens ont complètement disparu.

Chez certaines Ascidies (*Molgules, Pyrosomes*), une larve anoure sort de l'œuf; mais cela tient simplement à un développement plus rapide.

Téguments. — Les Tuniciers doivent leur nom à l'existence d'une enveloppe spéciale (*tunique*) qui recouvre le corps. Celui-ci a la forme d'une outre ou d'un tonnelet présentant deux ouvertures, l'une pour l'entrée, l'autre pour la sortie de l'eau. Cette tunique se compose essentiellement de cellulose. — Au-dessous de la tunique se trouve le *manteau* ou enveloppe interne, qui présente de nombreuses fibres musculaires et recouvre les viscères. Les siphons afférent et efférent appartiennent à cette enveloppe.

Système nerveux. — Il se réduit à un simple ganglion situé entre les ouvertures buccale et cloacale. De ce ganglion partent des nerfs très délicats qui n'ont pas encore pu être suivis jusqu'à leur terminaison.

SALPIENS

(σάλπη, salpe)

Corps cylindrique ou en forme de tonneau, avec deux ouvertures terminales et opposées. — Branchies rubanées ou lamelleuses. — Tunique mince, transparente. — Nageurs.

Comprennent les Salpes ou Biphores (*Salpa*) et les *Dolium*.

ASCIDIENS

(ἀσκίδιον, petite outre)

Corps sacciforme, muni de deux orifices en général rapprochés l'un de l'autre. — Un large sac branchial. — Tunique coriace ou gélatineuse, le plus souvent opaque. — Ordinairement fixés.

A. Pyrosomidés. — Forment des colonies phosphorescentes ayant la forme d'un tube ouvert à l'une de ses extrémités et fermé à l'autre. — Flottent à la surface de la mer.

B. Ascidiadés. — Solitaires (*Ascidies simples*), ou réunis par des stolons en colonies ramifiées (*A. sociales*), ou formant de petits groupes, le plus souvent étoilés, enveloppés dans une tunique commune (*A. composées*).

APPENDICULARIÉS

(*appendicula*, petit appendice)

Corps ovale, muni d'un appendice caudal persistant. — Sac branchial rudimentaire. — Tunique transparente, dépourvue de cellulose. — Nageurs.

Ressemblent aux larves des Ascidies. — Possèdent une vésicule auditive.
Appendicularia.

TRENTE-CINQUIÈME LEÇON

MOLLUSQUES

(*molluscus*, mou)

DIVISION EN ORDRES. — APPAREILS DE NUTRITION ET DE REPRODUCTION

INVERTÉBRÉS A SYMÉTRIE BILATÉRALE. — CORPS MOU, INARTICULÉ, LE PLUS SOUVENT RECOUVERT D'UNE COQUILLE CALCAIRE PROVENANT DE LA SÉCRÉTION D'UN REPLI CUTANÉ (MANTEAU). — SYSTÈME NERVEUX OFFRANT TROIS PAIRES PRINCIPALES DE GANGLIONS ET NE PRÉSENTANT JAMAIS DE CHAINE GANGLIONNAIRE LONGITUDINALE.

Le tableau suivant résume la division des Mollusques en 6 classes et 14 ordres:

MOLLUSQUES.	Des dents. Pas de coquille bivalve (*Odontophores*).	Une tête. Un cœur.	Une couronne de bras autour de la bouche..... **Céphalopodes.**		Une paire de branchies.............	Dibranches.
					Deux paires de branchies...........	Tétrabranches.
			Un pied ventral. **Gastéropodes..**	Pied horizontal.	Un poumon..................	Pulmonés.
					Des branchies.	Coquille bien développée	univalve.. Prosobranches.
							multivalve. Cyclobranches.
						Coquille rudimentaire ou nulle........	Opisthobranches.
		Pas de couronne de bras.		Pied vertical....................	Hétéropodes.
			Deux nageoires latérales. **Ptéropodes..**	Nus.........................	Gymnosomes.
				Testacés.....................	Thécosomes.
		Pas de tête ni de cœur. **Scaphopodes..**			Solénoconques.
	Pas de dents. Une coquille bivalve (*Bivalves*).	Des branchies lamelleuses. Pas de bras....... **Lamellibranches.**		2 siphons respiratoires.	Siphonidés.
				Pas de siphon respiratoire.	Asiphonidés.
		Pas de branchies lamelleuses. 2 bras.... **Brachiopodes..**		Une charnière..................	Testicardines.
				Pas de charnière................	Écardines.

Appareil digestif. — Il commence à la bouche et se termine à l'anus qui est plus ou moins rapproché de l'orifice buccal. Le tube digestif est donc habituellement recourbé en anse; on y distingue un pharynx, un œsophage, un estomac et un intestin. — Dans le pharynx s'ouvrent ordinairement les canaux excréteurs de deux glandes en grappe appelées improprement *glandes salivaires*. Leur sécrétion n'est pas comparable à la salive des Vertébrés; ce sont probablement des glandes à mucus (Frédéricq).

A l'estomac est généralement annexée une glande volumineuse (*glande digestive*) désignée autrefois sous le nom impropre de *foie*. Le liquide sécrété par cette glande n'est nullement assimilable à la bile; il ressemble, au contraire, beaucoup au suc pancréatique (Frédéricq). — On peut dire, d'une manière générale, que le foie n'existe jamais chez les Invertébrés; on ne le trouve, avec sa sécrétion caractéristique, que chez les animaux à sang rouge ou Vertébrés. — La considération de la cavité buccale permet de diviser les Mollusques en deux grands groupes caractérisés par la présence ou l'absence de dents. Le premier groupe porte le nom d'*Odontophores*; le second a été désigné, depuis longtemps, sous celui de *Bivalves*, à cause du caractère plus apparent de la coquille qui est divisée en deux valves.

A. Céphalopodes. — La bouche est située au centre de la couronne tentaculaire et munie, à son entrée, de deux mandibules rappelant un bec de Perroquet. La langue est armée d'épines chitineuses (*dents linguales*). — L'estomac présente un diverticulum en cul-de-sac (*appendice pylorique*) où vient se déverser le produit de la glande digestive. — L'intestin ne présente que peu de circonvolutions et se termine, sur la ligne médiane, dans la cavité du manteau, près de la base de l'entonnoir. Le tube digestif est recourbé en arc sur le ventre.

B. Gastéropodes. — La bouche, souvent munie d'une trompe protractile, occupe l'extrémité antérieure. L'anus est situé, en général, du côté droit, dans le voisinage de la nuque, de telle sorte que le tube digestif est ici recourbé en arc sur le dos. Chez les Oscabrions (*Chiton*), l'anus occupe l'extrémité postérieure du corps. — En arrière de l'orifice buccal se trouve un renflement musculaire (*bulbe pharyngien* ou *masse buccale*) armé d'organes masticateurs (*dents*). — L'œsophage s'élargit pour constituer un estomac simple ou multiple. — L'intestin décrit de nombreuses circonvolutions; il est entouré par une glande digestive volumineuse dont les canaux excréteurs vont déboucher dans l'estomac. — Chez les Eolidiens, la glande digestive est représentée par des cellules logées dans les parois de prolongements stomacaux (*cœcums*) qui occupent l'intérieur des appendices respiratoires situés sur le dos. — La portion terminale de l'intestin (*rectum*) traverse quelquefois le cœur (Haliotides).

Le plafond de la masse buccale offre une mâchoire supérieure composée généralement d'une seule pièce cornée. Le plancher est le plus souvent dépourvu de mâchoire inférieure et présente une éminence musculo-cartilagineuse (*langue*) recouverte d'une membrane cornée (*radula*) armée de saillies chitineuses que l'on distingue en *dents médianes* et *dents latérales*. — La langue est animée de mouvements longitudinaux et sert surtout à écraser les aliments contre la mâchoire supérieure.

C. Ptéropodes. — L'appareil digestif tient de celui des Céphalopodes et de celui des Gastéropodes.

D. Scaphopodes. — Le rectum traverse une poche sanguine qui tient lieu de cœur; il offre des mouvements de contraction et de dilatation (Lacaze-Duthiers).

E. Lamellibranches. — L'orifice buccal est dépourvu de

mâchoires et de langue; il est toujours béant et entouré de deux paires de *tentacules labiaux*. Ceux-ci sont couverts de cils vibratiles qui dirigent les substances alimentaires du côté de la bouche. — L'œsophage est très court et débouche dans un estomac assez volumineux qui présente souvent, en arrière, un long cæcum renfermant un tube hyalin (*tige cristalline*). — L'intestin décrit un assez grand nombre de cir-

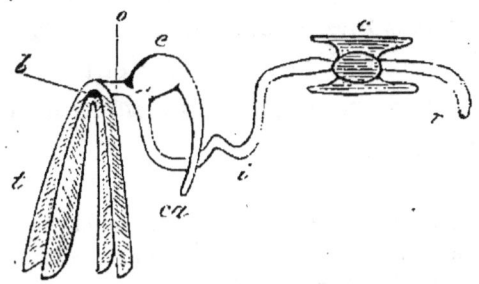

Fig. 152. — Canal digestif d'un Lamellibranche.
b, bouche; — *c*, cœur; — *ca*, cæcum de l'estomac *c*; — *i*, intestin; *o*, œsophage; — *r*, rectum; — *t*, tentacules labiaux.

convolutions et traverse le cœur avant de se terminer par l'anus, particularité qui ne s'observe cependant pas chez l'Huître. — L'anus est toujours situé sur le passage du courant d'eau expiratoire.

F. Brachiopodes. — La bouche est située entre les bases des bras. — L'œsophage est suivi d'un estomac entouré d'une glande digestive volumineuse. — L'intestin est tantôt court et terminé en cæcum (sans anus) sur la ligne médiane (Testicardines), tantôt long et s'ouvrant dans la chambre palléale, au côté droit de la bouche (Écardines). — Les deux bras en spirale, placés de chaque côté de la bouche, correspondent aux tentacules labiaux des Lamellibranches; ils portent, à leur face interne, une gouttière ciliée entraînant vers la bouche les particules alimentaires.

Appareil circulatoire. — Un cœur, généralement entouré d'un péricarde, envoie le sang aux organes par des vaisseaux à parois distinctes ; cependant, la circulation est en partie lacunaire. — Le plus souvent, il existe des ouvertures qui permettent l'entrée de l'eau dans l'appareil circulatoire.

Le plasma du sang des Mollusques semble jouer un rôle assez important ; il renferme une substance (*hémocyanine*) analogue à l'hémoglobine, mais qui, au lieu de fer, contient du cuivre et forme avec l'oxygène une combinaison de couleur bleue (FRÉDÉRICQ).

A. CÉPHALOPODES. — Chez les Tétrabranches (Nautile), on ne trouve qu'un *cœur artériel*, comme chez les autres Mollusques ; mais, chez les Dibranches, il existe en outre deux *cœurs veineux*.

Le cœur artériel est situé au fond de l'abdomen ; il se compose de deux oreillettes et d'un ventricule d'où partent les deux principales artères (*aorte céphalique* et *aorte abdominale*). — Le sang veineux se rend dans les cœurs branchiaux et ceux-ci l'envoient aux branchies par des *artères branchiales*.

B. GASTÉROPODES. — Le cœur se compose ordinairement d'un ventricule et d'une oreillette. Chez les Opisthobranches, l'oreillette est située en arrière du ventricule, tandis que, chez les autres Gastéropodes, c'est le contraire qui a lieu. — La cavité du péricarde communique souvent avec l'extérieur. — Chez les Haliotides et quelques autres Gastéropodes, on observe exceptionnellement deux oreillettes et un ventricule qui embrasse le rectum.

On peut prendre l'appareil circulatoire du Colimaçon comme type. L'oreillette reçoit, par la veine pulmonaire, le sang artériel de l'appareil respiratoire. Ce liquide passe dans le ventricule, qui l'envoie, par l'aorte, à toutes les parties du corps. Le sang veineux contenu dans le système lacunaire revient à l'appareil respiratoire par des canaux plus ou moins bien développés.

APPAREILS DE NUTRITION. 393

C. Ptéropodes. — Appareil circulatoire présentant beaucoup d'analogie avec celui des Gastéropodes.

D. Scaphopodes. — Circulation essentiellement lacunaire. — Le cœur a la forme d'un réservoir qui entoure le rectum ;

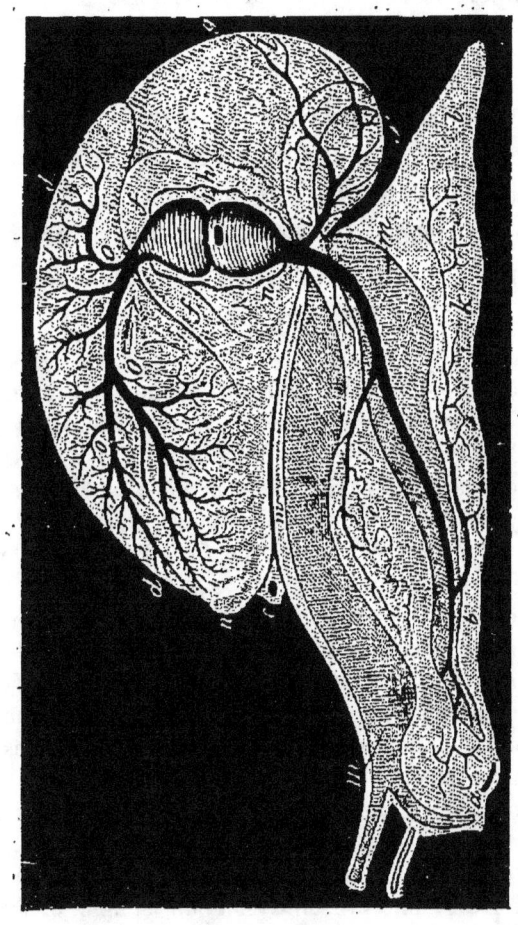

Fig. 153. — Appareil circulatoire du Colimaçon.

a, bouche ; — *b, b*, pied ; — *c*, anus ; — *d, d*, poumon ; — *e*, estomac ; — *f, f*, intestin ; — *g*, glande digestive ; — *h*, cœur ; — *i*, aorte ; — *j*, artère gastrique ; — *l*, artère de la glande digestive ; — *m, m*, cavité viscérale remplissant les fonctions d'un sinus veineux ; — *n, n*, canal portant le sang au poumon ; — *o, o*, veine pulmonaire (Milne Edwards).

celui-ci est pulsatile et lui communique ses mouvements.

E. Lamellibranches. — En général, le cœur possède un ventricule unique intermédiaire à deux oreillettes et traversé par l'intestin ; il est situé près de la charnière et le péricarde communique, le plus souvent, avec l'extérieur.

F. Brachiopodes. — Le cœur est uniloculaire et situé près de l'estomac. Le sang s'échappe par quatre troncs artériels et revient par un tronc veineux.

Appareil respiratoire. — Il est constitué, le plus souvent, par des *branchies,* quelquefois par un *poumon,* exceptionnellement par ces deux sortes d'organes réunis (*Ampullaria*, *Oncidium*). — Les branchies sont couvertes de cils vibratiles, excepté chez les Céphalopodes. — Le poumon est une cavité remplie d'air, tapissée de vaisseaux sanguins et communiquant par une ouverture étroite (*pneumostome*) avec le milieu ambiant.

A. Céphalopodes. — Les branchies sont deux (Dibranches) ou quatre (Tétrabranches) pyramides lamelleuses situées dans la cavité du manteau. — Sous l'influence des mouvements d'expansion de cette cavité, l'eau pénètre par la fente palléale. Au moyen d'un système de valvules, variable suivant les genres, cette fente est fermée pendant l'expiration et l'eau s'échappe par l'entonnoir.

B. Gastéropodes. — La respiration n'est aérienne que chez les Pulmonés, à part l'exception, signalée plus haut, des Ampullaires et des Oncidies. Quelques Gastéropodes inférieurs respirent uniquement par la peau; tous les autres sont pourvus de branchies situées, soit sur les côtés du corps, soit sur la région dorsale.

Chez les Prosobranches, les branchies (souvent réduites à une seule) occupent une cavité palléale située au-dessus de la région cervicale (*nuque*). Cette cavité s'ouvre en avant par une fente transversale; elle présente soit un simple orifice (Holostomes), soit un tube respiratoire qui a reçu le nom de *siphon* (Siphonostomes). — La structure des branchies rappelle celle d'un peigne, disposition qui a fait désigner les Prosobranches sous le nom de *Cténobranches*.

Le mécanisme de la respiration est très simple. — Les cils

vibratiles des branchies établissent un courant qui part de l'orifice respiratoire (situé à gauche) et sort par la commissure opposée, dans le voisinage de laquelle est l'anus.

Chez les Cyclobranches ou Oscabrions, les branchies, situées sous le manteau, forment autour du pied un cercle interrompu seulement à la partie antérieure.

Chez les Opisthobranches, les branchies sont à nu (Nudibranches) ou au contraire recouvertes par le manteau (Tectibranches); mais elles n'occupent pas la région cervicale. Assez souvent, les branchies ne se développent que du côté droit (Pleurobranches, etc.).

Chez les Hétéropodes, la partie postérieure du dos porte, en général, un appareil branchial pectiné ou plumeux.

C. PTÉROPODES. — Les Gymnosomes respirent par la peau ou des branchies foliacées externes et postérieures. Les Thécosomes offrent une ou deux branchies renfermées dans une cavité palléale située à la face inférieure du corps et présentant un orifice antérieur.

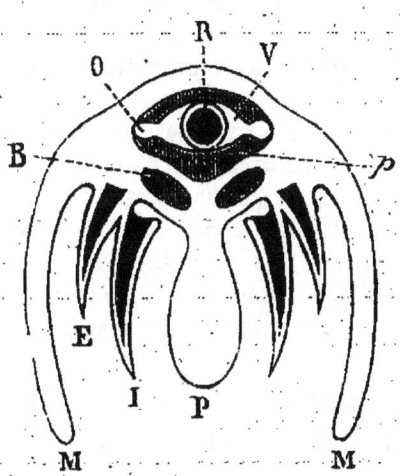

Fig. 154. — SECTION TRANSVERSALE DU CORPS D'UN LAMELLIBRANCHE.

B, organe de Bojanus; — E, I, branchies externe et interne; — M, M, manteau; — O, oreillette; — P, pied; — p, péricarde; — R, rectum; — V, ventricule.

D. SCAPHOPODES. — Pas de branchies. — Respiration cutanée et rectale.

E. LAMELLIBRANCHES. — La respiration se fait au moyen de quatre branchies lamelleuses situées deux à droite et deux à gauche du plan médian, dans les angles que forme l'abdomen ou pied avec les faces internes du manteau.

Les branchies sont constituées par une série de canalicules couverts de cils vibratiles et maintenus en rapport par des traverses; elles sont composées de deux feuillets, l'un direct et adhérent, l'autre réfléchi et libre, qui figurent assez bien une lame pliée par le milieu. Entre ces deux feuillets se trouve une *cavité intrabranchiale* qui communique avec l'extérieur au moyen du treillis branchial.

Le mécanisme de la respiration se fait sous l'influence des cils vibratiles qui déterminent un courant de direction constante à la surface des branchies.

Chez les Asiphonidés, tantôt (Huîtres) les deux lobes du manteau ne sont adhérents que dans le voisinage de la charnière, laissant entre eux une large ouverture pour l'entrée et la sortie de l'eau, tantôt (Moules) ils se soudent de manière à délimiter deux ouvertures dont la supérieure, plus petite, sert à la sortie de l'eau.

Chez les Siphonidés, les lobes palléaux laissent entre eux trois ouvertures, dont l'une, antérieure, livre passage au pied, tandis que chacune des deux autres est munie d'un tube (*siphon*). Le siphon inférieur sert à l'entrée de l'eau et le supérieur à sa sortie.

F. BRACHIOPODES. — La respiration s'effectue par les bras et la surface interne du manteau.

Appareil urinaire. — On a constaté, dans la plupart des classes, l'existence d'un *organe rénal*.

Chez les *Céphalopodes*, l'organe rénal est représenté par des *corps spongieux* qui garnissent les gros troncs veineux. — Chez les *Gastéropodes*, il est constitué par une glande dont le canal excréteur accompagne le rectum et s'ouvre à côté de l'anus. Cette glande est située dans le voisinage du cœur et communique avec le péricarde. — La disposition du rein est à peu près la même chez les *Ptéropodes*; mais la paroi de cet organe est contractile, disposition qui s'observe aussi chez quelques Hétéropodes. — Chez les *Scaphopodes*, l'organe rénal est pair et débouche, par deux orifices, à droite et à gauche de l'anus (LACAZE-DUTHIERS). — Chez les *Lamellibranches*, le rein est connu sous le nom d'*organe de Bojanus*. C'est une masse paire de glandes (parfois soudées sur la ligne médiane), située à la partie dorsale du corps, au-dessous du péricarde avec lequel elle communique de chaque côté. L'appareil rénal débouche latéralement à la base du pied, quelquefois par un orifice commun avec les organes génitaux.

Chez les *Brachiopodes*, on trouve une ou deux paires de canaux glanduleux correspondant aux organes segmentaires des Vers. L'une de leurs extrémités est libre dans la cavité du corps et infundibuliforme; ils débouchent par l'autre au dehors, de chaque côté de la bouche. Ces canaux servent aussi de conduits vecteurs pour les organes génitaux.

Appareil reproducteur. — La reproduction est toujours sexuelle. — La segmentation de l'œuf est partielle chez les Céphalopodes, totale chez les autres Mollusques. — Après l'éclosion, les Mollusques branchifères présentent un repli cutané antérieur (*voile*) bordé de longs cils vibratiles et servant à la natation.

A. CÉPHALOPODES. — Tous sont dioïques. — Chez les mâles, un des bras se modifie pour servir d'organe copulateur (*hectocotyle*).

a. *Appareil mâle.* — Il se compose d'un testicule impair renfermé dans un sac péritonéal où se répandent les spermatozoïdes devenus libres par la rupture des cæcums de la glande. Ces corpuscules passent de là dans un canal déférent où ils sont agglutinés en étuis complexes (*spermatophores*). Ceux-ci arrivent ensuite dans un vaste sac (*bourse de Needham*) suivi d'un tube éjaculateur qui débouche dans la chambre branchiale, à la base de l'entonnoir.

b. *Appareil femelle.* — L'ovaire est impair et renfermé dans un sac péritonéal où tombent les œufs qui s'échappent par rupture. Ce sac communique avec un oviducte simple ou double (Poulpe) qui va déboucher vers la base de l'entonnoir. A l'oviducte est annexée une *glande de l'albumine* de forme globuleuse et souvent on observe en outre (Nautile, Seiche, etc.) deux grosses masses glandulaires (*glandes nidamentaires*) qui sécrètent une substance visqueuse destinée à réunir les œufs. Ceux-ci sont entourés de prolongements variés et fixés sur des corps étrangers ; les pêcheurs donnent à ces masses racémeuses le nom de *raisins de mer*.

Dans quelques genres (*Tremoctopus*, *Philonexis*, *Argonauta*), l'hectocotyle se détache périodiquement et s'introduit, par l'entonnoir, dans la cavité palléale de la femelle. Ce bras continue à vivre pendant un certain temps après sa séparation et repousse après sa chute.

B. GASTÉROPODES. — L'appareil génital est asymétrique, excepté chez les Oscabrions. — Les Gastéropodes sont monoïques ou dioïques.

a. *Gastéropodes dioïques*. — Deux cas sont à considérer, suivant que l'animal est muni d'un pénis ou au contraire dépourvu de cet organe :

1º Les Gastéropodes dioïques pourvus d'un pénis sont : les Pulmonés operculés, la plupart des Prosobranches et les Hétéropodes. Le testicule et l'ovaire sont ordinairement cachés entre les lobes de la glande digestive ; les orifices sexuels sont situés dans le voisinage de l'anus. Il existe chez le mâle un canal déférent, une vésicule séminale, un conduit éjaculateur ; chez la femelle, un oviducte, une glande de l'albumine, un vagin, une poche copulatrice. La verge est tubulaire ou quelquefois creusée d'un simple sillon qui fait suite au canal déférent. — Chez la Paludine et quelques espèces vivipares, une portion du canal génital de la femelle se dilate de façon à constituer un réservoir (*utérus*) à l'intérieur duquel les œufs subissent leur développement.

2º Chez les Gastéropodes dioïques sans pénis (Patelle, Haliotide, etc.), l'ovaire et le testicule occupent la même place que chez les précédents ; les orifices génitaux se trouvent également situés dans le voisinage de l'anus. Il ne semble pas qu'il y ait rapprochement sexuel chez ces animaux.

b. *Gastéropodes monoïques*. — A ce groupe appartiennent les Opisthobranches et presque tous les Pulmonés. — Ils sont caractérisés par l'union étroite ou même la fusion des deux glandes sexuelles (*glande hermaphrodite*), ainsi que par la réunion de leurs conduits vecteurs.

Nous n'examinerons ici que la disposition de l'appareil reproducteur du Colimaçon (*Helix pomatia*). La *glande hermaphrodite* présente un canal efférent qui vient s'ouvrir dans l'*oviducte*, où il se continue avec une gouttière (*gouttière déférente*) transformée en canal incomplet par deux replis

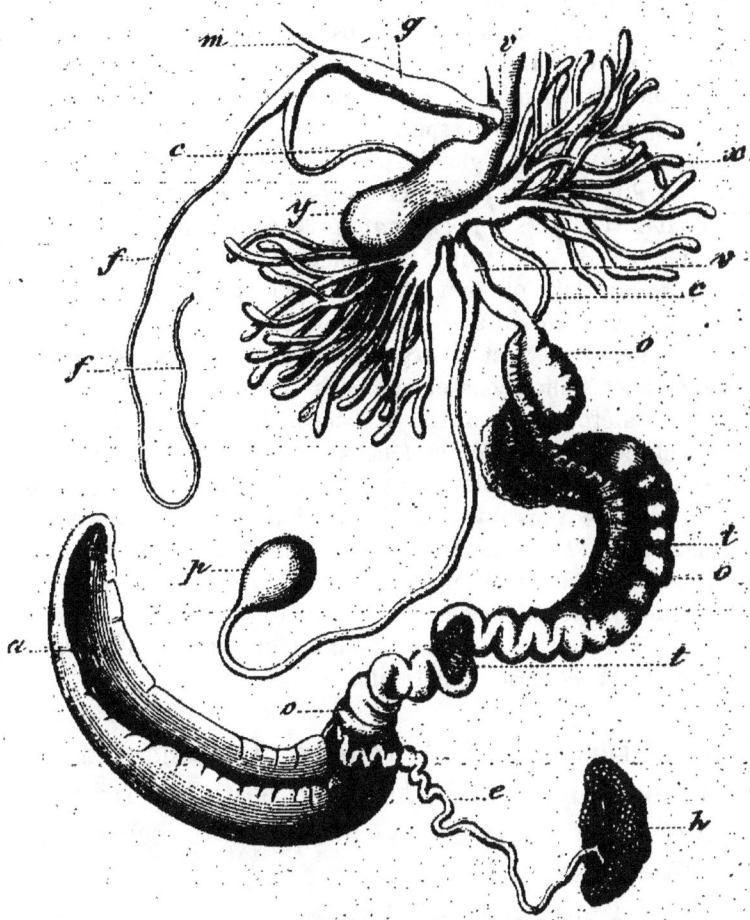

Fig. 155. — Appareil génital du Colimaçon.

a, glande de l'albumine ; — *v, c*, canal déférent ; — *e*, canal efférent ; — *f, f*, flagellum ; — *g*, gaine du pénis ; — *h*, glande hermaphrodite ; — *m*, muscle rétracteur du pénis ; — *o*, oviducte ; — *p*, poche copulatrice ; — *t, t*, gouttière déférente ; — *v, v*, vagin ; — *x*, vésicules multifides ; — *y*, sac du dard.

marginaux. Cette gouttière conduit le sperme; elle se continue avec le canal déférent et celui-ci va déboucher au fond de la gaîne du pénis. Les ovules parcourent l'oviducte auquel fait suite un vagin et les deux appareils s'ouvrent à l'extérieur par un orifice génital commun.

Ce double appareil a des annexes qui appartiennent, soit à la partie mâle, soit à la partie femelle. Les premières sont : 1° un long prolongement de la gaîne du pénis (*flagellum*), dans lequel se forme un spermatophore désigné sous le nom de *capreolus*; 2° des glandes accessoires (*prostate*); 3° un muscle rétracteur du pénis. Les secondes sont : 1° la *glande de l'albumine*; 2° la *poche copulatrice*, qui reçoit le spermatophore; 3° une paire de glandes multiples (*vésicules multifides*), qui s'ouvrent dans le vagin; 4° le *sac du dard*, dont la cavité en cul-de-sac renferme un petit stylet calcaire (*dard*). Ce dernier est un organe excitateur qui n'existe guère que chez les Colimaçons et quelques Doris.

Les Gastéropodes monoïques s'accouplent et, le plus souvent, chacun des conjoints fonctionne à la fois comme mâle et comme femelle (Colimaçon). Cependant le coït peut être simple, en ce sens que l'un des conjoints agit comme mâle seulement et l'autre comme femelle (Ancyle). — Un autre cas est celui où un seul et même individu est mâle pour un deuxième et femelle pour un troisième (Limnée). — Enfin exceptionnellement, chaque animal peut se féconder lui-même et est alors hermaphrodite.

C. Ptéropodes. — Tous sont monoïques et pourvus d'une glande hermaphrodite. — Ils présentent un pénis assez analogue à celui des Gastéropodes.

D. Scaphopodes. — Dioïques.

Les produits sexuels sortent par une ouverture palléale située à l'extrémité pointue de la coquille.

E. Lamellibranches. — Presque tous sont

dioïques. — Ceux qui sont monoïques ont les glandes sexuelles séparées ou au contraire réunies en une glande hermaphrodite.

a. *Lamellibranches dioïques.* — L'ovaire et le testicule sont des glandes en grappe situées sur les côtés de la glande digestive et pénétrant quelquefois dans le manteau (Moule). Les ouvertures génitales se trouvent de chaque côté de la base du pied ; elles sont confondues avec les orifices de l'organe de Bojanus (Moule), ou sont situées à côté de ces orifices (Anodonte). Les œufs sont de couleur rougeâtre ; le sperme est lactescent.

b. *Lamellibranches monoïques.* — La situation de la glande hermaphrodite et la terminaison à l'extérieur sont les mêmes que chez les précédents.

Les uns ont les glandes sexuelles distinctes et un (Peigne) ou deux (Pandore) orifices sexuels de chaque côté. Les autres (Huître) ont une glande hermaphrodite.

F. BRACHIOPODES. — Dioïques.

Les organes génitaux sont situés de chaque côté de la ligne médiane, dans l'épaisseur des lobes du manteau. Chez les Brachiopodes, comme chez les Lamellibranches, il n'y a jamais de rapprochement sexuel. Les spermatozoïdes sont transportés chez la femelle par les courants du liquide ambiant.

TRENTE-SIXIÈME LEÇON

MOLLUSQUES

APPAREILS DE RELATION. — CLASSES ET ORDRES

Tégument. — Il est assez nettement séparable en *épiderme* et en *derme*. Celui-ci est étroitement uni à la couche musculaire sous-jacente, de façon à former au corps une *enveloppe musculo-dermique*. — Chez les Céphalopodes et quelques Ptéropodes, on observe, dans le derme, des corpuscules colorés (*chromatophores*) qui, par leur contraction, produisent des taches à la surface de la peau.

C'est un appareil glandulaire qui, chez les Limaces, s'ouvre un peu en arrière de la bouche et sécrète la matière visqueuse qui laisse, après le passage de ces animaux, une trainée brillante sur le sol. — Chez quelques Prosobranches (*Murex, Purpura*), il existe, dans la chambre branchiale, un groupe de cellules épithéliales (*glande de la pourpre*) qui fournissent un liquide incolore prenant, sous l'influence des rayons solaires, une belle couleur rouge ou violette (*pourpre*). — C'est une sécrétion très chargée de carbonate de chaux qui produit, en se desséchant, l'espèce de couvercle (*épiphragme*) qui ferme, en hiver, l'entrée de la coquille des Colimaçons. — Chez beaucoup de Lamellibranches (*Pecten, Avicula, Mytilus*, etc.), il existe un organe fixateur (*byssus*) constitué par un paquet de filaments adhésifs sortant de la base du pied. Ce byssus est sécrété par une glande spéciale.

Chez quelques Opisthobranches (Éolidiens), on trouve des cellules urticantes (*nématocystes*) analogues à celles que nous étudierons chez les Cœlentérés.

Parmi les dépendances du tégument, les plus importantes sont les parties désignées sous les noms de *voile, manteau, pied* et *coquille*.

A. VOILE. — Nous savons déjà que c'est une expansion latérale des téguments céphaliques bordée de cils vibratiles. — Cet organe n'existe, à cet état, que chez les larves; il sert à la nage.

B. MANTEAU. — On appelle ainsi une portion du tégument, qui se détache plus ou moins du reste du corps, en formant un repli dont le bord libre est épaissi. — L'espace compris entre le manteau et le corps s'appelle la *cavité palléale*.

Chez les *Céphalopodes*, la cavité palléale est en forme de sac et située à la partie inférieure du corps. Des appendices du manteau, en forme de nageoires, existent souvent sur les côtés du corps (*Sepia, Loligo*). — Chez les *Gastéropodes*, le manteau n'est bien développé que dans les animaux munis d'une coquille et forme le plus souvent, sur la nuque, une cavité palléale. — Chez les *Ptéropodes*, cette cavité s'ouvre en arrière, à la base des nageoires. — Chez les *Scaphopodes*, le manteau a la forme d'un sac. — Chez les *Lamellibranches*, il offre deux lobes latéraux et recouvre l'animal comme la couverture d'un livre. — Chez les *Brachiopodes*, le manteau comporte aussi deux lobes : mais ceux-ci, au lieu d'être latéraux, sont l'un dorsal et l'autre ventral.

C. PIED. — C'est un organe cutané qui occupe la partie ventrale du corps.

Chez les *Lamellibranches*, le pied est parfois rudimentaire

(Huître, Pholade), d'autres fois très développé. — Chez les *Gastéropodes*, il se termine par une surface déprimée (comprimée chez les Hétéropodes); sa partie postérieure porte souvent un couvercle cornéo-calcaire (*opercule*) servant à fermer l'ouverture de la coquille lorsque l'animal s'y est retiré. — Chez les *Ptéropodes*, le pied présente un lobe impair atrophié et deux gros lobes latéraux qui constituent deux nageoires aliformes. — Chez les *Céphalopodes*, la couronne de bras paraît correspondre à la partie antérieure du pied et l'entonnoir à ses parties latérales (HUXLEY).

D. COQUILLE. — C'est une production solide du manteau. — Elle ne présente ni vaisseaux ni nerfs mais est recouverte d'une cuticule épidermique (*drap marin*) laissant souvent à nu la substance fondamentale de la coquille (*test*). — Outre le drap marin et le test, les coquilles présentent encore une couche interne irisée (*nacre*).

Les *perles* sont des corps de même nature que la nacre, qui se développent chez certains Lamellibranches (*Avicula, Malleus, Pinna, Unio, Ostrea*). Elles sont formées par une hypersécrétion de la nacre, dans les points où des corps étrangers et quelquefois des lésions de la coquille irritent le manteau.

Les coquilles sont constituées essentiellement par du carbonate de chaux uni à une faible quantité de substance organique (*conchylioline*); elles se développent par couches successives, la plus externe étant la plus âgée. Le test est formé de petits prismes disposés perpendiculairement à la surface de la coquille. La nacre est composée de prismes beaucoup plus petits que ceux du test et très obliques par rapport à la surface de ce dernier; leur terminaison forme des stries très fines qui, en décomposant la lumière, produisent les phénomènes optiques de l'irisation.

a. *Céphalopodes.* — Le Nautile et l'Argonaute ont seuls une coquille externe dont nous reparlerons plus loin; les autres ont une coquille interne (Seiche) ou nulle.

b. *Gastéropodes.* — La coquille est rarement interne et, dans ce cas, petite, incolore, aplatie. — Tous les Gastéropodes, même ceux qui sont nus à l'âge adulte, ont une coquille à l'état larvaire.

Les coquilles externes sont généralement roulées en hélice (*coquilles spirales*); quelquefois elles sont *coniques* (Patelle). Un seul genre (*Chiton*) possède une coquille *multivalve*; tous les autres ont une coquille *univalve*.

La partie de la coquille par laquelle sort l'animal se nomme la *bouche* ou l'*ouverture*; l'autre extrémité est le *sommet*. Les tours de spire de la coquille s'appliquent ordinairement les uns contre les autres et s'enroulent autour d'un axe (*columelle*) qui est plein ou creux. Dans ce dernier cas, on désigne sous le nom d'*ombilic* l'orifice extérieur de la *columelle*. L'ouverture de la coquille peut être entière, échancrée ou prolongée en canal.

c. *Ptéropodes.* — Coquille univalve, composée d'une plaque ventrale et d'une plaque dorsale; symétrique, translucide, très fragile.

d. *Scaphopodes.* — Coquille tubuleuse ouverte aux deux extrémités.

e. *Lamellibranches.* — Tous ont une coquille bivalve dont les deux valves, l'une droite, l'autre gauche, sont articulées par une *charnière* et reliées par un *ligament élastique* qui produit l'ouverture de la coquille. Celle-ci se ferme au moyen d'un (*Monomyaires*) ou de deux (*Dimyaires*) muscles adducteurs. Ces muscles forment, en dedans des valves, des *impressions musculaires* à leurs points d'insertion. — La place qu'occupait le bord du manteau se trouve aussi accusée par une ligne (*impression palléale*). Cette dernière est tantôt parallèle au bord de la valve, tantôt plus ou moins échancrée. L'échancrure (*sinus anal*) n'existe que dans les Lamellibranches siphonidés; elle est occupée par les siphons respiratoires. — La coquille est dite *équivalve* ou *inéquivalve*, suivant que les deux valves sont égales (Moule) ou inégales (Huître); elle est *équilatérale* quand les bords antérieur ou buccal et postérieur ou anal sont égaux; *inéquilatérale*, quand ces bords sont inégaux, ce qui est le cas le plus général. — La plupart des Lamellibranches Dimyaires ont une coquille équivalve et se tiennent verticalement ou un peu obliquement; on les appelle quelquefois *Orthoconques*, à cause de ce mode de station. Presque tous les Monomyaires ont, au contraire, une coquille inéquivalve et reposant sur le sol par une de ses faces, ce qui les a fait nommer *Pleuroconques*.

La charnière se trouve au sommet (*crochet*) des valves; elle est pourvue de dents qui s'engrènent, les unes centrales (*dents cardinales*), les autres latérales (*dents latérales*). En avant des crochets, il existe souvent une surface déprimée (*lunule*); en arrière, se trouve une dépression analogue (*coussin*).

1. **Brachiopodes.** — Au point de vue de la structure, la coquille des Brachiopodes diffère de celle des Lamellibranches par un moindre développement de la couche interne et parce qu'elle présente souvent, à son intérieur, des canalicules occupés par des appendices cæcaux du manteau. — Au point de vue de la forme, la coquille des Brachiopodes est bivalve, comme celle des Lamellibranches, mais est inéquivalve et toujours *équilatérale*; de plus, l'une des valves est ventrale et l'autre dorsale, au lieu que les valves sont toutes deux latérales chez les Lamellibranches. Enfin, c'est par le moyen de muscles (Testicardines) ou par la pression du liquide contenu dans la cavité périviscérale (Écardines) que s'ouvrent les valves de la coquille des Brachiopodes, tandis que celles des Lamellibranches s'écartent par le moyen d'un ligament élastique.

Système nerveux. — Le système nerveux des Mollusques se compose essentiellement de trois paires de *ganglions principaux* reliés entre eux par des commissures et des connectifs et donnant naissance aux nerfs du corps.

On emploie généralement le mot *commissure* pour exprimer la réunion de deux masses ganglionnaires par un filet nerveux transversal, et le mot *connectif* pour désigner leur union par des fibres longitudinales.

Les trois paires typiques de ganglions sont : 1° les *ganglions cérébroïdes* ou *sus-œsophagiens* qui donnent naissance aux nerfs optique, auditif, olfactif, labial ; 2° les *ganglions pédieux* ou *sous-œsophagiens* qui innervent le pied ou les bras ; 3° les *ganglions branchiaux* ou *viscéraux* qui fournissent des branches au manteau, aux branchies et aux viscères. — Il existe, en outre, un nombre variable de ganglions accessoires.

A. Céphalopodes. — Les trois groupes de ganglions cérébroïdes, pédieux et viscéraux forment une masse ou plutôt un agrégat qui entoure l'œsophage et constitue le *collier œsophagien*, le tout étant plus ou moins complètement logé dans la cavité d'un anneau cartilagineux (*cartilage céphalique*).

B. Gastéropodes. — Le système nerveux est moins centralisé que chez les Céphalopodes, mais on y retrouve les trois groupes typiques de ganglions. Le centre viscéral est asymétrique et formé ordinairement de cinq ganglions (Lacaze-Duthiers). — Les trois centres nerveux sont réunis entre eux par des filets nerveux formant, de chaque côté, un *triangle latéral*.

C. Ptéropodes. — Le système nerveux est très peu développé ; il se rapproche tantôt (Gymnosomes) de celui des Gastéropodes, tantôt (Thécosomes) de celui des Lamellibranches.

D. Scaphopodes. — Le système nerveux ne diffère guère de celui des Lamellibranches.

E. Lamellibranches. — Les ganglions cérébroïdes sont

ordinairement très petits et reliés entre eux par une commissure qui passe au-dessus de l'œsophage. — Les ganglions pédieux sont situés dans la partie antérieure de l'abdomen ; chacun d'eux s'unit avec son congénère par une commissure et avec le ganglion cérébroïde par un connectif. — Les ganglions viscéraux sont les plus développés. Ils sont situés sur

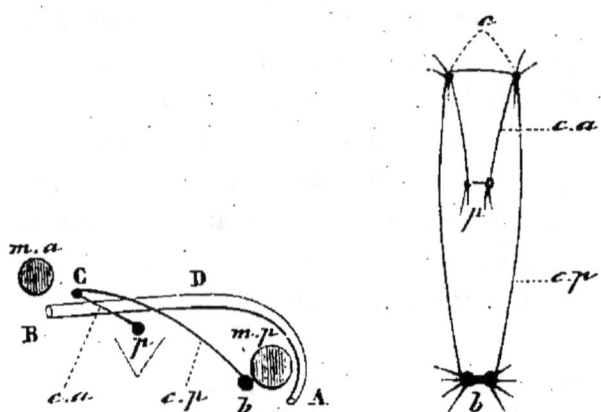

Fig. 156 et fig. 157. — Système nerveux des Lamellibranches (vu de profil et de face).

A, anus ; — B, bouche ; — b, ganglions branchiaux ; — c, ganglions cérébroïdes ; — c.a, collier antérieur ; — c.p, collier postérieur ; — D, tube digestif ; — m.a, muscle adducteur antérieur ; — m.p, muscle adducteur postérieur ; — p, ganglions pédieux.

la face ventrale du muscle adducteur postérieur des valves et réunis par une commissure ou confondus entre eux ; de plus, ils sont en relation avec les ganglions cérébroïdes par de longs connectifs.

Les commissures et les connectifs qui réunissent : 1° les ganglions cérébroïdes et pédieux ; 2° les ganglions cérébroïdes et viscéraux, forment autour du tube digestif deux colliers nerveux : le *petit collier* ou *collier antérieur* et le *grand collier* ou *collier postérieur*.

F. Brachiopodes. — Système nerveux imparfaitement connu.

Organes des sens. — Les organes de l'ouïe et de la vue sont les plus développés.

Le sens du *tact* paraît siéger surtout dans les tentacules et les lèvres. — On ne saurait affirmer l'existence d'un sens du *goût*.

L'organe de l'*olfaction* a été surtout étudié chez les Gastéropodes : l'odorat des Colimaçons siège dans le bouton rétractile qui termine les tentacules oculifères (MOQUIN-TANDON). Chez les Gastéropodes aquatiques, l'organe olfactif paraît être situé près de la base de ces mêmes tentacules. — Chez les Céphalopodes, les organes olfactifs sont représentés tantôt par une paire de fossettes situées en arrière des yeux, tantôt par deux papilles ciliées. — On ne connaît pas d'organe olfactif chez les Bivalves.

On considère comme *organes auditifs* des vésicules (*otocystes*) remplies d'un liquide au milieu duquel flottent des corpuscules calcaires (*otolithes*). La surface intérieure des otocystes est tapissée d'un épithélium pourvu tantôt de cils vibratiles, tantôt de prolongements flagelliformes (*soies auditives*) qui impriment aux otolithes des mouvements continuels. — Chez les Céphalopodes, il existe une paire d'otocystes dans le cartilage céphalique. — Chez les Gastéropodes, la paire d'otocystes est située dans le voisinage des ganglions cérébroïdes ou dans celui des ganglions pédieux. Cette dernière position appartient également aux Ptéropodes, aux Scaphopodes et aux Lamellibranches. — Chez les Brachiopodes, on n'a observé d'organes auditifs qu'à l'état larvaire.

Les Mollusques sont, de tous les Invertébrés, ceux dont les *organes visuels* ressemblent le plus aux yeux des Vertébrés. — Ces organes atteignent leur maximum de développement chez les Céphalopodes, où l'on observe une paire de gros yeux sur les côtés de la tête. Nous ne saurions, sans sortir des limites que nous nous sommes tracées, décrire ici l'œil des Céphalopodes ; nous dirons seulement que, chez eux comme chez les autres Invertébrés, les éléments de la rétine s'épanouissent directement en avant, au lieu de se recourber vers l'extérieur, comme chez les Vertébrés. — Chez les Gastéropodes, les Oscabrions paraissent seuls être dépourvus d'organes visuels; tous les autres possèdent une paire d'yeux, soit à fleur de tête, soit sur les tentacules, à leur extrémité (Colimaçons) ou près de leur base. — La plupart des Ptéropodes sont privés d'yeux. Ces organes font complètement défaut chez les Scaphopodes. — Chez les Lamellibranches à l'état larvaire, il existe une paire d'yeux sur le centre nerveux céphalique; mais ceux-ci disparaissent à l'âge adulte. On observe, sur le bord du manteau de plusieurs Lamellibranches (*Arca, Pectunculus*), des taches de pigment ou même (*Pecten, Spondylus*) de petits boutons colorés soit en vert, soit en rouge, pourvus d'un cristallin et d'une rétine. Ces yeux reçoivent leurs nerfs des troncs qui se ramifient dans le manteau. — Les organes de la vue font défaut chez les Brachiopodes adultes; mais, à l'état larvaire, on observe quelquefois une paire de taches pigmentaires sur le centre nerveux.

CÉPHALOPODES

(κεφαλή, tête; πούς, pied)

UNE TÊTE DISTINCTE, PRÉSENTANT UNE COURONNE DE BRAS AUTOUR DE LA BOUCHE. — NUS OU POURVUS D'UNE COQUILLE UNIVALVE. — MANTEAU EN FORME DE SAC, PRÉSENTANT UNE FENTE TRANSVERSALE ANTÉRIEURE, SURMONTÉE D'UN ENTONNOIR. — RESPIRATION BRANCHIALE. — DIOÏQUES. — TOUS MARINS.

Ce sont des animaux voraces, se nourrissant principalement de Poissons et de Crustacés.

DIBRANCHES

Deux branchies. — Huit bras munis de ventouses

sessiles ou pédonculées. — Entonnoir entier. — Une poche à encre.

Il existe, dans le voisinage de la glande digestive, un organe sécréteur (*poche à encre*) qui produit en abondance une liqueur noirâtre (*encre*). Le canal excréteur de cette glande s'ouvre près de la base de l'entonnoir. Lorsque l'animal est en danger, il lance par l'entonnoir une quantité d'encre assez considérable pour teindre l'eau qui l'entoure et échapper ainsi à ses ennemis. — L'encre de la Seiche était jadis employée pour la préparation de la couleur connue sous le nom de *sépia*.

2 sous-ordres : les *Octopodes* et les *Décapodes*.

Octopodes. — *Huit bras.* — *Ventouses sessiles.* — *Yeux fixes, munis de paupières.* — *Pas de nageoires.* — *Oviducte double.*

Comprennent les Poulpes (*Octopus*); les Élédons (*Eledone*) dont une espèce de la Méditerranée (*E. moschata*) est remarquable par son odeur musquée ; les Argonautes (*Argonauta*); etc.

Les Argonautes mâles sont petits et nus; les femelles sont grandes et munies d'une coquille mince qui n'est pas attachée par des muscles au corps de l'animal. Les deux bras dorsaux sont véliformes et appliqués de chaque côté, sur les faces de la coquille.

Décapodes — *Outre les huit bras, deux longs bras tentaculaires, à extrémités dilatées.* — *Ventouses pédonculées.* — *Yeux mobiles, dépourvus de paupières.* — *Deux nageoires latérales.* — *Oviducte simple.*

Comprennent les Calmars (*Loligo*); les Calmarets (*Loligopsis*); les Onychoteuthes (*Onychoteuthis*), aux bras tentaculaires armés de crochets; les Seiches (*Sepia*); les Spirules (*Spirula*). Ces derniers animaux sont munis d'une coquille cloisonnée, à tours séparés, qui est presque complètement recouverte par le manteau.

La Seiche commune (*Sepia officinalis*), a le corps oblong, à nageoires latérales aussi longues que lui, muni d'une coquille dorsale interne (*os de Seiche*).

L'os de Seiche, employé autrefois comme absorbant, est formé d'une substance cornéo-calcaire poreuse et légère, qui entre dans la composition de plusieurs poudres dentifrices et de la poudre de sandaraque. — On le place souvent dans la cage des Oiseaux, pour leur fournir le calcaire nécessaire à la fabrication de la coquille des œufs et aussi pour leur aiguiser le bec. — Il est convexe en avant et concave en arrière, où il présente une petite pointe saillante.

TÉTRABRANCHES

Quatre branchies. — *Bras nombreux, cylindriques, rétractiles, dépourvus de ventouses.* — *Coquille extérieure, enroulée en spirale, composée de plusieurs chambres* (polythalame). — *Entonnoir fendu en dessous.* — *Pas de poche à encre.*

Ils sont représentés aujourd'hui par le seul genre Nautile (*Nautilus*). La coquille est cloisonnée intérieurement et chacune des cloisons est percée d'un trou. La dernière loge est seule occupée par l'animal dont la face ventrale est tournée du côté convexe de la coquille. Les autres loges sont remplies d'air et correspondent aux degrés de croissance de l'animal. Le manteau adhère à l'ancien test par un pédoncule tubulaire (*siphon*) qui traverse toutes les cloisons.

GASTÉROPODES

(γαστήρ, ventre; πούς, pied).

TÊTE DISTINCTE, MUNIE DE TENTACULES ET NON ENTOURÉE DE BRAS. — UN PIED LOCOMOTEUR VENTRAL. — EN GÉNÉRAL, UNE COQUILLE CALCAIRE, UNIVALVE OU MULTIVALVE, JAMAIS BIVALVE. — RESPIRATION BRANCHIALE OU PULMONAIRE. — MONOÏQUES OU DIOÏQUES.

La plupart habitent la mer; quelques-uns vivent dans l'eau douce ou saumâtre; les autres sont terrestres. — Presque tous rampent à l'aide d'un pied large et déprimé comme celui du Colimaçon; cependant, chez les Hétéropodes, cet organe est comprimé et sert à la natation. — Le genre d'alimentation est très variable; les uns sont carnivores, les autres herbivores.

PULMONÉS

Pied horizontal. — Respiration pulmonaire. — Monoïques. — Nus ou testacés. — Terrestres ou d'eau douce.

C'est dans cet ordre qu'on trouve les Colimaçons (*Helix*); les Limaces (*Limax*); les Limnées (*Limnea*); les Planorbes (*Planorbis*); etc.

L'Escargot ou Colimaçon des vignes (*Helix pomatia*) se mange presque partout en hiver, quand l'animal a fermé l'ouverture de sa coquille à l'aide d'un épiphragme. Cette espèce manque dans beaucoup de localités du Midi ; elle est remplacée, comme aliment, par des espèces voisines, surtout l'*Helix aspersa*. On fait, avec la chair des Escargots, un bouillon très estimé ; l'extrait d'Escargot sert à faire plusieurs préparations, employées dans le cas de bronchite chronique. — Le mucilage des Escargots renferme une huile odorante (*hélicine*). — Certaines plantes donnent aux Colimaçons une saveur particulière ; d'autres les rendent malfaisants et même vénéneux, la belladone, par exemple.

Les Limaces ont une coquille rudimentaire cachée dans le manteau. Celui-ci a la forme d'un disque charnu occupant le milieu du dos. — Le genre *Arion*, voisin des Limaces, renferme la Limace rouge (*A. empiricorum*), très employée autrefois contre la phthisie.

PROSOBRANCHES

(πρόσω, en avant ; βράγχια, branchies)

Pied horizontal. — Branchies généralement situées sur la nuque, dans une cavité palléale. — Dioïques. — Une coquille bien développée. — La plupart marins.

2 sous-ordres : les *Siphonostomes* et les *Holostomes*.

Siphonostomes (σίφων, siphon ; στόμα, bouche). —

— *Ouverture de la coquille échancrée ou prolongée en canal.* — *Un siphon respiratoire.* — *Tous marins.* — *Carnivores.*

Contiennent les Strombes (*Strombus*); les Rochers (*Murex*); les Fuseaux (*Fusus*); les Buccins (*Buccinum*); les Pourpres (*Purpura*); les Casques (*Cassis*); les Tonnes (*Dolium*); les Olives (*Oliva*); les Cônes (*Conus*); les Volutes (*Voluta*); les Porcelaines (*Cyprœa*); etc.

Holostomes (ὅλος, entier; στόμα, bouche). — *Ouverture de la coquille à bords entiers.* — *Siphon respiratoire nul ou rudimentaire.* — *Marins ou d'eau douce.* — *Presque tous herbivores.*

Comprennent les Cérithes (*Cerithium*); les Turritelles (*Turritella*); les Vermets (*Vermetus*); les Littorines (*Littorina*); les Paludines (*Paludina*); les Ampullaires (*Ampullaria*); les Nérites (*Nerita*); les Sabots (*Turbo*); les Toupies (*Trochus*); les Oreilles de mer (*Haliotis*); les Janthines (*Janthina*); les Patelles (*Patella*); etc.

CYCLOBRANCHES

(κύκλος, cercle; βράγχια, branchies)

Pied très large. — *Branchies formant autour du pied un cercle interrompu à la partie antérieure.* — *Dioïques.* — *Une coquille multivalve formée de huit plaques transversales imbriquées.* — *Marins.*

Un seul genre : les Oscabrions (*Chiton*).

OPISTHOBRANCHES

(ὄπισθεν, par derrière; βράγχια, branchies)

Pied horizontal. — Branchies non renfermées dans une cavité spéciale, situées sur le dos ou les côtés, vers la partie postérieure du corps. — Monoïques. — Coquille rudimentaire ou nulle. — Marins.

On désigne quelquefois les Opisthobranches sous le nom de *Limaces de mer*, à cause de leur forme et de leur coquille qui, lorsqu'elle existe, est petite et plus ou moins complètement cachée.

2 sous-ordres : les *Tectibranches* et les *Nudibranches*.

Tectibranches (*tectus*, couvert; *branchiæ*, branchies). — *Ordinairement une coquille. — Branchies recouvertes par la coquille ou le manteau.*

Contiennent les Bulles (*Bulla*); les Lièvres de mer (*Aplysia*); les Pleurobranches (*Pleurobranchus*); etc.

Nudibranches (*nudus*, nu; *branchiæ*, branchies). — *Pas de coquille chez l'adulte. — Branchies nulles ou dorsales.*

Comprennent les Doris (*Doris*); les Éolides (*Æolis*); etc.

HÉTÉROPODES

(ἕτερος, différent; ποῦς, pied)

Pied vertical, natatoire. — Respiration branchiale. — Dioïques. — Nus ou testacés. — Marins.

Comprennent les Firoles (*Firola*); les Carinaires (*Carinaria*); les Atlantes (*Atlanta*); etc.

PTÉROPODES

(πτερόν, aile; πούς, pied)

TÊTE PEU DISTINCTE. — DEUX NAGEOIRES LATÉRALES ALIFORMES — NUS OU TESTACÉS. — RESPIRATION BRANCHIALE OU CUTANÉE. — MONOÏQUES. — MARINS.

Petits Mollusques habitant la haute mer.

GYMNOSOMES

(γυμνός, nu; σῶμα, corps)

Corps nu. — Nageoires séparées du pied.

Genres principaux : *Pneumodermon, Clio.*

THÉCOSOMES

(θήκη, étui; σῶμα, corps)

Une coquille extérieure. — Pied uni aux nageoires.

Genres principaux : *Cymbulia, Limacina, Hyalea.*

SCAPHOPODES

(σκάφος, carène; πούς, pied)

PAS DE TÊTE NI D'YEUX. — PAS DE BRANCHIES. — PIED TRILOBÉ. — UNE COQUILLE TUBULEUSE, OUVERTE AUX DEUX EXTRÉMITÉS. — DIOÏQUES. — MARINS.

Un seul ordre, ayant les caractères de la classe.

SOLÉNOCONQUES

(σωλήν, tuyau; κόγχη, coquille)

Un seul genre : Dentale (*Dentalium*).

LAMELLIBRANCHES

(*lamella*, lamelle; *branchiæ*, branchies)

CORPS COMPRIMÉ. — COQUILLE BIVALVE, A VALVES LATÉRALES, MUNIE D'UN LIGAMENT ARTICULAIRE. — PAS DE TÊTE. — BRANCHIES LAMELLEUSES.

SIPHONIDÉS

Des siphons respiratoires. — Bords du manteau plus ou moins soudés.

Contiennent les Pholades (*Pholas*); les Tarets (*Teredo*); les Arrosoirs (*Aspergillum*); les Couteaux (*Solen*); les Mactres (*Mactra*); les Vénus (*Venus*); les Cyprines (*Cyprina*); les Cyclades (*Cyclas*); les Bucardes (*Cardium*); les Tridacnes (*Tridacna*); les Cames (*Cama*); etc.

Les *Venus decussata, virginea*, etc., sont mangées, dans le midi de la France, sous les noms d'*Arseilles*, de *Clovisses*, etc. — Le Taret commun (*Teredo navalis*) est célèbre par les dégâts qu'il occasionne, en perforant les bois submergés.

ASIPHONIDÉS

Pas de siphons respiratoires. — Bords du manteau libres ou soudés sur un seul point.

A cette division appartiennent : les Mulettes (*Unio*); les Anodontes (*Anodonta*); les Arches (*Arca*); les Pétoncles (*Pectunculus*); les Jambonneaux (*Pinna*); les Moules (*Mytilus*); les Marteaux (*Malleus*); les Avicules (*Avicula*); les Peignes (*Pecten*); les Huîtres (*Ostrea*); etc.

Quelques-uns sont comestibles : *Mytilus edulis; Pecten Jacobéus* (coquille de Saint-Jacques); *Ostrea edulis;* etc. — La chair des Moules provoque parfois des accidents : malaise, gonflement de la face, rubéfaction de la peau, avec vives démangeaisons. Ces phénomènes sont combattus par un vomitif et l'ingestion d'eau vinaigrée.

L'Huître est une nourriture de digestion facile, précieuse pour les convalescents. — Les Huîtres françaises les plus estimées sont celles de Marennes ou *Huîtres vertes,* qui ont les branchies colorées en vert par une matière spéciale. — L'Huître belge ou Huître d'Ostende se distingue surtout par la régularité de sa coquille. — C'est une croyance vulgaire qu'on doit s'abstenir de manger des Huîtres dans les mois où n'entre pas la lettre R (mai, juin, juillet, août); mais c'est là une exagération, car les Huîtres n'occasionnent jamais d'accidents quand elles sont mangées *fraîches*. On reconnaîtra toujours le défaut de fraîcheur des Huîtres à l'odeur qu'elles exhalent et leur état de vie aux contractions des franges du manteau. — Les Huîtres vivent dans le voisinage des côtes et toujours en *bancs*. On les élève dans des parcs (*ostréiculture*), où elles acquièrent des propriétés meilleures.

Les Huîtres perlières (*Avicula margaritifera*) se trouvent à Madagascar, Ceylan, Panama, etc. Ce sont celles qui produisent la *perle fine*.

BRACHIOPODES

(βραχίων, bras ; πούς, pied)

CORPS DÉPRIMÉ. — COQUILLE BIVALVE, ÉQUILATÉRALE, A VALVES ANTÉRIEURE ET POSTÉRIEURE, DÉPOURVUE DE LIGAMENT ARTICULAIRE. — PAS DE TÊTE. — DEUX BRAS EN SPIRALE. — PAS DE BRANCHIES LAMELLEUSES. — MARINS.

TESTICARDINES

(*testis*, témoin ; *cardo*, gond, charnière)

Coquille munie d'une charnière et d'un squelette brachial. — Instestin terminé en cul-de-sac.

Genres principaux : *Terebratula, Thecidium*.

ÉCARDINES

(*e*, sans ; *cardo*, charnière)

Coquille dépourvue de charnière et de squelette brachial. — Anus latéral.

Genres principaux : *Lingula, Crania*.

TRENTE-SEPTIÈME LEÇON

ARTHROPODES

(ἄρθρον, articulation; ποῦς, pied)

INVERTÉBRÉS A SYMÉTRIE BILATÉRALE. — CORPS SEGMENTÉ EN ANNEAUX DE STRUCTURE DIFFÉRENTE (HÉTÉRONOMES), POURVU DE MEMBRES ARTICULÉS. — UN CERVEAU ET UNE CHAINE GANGLIONNAIRE VENTRALE. — JAMAIS DE CILS VIBRATILES.

Le tableau suivant résume la division des Arthropodes en quatre classes :

ARTHROPODES
- Respiration aérienne (*Trachéates*)
  - Tête distincte du thorax
    - 6 pattes (*Hexapodes*) INSECTES.
    - Un grand nombre de pattes. . . . . . . MYRIAPODES.
  - Tête confondue avec le thorax. 8 pattes (*Octopodes*). . . . . . . ARACHNIDES.
- Respiration aquatique. . . . . CRUSTACÉS.

Appareil digestif. — La bouche est située à la face inférieure de la tête et entourée de pièces pour mâcher ou sucer. Il existe un œsophage, un estomac et un intestin plus ou moins compliqué. L'anus s'ouvre à l'extrémité postérieure du corps.

Appareil circulatoire. — Le cœur, toujours artériel, a tantôt la forme d'un sac, tantôt celle d'un tube divisé en chambres (*vaisseau dorsal*). C'est, en réalité, un ventricule percé d'orifices en forme

24

de boutonnière et logé dans une poche conjonctive (*sinus péricardique*). Ce sinus remplit les fonctions d'une oreillette. Le cœur se remplit, à chaque diastole. — Circulation périphérique toujours lacunaire.

Appareil respiratoire. — Les organes respiratoires sont des trachées tubuleuses ou pulmoniformes (Insectes, Myriapodes, Arachnides) ou bien des branchies (Crustacés). Quelquefois la respiration est uniquement cutanée.

Appareil urinaire. — Chez les Insectes, les Arachnides et les Myriapodes à l'exception des Péripatides, il est représenté par des tubes filiformes (*canaux de Malpighi*) débouchant dans l'intérieur du tube digestif. — Chez les Péripatides et les Crustacés, les tubes urinaires sont indépendants du tube digestif et s'ouvrent directement au dehors, à la façon des *organes segmentaires* des Vers.

Appareil reproducteur. — Les sexes sont séparés, excepté chez les Tardigrades et les Cirripèdes; les produits sexuels sont sécrétés par des organes généralement symétriques. La reproduction se fait quelquefois par parthénogenèse (*voy.* p. 74). — La plupart des Arthropodes sont ovipares ; cependant quelques-uns sont ovovivipares. — A part quelques exceptions (Cyclopides, Linguatulides, Acariens), le développement de l'embryon débute par la formation d'une bandelette primitive ventrale d'où dérive la chaîne ganglionnaire. Le développement est en général suivi d'une métamorphose, le plus souvent progressive.

Tégument. — Il est plus indépendant du système musculaire que chez les Mollusques; on n'observe jamais d'enveloppe musculo-cutanée continue. Il est constitué essentiellement par une couche épidermique homogène (*cuticule*), au-dessous de laquelle se trouve une couche de cellules polygonales (*hypoderme*). Celles-ci sécrètent la cuticule qui, d'abord molle, devient cornée chez les Insectes, par la présence, dans son tissu, d'une substance (*chitine*) composée de cellulose et d'une matière albuminoïde. La cuticule reste molle chez les Aranéides, ainsi que chez les larves d'Insectes. Chez beaucoup de Crustacés et quelques Myriapodes (Iules), la cuticule acquiert une dureté pierreuse, à cause de la fixation d'une quantité considérable de carbonate de chaux.

La chitinisation et l'incrustation calcaire de la cuticule limitent l'accroissement du corps; aussi la chute de celle-ci (*mue*) se renouvelle-t-elle complètement ou partiellement, à certaines époques, pour être remplacée par une couche nouvelle qui s'affermit graduellement. Tout le monde connaît les mues par lesquelles passe le Ver à soie pour arriver de l'état de larve à celui de nymphe et de ce dernier à l'état de Papillon. On appelle *âges* les périodes comprises entre deux mues et *sommeil* l'état d'immobilité qui précède celles-ci.

Le tégument des Arthropodes forme un véritable squelette extérieur (*squelette tégumentaire*), qui constitue un appareil de protection et sert aux insertions des muscles.

Le corps présente trois régions : la *tête*, le *thorax*, et l'*abdomen*. — Ces trois régions sont distinctes chez les Insectes et la plupart des Crustacés. Chez les Myriapodes, la tête seulement se distingue du reste du corps (*tronc*); aucune séparation n'existe entre le thorax et l'abdomen. Enfin, dans les Arachnides, la tête et le thorax sont confondus en une seule région (*céphalothorax*), distincte de l'abdomen. Celui-ci, chez les Scorpions, se divise en deux parties : l'une antérieure, large (*préabdomen*), l'autre postérieure, étroite et très mobile (*post-abdomen*).

Chaque anneau du corps se compose de deux *arceaux*, l'un *sternal*, l'autre *tergal*. — Les membres, formés de segments creux articulés, constituent le caractère distinctif des Arthropodes, qui doivent même leur nom à cette particularité; ils naissent sur l'arceau sternal. Des organes plus ou moins analogues (*ailes*) s'observent chez les Insectes, sur l'arceau dorsal des deux derniers anneaux thoraciques.

Ailes des Insectes. — Elles sont constituées par des espèces de sacs cutanés, aplatis en forme de lames minces et composés de deux membranes parcourues par des nervures chitineuses. — Les nervures principales partent de la base de l'aile; ce sont des canaux livrant passage au fluide nourricier, aux nerfs et surtout aux trachées; car c'est l'air qui amène le développement des ailes, d'abord molles et chiffonnées. — On appelle *nervules* des tiges intermédiaires, plus petites, limitant avec les nervures des mailles appelées *cellules*.

Le nombre des ailes est habituellement de deux

paires : l'une *antérieure*, l'autre *postérieure*. Chez les Diptères, la paire antérieure existe seule ; la postérieure n'est représentée que par des organes rabougris (*balanciers*) composés d'une petite tige terminée par un bouton.

La consistance des ailes est très variable. Chez les Coléoptères, les ailes antérieures sont coriaces et affectent la forme de boucliers solides (*élytres*) servant rarement au vol, mais protégeant le dos ; les postérieures sont toujours membraneuses. Chez les Orthoptères, les ailes antérieures sont seulement parcheminées (*pseudélytres*) ; enfin, chez les Hémiptères, elles sont tantôt (Homoptères) entièrement membraneuses, tantôt (Hétéroptères) coriaces à partir de leur insertion jusque vers le milieu de l'aile (*hémélytres*), le reste étant membraneux. — Si les deux paires d'ailes sont entièrement membraneuses, elles sont tantôt couvertes d'écailles (Lépidoptères), tantôt nues (Névroptères, Hyménoptères, Homoptères).

Chez un certain nombre d'Insectes (Hyménoptères, une partie des Lépidoptères et des Hémiptères), les ailes antérieures entraînent les postérieures dans leur mouvement, au moyen de mécanismes spéciaux variant d'un ordre à l'autre.

Dans tous les ordres des Insectes, on trouve des exemples d'absence complète d'ailes, soit dans les deux sexes, soit seulement chez les femelles. L'appareil alaire n'existe que chez les Insectes à l'état parfait.

Locomotion. — Elle peut être terrestre, aérienne ou aquatique.

A. Locomotion terrestre. — Elle comprend la marche, la course et le saut.

La *marche* des Arthropodes se fait d'une façon beaucoup plus régulière qu'on ne le suppose généralement.

La marche des Insectes peut être représentée par trois Hommes (*bipèdes*) placés l'un derrière l'autre, le premier et le dernier allant au pas, celui du milieu en ayant changé avec eux. De même, la marche des Arachnides est figurée par quatre bipèdes se suivant et allant, ceux de rang pair du même pas, ceux de rang impair du pas contraire (Carlet).

Ce qui précède ne s'applique qu'à la marche typique des Insectes et des Arachnides, mais ce mode de locomotion s'effectue souvent avec moins de régularité; il en est de même, à plus forte raison, pour les autres Arthropodes (Crustacés, Myriapodes) munis d'un plus grand nombre de pattes. Dans ce cas, la seule règle générale qu'on puisse poser est que deux pattes d'une même paire, non plus que toutes les pattes d'un même côté, ne se meuvent jamais simultanément.

La *course* n'est qu'une marche accélérée.

Le *saut* est l'allure principale chez certains Insectes (Orthoptères sauteurs, Puces) dont les pattes postérieures sont très longues, comparativement aux antérieures. Chez d'autres (Podures), le saut est déterminé par l'extension brusque d'une sorte de levier caudal qui, dans l'état de repos, est replié sous l'abdomen.

Enfin, un grand nombre d'Arthropodes peuvent *grimper*, soit à l'aide de crochets ou de pinces, soit au moyen d'organes adhésifs (Mouches) dont les pattes sont munies.

B. Vol. — Le vol des Insectes offre, avec celui des Oiseaux, des analogies et des différences. Comme chez l'Oiseau, l'aile descendante présente sa face supérieure en avant et l'aile ascendante présente cette même face en arrière. Chez l'Oiseau, pendant le vol, l'extrémité de l'aile décrit une ellipse; chez l'Insecte, la courbe a la forme d'un 8. Le grand diamètre de la courbe est dirigé suivant la ligne de projection de l'animal (Marey, Pettigrew).

Les Insectes n'ont pas, comme les Oiseaux, de queue servant de gouvernail pour changer la direction du vol.

Chez les Insectes tétraptères, la direction est obtenue par le déplacement du centre de gravité au moyen des mouvements de l'abdomen et des pattes ; mais, chez les Diptères, ce sont surtout les balanciers qui modifient l'allure du vol.

L'ablation des balanciers, sur une Mouche, n'abolit pas la fonction du vol ; mais la possibilité de se diriger dans tous les sens est perdue : l'Insecte ne peut plus s'élever ni même voler horizontalement, il ne peut que suivre une trajectoire descendante. Si l'on coupe les deux styles inégalement, la descente s'opère toujours ; mais le vol devient tourbillonnant et la concavité de la courbe décrite est tournée du côté où le balancier a été coupé (Jousset de Bellesme).

C. Natation. — Peu d'Insectes sont nageurs (Dytiques, Hydrophiles, etc.); mais, dans tous les cas, la natation s'effectue grâce à un élargissement de la partie terminale des pattes et surtout des pattes postérieures. Il en est de même chez la plupart des Crustacés ; cependant, chez les Macroures, il existe souvent une natation par bonds que tout le monde a pu observer chez l'Écrevisse : c'est l'abdomen, dont l'extrémité est garnie d'une sorte de nageoire en éventail, qui, par l'action de muscles fléchisseurs puissants, frappe l'eau avec force et produit un mouvement de recul.

Appareil phonateur. — Les Insectes sont à peu près les seuls Arthropodes qui produisent des sons. Ceux-ci constituent : 1° des bruits de percussion (Vrillette); 2° un bourdonnement (Bourdon); 3° des bruits de frottement de certains organes chitineux les uns contre les autres (Grillon) ; 4° des sons produits par des vibrations de membranes (Cigale).

A. Bruits de percussion. — Les Vrillettes (*Anobium*) s'appellent en frappant rapidement, avec les mandibules, sept ou huit coups contre le bois où elles se logent.

B. Bourdonnement. — Il comprend deux phénomènes distincts. Quand on observe un Bourdon, on s'aperçoit que, pendant le vol, il rend un son grave, et que, lorsqu'il est posé, il peut émettre un son aigu. Si l'on analyse ces deux sons, on voit qu'ils sont toujours à l'octave. Le son grave est produit par les mouvements de l'aile; le son aigu, par les vibrations du thorax (Jousset de Bellesme). On n'observe de véritable bourdonnement que chez les Hyménoptères et les Diptères.

C. Bruits de frottement. — Tantôt c'est l'abdomen qui frotte contre les élytres (Géotrupes), tantôt ce sont les pattes postérieures dont la face interne est striée et frotte contre les élytres (Criquets), ou bien encore ce sont les élytres qui frottent l'un contre l'autre (Grillons mâles, Sauterelles).

D. Sons produits par des vibrations de membranes. — Nous prendrons comme exemple le chant de la Cigale, qui a été, pour nous, l'objet d'une étude spéciale.

La Cigale mâle est la seule qui chante. Son appareil musical, situé à la base de l'abdomen, est entouré de deux paires d'organes protecteurs : les *volets* et les *cavernes*.

Les *volets* ou *opercules* sont deux écailles demi-circulaires situées sous le ventre. Les *cavernes* sont deux cavités latérales dont on voit l'entrée dès qu'on a soulevé les volets.

Sur la paroi interne de la caverne se trouve une membrane convexe (*timbale*) qui est l'organe producteur du son. Les deux timbales forment les peaux d'un véritable tambour dont la caisse est constituée par une énorme *cavité thoraco-abdominale*. Celle-ci communique directement avec l'extérieur par une paire de gros stigmates situés un peu en avant des timbales. Les parois de la caisse sont formées par le squelette tégumentaire, sauf à la partie ventrale, où elles sont constituées par deux paires de membranes délicates (*membranes plissées; miroirs*) que l'on découvre en enlevant les opercules. Ces membranes sont séparées par une bande chitineuse (*entogastre*). La timbale est mise en mouvement par un muscle (*muscle de la timbale*) qui s'implante à sa face interne par un fort tendon.

L'appareil musical de la Cigale est, en somme, un tambour à deux peaux sèches et convexes (*timbales*) dont l'Insecte joue en contractant simultanément deux muscles qui vont du centre de l'instrument à chacune des peaux, celles-ci revenant sur elles-mêmes par leur élasticité.

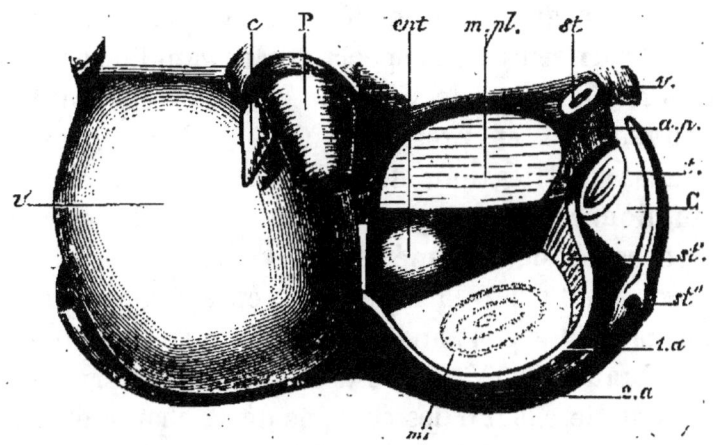

Fig. 158. — Appareil musical de la Cigale.

1.*a*, 1ᵉʳ anneau de l'abdomen ; — 2.*a*, 2ᵉ anneau de l'abdomen ; — C, caverne ; — *ent*, entogastre ; — *mi*, miroir ; — *m.pl*, membrane plissée ; — P, patte de la 3ᵉ paire ; — *st, st', st''*, stigmates ; — *t*, timbale ; — *v*, volet droit ; le gauche a été enlevé pour faire voir les parties qu'il recouvre (G. C.).

Système nerveux. — Nous savons déjà (*voy.* p. 82) que les centres nerveux se composent d'une paire de *ganglions sus-œsophagiens*, unie par un *collier œsophagien* à une *chaîne ganglionnaire* sous-intestinale dont le premier renflement est situé sous l'œsophage (*ganglion sous-œsophagien*). Cette chaîne peut représenter une sorte d'échelle, une corde à nœuds simple ou double, enfin une grosse masse centrale.

On considère les ganglions céphaliques comme correspondant à l'encéphale des Vertébrés. Les ganglions sus-œsophagiens représentent le cerveau ; les ganglions sous-œsophagiens, avec les connectifs circum-œsophagiens, répondent au cervelet et à la moelle allongée. — Les ganglions sus-œsophagiens sont le siège de la volonté et président aux sensations spéciales ; les ganglions sous-œsophagiens sont le siège de la coordination des mouvements et président à la préhension ainsi qu'à la mastication des aliments. — La chaîne ganglionnaire se compose de deux paires de cordons superposés dont l'inférieure présente des ganglions, tandis que la supérieure en est dépourvue. Ces ganglions sont analogues aux ganglions intervertébraux des Vertébrés. Les racines nerveuses partent de chacun des cordons de la chaîne et leur réunion forme des nerfs mixtes ; mais les racines émanées du cordon supérieur sont motrices et celles nées du cordon inférieur sensitives. C'est donc une disposition inverse de ce qui existe chez les Vertébrés, dont les racines postérieures ou supérieures sont sensitives et les inférieures ou antérieures motrices.

Le système nerveux dont nous venons de donner une idée générale est celui de la vie de relation. Il y a, de plus, chez les Arthropodes supérieurs, un *système* dit *stomato-gastrique* qui est en connexion avec le cerveau et qui, à cause de sa distribution aux appareils respiratoire, circulatoire et digestif, a été comparé au nerf pneumogastrique des Vertébrés. Enfin on observe, surtout chez les Insectes, un autre système qui se relie aux ganglions sous-œsophagiens ; il a été nommé *nerf grand sympathique*, par analogie avec sa disposition et ses fonctions chez les Vertébrés.

Organes des sens. — Les organes du *tact* sont

représentés par des poils tactiles ou des palpes. Les antennes ne sont des organes du tact que par les poils ou baguettes tactiles qu'elles portent. — L'*odorat* existe, mais on est loin d'être d'accord sur son siège ; un grand nombre de naturalistes le localisent dans les antennes. — Le sens du *goût* réside probablement dans la cavité buccale.

Les *organes auditifs* sont peu connus ; on n'en a trouvé aucune trace chez les Myriapodes et les Arachnides. — Chez les Crustacés, ce sont des otocystes contenant des otolithes et situés le plus souvent dans l'article basilaire des antennes internes ou antérieures, plus rarement (Mysis) dans les lamelles caudales. Ces vésicules sont pourvues de petits crins rigides de longueurs différentes. — Chez les Insectes, on trouve aussi un organe auditif en rapport avec les antennes et ayant les mêmes caractères fondamentaux que chez les Crustacés (GRABER).

Les *yeux* ne font défaut que chez un petit nombre d'espèces parasites ou vivant dans l'obscurité ; ils ne sont pas encore développés dans beaucoup d'Insectes à l'état de larve. — Les yeux les plus simples sont des taches pigmentaires, situées sur le cerveau et en rapport avec lui (*yeux pigmentaires*). — Une deuxième forme d'yeux est caractérisée par la présence d'une rétine dépourvue de cornée (*yeux rétiniens internes*). Dans ce cas (Crustacés inférieurs), l'œil est recouvert par le tégument. — Une trosième forme consiste dans des yeux munis d'une rétine et d'une cornée (*yeux rétiniens externes*). Dans ce cas, la cornée peut être indivise (*ocelles* ou *stemmates*), ou au contraire subdivisée en un grand nombre de segments (*yeux réticulés* ou *à facettes*). — On rencontre des stemmates chez les Arachnides et les Myriapodes. Chez les Insectes, on trouve, sur les côtés de la tête, des yeux réticulés accompagnés ou non de stemmates situés sur le sommet.

TRENTE-HUITIÈME LEÇON

INSECTES

ARTHROPODES A RESPIRATION TRACHÉENNE. — CORPS DIVISÉ EN TROIS PARTIES PRINCIPALES : TÊTE, THORAX ET ABDOMEN. — TÊTE MUNIE DE DEUX ANTENNES. — THORAX PORTANT UNE PAIRE DE PATTES ET, LE PLUS SOUVENT, DEUX PAIRES D'AILES. — ABDOMEN APODE CHEZ LES ADULTES. — DIOÏQUES.

Le tableau suivant résume la division de la classe des Insectes en ordres ; on voit qu'elle se base sur la présence ou l'absence de métamorphoses. On peut appeler *métaboliens* les Insectes à métamorphoses et *amétaboliens* ceux qui n'en présentent pas.

INSECTES
- Métaboliens
  - Broyeurs
    - Ailes antérieures coriaces (*élytres*); ailes postérieures pliées transversalement... COLÉOPTÈRES.
    - Ailes antérieures parcheminées (*pseudélytres*); ailes postérieures pliées en éventail............ ORTHOPTÈRES.
    - Ailes antérieures et postérieures membraneuses, réticulées............ NÉVROPTÈRES.
  - Lécheurs. 4 ailes membraneuses divisées en cellules.......... HYMÉNOPTÈRES.
  - Suceurs
    - Ailés
      - 4 ailes
        - couvertes d'écailles.... LÉPIDOPTÈRES.
        - nues...... HÉMIPTÈRES.
      - 2 ailes............ DIPTÈRES.
    - Aptères............ APHANIPTÈRES.
- Amétaboliens
  - Pas d'appendices abdominaux...... ANOPLOURES.
  - Des appendices abdominaux........ THYSANOURES.

Appareil digestif. — *A*. ARMATURE BUCCALE. — La considération de l'appareil buccal permet de diviser les Insectes en *broyeurs*, *lécheurs* et *suceurs*. — Chez tous ces animaux, ce sont des pièces homologues qui constituent les divers organes de préhension (SAVIGNY).

 a. Insectes broyeurs ou masticateurs. — Les pièces de l'appareil manducateur sont au nombre de six : 1° le *labre* ou lèvre supérieure; 2° une paire de *mandibules*; 3° une paire de *mâchoires*; 4° un *labium* ou *lèvre inférieure*. — Le labre est une pièce transversale, qui occupe la région frontale. — Les mandibules sont situées au-dessous du labre et se meuvent toujours latéralement. — Les mâchoires se composent d'un article basilaire, d'une tige, de deux *lobes maxillaires* (l'un interne, l'autre externe), enfin d'un *palpe maxillaire* pluriarticulé. — La lèvre inférieure comprend généralement : un *sous-menton* (correspondant à l'article basilaire des mâchoires), un *menton* (répondant à la tige), enfin une *languette* simple ou bifurquée (correspondant aux lobes maxillaires) et intermédiaire à deux palpes labiaux (représentant les palpes maxillaires).

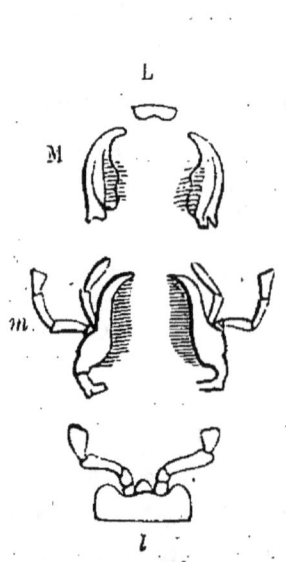

Fig. 159. — Armature buccale d'un Insecte broyeur.

L, labre ; — *l*, lèvre inférieure ; — M, mandibules ; — *m*, mâchoires.

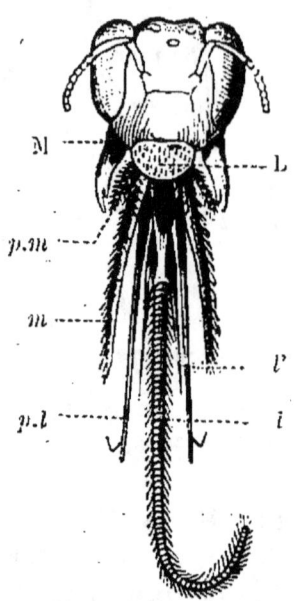

Fig. 160. — Tête d'un Hyménoptère (Anthophore).

L, labre ; — *l'*, languette ; — *l*, lobes latéraux de la languette ; — M, mandibules ; — *m*, mâchoires ; — *p.l*, palpes labiaux ; — *p.m*, palpes maxillaires.

On observe encore, comme pièces accessoires, un *epipharynx* ou saillie médiane du plafond de la cavité buccale et un *hypopharynx* formant une saillie opposée sur le plancher buccal.

On rencontre un appareil broyeur chez les Coléoptères, les Orthoptères et les Névroptères.

b. *Insectes lécheurs.* — Ils forment l'ordre des Hyménoptères, qui se servent de leur langue pour laper, en

APPAREILS DE NUTRITION.

lui imprimant des mouvements de va-et-vient. — Le labre et les mandibules ont la même conformation que chez les Insectes broyeurs ; mais les mâchoires sont allongées et forment une sorte de gaine dans laquelle se trouvent cinq appendices très grêles portés sur une pièce analogue au menton des Insectes broyeurs. Ces cinq appendices sont : 1º une paire de longs palpes labiaux ; 2º une paire de filaments qui sont des lobes latéraux de la languette ; 3º la languette, le plus souvent garnie de poils.

Les mandibules des Hyménoptères ne paraissent pas servir beaucoup à la mastication ; elles sont surtout employées aux travaux d'architecture qu'effectuent la plupart de ces Insectes.

c. *Insectes suceurs.* — Nous avons à étudier, sous ce chef, les Lépidoptères, les Hémiptères et les Diptères.

Les Lépidoptères ne sont suceurs qu'à l'âge adulte, sous la forme de Papillon. Ce dernier se nourrit de liquides qu'il va chercher au fond des fleurs ; sa bouche présente une trompe flexible enroulée en spirale pendant le repos. Cette trompe est formée par les deux mâchoires qui se sont allongées et creusées en gouttière à leur face interne, de façon à former un canal complet par leur rapprochement. Au-dessus de la trompe, on trouve un labre

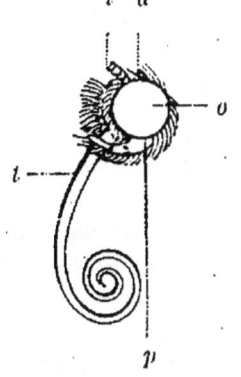

Fig. 161. — APPENDICES BUCCAUX DU PAPILLON.
a, base des antennes ; — *l*, labre ; — *o*, œil ; — *p*, palpes labiaux ; — *t*, trompe.

et deux mandibules rudimentaires ; enfin, sur les côtés de la bouche, se voient deux palpes labiaux, souvent très développés, qui reposent sur un rudiment de lèvre inférieure.

Chez les Hémiptères, les pièces buccales servent non seulement à la succion, mais encore à la ponction. La lèvre inférieure forme un rostre recouvert à sa base par la lèvre supérieure. Ce rostre contient à son intérieur les mandibules et les mâchoires sous la forme de quatre soies rigides pouvant sortir et rentrer, à la manière du poinçon d'un trocart. —

Une disposition à peu près analogue existe chez les Anoploures (Poux).

Chez les Diptères, on retrouve encore les six pièces essentielles de l'appareil buccal, mais ce sont les palpes labiaux qui semblent constituer l'étui où se trouvent logés les stylets perforateurs. Ceux-ci, à l'état le plus compliqué, sont au nombre de six, formés par le labre, les deux mandibules, les deux mâchoires et la languette. — Chez beaucoup de Diptères, le nombre de ces stylets est moins considérable ; quelquefois même ils sont tous impairs, par suite de la soudure des pièces opposées. — Une disposition assez semblable s'observe chez les Aphaniptères (Puces).

B. CANAL DIGESTIF. — Il offre généralement : un *pharynx*, un *œsophage*, un *jabot,* un *gésier*, un *estomac* et un *intestin.*

Le *pharynx* n'existe que chez les Insectes broyeurs.

L'*œsophage* se prolonge habituellement jusqu'à l'origine de l'abdomen ; il se renfle souvent en un réservoir (*jabot*) auquel succède un *gésier* muni à l'intérieur de pièces cornées disposées sur plusieurs lignes longitudinales. — Le gésier manque ou est rudimentaire chez les Insectes suceurs.

L'*estomac*, appelé encore *ventricule succenturié* ou *ventricule chylifique*, ne manque jamais ; on observe dans ses parois un grand nombre de *glandes gastriques* qui affectent, chez la plupart des Coléoptères, la forme de villosités extérieures. — La limite de l'estomac et de l'intestin est indiquée par des tubes filiformes et terminés en cul-de-sac (*canaux de Malpighi*), qui sont les organes urinaires.

L'*intestin* se divise en deux parties : l'*intestin grêle* et le *gros intestin*. Ce dernier présente un renflement avant de se terminer à l'anus.

On observe, le plus souvent, des glandes salivaires comme annexes du tube digestif ; mais celles-ci sont quelquefois détournées de leur rôle pour devenir des glandes à venin, des glandes séricigènes, etc. — Ce n'est qu'à l'état d'exception qu'on rencontre des formes adultes privées de tube digestif (Phylloxéras sexués). — Par suite d'un arrêt de développement, l'estomac se termine en cul-de-sac chez les larves de l'Abeille, de la Guêpe, etc.; mode d'organisation qui s'accompagne naturellement de l'absence de déjections.

Appareil circulatoire. — Il se réduit à un *vaisseau dorsal* ou *cœur* et l'on ne doit pas être surpris de cette simplicité, si l'on songe au développement ainsi qu'à la division presque infinie des trachées allant à la rencontre du sang dans tous les tissus.

Le vaisseau dorsal est situé dans l'abdomen ; il présente un certain nombre de chambres incomplètement séparées par des replis membraneux. Les loges correspondent aux anneaux et sont fixées à la région dorsale par des muscles triangulaires (*muscles aliformes*); chacune d'elles présente une paire d'orifices latéraux par où le sang pénètre pendant la diastole. La systole se fait graduellement d'arrière en avant, les replis membraneux des chambres du cœur faisant successivement valvule. Le cœur envoie le sang dans un vaisseau (*aorte*) qui débouche dans le système lacunaire de la tête. De là, ce fluide passe dans la cavité viscérale, où il se partage en quatre courants principaux : deux latéraux, un dorsal et un ventral. Des courants secondaires s'observent dans les membres et dans les ailes.

Appareil respiratoire. — Tous les Insectes respirent par des trachées, organes dont nous avons déjà parlé (*voy.* p. 65).

Les trachées sont de deux sortes : les unes (*trachées stigmatiques*) communiquent avec l'extérieur par des stigmates; les autres (*trachées astigmatiques*) constituent un système fermé. Ces dernières ne se rencontrent que chez certaines larves aquatiques ; quelquefois elles viennent se ramifier à l'intérieur d'appendices foliacés (*trachées branchiales*) situés à l'extérieur sur la partie dorsale de l'abdomen (Éphémères) ou à l'intérieur du rectum (larves de Libellules). Dans ce dernier cas, le rectum présente des mouvements de diastole et de systole présidant à l'entrée et à la sortie de l'eau dans sa cavité, qui accomplit alors une véritable respiration.

Le système trachéen ouvert est l'apanage des Insectes aériens. Ceux-ci présentent, dans la disposition des trachées, une foule de variétés que nous ne pouvons examiner ici. Les trachées sont généralement *tubulaires*; cependant, elles peuvent offrir des dilatations et devenir *vésiculaires*.

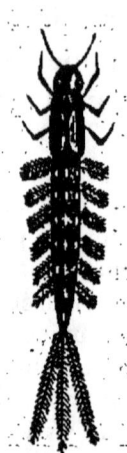

Fig. 162.
LARVE
D'ÉPHÉMÈRE
(*trachées branchiales*).

Les vésicules ne diffèrent des trachées que par l'absence plus ou moins complète du fil spiral; elles sont plus développées chez les Insectes au vol puissant que chez les autres, où elles peuvent même manquer tout à fait.

Les trachées se terminent dans les organes par des extrémités closes. Elles sont des dépendances du tégument et se composent de deux tuniques principales : une externe épithéliale, provenant de l'hypoderme, l'autre interne chitineuse et d'origine cuticulaire. C'est cette dernière couche qui est renforcée par un épaississement en forme de fil spiral.

Les stigmates ou orifices extérieurs des trachées sont le plus souvent au nombre de neuf paires situées sur la partie membraneuse qui relie les arceaux de chaque anneau de l'abdomen. Ces ouvertures sont pourvues d'un cadre corné (*péritrème*) entourant une membrane ordinairement en forme de boutonnière, dont les bords sont entiers ou frangés. — L'Insecte peut, à son gré, ouvrir ou fermer ses stigmates.

L'air s'introduit dans les trachées par des mouvements de dilatation de l'abdomen; il en est expulsé par le resserrement de cette même cavité. Ces mouvements d'inspiration et d'expiration se font, soit par le rapprochement et l'écartement de la région dorsale et de la région ventrale (Hanneton), soit par l'allongement et le raccourcissement alternatifs de l'abdomen (Abeille).

Appareil urinaire. — (*Voy.* p. 422).

Appareil reproducteur. — Les sexes sont toujours séparés. Chez quelques Insectes (Abeilles, Fourmis, Termites), on rencontre des individus stériles (*neutres*) dont les organes sexuels restent toujours rudimentaires. Les mâles et les femelles se distinguent par des différences extérieures plus ou moins accusées; habituellement les mâles sont plus petits, ont des couleurs plus vives, des antennes et des mandibules plus développées. Quand l'un seulement des sexes est muni d'ailes (Lampyre), c'est toujours le mâle qui les possède; souvent aussi ce dernier jouit seul de la faculté de produire des sons (Cigale). — Les organes sexuels existent à l'état rudimentaire chez la larve; mais ils n'atteignent généralement leur complet développement que chez l'Insecte parfait. — L'accouplement a lieu pendant le repos, rarement pendant le vol (Abeille).

A. APPAREIL MÂLE. — Il se compose de *testicules* symétriques, de *conduits déférents*, d'un *canal éjaculateur*, d'un *pénis* et d'une *armure copulatrice*.

Chez quelques Papillons, les deux testicules sont rapprochés l'un de l'autre, de façon à donner l'apparence d'un organe unique; au contraire, chez quelques Coléoptères (Hanneton, etc.), ils sont divisés en un nombre plus ou moins considérable de lobes sphériques. Chaque testicule se continue avec un canal déférent sinueux dont l'extrémité inférieure est souvent renflée en *vésicule séminale*. Les deux conduits déférents débouchent dans un canal éjaculateur musculeux dont la portion terminale (*pénis*) est susceptible de rentrer en elle-même ou de se dérouler au dehors.—Une armure cornée, de conformation extrêmement variable (*armure copulatrice*) sert à protéger le pénis et à le retenir pendant l'accouplement dans l'intérieur du corps de la femelle.

Au point de jonction des conduits déférents et du canal éjaculateur, il existe souvent une ou deux paires de glandes produisant une sécrétion coagulable qui forme une enveloppe autour d'un faisceau de spermatozoïdes (*spermatophores*).

B. Appareil femelle. — Il se compose des *ovaires*, des *trompes*, de l'*oviducte*, du *vagin* et des *parties sexuelles externes*. — A l'oviducte ou au vagin sont souvent annexés : un *réceptacle séminal* et une *poche copulatrice*.

Les ovaires sont symétriques et formés chacun d'un nombre variable de tubes ovigènes. Ceux-ci sont larges à la base et deviennent plus ou moins filiformes au sommet, où ils se terminent en cul-de-sac. Les œufs sont rangés les uns à la suite des autres dans les tubes ovigènes et figurent ainsi une espèce de chapelet.—En sortant de leurs gaines, les œufs passent dans un tube (*trompe*) qui se réunit avec celui du côté opposé pour former un oviducte impair dont l'extrémité inférieure constitue le vagin. — A l'oviducte se trouve généralement annexée une poche pédiculée (*réceptacle séminal*) qui emmagasine, en quelque sorte, la semence. Au-dessous de cet organe, existe souvent une *poche* dite *copulatrice* qui s'ouvre dans le vagin et reçoit le pénis pendant l'accouplement. Après cet acte, la semence passe de la poche copulatrice dans le réceptacle séminal.

Il faut aussi noter que les derniers anneaux de l'abdomen sont fréquemment transformés en *oviscapte, tarière, aiguillon*, etc., pour conduire les œufs, percer ou couper les substances dans lesquelles ils doivent être déposés. — Enfin on observe quelquefois des glandes accessoires destinées à sécréter des matières visqueuses qui leur font contracter adhérence entre eux et sur les corps où ils sont déposés.

Chez un assez grand nombre d'Insectes, on a observé des cas de parthénogenèse (*voy.* p. 74), soit accidentelle (Papillon du Ver à soie), soit régulière. Dans ce dernier cas, les générations parthénogenésiques peuvent renfermer : des mâles seulement (Abeille), des femelles seulement (Cynips) ou indifféremment des mâles et des femelles (Chermès).

Chez le Phylloxéra l'on observe trois sortes de générations : aptère, ailée, sexuée.

Métamorphoses. — A l'exception des Anoploures et des Thysanoures, tous les Insectes subissent des métamorphoses. — On dit que la *métamorphose* est *complète* quand la *larve* (Chenille chez les Lépidoptères) n'a aucune ressemblance avec ses parents et doit passer par une phase d'immobilité et de jeûne (*pupe* ou *nymphe*) avant de revêtir la forme de l'*Insecte parfait* ou *imago* (Coléoptères, Hyménoptères, Lépidoptères, Diptères). — La *métamorphose* est *incomplète* quand la larve éclôt avec les principaux caractères de l'adulte, n'en différant guère que par les organes reproducteurs et alaires qui ne sont pas encore développés. Chez la nymphe, les ailes se montrent à l'état de moignons emmaillotés ; celle-ci est active comme la larve et l'adulte (Orthoptères, Hémiptères, etc.).

Tégument. — Ainsi que nous l'avons déjà dit, le corps est toujours nettement divisé en trois portions : la tête, le thorax et l'abdomen.

A. Tête. — Le nombre des anneaux dont la soudure constitue la tête ne peut être inférieur à cinq, pour une paire d'antennes, une paire d'yeux composés et trois paires de pièces buccales. Les antennes sont insérées sur le front et formées d'articles peu mobiles.

B. Thorax. — Il se compose de trois anneaux nommés *prothorax*, *mésothorax* et *métathorax*. — Chez les Coléoptères, les Orthoptères et la plupart des Hémiptères, le prothorax est mobile et bien développé, tandis qu'il est plus ou moins réduit et soudé avec l'anneau suivant, dans les autres ordres.

Le thorax porte trois paires de pattes : la première appartient au prothorax, la deuxième au mésothorax, la troisième au métathorax.

<small>Chaque patte est constituée par une série de tubes articulés. — L'article basilaire (*hanche*) est suivi d'un deuxième article très petit (*trochanter*). Le troisième tronçon (*cuisse*) est l'article le plus robuste de la patte; puis vient une pièce mince et allongée (*jambe*) qui se termine par une partie (*tarse*) composée d'articles dont le nombre varie de un à cinq. Le dernier article porte habituellement un ou deux crochets (*ongles*) et présente parfois des pelotes ou ventouses permettant l'adhérence aux corps lisses (Mouches).</small>

Chez les larves, le thorax porte, le plus souvent, des pattes comme chez les adultes, sans différence appréciable pour les Insectes à métamorphoses incomplètes. Ces pattes, au nombre de six (*vraies pattes* ou *pattes écailleuses*) se rencontrent chez toutes les larves de Lépidoptères et presque toutes celles de Coléoptères. Les larves de la plupart des Diptères et des Hyménoptères sont apodes.

<small>Quand la courte patte écailleuse d'une Chenille est remplacée</small>

par le long levier articulé qui constitue la patte du Papillon, ce n'est pas le membre primordial qui s'agrandit et se transforme, c'est le développement d'un bourgeon rudimentaire préexistant dans la portion coxale de ce membre qui donne naissance au nouvel appendice (Künckel d'Herculaïs). Il suit de là que suivant qu'on laisse intact ou qu'on détruit ce bourgeon chez la larve, le membre articulé pousse ou, au contraire, n'apparait pas chez l'Insecte parfait.

Nous avons parlé plus haut (voy. p. 424) des ailes des Insectes. Ces appendices dorsaux ne se rencontrent que sur le mésothorax et le métathorax; le prothorax n'en porte jamais.

C. Abdomen. — Parvenu à son maximum de développement, l'abdomen se compose de onze anneaux (Libellules); mais il se réduit à neuf (Coléoptères) et même à huit ou moins encore par atrophie ou soudure d'anneaux. L'anus occupe toujours le dernier anneau. — L'articulation de l'abdomen avec le thorax se fait toujours largement; dans le cas où l'abdomen est pédiculé (Guêpes, Fourmis), le pédicule est formé par le rétrécissement du deuxième anneau de l'abdomen.

L'abdomen des Insectes adultes ne présente d'appendices locomoteurs que chez les Thysanoures.

Les autres appendices de l'abdomen sont, outre l'armure génitale, des filaments articulés (Blattes, Grillons) ou des pinces (Forficules) qu'on observe quelquefois sur les derniers anneaux du corps.

Chez les larves des Lépidoptères (*Chenilles*) et d'un groupe spécial d'Hyménoptères, les Tenthrédines (*fausses Chenilles*), l'abdomen est muni de pattes. Celles-ci (*fausses pattes*) sont charnues et inarticulées ; elles présentent, le plus souvent, à leur partie inférieure une couronne de crochets chitineux.

Locomotion. — (*Voy.* p. 426).

Appareil phonateur et phonation. — (*Voy.* p. 427).

Système nerveux. — Aux généralités que nous avons données plus haut (*voy.* p. 429), nous ajouterons les détails suivants :

Les ganglions cérébroïdes ont la forme d'une masse bilobée d'où naissent les nerfs des yeux, des antennes et de la lèvre supérieure. — Les ganglions sous-œsophagiens sont en général réunis en un seul ganglion qui donne naissance aux nerfs des mâchoires, des mandibules et de la lèvre inférieure. — Les autres ganglions de la chaîne ventrale sont, les uns thoraciques, les autres abdominaux. Ceux du thorax, au nombre de trois chez la larve, forment le plus souvent deux masses ganglionnaires ou même une seule chez l'adulte.

Organes des sens. — (*Voy.* p. 430 et 431, pour les organes du tact, du goût, de l'odorat et de l'ouïe). — A ce que nous avons déjà dit des organes de la vue, nous ajouterons ce qui suit :

Les larves des Hyménoptères et de la plupart des Diptères, ainsi que les larves apodes des Coléoptères, sont privées d'yeux. Les autres larves, qui vivent à la lumière et cherchent leur nourriture, ont des stemmates ; cependant celles des Cousins possèdent des yeux réticulés.

Chez les adultes, en outre des yeux réticulés situés sur les côtés de la tête, on observe, le plus souvent, deux ou trois stemmates placés sur le sommet ; mais ceux-ci sont rares chez les Coléoptères.

Le réseau des yeux à facettes est hexagonal et chaque

facette a la forme d'une lentille biconvexe remplissant à la fois les usages d'une cornée et d'un cristallin. Derrière chaque facette se trouve un groupe de quatre cellules (*cône cristalloïde*) représentant le corps vitré. — L'extrémité postérieure de celles-ci va toucher une rétinule composée d'un petit nombre de cellules munies chacune d'un bâtonnet. Ces bâtonnets se réunissent en une seule tige centrale formant un cylindre strié transversalement (*rhabdome*). Les fibres du nerf optique se mettent en rapport avec les cellules de la rétinule, après avoir traversé une membrane (*membrane limitante*) qui tapisse celles-ci en arrière. Des cellules pigmentifères forment une gaîne (*choroïde*) autour du cône cristalloïde et de la rétinule.

TRENTE-NEUVIEME LEÇON

COLÉOPTÈRES — ORTHOPTÈRES NÉVROPTÈRES

COLÉOPTÈRES

(κολεός, étui; πτερόν, aile)

Insectes broyeurs à métamorphoses complètes. — Ailes antérieures cornées (élytres); *ailes postérieures membraneuses et pliées en travers, rarement nulles. — Prothorax libre, mobile. — Larves maxillées.*

4 sous-ordres : les *Pentamères*, les *Hétéromères*, les *Cryptopentamères* et les *Cryptotétramères*.

Pentamères (πέντε, cinq ; μέρος, partie). — *Tarses à cinq articles.*

A ce groupe appartiennent : les Cicindèles (*Cicindela*); les Carabes (*Carabus*); les Calosomes (*Calosoma*); les Dytiques (*Dytiscus*); les Hydrophiles (*Hydrophilus*); les Staphylins (*Staphylinus*); les Fossoyeurs (*Necrophorus*); les Brachyptères (*Brachypterus*); les Dermestes (*Dermestus*); les Oryctes (*Oryctes*); les Cétoines (*Cetonia*); les Hannetons *Melolontha*); les Ateuchus (*Ateuchus*); les Lucanes ou Cerfs-volants (*Lucanus*); les Buprestes (*Buprestis*); les Lampyres ou Vers luisants (*Lampyris*); les Limebois (*Lymexylon*); les Vrillettes (*Anobium*); etc.

Hétéromères (ἕτερος, différent). — *Tarses des deux premières paires de pattes, à cinq articles ; tarses de la dernière paire, à quatre articles.*

Les genres principaux sont : les Blaps (*Blaps*); les Ténébrions (*Tenebrio*); enfin un certain nombre d'Insectes vésicants formant la famille des CANTHARIDES.

CANTHARIDES. — *Tête cordiforme, portée sur une sorte de cou. — Tarses à crochets bifides. — Insectes vésicants.*

Cinq genres principaux : *Lytta, Mylabris, Cerocoma, Sitaris, Meloe.*

Insectes vésicants.
- Ailés. Élytres longs
  - à bords parallèles. filiformes . . . . *Lytta.*
  - terminées à 11 articles . . . *Mylabris.*
  - Antennes en massue à 9 articles . . . *Cerocoma.*
  - rétrécis en arrière, subulés . . . . . . *Sitaris.*
- Aptères. Élytres courts . . . . *Meloe.*

La Cantharide officinale (*Lytta vesicatoria*) est

d'un beau vert doré, longue de 2 centimètres et large de 4 à 5 millimètres. Ses antennes sont filiformes, noires, composées de onze articles. Le mâle est plus petit que la femelle.— La Cantharide habite les régions méditerranéennes où elle est connue sous le nom de *Mouche d'Espagne;* elle vit en familles nombreuses sur les frênes, les lilas, les troènes, dont elle dévore les feuilles. Ses métamorphoses sont compliquées et analogues à celles des Sitaris dont nous allons parler dans un instant. On ignore encore où les larves de Cantharides vivent en parasites.

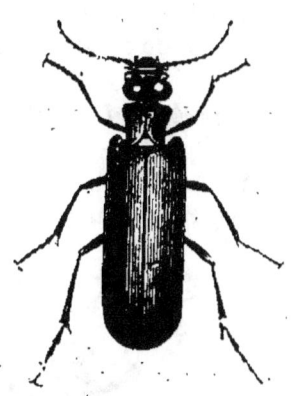

Fig. 163. — Cantharide.

Les Cantharides répandent une odeur de Souris très accentuée ; on les emploie à l'extérieur comme vésicants ; mais, quand elles sont administrées à l'intérieur, elles déterminent une vive irritation des organes génito-urinaires.

On récolte les Cantharides de grand matin, quand elles sont encore engourdies par le froid de la nuit. On secoue les arbres au pied desquels on a étendu des draps et l'on ramasse les Insectes avec des gants, pour éviter l'inflammation consécutive des voies urinaires ou des yeux. On tue les Cantharides par immersion dans de l'eau vinaigrée ; on les fait ensuite sécher avec soin et on les conserve en vase clos.

L'action des Cantharides est due à une substance particulière (*cantharidine*) soluble dans l'eau, l'alcool, l'éther, le chloroforme et les huiles. La Cantharidine ne se dissout pas

448   INSECTES.

dans le sulfure de carbone. — On falsifie les Cantharides, soit en les mélangeant avec d'autres Insectes (Cétoine dorée, etc.), soit en leur enlevant leur principe actif par immersion dans l'alcool ou l'essence de térébenthine.

Un assez grand nombre d'espèces voisines de la Cantharide officinale sont employées aux mêmes usages. Les plus connues sont : *Lytta vittata* des Etats-Unis et *Lytta adspersa* de Montevideo. Cette dernière passe pour n'occasionner aucune irritation du col de la vessie.

Les *Mylabres* étaient les Cantharides des anciens.

Arétée passe pour être le premier qui en ait fait usage comme vésicatoire ; mais Hippocrate les employait déjà à l'intérieur.

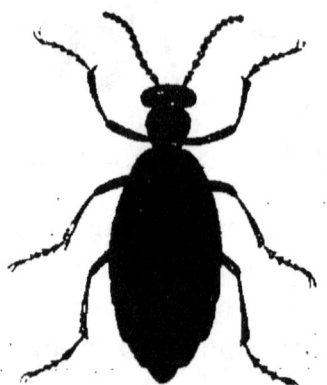
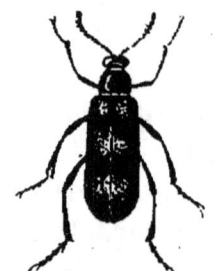

Fig. 164. — Méloé.   Fig. 165. — Mylabre.

— L'espèce la plus connue (*Mylabris variabilis*) habite le Midi de la France. — Autres espèces : *M. cichorii* ; *M. sidæ* ; *M. decempunctata* ; etc.

Les *Cérocomes* renferment une espèce (*Cerocoma Schæfferi*) d'un vert doré, pubescente, qui n'est pas rare aux environs de Paris.

Les *Méloés* ont les élytres très courts et sont privés d'ailes. — Le plus connu est le *Meloe proscarabæus*, qui est abondant aux environs de Paris.

Les Insectes vésicants subissent des métamorphoses très compliquées (*hypermétamorphoses*) qui ont été surtout bien étudiées par Fabre, sur le *Sitaris huméral*.

La femelle de cette espèce va pondre dans les conduits des nids que les Abeilles solitaires construisent en terre. De ces œufs sort une petite larve à longues pattes et à longues antennes, munie de quatre yeux, qui finit par être transportée dans le nid, accrochée aux poils des Abeilles. Là elle s'établit dans une cellule, dévore l'œuf qui y est pondu et se transforme en une *deuxième larve*, aveugle et se nourrissant du miel de la cellule. Dans la peau de cette deuxième larve se forme une pseudonymphe qui passe l'hiver sans manger et d'où sort une *troisième larve* fort analogue à la deuxième. Cette troisième larve se transforme en une véritable nymphe qui donne enfin naissance à l'Insecte parfait.

Cryptopentamères (κρυπτός, caché). — *Tarses à cinq articles, dont un rudimentaire et caché* (Tétramères).

Contiennent les Bruches (*Bruchus*); les Larins (*Larinus*); les Calandres (*Calandra*); les Scolytes (*Scolytus*); les Lamies (*Lamia*); les Criocères (*Crioceris*); l'Écrivain ou Eumolpe de la vigne (*Bromius vitis*); les Chrysomèles (*Chrysomela*) auxquelles appartient le Colorado ou Doryphora de la pomme de terre (*Doryphora decemlineata*).

En Orient, on récolte, sous le nom de *Tréhala*, une coque creuse du volume d'une olive, construite par la larve du *Larinus nidificans*, qui y passe sa période de nymphe. Cette coque est grisâtre et fixée aux branches d'un Echinops; elle a une saveur sucrée et est employée, en décoction, contre la bronchite. — La larve d'une Calandre d'Amérique, qui vit de la moelle des Palmiers (*C. palmarum*), est connue sous le nom de *Ver palmiste* et considérée comme un mets délicat.

Cryptotétramères. — *Tarses composés de quatre articles, dont un rudimentaire* (Trimères).

Contiennent : les Lycoperdines (*Lycoperdina*); les Coccinelles, connues sous le nom vulgaire de *bêtes à bon Dieu* (*Coccinella*); etc.

ORTHOPTÈRES

(ὀρθός, droit ; πτερόν, aile)

Insectes broyeurs, à métamorphoses incomplètes. — Ailes antérieures parcheminées (pseudélytres) *— Ailes postérieures membraneuses et pliées en long, rarement nulles. — Prothorax libre, mobile. — Larves maxillées.*

2 sous-ordres : les *Sauteurs* et les *Coureurs*.

Les *Sauteurs* sont caractérisés par leurs pattes postérieures très longues et propres au saut. Ils comprennent les Criquets, dont une espèce, célèbre sous le nom de Criquet voyageur (*Acridium migratorium*), ravage les pays qu'elle traverse ; les Sauterelles ; les Grillons (*Gryllus*) ; etc.

Les *Coureurs* ont les pattes postérieures, ainsi que les précédentes, uniquement propres à la course ou à la marche. — Ce sont les Blattes, dont une espèce très connue, la Blatte des cuisines ou Cafard (*Blatta orientalis*) répand une odeur fétide et attaque les comestibles ; les Forficules ou Perce-Oreilles (*Forficula*) qu'on a accusés, bien à tort, de percer la membrane du tympan, enfin les Mantes (*Mantis*), les Phyllies (*Phyllium*), etc.

NÉVROPTÈRES.

On rattache généralement aux Orthoptères, quelquefois aux Hémiptères, de petits Insectes (*Thrips*, etc.) pour lesquels on a créé aussi un ordre à part sous le nom de THYSANOPTÈRES.

Leurs ailes sont ciliées et leurs mandibules sétacées; leurs pattes se terminent par des pelotes en forme de ventouses. — Ils causent de grands dégâts aux oliviers et aux céréales.

NÉVROPTÈRES

(νεῦρον, nerf, πτερόν, aile.)

Insectes broyeurs, à métamorphoses complètes (NÉVROPTÈRES PROPREMENT DITS) *ou incomplètes* (PSEUDONÉVROPTÈRES). — *Quatre ailes en général membraneuses et réticulées.* — *Prothorax libre.* — *Larves maxillées.*

2 sous-ordres : les *Névroptères proprement dits* et les *Pseudonévroptères*, se divisant de la façon suivante :

Métamorphoses			
complètes (NÉVROPTÈRES PROPREMENT DITS)	Ailes poilues et écailleuses, les postérieures se repliant en long. Pas de mandibules		*Plicipennes.*
	Ailes nues, les postérieures ne se repliant jamais. Des mandibules		*Planipennes.*
incomplètes (PSEUDONÉVROPTÈRES)	Larves aquatiques		*Amphibiotiques.*
	Larves terrestres		*Corrodants.*

PLICIPENNES. — Les larves vivent sous l'eau, dans de petits fourreaux recouverts de différentes matières (grains de sable, petites coquilles, fragments de plantes) qu'elles lient ensemble avec des fils soyeux. Elles montrent la tête et les pattes hors de ces tubes, qu'elles traînent après elles lorsqu'elles marchent. La nymphe abandonne le fourreau, pour se transformer, hors de l'eau, en Insecte parfait. — Celui-ci ressemble aux Lépidoptères et a la forme d'une petite Phalène. — C'est à ce groupe qu'appartiennent les genres *Phryganea*, *Hydropsyche*, etc.

PLANIPENNES. — L'Insecte le plus intéressant de ce groupe est le Fourmilion (*Myrmeleon formicarius*). — La larve a une grosse tête munie de fortes pinces mandibulaires. Elle vit dans des terrains sablonneux où elle se creuse un trou en entonnoir. Cachée au fond du trou, elle guette les Fourmis qui se hasardent sur les bords de ce petit précipice et détermine leur chute en leur jetant du sable.

AMPHIBIOTIQUES. — C'est à ce groupe qu'appartiennent les Libellules (*Libellula*); les Éphémères (*Ephemera*); etc.—Les larves de ces Insectes vivent dans l'eau et possèdent des trachées branchiales (*voy*. p. 438). — Les larves des Libellules sont pourvues d'un appareil spécial (*masque*) formé par la lèvre inférieure ; elles projettent celui-ci sur les Insectes qui passent à leur portée et les saisissent comme avec des tenailles. — Les Éphémères ne vivent à l'état adulte qu'un temps très court, ce qui leur a valu leur nom.

CORRODANTS. — On trouve dans ce groupe les *Termites* ou *Fourmis blanches*. — Ce sont des Insectes vivant en sociétés composées d'individus de plusieurs sortes.

Le Termite lucifuge (*Termes lucifugus*) des landes de la Gascogne fait des nids dans les souches des pins qui restent sur le sol, après que les arbres ont été coupés. Un grand nombre de maisons de La Rochelle ont eu leurs poutres détruites par ces Insectes dévastateurs, qui rongent le bois à l'intérieur en respectant l'extérieur, ce qui fait qu'on est, le plus souvent, dans l'ignorance de leurs dégâts.

Les *Termites exotiques* constituent un fléau encore plus dangereux. — On prétend que les nègres en sont très friands.

On a réuni, tantôt aux Coléoptères, tantôt aux Névroptères, des Insectes dont on a fait aussi un

HYMÉNOPTÈRES.

ordre à part sous le nom de RHIPIPTÈRES (ῥιπίς, éventail) ou sous celui de STREPSIPTÈRES (στρέψις, enroulement).

Ailes antérieures petites, élytroïdes, enroulées à leur pointe. — Ailes postérieures grandes, membraneuses, plissées longitudinalement. — Femelles aptères et apodes.

Les larves et les femelles vivent en parasites sur le corps des Hyménoptères.

Trois genres seulement : *Halictophagus* ; *Stylops* ; *Xenos*.

QUARANTIÈME LEÇON

HYMÉNOPTÈRES

(ὑμήν, membrane ; πτερόν, aile)

Insectes lécheurs, à métamorphoses complètes. — Quatre ailes membraneuses, transparentes et divisées en cellules. — Prothorax soudé au mésothorax.

Chez les femelles, l'abdomen est presque toujours terminé par une tarière ou un aiguillon venimeux. Celui-ci se compose essentiellement d'une paire de poinçons aigus mobiles dans une sorte d'étui ; sa base est en rapport avec le canal excréteur de deux glandes venimeuses en forme de cul-de-sac. — Chez l'Abeille, l'aiguillon est pourvu, à son extrémité, de dents aiguës qui s'opposent à ce que l'Insecte puisse le retirer de la blessure qu'il vient de faire; aussi celui-ci ne tarde-t-il pas à succomber. — Les tarses des Hyménoptères ont toujours cinq articles.

2 sous-ordres : les *Porte-aiguillons* et les *Térébrants*.

Porte-aiguillons. — *Abdomen toujours pédiculé, muni, chez les femelles et les neutres, d'un aiguillon venimeux rétractile. — Antennes des mâles à treize articles. — Larves apodes et dépourvues d'anus.*

Individus
- tous ailés
  - Premier article des tarses postérieurs large, comprimé . . . . Mellifères.
  - Tarses postérieurs ordinaires. Ailes antérieures
    - pliées longitudinalement en deux, pendant le repos. . Diploptères.
    - toujours étendues.
      - coudées. Chrysidides.
      - droites.. Fouisseurs.
- les uns ailés, les autres aptères. . . . . Hétérogynes.

MELLIFÈRES. — *Individus tous ailés. — Ailes étendues. — Premier article des tarses postérieurs large, comprimé, rectangulaire ou triangulaire.*

Les uns vivent solitaires, les autres forment des sociétés. — L'Insecte le plus intéressant du groupe des Mellifères sociaux est l'Abeille domestique (*Apis mellifica*). Son corps est velu, brun-noirâtre; ses antennes sont filiformes et ses jambes postérieures ne présentent pas d'épines en arrière.

Les Abeilles vivent en troupes nombreuses (*essaims*) composées de mâles (*faux Bourdons*), d'ouvrières et d'une seule femelle (*reine*). Elles s'établissent dans un creux d'arbre ou dans une ruche qu'on leur prépare à cet effet.

Les *ouvrières* sont des femelles à organes génitaux

atrophiés ; leur abdomen est muni d'un aiguillon. La face externe des jambes postérieures est creusée d'une facette (*corbeille*) destinée à loger une boulette de pollen ou de propolis retenue par des poils raides constituant ce qu'on appelle le *rateau*. Le premier article du tarse, beaucoup plus développé que les autres (*pièce carrée*), offre à sa face interne des rangées régulières et transversales de poils courts formant une véritable *brosse*. Celle-ci sert à rassembler le pollen pris sur les fleurs ou adhérent aux poils du corps. La pièce carrée s'articule avec l'angle postéro-interne de la jambe; il en résulte une sorte de *pince* servant à détacher les lamelles de cire qui exsudent entre les anneaux de la face inférieure de l'abdomen. Cette cire est ensuite portée à la bouche à l'aide des pattes antérieures.

Lors de la récolte, les pattes de la première paire font l'office de mains transmettant aux pattes de la deuxième paire le pollen ou le propolis. Celles-ci les déposent dans les corbeilles des pattes de la troisième paire et les y fixent à coups répétés. Chez les mâles et la reine, il n'y a ni corbeilles, ni râteaux, ni brosses, ni pinces bien conditionnées. Les ouvrières fabriquent le miel et la cire, nourrissent les larves et construisent la ruche.

Les mâles sont plus gros et d'une couleur plus brune que les ouvrières ; ils ont aussi la trompe plus courte, les mandibules plus petites, les yeux plus gros, enfin ils ne possèdent pas d'aiguillon.

La femelle ou *reine* est pourvue d'un aiguillon plus fort et plus recourbé que celui des ouvrières ; elle est plus grosse, plus longue et d'une couleur plus fauve que celles-ci ; ses ailes, plus courtes que celles des mâles et des ouvrières, ne dépassent guère le milieu de l'abdomen.

Les ouvrières fabriquent des rayons de cire qui descendent verticalement du plafond de leur demeure. Ceux-ci sont formés de deux couches de cellules hexagonales (*alvéoles*) se touchant par le fond qui est toujours situé un peu plus bas que l'orifice d'entrée. Les plus petites cellules reçoivent, les unes du miel et du pollen, les autres des œufs d'où sortiront des larves d'ouvrières ; l'ensemble de ces œufs et de ces larves constitue ce qu'on appelle le *couvain des ouvrières*. Les plus grosses cellules sont destinées au miel et au *couvain des mâles*. Au bord du rayon, on voit, à certaines époques, un petit nombre de cellules grandes et irrégulières (*cellules royales*) où sont élevées les larves des femelles. Les larves sortent de l'œuf quelques jours après la ponte, et, lorsqu'elles ont cinq ou six jours d'existence, les ouvrières ferment les cellules au moyen d'un couvercle de cire, plat pour les cellules à miel, bombé pour les cellules à couvain. Alors la larve file un petit cocon et se transforme en nymphe. Enfin, treize jours après sa sortie de l'œuf, l'Abeille perce le couvercle de sa cellule et s'échappe à l'état parfait.

Au commencement de l'été, la femelle quitte la ruche avec les mâles et s'accouple dans l'air avec l'un deux. A partir de ce moment, elle a la faculté de pondre des œufs femelles ou des œufs mâles, suivant qu'elle les arrose ou non de la semence du mâle emmagasinée dans le réceptacle séminal, ce qu'elle peut faire volontairement. — Tout œuf pondu par une reine non fécondée est un œuf mâle. Les œufs fécondés donnent naissance à des neutres ou à des femelles suivant la grandeur de la cellule et surtout la nature des aliments donnés par les ouvrières. La nourriture déposée dans les cellules royales (*pâtée royale*) est, en effet, plus sucrée et plus abondante que dans les autres cellules.

En automne, lorsque les provisions de la ruche deviennent moins abondantes, les ouvrières font périr les mâles en les perçant de leur aiguillon et elles sacrifient de même le couvain des mâles qui existe encore. La reine et les ouvrières passent l'hiver dans la ruche. Dès le retour du printemps, la reine dépose des œufs dans les cellules d'ouvrières et de mâles, ainsi que dans les cellules royales; puis, avant que la première jeune reine soit sortie de sa cellule, elle abandonne la ruche suivie d'une partie des ouvrières (*premier essaim*). La nouvelle reine met aussitôt à mort les autres larves royales et règne seule dans la ruche; mais, si les ouvrières sont très nombreuses, elles s'opposent aux desseins de la reine et celle-ci s'éloigne à son tour avec une partie des ouvrières (*deuxième essaim*), avant l'éclosion d'une autre rivale.

HYMÉNOPTÈRES.

Les Abeilles fournissent trois produits : le *propolis*, la *cire* et le *miel*.

Le *propolis* est une substance résineuse, de couleur rougeâtre, que les Abeilles vont chercher sur les bourgeons et les jeunes pousses des arbres (peuplier, marronnier, etc.). Elles s'en servent pour fermer tous les orifices de la ruche, à l'exception de celui qui sert à l'entrée et à la sortie. Le propolis est aussi employé pour fixer les gâteaux de miel au plafond de la ruche.

La *cire*, substance grasse de nature complexe, est une production spéciale qui se dépose dans les *aires cirières* situées sur les côtés de la partie ventrale de l'abdomen. Elle est sécrétée par des glandes cutanées situées dans les anneaux de l'abdomen. — On emploie la cire pour la confection des cérats et de beaucoup d'emplâtres ou d'onguents.

Cette sécrétion de cire par les Abeilles a servi de base à des expériences sur l'origine de la graisse chez les animaux. Ces expériences ont permis d'affirmer que les animaux possèdent le pouvoir de former de la graisse aux dépens de matières organiques d'un autre ordre et que, par conséquent, ils ne tirent pas la *totalité* de leur graisse de celle qui est contenue dans les aliments.

Si l'on nourrit des Abeilles avec du sucre, elles continuent à produire de la cire (HUBER); mais on peut supposer que celle-ci est formée aux dépens de la graisse emmagasinée dans le corps. Or, si l'on détermine le poids de cette graisse avant l'expérience et le poids tant de la cire sécrétée que des matières grasses restant dans le corps après le régime du sucre, on trouve que la seconde quantité est sensiblement supérieure à la première (MILNE EDWARDS et DUMAS).

Le *miel* est une substance sucrée sécrétée par les nectaires des fleurs. Il subit une élaboration dans le jabot de l'Abeille et est ensuite dégorgé dans les alvéoles. Il sert à la nourriture des Abeilles et, mélangé avec du pollen, à celle des larves.

Le miel est laxatif et peut avoir des propriétés délétères, s'il est récolté sur des plantes vénéneuses ; celui des Baléares est presque noir. Les miels que l'on préfère en France sont ceux de *Narbonne* et de *Chamouny*, qui sont blancs et possèdent une saveur agréable. — Chez beaucoup de personnes, le miel occasionne, après son ingestion, des coliques plus ou moins fortes.

Par la fermentation de la dissolution aqueuse de miel, on obtient l'*hydromel*, boisson des peuples du Nord. Enfin le miel est employé dans la fabrication du pain d'épice.

L'Abeille ligurienne (*Apis ligustica*) habite l'Italie et la Grèce. Elle constitue une espèce très voisine de la précédente. — A Madagascar et à l'île Bourbon, on trouve l'*Apis unicolor*, dont le miel est verdâtre. — En Amérique, il y a des sortes d'Abeilles (*Melipona*, *Trigona*) plus petites que les nôtres et dépourvues d'aiguillon ; elles déposent leurs gâteaux dans des troncs d'arbres, horizontalement et non verticalement comme les Abeilles.

Les Bourdons (*Bombus*) vivent en sociétés comme les Abeilles, mais ils se distinguent de celles-ci par leur taille plus forte, leur corps velu, leurs jambes postérieures munies de deux épines terminales. Ils nichent en terre et ne fabriquent point de rayons. Leur aiguillon est plus fort que celui des Abeilles et détermine des piqûres plus douloureuses.

Les DIPLOPTÈRES ont les ailes antérieures pliées longitudinalement en deux pendant le repos.

Ils comprennent les *Guêpes*, dont les unes sont solitaires et les autres sociales. C'est à ces dernières qu'appartiennent la Guêpe commune (*Vespa vulgaris*), le Frelon (*Vespa crabro*) et la Poliste française (*Polistes gallica*).

L'aiguillon des Guêpes n'est pas barbelé comme celui des Abeilles, mais sa piqûre est plus douloureuse et peut amener la mort, si elle est faite dans le fond de la bouche.

Les CHRYSIDIDES ou *Guêpes dorées* pondent leurs œufs dans les nids d'autres Hyménoptères et les FOUISSEURS nidifient en terre ou dans des troncs d'arbre.

Ce dernier groupe renferme des Hyménoptères solitaires (*Cerceris, Sphex, Philanthus*, etc.) dont les femelles approvisionnent leurs nids avec des Insectes qu'elles percent de leur aiguillon pour les engourdir et ménager ainsi une proie *vivante* à leur progéniture.

HÉTÉROGYNES. — *Femelles* (chez les solitaires) *ou neutres* (chez les sociales) *aptères.* — *Mâles plus petits que les femelles.* — *Ailes étendues.* — *Tarses ordinaires.* — *Femelles et neutres, tantôt pourvus d'un aiguillon, tantôt munis de glandes anales à sécrétion acide* (acide formique).

C'est au groupe des *Hétérogynes sociales* qu'appartiennent les Fourmis.

Les Fourmis forment des sociétés (*fourmilières*) composées de mâles et de femelles ailés, enfin d'ouvrières (*femelles avortées*) dépourvues d'ailes et d'ocelles.

Le genre *Formica* possède des mandibules très dentées et est dépourvu d'aiguillon. L'espèce la plus commune est la Fourmi rousse (*F. rufa*). Sa fourmilière est un petit monticule recouvert de morceaux de bois, de cailloux, de grains de blé ou d'avoine, de terre, etc. A l'intérieur, se trouvent des chambres et des couloirs qui recouvrent des galeries souterraines. — Les Fourmis n'emmagasinent pas de provisions ; elles ne vivent que de matières molles ou fluides. Pendant l'hiver, les ouvrières et quelques femelles privées d'ailes sont seules dans les fourmilières où elles hivernent sans prendre d'aliments. Au printemps éclosent les œufs, dont les larves sont nourries par les ouvrières. Ces larves se transforment en nymphes dans ces cocons ovalaires, appelés à tort *œufs de Fourmis,* que l'on recueille pour nourrir les jeunes Faisans. Les nymphes donnent soit des ouvrières, soit des Insectes sexués pouvus d'ailes et s'accouplant dans l'air, au milieu de l'été. Après l'accouplement, les mâles périssent et les femelles perdent leurs ailes ou se les arrachent. Ces femelles sont ramenées par les ouvrières dans la fourmilière, pour y pondre leurs œufs ; ou bien elles vont fonder de nouvelles colonies. — Les morsures de plusieurs Fourmis exotiques sont dangereuses.

Térébrants. — *Abdomen sessile ou pédiculé, muni d'une tarière chez les femelles. — Antennes variables. — Larves apodes ou pourvues de pattes.*

2 familles :

Abdomen { pédiculé. Larves apodes. . . . . *Entomophages.*
{ sessile. Larves munies de pattes. . . . . . *Phytophages.*

C'est aux Entomophages qu'appartiennent les Ichneumons et les Cynips.

Les *Ichneumons* déposent leurs œufs dans le corps des Chenilles, des Pucerons et même des Araignées. Cette particularité en fait des Insectes utiles.

Les *Cynips* ont le thorax très bombé. Leur tarière, composée d'une gaine à deux valves et de trois soies, est contournée pendant le repos et logée dans une rainure de l'abdomen. La femelle s'en sert pour piquer les végétaux et y introduire, en même temps que ses œufs, un liquide spécial déterminant un afflux de sucs végétaux. De là résultent des productions (*galles*) dans lesquelles les larves trouvent leur nourriture.

Les galles les plus connues sont la *galle d'Alep*, produite par la piqûre des bourgeons du *Quercus infectoria* et employée pour la fabrication de l'encre ; la *galle de Hongrie* ou *de Piémont*, due au développement anormal de la cupule du gland du *Quercus robur* ; la *galle lisse* des jeunes rameaux du *Quercus sessiliflora*, la *pomme de chêne* qui vient sur les feuilles de ce végétal. — La *galle du rosier* est plus connue sous le nom de *bédéguar*. — Les galles sont toutes plus ou moins astringentes.

QUARANTE ET UNIÈME LEÇON

LÉPIDOPTÈRES — HÉMIPTÈRES — DIPTÈRES
APHANIPTÈRES
ANOPLOURES — THYSANOURES

LÉPIDOPTÈRES

(λεπίς, écaille ; πτερόν, aile)

Insectes suceurs à métamorphoses complètes. — Trompe enroulée en spirale à l'état de repos. —

Quatre ailes recouvertes d'écailles. — Anneaux du thorax soudés. — Larves maxillées.

Les antennes ne sont jamais coudées. — Les écailles des ailes sont des productions cuticulaires analogues à des poils élargis. — Tarses pentamères. — Jamais d'aiguillon ni de tarière à l'abdomen. — Les larves (*Chenilles*), outre les trois paires de pattes écailleuses, ont habituellement cinq paires de fausses pattes ; elles se transforment en chrysalides, tantôt à découvert, tantôt dans une coque soyeuse (*cocon*).

2 sous-ordres : les *Achalinoptères* et les *Chalinoptères*.

Achalinoptères (χαλινός, frein). — *Ailes dépourvues de frein, verticales pendant le repos.*

Plus connus sous le nom de *Papillons diurnes* parce qu'ils volent pendant le jour. — Antennes en massue. — Chrysalides plus ou moins anguleuses.

Genres principaux : *Papilio, Pieris, Vanessa*, etc.

Chalinoptères. — *Ailes ordinairement pourvues d'un frein, horizontales ou inclinées pendant le repos.*

Ils volent habituellement pendant la nuit (*Papillons nocturnes*) ou au crépuscule (*Papillons crépusculaires*). Les premiers ont les antennes généralement coniques ou sétacées ; les seconds les ont plutôt en massue ou fusiformes. — Dans les deux cas, les ailes postérieures sont presque toujours retenues aux antérieures par le moyen d'un *frein*. Celui-ci est constitué par un crin raide implanté sur le bord antérieur de l'aile postérieure et engagé dans un anneau sous l'aile antérieure. — Chrysalides oblongues, arrondies, brunâtres.

Genres principaux : *Sphinx*, *Sesia* (Crépusculaires) ; *Cossus*, *Bombyx*, *Psyche*, *Noctua*, *Geometra*, *Phalæna*, *Pyralis*, *Tinea*, *Pterophorus* (Nocturnes).

Le *Bombyx mori*, dont la larve porte le nom impropre de *Ver à soie*, est originaire de la Chine. Pour faire éclore les œufs (*graine*), on a recours à l'incubation artificielle. L'éducation dure environ 34 jours, pendant lesquels le Ver subit quatre mues. Quelques jours après la dernière mue, celui-ci commence à filer une enveloppe de soie (*cocon*) dans laquelle il devient chrysalide et d'où il sort à l'état de Papillon. La soie provient d'une paire de glandes tubiformes enroulées sur elles-mêmes et occupant une partie de la longueur du corps. La matière visqueuse sécrétée par ces glandes est filée à travers un appareil (*filière*) constitué par la lèvre inférieure et percé à son sommet d'un orifice unique. Chaque cocon est d'un seul fil formé de deux brins tordus ensemble et ayant quelquefois près d'un kilomètre de long.

Sous la forme ailée, le *Bombyx mori* ne prend pas de nourriture et sert uniquement à la propagation de l'espèce. Exceptionnellement, des œufs fertiles peuvent être pondus par une femelle non fécondée (*parthénogenèse*).

La chenille du Bombyx processionnaire (*B. processionea*) ne saurait être touchée sans danger, car ses poils produisent une sorte d'urtication.

D'autres chenilles de Nocturnes sont redoutables par leurs dégâts : la Pyrale de la vigne (*Pyralis vitana*) ; la Teigne des tapis (*Tinea tapezella*) ; la Teigne de pelleteries (*Tinea pellionella*) ; la Teigne des grains (*Tinea granella*).

HÉMIPTÈRES

(ἥμισυς, demi ; πτερόν, aile)

Insectes suceurs à métamorphoses incomplètes. —

Rostre articulé. — *Quatre ailes, toutes membraneuses, ou les antérieures coriaces à la base* (hémélytres). — *Prothorax libre.* — *Larves suceuses.*

2 sous-ordres : les *Hétéroptères* et les *Homoptères.*

Hétéroptères (ἕτερος, différent). — *A iles antérieures constituées par des hémélytres.* — *Rostre naissant de la région frontale.* — *Prothorax plus grand que les deux autres segments du thorax.*

Genres principaux : Pentatomes (*Pentatoma*); Punaise (*Acanthia*); Réduves (*Reduvius*); Hydromètres (*Hydrometra*); Nèpes (*Nepa*); Notonectes (*Notonecta*).

Les Punaises ont le corps plat, les élytres rudimentaires, et sont dépourvues d'ailes.

La Punaise des lits (*Acanthia lectularia*) présente, au centre du métathorax, une petite glande qui s'ouvre entre les pattes de derrière et sécrète une substance d'odeur repoussante. Sa piqûre est douloureuse et détermine une petite ampoule rougeâtre; ses œufs sont munis d'un opercule et présentent de petites aspérités. — On détruit les Punaises avec l'essence de térébenthine, le sublimé corrosif et surtout la poudre récente de pyrèthre.

On trouve à Kasan une autre espèce (*A. ciliata*) dont la piqûre est plus douloureuse.

Le Réduve masqué (*R. personatus*) se trouve dans les maisons malpropres. La larve se déguise en se couvrant de poussière ou de toiles d'Araignée; elle fait, de même que l'Insecte parfait, une guerre active aux Punaises, aux Mouches et aux Araignées. Sa piqûre est douloureuse.

La Punaise d'eau (*Notonecta glauca*), qui nage sur le dos, et la Nèpe cendrée (*Nepa cinerea*) piquent aussi avec force.

Homoptères (ὁμός, semblable). *Ailes antérieures membraneuses. — Rostre naissant de la partie inférieure de la tête. — Prothorax plus petit que les deux autres segments du thorax.*

Les tarses sont tantôt de trois articles (*Cicadiens*), tantôt de deux (*Aphidiens*) ou d'un seul (*Cocciniens*).

Les Cicadiens renferment les Cigales (*Cicada*); les Fulgores (*Fulgora*); etc.

Les *Aphidiens* comprennent les Pucerons (*Aphis*), les Phylloxéras (*Phylloxera*), etc.

Les piqûres de certains Pucerons déterminent, sur les feuilles ou sur les rameaux, des excroissances dont quelques-unes (*galle de Chine, galle du pistachier*) sont employées en médecine comme astringentes.

Les *Cocciniens* ont des femelles aptères qui, au moment de la ponte, se fixent sur les plantes, avec leur suçoir. Quand les œufs sont pondus, le corps se dessèche et prend l'apparence d'un bouclier qui les protège. Seuls, parmi les Hémiptères, les mâles subissent une métamorphose complète; ils sont ailés, beaucoup plus petits que les femelles, et manquent de trompe à l'âge adulte.

La Cochenille ordinaire (*Coccus cacti*) vit au Mexique sur diverses espèces d'Opuntias; mais on l'élève aussi en Algérie et en Espagne : elle fournit le principe colorant avec lequel on fabrique les plus belles teintures écarlates et qui sert de base au *carmin* du commerce.

La Cochenille du chêne garrouille et celle du chêne vert (*C. ilicis*), connues sous le nom de *Kermès animal*, se trouvent dans le Midi de la France.

La *laque* est une résine qui exsude de plusieurs arbres des Indes, à la suite des piqûres de la femelle du *Coccus lacca*. Elle est tonique et astringente, mais ne sert guère qu'à la préparation de quelques opiats dentifrices.

INSECTES.

DIPTÈRES

Insectes suceurs, à métamorphoses complètes. — Deux ailes antérieures; les postérieures transformées en balanciers. — Thorax inarticulé.

Les Diptères ont des glandes salivaires dont le produit est presque toujours irritant. Quelquefois les pièces buccales ne sont pas semblables dans les deux sexes. Les tarses sont pentamères. A la base des balanciers, on trouve, le plus souvent, de petites pièces blanchâtres et ciliées (*cuillerons*).

3 sous-ordres :

DIPTÈRES { Femelles ovipares ou larvipares. { pluriarticulées. . . Némocères.
          { Antennes. . . . . { triarticulées. . . . Brachycères.
          { Femelles nymphipares. . . . . Pupipares.

Némocères (νῆμα, fil; κέρας, antenne). — *Antennes multiarticulées, filiformes, souvent en panache chez les mâles. — Corps allongé, délicat. — Tête petite. — Femelles ovipares ou larvipares.*

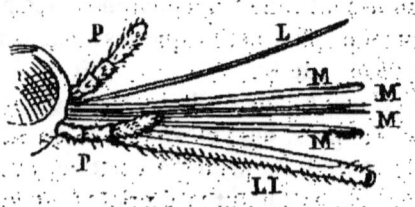

Fig. 166. — Appendices buccaux du Cousin (femelle).

L, labre; — L.I, lèvre inférieure; — M, M (du milieu), mandibules; — M, M (des côtés), mâchoires; — P, P, palpes maxillaires.

C'est à ce groupe qu'appartiennent le Cousin, les Moustiques des pays chauds, les Simulies, etc.

Le Cousin (*Culex pipiens*) paraît respecter les animaux. Les femelles seules possèdent des stylets et sucent le sang de l'Homme. Ceux-ci,

DIPTÈRES. 467

au nombre de cinq, sont constitués par les mandibules, les mâchoires et le labre.

La lèvre inférieure forme la gaîne où se meuvent les stylets. Les œufs des Cousins sont déposés à la surface de l'eau ; leurs larves sont aquatiques.

Brachycères (βραχύς, court). — *Antennes triarticulées, munies souvent d'une soie simple ou annelée. — Corps gros. — Femelles ovipares ou larvipares.*

C'est à ce groupe qu'appartiennent les Taons, les Œstres et les Mouches.

1º Les Taons (*Tabanus*) ont les tarses munis de trois pelotes.

Espèces principales : Taon noir (*T. morio*) ; Taon des Bœufs (*T. bovinus*) ; etc. Attaquent les grands animaux.

Le petit Taon pluvial (*Hematopota pluvialis*) et le petit Taon aveuglant (*Chrysops cœcutiens*) harcèlent aussi l'Homme par les temps orageux.

2º Les Œstres ont la trompe atrophiée ; ils ne vivent, à l'âge adulte, que le temps nécessaire à l'accouplement et à la ponte.

Les femelles déposent leurs œufs ou leurs larves sur les grands Mammifères, aux endroits où ceux-ci se lèchent le plus facilement.

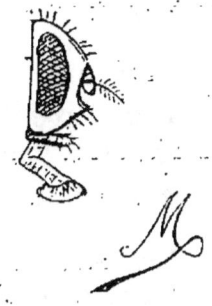

Fig. 167. — Tête de la Mouche domestique.

Espèces principales : Œstre du Cheval (*Gastrophilus Equi*), dont la larve se développe dans l'estomac ; Œstre du Bœuf (*Hypoderma Bovis*), dans le tissu cellulaire sous-cutané ; Œstre du Mouton (*Œstrus Ovis*), dans les sinus maxillaires et frontaux. — Le *Dermatobia noxialis* vit en Amérique ; sa larve habite sous la peau des bestiaux, du Chien et même de l'Homme.

3º Les Mouches ont le lobe terminal de la trompe charnu, renflé en forme de pelote.

Espèces principales: Mouche domestique (*Musca domestica*); Mouche à viande (*Calliphora vomitoria*), qui recherche la chair fraîche; Mouche dorée (*Lucilia Cæsar*); Mouche carnassière (*Sarcophaga carnaria*). — Ces deux dernières et le *Sarcophila Wohlfarti* déposent leurs larves sur les charognes et dans les plaies.

La Mouche hominivore (*Lucilia hominivorax*) et la Mouche Tsetsé (*Glossina morsitans*) jouissent d'une triste célébrité.

La *Mouche hominivore* dépose ses œufs dans les fosses nasales de l'Homme, d'où les larves passent dans les sinus et arrivent quelquefois jusqu'au pharynx.

A la Guyane, où elle exerce surtout ses ravages, on a observé de nombreux cas de mort.

La *Tsetsé* habite le centre de l'Afrique australe et n'est pas plus grosse que la Mouche domestique. Elle est plus redoutable pour les bestiaux que pour l'Homme; mais elle n'est probablement dangereuse que lorsqu'elle pique, après avoir sucé le sang d'animaux en putréfaction. Les Stomoxes (*Stomoxis*), dont nous allons parler dans un instant, peuvent devenir charbonneuses.

Pupipares (*pupa*, nymphe; *parere*, enfanter). — *Antennes courtes, quelquefois formées de deux articles seulement. Corps généralement déprimé. — Femelles nymphipares.*

Les larves des Pupipares séjournent dans l'utérus de la mère, où elles subissent plusieurs mues, et sont expulsées sous forme de nymphes. — Parasites sur les animaux à sang chaud.

Espèces principales: Hippobosque du Cheval (*Hippobosca Equi*), qui vit sur les Chevaux, les Bœufs et pique quelquefois l'Homme; Mélophage des moutons (*Melophagus ovinus*), aptère; Ornithomyie des Oiseaux (*Ornithomyia avicularia*,

APHANIPTÈRES.

Mouches charbonneuses. — Ce sont surtout les Stomoxes (*Stomoxis calcitrans*) et les Simulies (*Simulium cinereum*), qui piquent indifféremment les animaux vivants et les charognes, que l'on doit

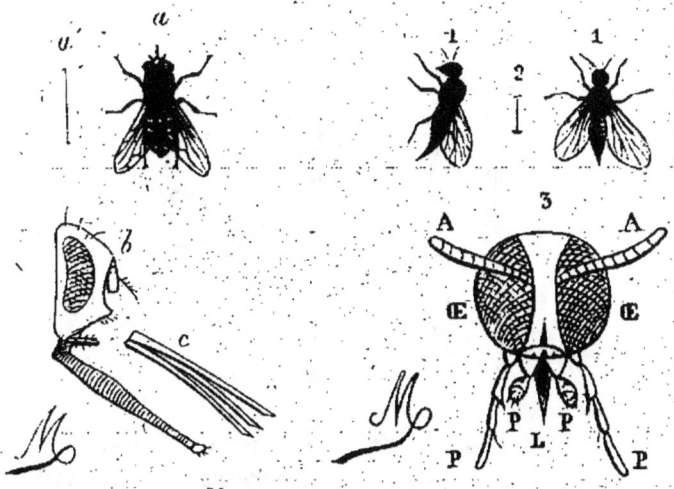

MOUCHES CHARBONNEUSES.

Fig. 168. — *Stomoxis calcitrans* : *a*, un peu grossie ; — *a'*, grandeur naturelle ; — *b*, tête grossie ; — *c*, pièces du rostre.

Fig. 169. — *Simulium cinereum* : 1, 1, un peu grossie ; — 2, grandeur naturelle ; — 3, tête grossie montrant les antennes A, les yeux Œ, le bec L, les palpes P (Mégnin).

accuser, dans nos pays, d'être des Mouches charbonneuses. Elles ne peuvent donner la mort que lorsque leur rostre est chargé accidentellement d'un principe virulent.

APHANIPTÈRES

(ἀφανής, non apparent ; πτερόν, aile)

Insectes suceurs à métamorphoses complètes. —

470   INSECTES.

Aptères. — Thorax divisé en trois anneaux distincts.

Les Aphaniptères se rapprochent des Diptères par les métamorphoses et des Hémiptères par la composition de la bouche.

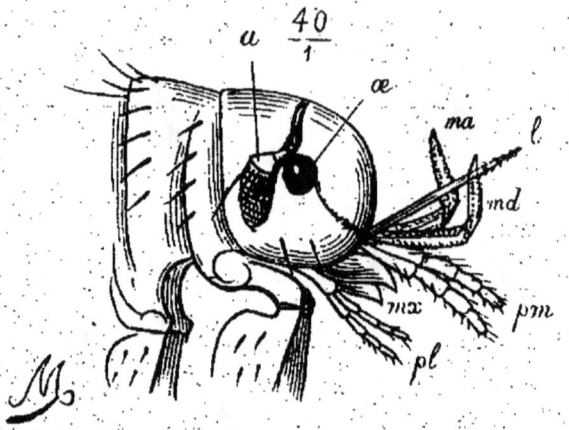

Fig. 170. — Tête de la Puce de l'Homme.

a, antennes ; — *l*, languette ; — *md*, mandibules ; — *mx*, mâchoires ; — *œ*, œil ; — *pl*, palpes labiaux ; — *pm*, palpes maxillaires.

Le rostre est composé : 1° de deux mâchoires foliacées portant chacune un palpe maxillaire ; 2° de deux mandibules allongées, festonnées sur leurs bords et regardées à tort comme les agents principaux des piqûres, attendu qu'elles ne sont pas rigides et se plient facilement (Mégnin) ; 3° d'une languette styliforme rigide, qui est l'organe principal de la ponction ; 4° d'une gouttière articulée soutenant les organes précédents, dans le premier tiers de leur longueur, et qui n'est autre que la lèvre terminée par deux palpes labiaux. — Les antennes sont courtes, les pattes longues et propres au saut, surtout celles de la troisième paire. — Reproduction ovipare.

2 genres : les Puces (*Pulex*) et les Chiques (*Rhynchoprion*).

Les Puces ont des palpes labiaux quadriarticulés

et l'avant-dernier article de l'abdomen porte un écusson excavé, réniforme (*pygidium*). De l'œuf sort une larve transparente et apode qui, au bout de quelques jours, se file un petit cocon où elle se transforme en nymphe. Les Puces vivent sur l'Homme, les divers Mammifères à l'exception des Ongulés, enfin quelques Oiseaux.

La Puce de l'Homme (*Pulex irritans*) pond ses œufs dans les fentes des parquets, le linge sale, etc. — La durée de ses métamorphoses est d'une vingtaine de jours. — La femelle ne porte que deux ou trois œufs.

Les Chiques ont des palpes labiaux biarticulés et sont dépourvues de pygidium.

Une seule espèce : Puce chique (*Rhynchoprion penetrans*). Elle est beaucoup plus petite que la Puce ordinaire, ce qui

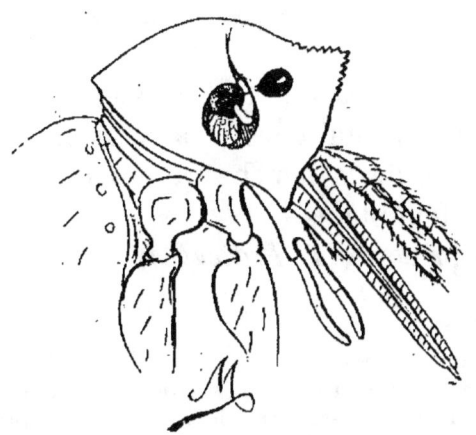

Fig. 171. — Tête de la Chique.

lui permet de pénétrer par les plus petits interstices des chaussures et des vêtements. Elle habite l'Amérique intertropicale et abonde dans les parcs à Moutons ou à bestiaux. La femelle fécondée porte une centaine d'œufs et, pour les amener à bien, s'introduit sous la peau de l'Homme ou des animaux de façon à pouvoir sucer leur sang. Son abdomen grossit alors assez rapidement et atteint le volume d'un pois. Pour retirer l'Insecte, il faut fendre la peau, en ayant soin de ne pas percer l'abdomen ovigère, car les œufs, en se répandant dans la plaie, augmenteraient l'inflammation.

ANOPLOURES

(ἀ, priv; ὅπλον, arme; οὐρά, queue)

Insectes amétaboliens, aptères, parasites sur les animaux à sang chaud. — Suceurs ou broyeurs.

Ils comprennent les *Pédiculidés* et les *Mallophages*.

A. PÉDICULIDÉS. Insectes suceurs; à rostre rétractile formé par une gaîne tubuleuse contenant 4 soies.

La gaîne représente les lèvres ; les soies répondent aux mandibules et aux mâchoires. Cette conformation de la bouche rapproche les Pédiculidés des Hémiptères.

Genres principaux : *Pediculus, Phthirius, Hæmatopinus.*

Pattes de la (ambulatoires. . . . . *Phthirius*.
première) grimpeuses. (peu ou pas séparé du thorax. *Pediculus*.
paire.. .(Abdomen (séparé du thorax. . . . . . *Hæmatopinus*.

Phthirius. — Morpion ou Pou du pubis (*P. inguinalis*).

Parasite de l'espèce humaine. S'attache aux poils des organes génitaux, des aisselles, de la poitrine, de la barbe, des sourcils ; jamais aux cheveux.

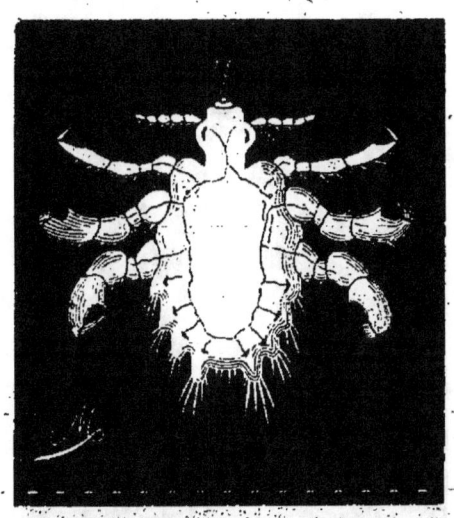

Fig. 172. — Morpion.

Pediculus. — Pou, comprenant : le Pou de tête (*P. capitis*); le Pou du corps (*P. vestimenti*); le Pou des malades (*P. tabescentium*).

Le premier est blanc; ses œufs (*lentes*) sont attachés aux cheveux de l'Homme (surtout de l'enfant) par le moyen d'une cupule fixée à une gaîne qui entoure la base du cheveu. — Les deux autres sont jaunâtres; celui du corps habite surtout les personnes malpropres, celui des malades se multiplie avec une rapidité si prodigieuse qu'il a quelquefois amené la mort.

Contre les Poux on emploie surtout : la propreté; la graine de staphysaigre (Pou de tête des enfants); les bains et le passage des vêtements à l'étuve à 100° (Pou du corps); enfin les bains sulfureux (Pou des malades). — Le Morpion est combattu avec succès par la pommade mercurielle ou une solution faible de sublimé corrosif.

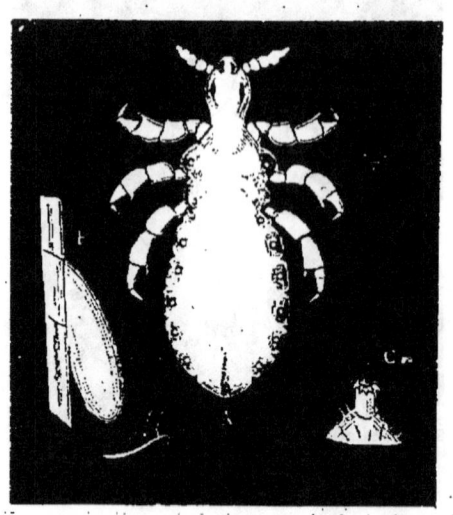

Fig. 173. — Pou de tête.
B, cheveu muni d'une gaîne qui porte un œuf; — C, rostre.

Les Poux du Bœuf, du Chien, du Cheval, du Porc, etc., appartiennent au genre *Hœmatopinus*.

B MALLOPHAGES. Bouche pourvue de mandibules et de mâchoires. — Tarses variables.

Genres principaux : *Trichodectes, Goniodes, Physostomum, Gyropus*.

THYSANOURES

(Ούσανοι, franges; ούρά, queue)

Insectes amétaboliens, aptères, broyeurs. — *Corps*

velu ou couvert d'écailles, muni d'appendices abdominaux.

Genres principaux : Lépismes (*Lepisma*) ; Machiles (*Machilis*) ; Podures (*Podura*).

QUARANTE-DEUXIÈME LEÇON

MYRIAPODES — ARACHNIDES

MYRIAPODES

(μυρίος, innombrable ; πούς, pied)

ARTHROPODES A RESPIRATION TRACHÉENNE. — CORPS DIVISÉ EN DEUX PARTIES : LA TÊTE MUNIE D'UNE PAIRE D'ANTENNES ET LE TRONC FORMÉ DE NOMBREUX ANNEAUX PORTANT CHACUN UNE OU DEUX PAIRES DE PATTES. — JAMAIS D'AILES.

La structure des organes internes ressemble beaucoup à celle des Insectes. — Canal digestif rectiligne, allant d'une extrémité à l'autre du corps. — Cœur ayant la forme d'un long vaisseau dorsal. — Respiration trachéenne. Stigmates latéraux, dorsaux, ventraux ou épars. — Canaux urinaires au nombre de deux ou quatre, filiformes, s'ouvrant dans l'intestin. Ces canaux n'existent pas chez les Péripatides ; ils sont remplacés par des organes segmentaires analogues à ceux des Vers. — Sexes séparés. Organes sexuels avec orifices génitaux situés tantôt près de l'anus (Chilopodes, Péripatides), tantôt dans la région antérieure du corps (Chilognathes). Dans ce dernier cas, il existe fréquemment des organes d'accouplement. Les femelles pondent le plus souvent leurs œufs dans la terre. Les jeunes subissent des métamorphoses, excepté chez les Péripatides, et prennent à chaque mue un plus grand nombre de pattes. — Système nerveux se rapprochant de celui des Annélides, avec chaîne ganglionnaire simple (Chilognathes, Chilopodes) ou double (Péripatides). — Organes des sens analogues à ceux des Insectes. Des ocelles ; rarement des yeux à facettes (Scutigères) ; quelquefois pas d'yeux.

3 ordres :

MYRIAPODES { Métaboliens. Une chaîne nerveuse simple.... { Une paire de pattes à chaque anneau...... CHILOPODES. Deux paires de pattes sur la plupart des anneaux. CHILOGNATHES. Amétaboliens. Une chaîne nerveuse double..... PÉRIPATIDES.

CHILOPODES

(χεῖλος, lèvre ; πούς, pied)

Corps généralement déprimé. — Antennes longues, multiarticulées. — Une seule paire de pattes à chaque anneau. — Stigmates latéraux, rarement dorsaux. — Ouvertures sexuelles dans le dernier segment du corps. — Des métamorphoses.

L'appareil masticateur se compose d'un labre, d'une paire de mandibules, d'une paire de mâchoires et d'une lèvre inférieure. Une seconde lèvre inférieure est constituée par la réunion de la première paire de pattes (d'où le nom de *Chilopodes*), terminées par un crochet mobile. Celui-ci présente, près de la pointe, l'orifice d'un canal par lequel s'écoule le venin d'une glande située à sa base.

2 sous-ordres : les *Schizotarses* et les *Holotarses*.

Schizotarses (σχίζειν, fendre; ταρσός, tarse). — *Pattes très longues; tarses bifides. — Yeux à facettes. — Stigmates dorsaux.*

Scutigères (*Scutigera*).

Holotarses (ὅλος, entier). — *Pattes courtes; tarses entiers. — Yeux lisses. — Stigmates latéraux.*

Genres principaux : Scolopendres (*Scolopendra*); Lithobies (*Lithobius*); Géophiles (*Geophilus*).

Les Scolopendres sont redoutées, surtout dans les pays chauds (Sénégal, Indes, Antilles). Leur piqûre est très douloureuse. On trouve, dans le midi de la France, la Scolopendre cingulée (*S. cingulata*) dont la piqûre détermine un état fébrile qui dure plusieurs heures. — Quelquefois des Géophiles s'introduisent dans les fosses nasales et produisent de vives douleurs qui ne cessent qu'après l'expulsion de l'animal.

CHILOGNATHES

(χεῖλος, lèvre; γνάθος, mâchoire)

Corps plus ou moins cylindrique. — Antennes courtes, à sept articles. — Deux paires de pattes sur les anneaux du milieu et les anneaux postérieurs. — Stigmates ventraux. — Ouvertures sexuelles sur la hanche de la deuxième ou troisième paire de pattes. — Des métamorphoses.

27.

L'armature buccale se compose d'un labre, d'une paire de mandibules et d'une lèvre inférieure formée par la réunion des mâchoires (d'où le nom de *Chilognathes*).— Exceptionnellement (Polyzonides), l'appareil masticateur fait défaut et les mâchoires se soudent pour former un suçoir conique.

Genres principaux : Glomeris (*Glomeris*); Polyxènes (*Polyxenus*); Pauropes (*Pauropus*); Polydesmes (*Polydesmus*); Iules (*Iulus*); Polyzones (*Polyzonium*).

PÉRIPATIDES

(περιπατεῖν, se promener)

Corps demi-cylindrique, mou, verruqueux, composé de segments portant chacun une paire de pattes obscurément articulées et terminées par deux griffes. — Stigmates nombreux, distribués sans ordre à la surface du corps. Un double cordon nerveux ventral. — Ovovivipares. — Pas de métamorphoses.

Un seul genre *Peripatus* établit la transition des Arthropodes aux Annélides. — Amérique du Sud.

La bouche est munie d'une paire de mâchoires et de deux papilles par lesquelles sort une matière visqueuse au moyen de laquelle les Péripates peuvent filer une sorte de toile.

ARACHNIDES

ARTHROPODES A RESPIRATION AÉRIENNE S'EFFECTUANT PAR DES TRACHÉES, DES ORGANES PULMONIFORMES OU LA PEAU. — TÊTE HABITUELLEMENT SOUDÉE AVEC LE THORAX. — ANTENNES TRANSFORMÉES EN ORGANES MANDIBULIFORMES (*CHÉLICÈRES*). — QUATRE PAIRES DE PATTES. — ABDOMEN APODE. — JAMAIS D'AILES.

2 sous-classes : *Autarachnes* et *Pseudarachnes*,

ORGANISATION.   479

basées sur la présence ou l'absence d'un appareil respiratoire. — 8 ordres.

ARACHNIDES.
- Autarachnes.
  - *Arthrogastres.* (Abdomen articulé.)
    - Des poumons. . . . . SCORPIONIDES.
    - Des trachées. { articulé. . . . GALÉODES.
    - Céphalothorax { inarticulé. . . PHALANGIDES.
  - *Sphérogastres.* (Abdomen inarticulé.)
    - Des poumons. Abdomen pédiculé. . . . . ARANÉIDES.
    - Pas de poumons. Abdomen sessile. . . . . ACARIENS.
- Pseudarachnés.
  - 4 paires de pattes. . . { Corps ramassé. Pattes longues. PYCNOGONIDES.
  - Corps allongé. Pattes courtes. TARDIGRADES.
  - Pas de pattes à l'âge adulte. Corps vermiforme. . . . . LINGUATULIDES.

APPAREIL DIGESTIF. — Les organes buccaux les plus saillants sont deux appendices en forme de pattes terminés par une pince didactyle (Scorpions) ou par un crochet (Araignées). Ces deux pièces (*palpes*) correspondent aux pattes-mâchoires dont nous parlerons, dans un instant, chez les Crustacés. En avant des palpes, on voit une paire de pièces terminées, comme les précédentes, par deux pinces (Scorpions) ou un crochet mobile (Araignées). Ces organes (*chélicères*) sont les homologues des antennes des Insectes. Quant aux mandibules, labre, lèvre inférieure et mâchoires, elles sont peu développées. — Chez les Aranéides, l'estomac est annulaire.

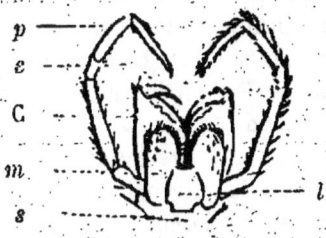

Fig. 174. — APPENDICES BUCCAUX D'UNE ARAIGNÉE.
c, crochets des chélicères C; — l, lèvre inférieure; — m, mâchoire; — p, palpes; — s, sternum.

APPAREIL CIRCULATOIRE. — Il n'existe pas chez les Linguatulides, les Tardigrades et les Acariens; dans les autres ordres, le cœur affecte la forme d'un vaisseau dorsal.

APPAREIL RESPIRATOIRE. — La respiration est exclusivement aérienne, même chez les espèces aquatiques; elle se fait tantôt uniquement par des poumons (Scorpionides, une partie des Aranéides), tantôt uniquement par des trachées (Galéodes, Phalangides, la plupart des Acariens), tantôt à la fois par des trachées et des poumons (une partie des Aranéides), enfin uniquement par la peau (Pseudarachnes).

Les poumons des Arachnides doivent être considérés comme des assemblages de petits sacs trachéens aplatis et superposés, recevant de l'air à leur intérieur et enveloppés par une membrane mince formant, autour de chacun d'eux, une espèce de poche où circule le fluide nourricier. Ces sacs viennent déboucher dans un vestibule qui s'ouvre au dehors par un orifice stigmatique (*pneumostome*).

APPAREIL URINAIRE. — Il est constitué, quand il existe, par des canaux de Malpighi qui s'ouvrent dans l'intestin.

APPAREIL REPRODUCTEUR. — Les Tardigrades sont monoïques ; mais tous les autres Arachnides ont les sexes séparés. Comme chez les Chilognathes, les ouvertures génitales ne sont pas terminales. En général les mâles se distinguent, à l'extérieur, par une taille moindre, une couleur plus vive ou la transformation de certains membres. — Les testicules sont ordinairement tubulaires, pairs, et les canaux déférents sont en rapport avec des glandes accessoires. — Les ovaires sont également des glandes paires, le plus souvent en grappe. Les conduits vecteurs des œufs communiquent habituellement avec un réceptacle séminal et des glandes accessoires. — Chez les Aranéides, le palpe du mâle est transformé en organe copulateur ; son article terminal présente une petite cavité que l'animal remplit de sperme et applique sur l'orifice sexuel de la femelle. — Quelques Arachnides seulement sont ovovivipares (Scorpions, quelques Acariens) ; les autres pondent des œufs d'où sortent des jeunes ayant généralement la forme des adultes. Les Acariens et les Linguatulides subissent seuls des métamorphoses.

SYSTÈME NERVEUX. — ORGANES DES SENS. — Le système nerveux est essentiellement caractérisé par la réunion des ganglions thoraciques en une seule masse ; il se réduit, chez les Acariens, à un ganglion nerveux. — Pas d'yeux à facettes ; les stemmates, quand ils existent, sont au nombre de 2 à 12, répartis symétriquement sur le sommet du céphalothorax.

SCORPIONIDES

Céphalothorax inarticulé. — Chélicères et palpes ordinairement en forme de pinces didactyles. — Abdomen sessile et articulé. — Respiration pulmonaire.

2 familles : les *Scorpionidés* et les *Phrynidés*.

A. SCORPIONIDÉS. — *Abdomen sessile. — 4 paires de sacs pulmonaires. — Chélicères didactyles.*

Comprennent les Scorpions (*Scorpio*), que l'on a divisés en sous-genres peu naturels. — La partie postérieure de l'abdomen (*post-abdomen*), étroite et en forme de queue, se termine par un appareil venimeux qui occupe le dernier segment. Cet appareil se compose de deux glandes venimeuses sub-hémisphériques et d'un aiguillon ou dard recourbé. Les canaux excréteurs des deux glandes se réunissent en un canal unique qui occupe l'aiguillon et s'ouvre, un peu avant la pointe de celui-ci, par deux orifices très petits. Des fibres musculaires environnent les glandes venimeuses et, en se contractant, chassent dans la plaie une quantité de venin plus ou moins considérable.

L'activité du venin persiste après la dessiccation. Celui-ci est acide et constitue un poison du système nerveux ; il paraît agir spécialement, d'une part sur l'extrémité périphérique des nerfs moteurs, comme le curare, d'autre part sur l'excito-motricité de la moelle qu'il exalte comme la strychnine (BERT).

Avant d'atteindre les éléments nerveux, le venin agit sur les globules rouges du sang, qui se déforment, s'agglutinent et mettent obstacle à la circulation capillaire sur le point lésé (JOUSSET).

La *piqûre* du Scorpion est douloureuse ; elle occasionne une fièvre dont l'intensité varie mais est très rarement suivie de mort chez l'Homme. Les accidents sont bien moindres, si l'on a le soin de laver la plaie avec une dissolution d'ammoniaque ou une lotion phéniquée. — Chez les petits Mammi-

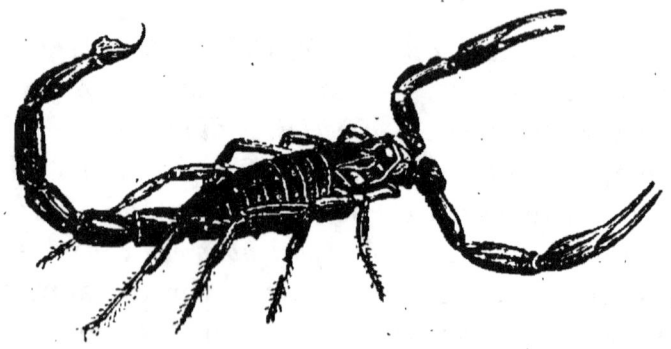

Fig. 175. — SCORPION.

fères, les petits Oiseaux et les Arthropodes, la mort arrive avec rapidité. — La *morsure* du Scorpion est complètement inoffensive.

Les espèces de Scorpions les plus connues sont : le Scorpion tunisien (*S. tunetanus*) ; le Scorpion roussâtre (*S. occitanus*), connu dans le midi de la France et le nord de l'Afrique ; le Scorpion flavicaude (*S. flavicaudus*) des pays méditerranéens, qui remonte jusqu'à Grenoble ; enfin le Scorpion africain (*S. africanus*), le plus grand de tous, qui habite l'Afrique et l'Inde. — La nomenclature des Scorpions laisse beaucoup à désirer.

B. PHRYNIDÉS. — *Abdomen pédiculé. — Deux paires de sacs pulmonaires. — Chélicères monodactyles.*

Contiennent les Phrynes (*Phrynus*), à palpes simples, et

les Thélyphones (*Thelyphonus*), à palpes didactyles. — Leur morsure est très redoutée ; il est probable que les chélicères renferment une glande venimeuse.

GALÉODES

(γαλεώδης, semblable à une belette)

Céphalothorax articulé. — Chélicères didactyles. — Palpes simples. — Abdomen articulé. — Respiration trachéenne.

Les Galéodes (*Galeodes*) n'ont pas de glandes à venin, mais attaquent de petits animaux souvent plus volumineux qu'elles. Elles habitent les pays chauds et sont assez redoutées. — Elles forment la transition des Arachnides aux Insectes.

PHALANGIDES

(φαλάγγιον, tarentule)

Céphalothorax inarticulé. — Chélicères didactyles. — Palpes simples ou didactyles. — Abdomen articulé, non pédiculé. — Respiration trachéenne.

C'est à cet ordre qu'appartiennent les Faucheurs (*Phalangium*), les Pinces (*Chelifer*), etc. Ces dernières possèdent des glandes à soie, à filières abdominales.

ARANÉIDES

Céphalothorax et abdomen inarticulés, réunis par un pédicule. — Chélicères munies de glandes veni-

meuses et armées d'un crochet terminal. — Palpes simples. — Abdomen pourvu de filières. — Respiration pulmonaire ou pulmo-trachéenne.

Le céphalothorax des Araignées porte six ou huit yeux simples, diversement groupés suivant les genres. — Les orifices respiratoires sont situés à la face ventrale de l'abdomen. — Les filières occupent le voisinage de l'anus et consistent en mamelons cylindriques percés d'une multitude de petits trous livrant passage aux fils qui servent à l'animal pour faire sa toile ou enlacer sa proie. Les glandes sécrétoires des fils se trouvent dans l'abdomen. — Les glandes à venin sont deux poches munies d'un conduit excréteur qui débouche près de la pointe du crochet.

2 sous ordres : les *Dipneumones* et les *Tétrapneumones*.

Dipneumones. — *2 poumons derrière lesquels existe quelquefois une paire de stigmates conduisant dans un système de trachées. — 6 filières.*

Comprennent les ARAIGNÉES VAGABONDES, qui chassent sans tisser de toile, et les ARAIGNÉES SÉDENTAIRES, qui filent des toiles dans lesquelles elles guettent leur proie. C'est au premier groupe qu'appartient la Tarentule (*Lycosa tarentula*); elle vit surtout dans les environs de Tarente, dans des trous qu'elle creuse sous le sol. Sa piqûre passe à tort pour déterminer une maladie spéciale (*tarantisme*). — Le second groupe comprend l'Araignée des caves (*Segestria cellaria*); l'Argyronète aquatique (*Argyroneta aquatica*) qui file dans l'eau une cloche en forme de dé à coudre renversé, qu'elle habite, après l'avoir remplie d'air; l'Épeire diadème (*Epeira diadema*); enfin le Théridion bienfaisant (*Theridium benignum*), qui entoure les raisins d'une toile fine les protégeant contre les Insectes.

Tétrapneumones. — *4 poumons. — 4 filières.*

Les énormes Araignées connues sous le nom de Mygales (*Mygale*) appartiennent à ce groupe. Elles habitent les pays chauds et logent dans des tubes souterrains qu'elles tapissent d'un tissu fin. Quelques-unes ferment l'entrée de leur retraite par un opercule qu'elles fabriquent.

Le venin des Araignées est très rapidement mortel pour les petits Insectes dont elles sucent les fluides; mais on a énormément exagéré son action nuisible sur l'Homme.

ACARIENS

(ἄκαρι, ciron)

Arachnides à corps ramassé, muni de pièces buccales pour mordre ou sucer. — Abdomen inarticulé, soudé avec le céphalothorax. — Respiration généralement trachéenne, rarement cutanée.

Les Acariens sont terrestres ou aquatiques. Quelques-uns subissent des métamorphoses caractérisées par la naissance d'une larve à six pattes qui arrive à sa dernière forme par des mues successives. — Presque tous sont parasites des animaux.

Genres principaux : Gamases (*Gamasus*); Dermanysses (*Dermanyssus*) parasites des Oiseaux; Ixodes (*Ixodes*) dont le plus connu est la Tique des Chiens (*I. ricinus*); Argas (*Argas*) dont une espèce (*A. persicus*) ou Punaise de Miana attaque l'Homme; Tyroglyphes (*Tyroglyphus*) dont l'espèce la plus connue habite la croûte des fromages secs (*T. siro*); Sarcoptes (*Sarcoptes*) dont le plus célèbre est le Sarcopte de la gale (*S. scabiei*); les Trombidions (*Trombidium*); les Démodex (*Demodex*).

La plupart de ces Acariens étaient désignés par les anciens naturalistes sous les noms de *Cirons* ou de *Mites*, suivant qu'ils vivaient sur des *êtres vivants* ou sur des *matières mortes*. Ces désignations ont été considérées ensuite comme synonymes et maintenant elles ne sont plus guère employées. — Le genre *Acarus* de Linné a également disparu, par suite de son démembrement en plusieurs autres genres.

Le Sarcopte de la Gale (*Sarcoptes scabiei*) appartient à la famille des *Sarcoptides*, dont font aussi partie les genres *Tyroglyphus*, *Psoroptes*, *Chorioptes*, etc. — Les caractères de cette famille sont les suivants :

Rostre à mâchoires inermes soudées avec la lèvre et la languette, de manière à former une gouttière sur laquelle glissent deux mandibules terminées par une pince à deux crochets. — Pattes à cinq articles. — Pas d'yeux ni d'appareil respiratoire visible. — Ovipares. — Larves hexapodes ayant la forme générale et le rostre des parents.

Il y a plusieurs variétés de *Sarcoptes scabiei*. La plus petite est celle qui vit sur l'Homme; elle est à peine visible à l'œil nu.

Les femelles sont plus grosses et beaucoup plus nombreuses que les mâles. — Les deux paires de pattes antérieures sont marginales avec des tarses pourvus de crochets et d'une ventouse articulée sur un pédoncule cylindrique (*ambulacre*). Les deux paires de pattes postérieures sont sous-abdominales ; chez la femelle, elles sont dépourvues d'ambulacre à ventouse et terminées par une longue soie; chez le mâle, la troisième paire seulement est conformée de cette manière. La femelle pubère est fécondée par le pénis du mâle entrant dans le cloaque. — La femelle fécondée se creuse à l'aide de ses mandibules, entre deux lames d'épiderme, une galerie où elle subit sa dernière mue et dépose successivement ses œufs. Ceux-ci ne sont pas pondus par le cloaque, mais bien par une vulve sous-thoracique précédée d'un véritable oviducte qui se forme après la dernière mue et n'existe pas chez la femelle pubère (MÉGNIN).

Les galeries du Sarcopte, improprement nommées *sillons*, se trouvent surtout entre les doigts et à la face interne

 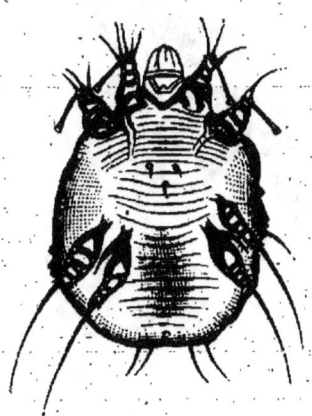

Fig. 176. — *Sarcoptes scabiei* (mâle).   Fig. 177. — *Sarcoptes scabiei* (femelle).

des membres, dans le sens de la flexion, enfin là où la peau est fine et facile à entamer, à l'exception de la tête. Le dos des Sarcoptes présente des plis dorsaux hérissés de papilles aiguës. Celles-ci aident la femelle ovigère à progresser dans les galeries, mais s'opposent à sa sortie en l'empêchant de reculer ; aussi, dans les sillons les plus anciens, on trouve la femelle morte et une vingtaine de coques d'œufs vides. Ceux-ci ont donné naissance à des larves qui, en sortant, ont percé les sillons d'autant de petits trous.

La femelle ovigère occupe toujours l'extrémité d'un sillon où elle apparaît sous la forme d'un petit point blanc. On peut la mettre à découvert et la prendre à la pointe d'une épingle. Presque toujours, l'extrémité antérieure du sillon correspond à une vésicule transparente au sommet, rosée à la base. — D'autres vésicules semblables, mais qui n'ont aucun rapport avec les sillons, proviennent de la morsure des mâles ou des femelles non fécondées, car les femelles ovigères creusent seules des sillons, pour mettre leur progéniture à l'abri. Un prurit violent se manifeste, surtout la nuit, dans les parties envahies.

On guérit la gale par des frictions *générales* avec la pommade d'Helmerich.

La famille des *Trombidiés*, voisine de celle des Sarcoptidés, s'en distingue par des pattes à 6 articles. Elle contient

Fig. 178. — Rouget.

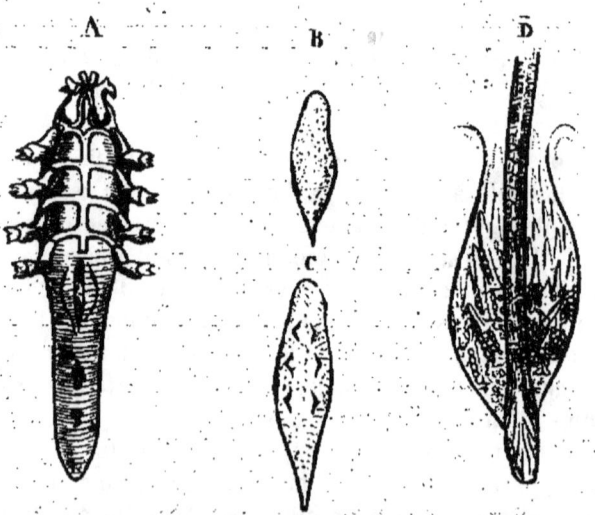

Fig. 179. — *Demodex folliculorum* (du Chien).
A, femelle adulte; — B, larve apode; — C, larve hexapode;
D, groupe de Demodex dans le follicule dilaté d'un poil.

le Trombidion soyeux (*T. holosericeum*) dont la larve hexapode, connue sous le nom de *Rouget*, se trouve, en automne, sur les pelouses. — Le Rouget attaque l'Homme en enfonçant son rostre dans les canalicules sudoripares et sébacés, montrant au dehors son abdomen sous la forme d'un petit point rouge; il occasionne des démangeaisons insupportables. On se débarrasse des Rougets avec une friction de benzine.

Les *Démodicidés* sont des Acariens facilement reconnaissables à leurs pattes triarticulées et à leur prolongement vermiforme; ils sont ovovivipares et ne renferment qu'un seul genre (*Demodex*). Celui-ci habite, chez l'Homme, les follicules sébacés et pileux du nez et du front (*D. folliculorum*); il est toujours placé la tête en bas et rarement isolé.

PYCNOGONIDES

(πυκνός, nombreux; γόνυ, genou)

Céphalothorax composé de quatre segments portant chacun une paire de pattes longues, multiarticulées. — Abdomen rudimentaire. — Un cœur. — Pas d'appareil respiratoire.

Petits animaux marins vivant au milieu des algues.
Genres principaux : *Pycnogonum, Phoxichilus, Ammothoa.*

TARDIGRADES

Arachnides monoïques. — Pattes très courtes. — Pas d'appareil pour la respiration ou la circulation.

Petits organismes qu'on trouve dans les mousses et la

poussière des toits. Sous l'influence de la dessiccation, ils prennent l'état de mort apparente et reprennent leur activité au contact de l'humidité (*animaux réviviscents*).

Genres principaux : *Macrobiotus, Milnesium*.

LINGUATULIDES

(*linguatus*, en forme de langue)

Animaux vermiformes, parasites, dépourvus d'organes de respiration et de circulation, subissant une métamorphose régressive. — Deux paires de crochets autour de la bouche. — Deux paires de pattes articulées chez la larve. — Pas de membres ni de pièces buccales à l'âge adulte.

Surtout parasites des fosses nasales chez le Cheval et le Chien. Les larves sont dépourvues d'organes génitaux et habitent les Herbivores ; elles n'atteignent, en général, leur complet développement qu'après leur migration chez un Carnivore.

Un seul genre (*Pentastomum*), dont une espèce (*P. tænioides*) a été observée en Allemagne, et une autre (*P. constrictum*), en Égypte, à la surface du foie de l'Homme.

QUARANTE-TROISIÈME LEÇON

CRUSTACÉS

(*crustatus*, couvert d'une enveloppe dure)

ARTHROPODES A RESPIRATION AQUATIQUE (BRANCHIALE OU CU-
TANÉE), MUNIS GÉNÉRALEMENT DE DEUX PAIRES D'ANTENNES
ET D'UNE PAIRE DE MANDIBULES PALPIGÈRES. — TÊTE HABI-
TUELLEMENT SOUDÉE AU THORAX. — NOMBREUSES PAIRES DE
PATTES AU THORAX ET SOUVENT AUSSI A L'ABDOMEN.

7 ordres :

CRUSTACÉS
Dioïques.
- Des pattes buccales............ XIPHOSURES.
- Pas de pattes buccales ; les thoraciques
  - ambulatoires.
    - Yeux pédonculés............ PODOPHTHALMES.
    - Yeux sessiles............ EDRIOPHTHALMES.
  - respiratoires............ BRANCHIOPODES.
  - natatoires.
    - Une carapace bivalve............ OSTRACODES.
    - Pas de carapace bivalve............ COPÉPODES.
- En général monoïques. Fixés à l'âge adulte............ CIRRIPÈDES.

APPAREIL DIGESTIF. 1° *Armature buccale des Crustacés masticateurs.*

Les Xiphosures ont la bouche entourée de pattes ambulatoires dont l'article basilaire, armé de denticules, constitue un appareil masticatoire assez imparfait. — Les autres Crustacés sont munis d'organes spéciaux pour la mastication : un *labre* ; une paire de *mandibules* portant généralement un palpe articulé ; deux paires de *mâchoires* (1re et 2me) ; le plus souvent trois paires de *pattes-mâchoires* (1re, 2° et 3°) ; enfin, une *lèvre inférieure*.

2° *Armature buccale des Crustacés suceurs.* — La bouche affecte la forme d'une trompe formée par la soudure des deux lèvres dans l'intérieur de laquelle se trouvent deux mandibules transformées en stylets aigus. — Les pattes-mâchoires deviennent des crochets destinés à fixer l'animal sur sa proie.

3° *Canal digestif et ses annexes*. — Œsophage court. — Estomac présentant surtout des pièces chitineuses en forme de dents. — Anus situé dans le dernier anneau. Pas de

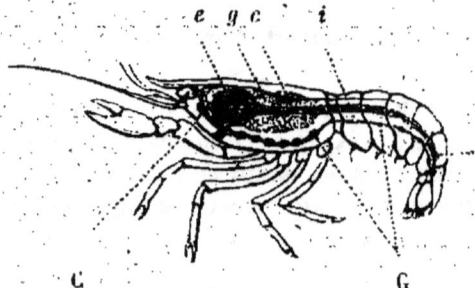

Fig. 180. — ORGANISATION DE L'ÉCREVISSE (coupe schématique).

C, ganglions sus-œsophagiens ; — *c*, cœur ; — *e*, estomac ; — G, chaîne ganglionnaire ; — *g*, glande digestive ; — *i, i*, intestin.

glandes salivaires. — Glande digestive très développée chez les Crustacés supérieurs, où elle est connue sous le nom de *farce*; elle s'ouvre dans l'intestin. — Avant la mue, on trouve dans les parois de l'estomac, chez l'Écrevisse, deux masses calcaires, blanches et lenticulaires. Ces masses étaient autrefois employées, en pharmacie, sous le nom bizarre d'*yeux d'Écrevisse*; elles se détachent lors de la mue, sont broyées, dissoutes et servent à la calcificatiton des téguments nouveaux.

APPAREIL CIRCULATOIRE. — Cœur vésiculeux (Écrevisse) ou tubuleux (Squille), toujours artériel, logé dans un péricarde ; nul chez les Cirripèdes, quelques Copépodes et Ostracodes. Le système artériel est composé de vrais vaisseaux, mais le système veineux est lacunaire ; il n'y a pas de capillaires généraux. — Chez les Xiphosures, il existe des vaisseaux veineux et des capillaires (A. MILNE EDWARDS).

APPAREIL RESPIRATOIRE. — Les *branchies* proprement dites ne se rencontrent que chez les Podophthalmes, elles sont fixées aux membres abdominaux (Squilles) ou thoraciques. Dans ce dernier cas, elles sont situées sous la carapace, dans deux cavités latérales (Écrevisse). Chacune de ces cavités s'ouvre en bas par une fente située au-dessus de la base des pattes et se continue, en avant, par un canal (*canal efférent*) qui vient s'ouvrir à côté de la bouche. — Le renouvellement de l'eau dans la chambre branchiale est déterminé par une valvule en forme de cuiller située près de l'orifice du canal efférent. Au moyen de mouvements de bascule, cette valvule rejette, à chaque instant, de l'eau en dehors de la cavité branchiale; il se produit ainsi un appel du liquide par la fente inférieure qui est alors inspiratoire.

Chez les autres Crustacés, les organes de respiration sont des appendices de l'appareil locomoteur (*vésicules branchiales*) ou les pattes elles-mêmes (*pattes branchiales*) qui prennent la forme de minces lamelles foliacées (Branchiopodes). — Quelques Crustacés sont aériens (Cloportes) mais vivent dans l'air humide et leur respiration reste branchiale. Enfin les Porcellions et les Armadilles présentent sur l'abdomen de minces lamelles, creusées de cavités, où l'air pénètre en nature; ils possèdent donc une respiration pulmonaire qui rappelle celle des Arachnides.

APPAREIL URINAIRE. — Il est constitué par des tubes glandulaires indépendants du canal digestif et s'ouvrant à l'extérieur comme les organes segmentaires des Vers. — Ces organes sont désignés, chez les Crustacés supérieurs, sous le nom de *glandes vertes*; on les voit, chez l'Écrevisse, sous la forme de deux corps ovalaires, d'un vert bleuâtre, en avant de l'estomac. Le canal excréteur de chacune de ces glandes aboutit à la base de l'antenne externe.

APPAREIL REPRODUCTEUR. — Les sexes sont séparés, excepté chez les Cirripèdes qui, pour la plupart, sont monoïques. Les organes sexuels sont pairs; ils s'ouvrent ordinairement sur le dernier anneau du thorax ou sur le premier de l'abdomen. Les femelles sont plus grosses que les mâles et portent habituellement les œufs dans des poches spéciales ou dans des chambres incubatrices; ceux-ci sont parfois déposés sur des plantes aquatiques. Quelques Crustacés (Daphnies) présentent des phénomènes de parthénogenèse.

Au moment de l'éclosion, les jeunes ont rarement la forme des parents ; c'est cependant ce qui arrive chez l'Écrevisse. Habituellement, les Crustacés inférieurs offrent comme point de départ du développement une forme dite *Nauplius*, munie de trois paires de membres ; chez les Crustacés supérieurs, la larve naît sous une forme plus avancée appelée *Zoe* et munie de sept paires de membres.

Tégument. — La classe des Crustacés peut se diviser en deux grands groupes : 1° celui des *Malacostracés* (Podophthalmes, Édriophthalmes) dont les téguments sont plus ou moins durs et calcaires et où l'on observe le même nombre d'anneaux ; 2° celui des *Entomostracés* où ce nombre varie considérablement et où les téguments ont généralement la consistance cornée.

a. *Malacostracés*. — Ils possèdent 21 anneaux et chaque région du corps (tête, thorax, abdomen) en compte 7. Le dernier anneau, celui de l'anus, n'offre aucun appendice ; chacun des autres anneaux en porte une paire.

L'enveloppe calcaire de ces animaux nécessite un grand nombre de mues ; ainsi l'Écrevisse en subit au moins huit pendant la première année.

b. *Entomostracés*. — Ce groupe est loin d'être homogène comme le précédent. Ainsi, chez les Branchiopodes, on peut observer une trentaine d'anneaux, tandis que, chez les Cirripèdes, le corps n'est pas annelé. Un certain nombre d'Entomostracés sont revêtus d'une coquille bivalve (Ostracodes, quelques Branchiopodes) ou multivalve (Cirripèdes).

Système nerveux. — Organes des sens. — Dans les formes inférieures, c'est un simple ganglion cérébral qui donne naissance aux nerfs ; dans les formes supérieures, au cerveau s'ajoutent une chaîne ventrale plus ou moins compliquée et un système nerveux viscéral. — Chez les Xiphosures, la portion centrale du système nerveux est logée dans l'intérieur du vaisseau médian central.

Les organes des sens les mieux étudiés sont ceux de l'ouïe et de la vue. — Les organes de l'ouïe sont des otocystes à otolithes pourvus de crins rigides et situés le plus souvent dans l'article basilaire des antennes extérieures, quelquefois (*Mysis*) dans la nageoire caudale. — Les yeux sont simples ou à facettes; dans ce dernier cas, ils sont tantôt sessiles, tantôt portés sur des pédoncules mobiles (Podophthalmes).

XIPHOSURES

(ξίφος, épée; οὐρά, queue)

Corps couvert de deux boucliers dorsaux et terminé par un stylet caudal mobile. — Appendices buccaux pédiformes. — Pas d'antennes proprement dites.

Un seul genre (*Limulus*), connu sous le nom de *Crabe des Moluques*, offrant de grandes affinités avec les Arachnides.

PODOPHTHALMES

(ποῦς, pied; ὀφθαλμός, œil)

Corps composé de 21 anneaux. — Pattes thoraciques ambulatoires. — Yeux pédonculés.

2 sous-ordres : les *Décapodes* et les *Stomapodes*.

Décapodes. — *Une grande carapace recouvrant tout le thorax. — Branchies thoraciques et intérieures.*

A. Brachyures — *Abdomen court, replié sous le thorax, dépourvu de nageoire.*

Genres principaux: Crabes (*Carcinus*); Araignées de mer (*Maïa*); Portunes (*Portunus*).

B. Macroures. — *Abdomen long, terminé par une nageoire.*

Genres principaux : Écrevisses (*Astacus*); Homards (*Homarus*); Langoustes (*Palinurus*); Crevettes de table

(*Palæmon*); Crevettes (*Crangon*); Pagures (*Pagurus*), comprenant le Bernard l'ermite (*P. Bernhardus*).

Stomapodes. — *Carapace courte.* — *Branchies extérieures, sur les pattes abdominales.*

Cigales de mer (*Squilla*), etc.

ÉDRIOPHTHALMES

(ἑδραῖος, stable ; ὀφθαλμός, œil)

Corps composé de **21** *anneaux.* — *Pattes thoraciques ambulatoires.* — *Yeux sessiles.*

2 sous-ordres : les *Isopodes* et les *Amphipodes*.

Isopodes. — *Corps large.* — *Vésicules respiratoires abdominales.*

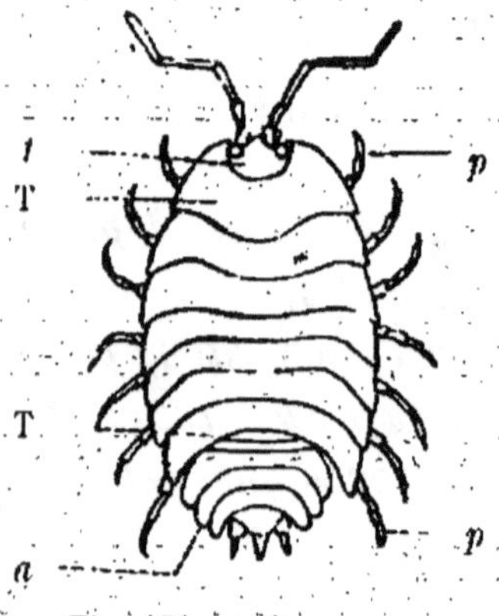

C'est à ce sous-ordre qu'appartiennent le Cloporte commun (*Oniscus murarius*) et l'Armadille (*Armadilla officinalis*) qui ne sont plus aujourd'hui employés en médecine.

Fig. 181. — Cloporte.
a, abdomen ; — *p, p*, pattes thoraciques ; — *t*, tête, — T, T, thorax.

Amphipodes. — *Corps comprimé.* — *Vésicules respiratoires thoraciques.*

Ce sous-ordre contient : la Crevette des ruisseaux (*Gammarus pulex*) ; la Puce de mer (*Talitrus saltator*) ; le Pou des Baleines (*Cyamus Ceti*).

BRANCHIOPODES

(βράγχιον, branchie ; πούς, pied)

Corps allongé, muni d'au moins quatre paires de pattes respiratoires foliacées. — Nus ou couverts, soit d'un bouclier, soit d'une carapace bivalve.

Genres principaux: *Branchipus, Apus, Daphnia.*

OSTRACODES

(ὄστρακον, coquille)

Corps comprimé, sans segmentation nette, complètement renfermé dans une carapace bivalve. — Au plus, trois paires de pattes.

Genres principaux : *Cypridina, Cythere, Cypris.*

COPÉPODES

(κώπη, rame ; πούς, pied)

Corps allongé, en général nettement segmenté. — Pièces buccales disposées pour la mastication ou la succion. — Quatre ou cinq paires de pattes biramées.

Présentent de nombreuses formes parasites dans les branchies des Poissons.

Genres principaux : *Argulus, Caligus, Cyclops.*

CIRRIPÈDES

(*cirrus*, frange; *pes*, pied)

Crustacés marins, fixés à l'âge adulte, généralement monoïques. — Corps ordinairement non segmenté, entouré par un repli cutané garni de plaques calcaires. — Pieds cirriformes, multiarticulés. — Métamorphoses régressives.

Renferment les Anatifes (*Lepas*); les Coronules (*Coronula*); les Balanes ou glands de mer (*Balanus*); etc.

QUARANTE-QUATRIÈME LEÇON

VERS

ANIMAUX A SYMÉTRIE BILATÉRALE, TOUJOURS DÉPOURVUS DE MEMBRES ARTICULÉS. — CORPS GÉNÉRALEMENT ANNELÉ, MUNI D'UN SYSTÈME D'ORGANES EXCRÉTEURS S'OUVRANT A L'EXTÉRIEUR.

Le corps est généralement mou, cylindrique ou aplati, souvent divisé en segments semblables (*homonomes*).

La bouche est centrale, l'anus fréquemment

dorsal, quelquefois nul. — L'appareil circulatoire est représenté : 1° par un espace périviscéral contenant un liquide incolore; 2° souvent par un système de vaisseaux clos renfermant un liquide coloré. — La respiration est branchiale ou cutanée. — Les organes excréteurs (*canaux aquifères, organes segmentaires*) sont formés de canaux ciliés qui prennent leur origine dans des lacunes interorganiques ou dans la cavité périviscérale; ils s'ouvrent à la surface du corps par des pores cutanés. Quelquefois, ils servent aussi de canaux vecteurs pour les produits sexuels. — La reproduction est sexuelle ou asexuelle (*gemmiparité, scissiparité*); les sexes sont séparés ou réunis. Fréquemment des métamorphoses et des migrations.

Tégument composé d'une cuticule, d'une couche cellulaire hypodermique, d'une zone musculaire à fibres superficielles circulaires et à fibres profondes longitudinales. — Système nerveux formé par une chaîne ganglionnaire ventrale reliée à des ganglions sus-œsophagiens ou bien par ceux-ci seulement, quelquefois nul. — Les organes des sens, s'ils existent, sont représentés par des organes tactiles, des otocystes et des taches oculaires avec ou sans corps réfractant la lumière. — Beaucoup de Vers sont parasites; d'autres habitent la terre humide, l'eau douce ou salée; aucun ne peut vivre librement à l'air.

DIVISION DES VERS EN CLASSES

VERS.
- Une chaîne ganglionnaire. . . . . ANNÉLIDES.
- Pas de chaîne ganglionnaire.
  - Pas d'appareil rotatoire.
    - Pas de tentacules ciliés. . . . . HELMINTHES.
    - Des tentacules ciliés. BRYOZOAIRES.
  - Un appareil rotatoire. . . . . ROTATEURS.

ANNÉLIDES

(*annellus*, petit anneau)

UN CERVEAU ET UNE CHAINE GANGLIONNAIRE VENTRALE. — UN SYSTÈME VASCULAIRE.

4 ordres :

ANNÉLIDES.
- Pas de ventouse.
  - Anneaux très accentués. Des soies (*Chétopodes*.)
    - Des pieds, des branchies. . . . . . POLYCHÈTES.
    - Pas de pieds ni de branchies . . . . . OLIGOCHÈTES.
  - Pas de segmentation extérieure. . . . . GÉPHYRIENS.
- Une ventouse postérieure et souvent une antérieure. HIRUDINÉES.

POLYCHÈTES

(πολύς, nombreux ; χαίτη, soie)

Vers marins, libres. — *En général des tentacules, des cirres et des branchies.* — *Des pieds portant des faisceaux de soies chitineuses.* — *Ordinairement dioïques.* — *Des métamorphoses.*

2 sous-ordres : les *Errants* et les *Sédentaires*.

Les *Errants* ont une tête distincte qui porte des yeux et des tentacules. — La partie antérieure du pharynx est pro-

ORDRES.   501

tractile et constitue une trompe pourvue d'organes masticatoires. — La face dorsale porte un nombre de branchies plus ou moins considérable. — Carnassiers, vivant librement dans la mer.

Genres principaux : Myrianides (*Myrianida*); Néréides (*Nereis*); Glycères (*Glycera*); Eunices (*Eunice*); Aphrodites (*Aphrodite*).

Les *Sédentaires* n'ont pas de tête distincte ni de mâchoires. — Les branchies, quand elles existent, sont généralement situées dans la région céphalique et représentées par de nombreux tentacules filiformes. — Vivent dans des tubes qu'ils construisent eux-mêmes; se nourrissent de substances végétales.

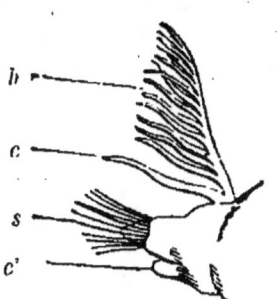

Fig. 182. — Pied d'un Polychète.

b, branchie; — *c*, *c'*, cirres; — *s*, faisceau de soies.

Genres principaux : Térébelles (*Terebella*); Serpules (*Serpula*); Sabelles (*Sabella*); Arénicoles (*Arenicola*). — Les Arénicoles s'enfoncent dans le sable et ont des branchies sur la partie moyenne du corps. Les pêcheurs s'en servent pour amorcer leurs lignes.

OLIGOCHÈTES

(ὀλίγος, peu; χαίτη, soie)

Vers de terre ou d'eau douce. — Pas de tentacules ni de cirres, ni de branchies. — Pas de pieds. — Soies peu nombreuses, implantées dans des follicules cutanés. — Monoïques. — Pas de métamorphoses.

Deux groupes: les *Limicoles* et les *Terricoles*.

Les Limicoles vivent dans l'eau. — Genres principaux : *Naïs*; *Tubifex*; etc.

Les *Terricoles* sont terrestres. Le plus connu est le Ver

de terre (*Lumbricus agricola*); il a, comme tous les Lombriciens, le sang rouge et est dépourvu d'yeux. C'est bien à tort qu'on l'accuse de nuire aux végétaux, car il n'a pas d'armature buccale et se borne à avaler de la terre pour s'assimiler les principes nutritifs qui s'y trouvent. On a tout aussi tort de croire qu'après la mort notre corps devient la proie des Vers de terre.

GÉPHYRIENS

(γέφυρα, pont; groupe de passage)

Vers marins, sans segmentation extérieure. — Pas de pieds. — Pas de branchies proprement dites. — Soies rares ou nulles. — Dioïques. — Métamorphoses plus ou moins complètes.

Genres principaux: Bonellies (*Bonellia*); Échiures (*Echiurus*); Siponcles (*Sipunculus*).

HIRUDINÉES

Parasites momentanés ou permanents. — Pas de pieds ni de soies. — Pas de branchies. — Généralement monoïques. — Une grande ventouse postérieure et ventrale; souvent une petite ventouse antérieure autour ou en avant de la bouche.

Genres principaux: Sangsues (*Hirudo*); Branchiobdelles (*Branchiobdella*); Malacobdelles (*Malacobdella*); etc. Les Malacobdelles ont le sang incolore; elles sont dioïques, pourvues d'une trompe et présentent une chaîne ganglionnaire dont les deux moitiés sont très écartées l'une de l'autre, par conséquent latérales au lieu d'être rapprochées sur la ligne médiane, comme chez les autres Hirudinées.

CARACTÈRES DU GENRE *Hirudo*. — Corps formé de 95 anneaux. — Une ventouse orale. — 3 mâchoires égales, grandes, à denticules nombreuses. — Ventouse postérieure portant l'anus au-dessus de sa base. — 5 paires d'yeux disposés sur une ligne courbe à convexité antérieure. — Animaux androgynes habitant les eaux douces des fossés, des mares et des étangs; mordant la peau de l'Homme; se contractant en olive quand on les touche.

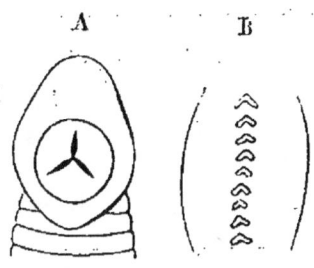

Fig. 183. — A, ventouse orale de la Sangsue; — B, denticules d'une mâchoire.

ESPÈCES. — Les principales sont: la Sangsue grise (*H. medicinalis*) à ventre maculé de noir; la Sangsue verte (*H. officinalis*) à ventre non maculé; la Sangsue dragon ou truite (*H. troctina*) à ventre bordé d'une bande en zigzag. — Les deux premières habitent les eaux douces de l'Europe; la troisième se trouve en Algérie. — A Ceylan, il existe, dans les herbes humides, une Sangsue qui est un des fléaux du pays. Elle est filiforme; mais, après la succion, elle atteint la grosseur d'une plume d'Oie.

ORGANISATION. — 1° *Appareil digestif*. — La bouche occupe le fond de la ventouse antérieure. Celle-ci, quand la Sangsue veut sucer, s'applique sur la peau en s'aplatissant, de manière à y adhérer exactement; alors le fond de la ventouse se relève et la peau entraînée est entamée par les denticules des mâchoires. Ces denticules ont la forme de chevrons et sont en rapport avec des fibrilles musculaires. Quand la Sangsue mord, les mâchoires sont tirées d'avant en arrière; en même temps que les denticules deviennent plus saillantes; le mamelon cutané, emprisonné dans la ventouse, est alors divisé en trois incisions linéaires, égales, équidistantes et partant du même point. Après la morsure, les contractions péristaltiques de l'œsophage entraînent le sang dans l'estomac. — Celui-ci est composé de onze chambres consécutives séparées par des étranglements et présentant chacune deux poches latérales (*cæcums*) qui sont d'autant plus développées qu'elles sont plus reculées. — L'intestin est séparé de la dernière chambre stomacale par un sphincter. L'anus est très petit et situé sur le côté dorsal de la ventouse postérieure.

2° *Appareil circulatoire*. — La cavité périviscérale est rudimentaire; mais le système vasculaire présente, au contraire, un grand développement : il se compose de deux troncs médians situés l'un au-dessus, l'autre au-dessous de l'intestin, et d'une paire de troncs latéraux. — Les deux vaisseaux médians se bifurquent en avant et les branches de bifurcation s'anastomosent en entourant l'œsophage d'un collier vasculaire. — Les vaisseaux latéraux s'anastomosent entre eux aux deux extrémités du corps et par des canaux transverses qui occupent la face ventrale; de plus, d'autres branches transversales les rattachent au vaisseau sus-intestinal. Celui-ci est relié au vaisseau sous-intestinal par des branches qui entourent le tube digestif; enfin ce dernier vaisseau offre la particularité curieuse de renfermer à son intérieur la chaîne ganglionnaire. Ces divers vaisseaux fournissent des branches cutanées et viscérales. — Le liquide renfermé dans la cavité périviscérale est incolore; celui du système vasculaire est rouge et circule sous l'in-

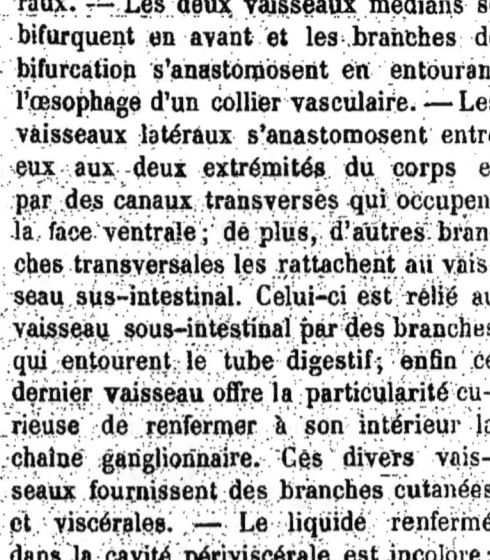

Fig. 184. — Tube digestif de la Sangsue. *a*, anus; — C, C', cæcums; — I, intestin; — *o*, œsophage.

fluence des contractions des troncs longitudinaux; mais celles-ci ne se font pas toujours dans le même sens. La circulation du sang est donc oscillatoire.

3° *Appareils de respiration et d'excrétion.* — La respiration est uniquement cutanée. — Les organes segmentaires sont au nombre de dix-sept paires et situés entre les poches gastriques. Ce sont des canaux intestiniformes qui communiquent avec des vésicules et s'ouvrent par de petits orifices situés sur la face ventrale.

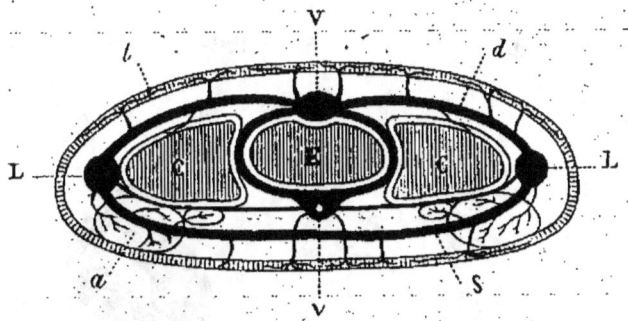

Fig. 185. — COUPE TRANSVERSALE DU CORPS DE LA SANGSUE.

a, organes segmentaires; — C, cæcums; — E, chambre stomacale médiane; — *d*, canaux transverses qui relient les vaisseaux latéraux au vaisseau sus-intestinal. V; — *s*, canal transverse réunissant les vaisseaux latéraux L; — *t*, tégument; — *v*, vaisseau sous-intestinal renfermant à son intérieur la chaîne ganglionnaire.

4° *Appareil reproducteur.* — Les Sangsues sont androgynes, c'est-à-dire qu'elles ne peuvent se reproduire que par accouplement réciproque.

Les organes mâles consistent en 9 paires de testicules situés au-dessous du tube digestif et unis de chaque côté par un canal déférent. Celui-ci, après s'être enroulé à la façon d'un épididyme à son extrémité antérieure, donne naissance à un canal éjaculateur qui débouche dans une *vésicule piriforme* dont le canal excréteur, mince et protractile, constitue le pénis. — L'orifice de ce dernier est situé sur la ligne médiane de la face ventrale, entre le 24° et le 25° anneau.

L'appareil femelle se compose de deux ovaires pourvus chacun d'un oviducte. Un canal commun réunit les deux oviductes et se termine par un renflement (*utérus*) dont la partie antérieure (*vagin*) s'ouvre en arrière de l'orifice mâle, entre le 29ᵉ et le 30ᵉ anneau.

La vésicule piriforme est recouverte d'un organe glanduleux dont la sécrétion enveloppe les spermatozoïdes dans une enveloppe commune (*spermatophore*).

— De même, l'utérus est en rapport avec une glande qui produit une grande quantité d'albumine.

La copulation des Sangsues a

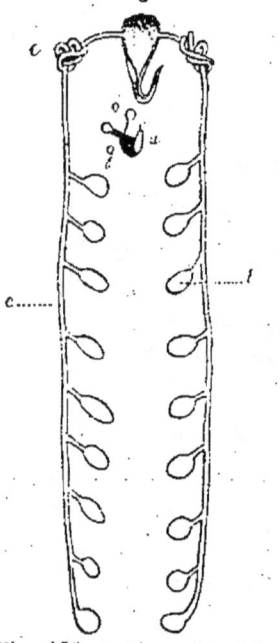
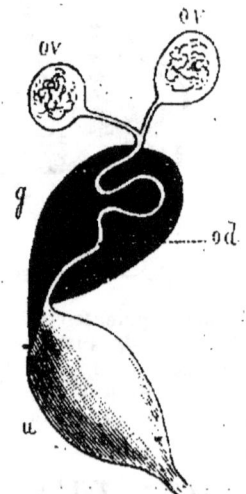

Fig. 186. — Appareil génital de la Sangsue.

c, canal déférent; — e, épididyme; — G, vésicule piriforme; — o, ovaires; — g, glande albuminipare; — u, utérus.

Fig. 187. — Organes femelles de la Sangsue (grossis).

g, glande albuminipare; — ov, ovaires; — od, oviducte commun; — u, utérus.

lieu ventre à ventre et dure plusieurs heures. Le spermatophore est introduit dans les organes femelles et c'est à l'intérieur de ceux-ci qu'a lieu la fécondation.

La ponte s'effectue hors de l'eau, dans la terre humide, un mois après l'accouplement. A ce moment, la partie où se trouvent les organes sexuels se gonfle en une sorte de *ceinture*.

Celle-ci renferme un grand nombre de glandes qui sécrètent une substance visqueuse devenant bientôt une capsule membraneuse en forme de tonneau. La Sangsue sort à reculons de cette capsule, après y avoir pondu un certain nombre d'œufs entourés d'albumine.

Aussitôt, les deux ouvertures de la capsule se rétrécissent et celle-ci devient, en se desséchant, semblable à un cocon. Les cocons de la Sangsue sont donc des réceptacles d'œufs ; ils peuvent en contenir de trois à vingt et protègent les embryons, en même temps que l'albumine qu'ils renferment sert de nourriture aux jeunes.

L'éclosion a lieu un mois après la ponte. Quand les jeunes Sangsues sortent du cocon, elles sont filiformes, transparentes et longues d'environ 2 centimètres.

5° *Système nerveux*. — Il se compose de ganglions sus et sous-œsophagiens reliés par un collier œsophagien et d'une chaîne ganglionnaire médiane contenue dans le vaisseau sous-intestinal. Celle-ci renferme, à l'origine, 30 ganglions qui se réduisent à 23 chez l'adulte, par suite de la fusion de quelques-uns entre eux. — Le système nerveux viscéral a été peu étudié.

6° *Organes des sens*. — La ventouse orale est le principal organe du *tact*. — Le siège du *goût* est inconnu ; mais l'existence de ce sens est démontrée par la préférence de la Sangsue pour certaines substances, telles que le lait ou l'eau sucrée, qui lui font mordre la peau qui en est humectée. — De même, on admet le sens de l'*odorat*, par suite de la répugnance qu'éprouvent les Sangsues à sucer des parties qui ont été couvertes par des emplâtres ou des onguents odorants. — Aucun organe *auditif* n'a encore été découvert ; cependant les Sangsues sont sensibles au bruit. — Les *yeux* sont au nombre de cinq paires et disposés sur une courbe à concavité postérieure, au-dessus de la ventouse orale. Ce sont des fossettes cupuliformes en rapport avec des filets nerveux, tapissées d'une couche pigmentaire et munies de corps réfractant la lumière.

COMMERCE DES SANGSUES. — La plupart des Sangsues employées en France viennent de Hongrie, de Russie, de Turquie, de Grèce, d'Algérie, etc. — Les industriels distinguent les Sangsues, suivant leur grosseur, sous les noms de *germement* lorqu'elles viennent de naître, *filets* ou *petites*, *petites moyennes, grosses moyennes, mères* ou *grosses* et enfin *vaches* lorsqu'elles ont acquis leur grosseur maximum. Comme les Sangsues se vendent au poids, certains marchands les gorgent, pour les grossir, avec du sang de Bœuf ou de Mouton. Une Sangsue *gorgée* rend du sang par la bouche, quand on la presse doucement d'arrière en avant; elle ne vaut jamais une Sangsue *vierge*. On fixe habituellement à 2 grammes le poids d'une bonne Sangsue moyenne et à 5 grammes celui du sang qu'elle peut absorber. — On fait souvent dégorger dans l'eau les Sangsues qui ont servi, après les avoir saupoudrées de sel, de sciure de bois, de cendres, etc. qui suffisent pour leur faire rendre une certaine quantité de sang par l'orifice buccal; mais il faut fréquemment les changer d'eau. C'est une bonne précaution de mettre une couche de sable au fond du vase. Toutes les méthodes de dégorgement *immédiat* sont nuisibles aux Sangsues.

On conserve très bien et l'on peut même faire reproduire les Sangsues dans un vase de terre cuite percé de petits trous à sa base et rempli de terre. On ferme l'extrémité supérieure du vase avec une toile grossière et l'on fait tremper le fond dans une légère couche d'eau (VAYSON).

Pour élever une grande quantité de Sangsues (*hirudiniculture*), on établit des bassins traversés par un courant d'eau modéré, de niveau constant. Les uns de ces bassins servent à la nourriture des Sangsues, les autres à leur dégorgement.

EMPLOI MÉDICAL. — Avant d'appliquer les Sangsues, on rase la peau, s'il y a lieu, et on l'assouplit avec de l'eau tiède; on les excite ensuite avec du vin ou de l'eau vinaigrée, si elles font quelques difficultés pour piquer. Lorsqu'elles se sont gorgées par la succion, elles se détachent; mais la saignée locale peut être continuée en favorisant l'écoulement avec des ventouses, des cataplasmes, etc. L'écoulement cesse le plus souvent tout seul; mais quelquefois, surtout chez les enfants, on doit l'arrêter par des procédés que nous n'avons pas à examiner ici.

On a décrit sous le nom de Sangsue de Cheval (*Hæmopis sanguisuga*) un Annélide qui habite les eaux vives de l'Europe et du Nord de l'Afrique; elle entame difficilement la peau, mais elle attaque les muqueuses et pénètre quelquefois dans les narines des Chevaux, pendant qu'ils boivent. — La Sangsue vulgaire des ruisseaux (*Nephelis octoculata*) n'a pas de mâchoires bien distinctes et ne peut entamer la peau. Ces deux sortes de Sangsues diffèrent à première vue du genre *Hirudo* parce qu'elles ne se contractent pas en olive quand on les touche.

On peut rattacher aux Annélides des Vers dont on a fait aussi une classe sous le nom d'ENTÉROPNEUSTES (ἔντερον, intestin; πνεῦμα, respiration).

Cette classe ne renferme que le genre *Balanoglossus*, qui vit dans le sable de la Méditerranée. C'est un Ver cylindrique, cilié, muni antérieurement d'une trompe creuse. Celle-ci fait saillie au-dessus du sable et sert à l'entrée de l'eau. Le liquide est ainsi introduit dans la partie antérieure du tube digestif; il traverse ensuite des poches branchiales ciliées et s'écoule par des orifices latéraux. Les sacs branchiaux sont soutenus par un squelette chitineux et rappellent ceux des Poissons. Les sexes sont distincts; enfin les larves sont intermédiaires entre celles des Annélides et celles des Échinodermes.

QUARANTE-CINQUIÈME LEÇON

HELMINTHES

(ἕλμινς, ver)

VERS DÉPOURVUS DE CHAINE GANGLIONNAIRE VENTRALE, N'AYANT NI UN APPAREIL CILIAIRE (*APPAREIL ROTATOIRE*) NI UNE COURONNE DE TENTACULES CILIÉS A L'EXTRÉMITÉ CÉPHALIQUE.

2 sous-classes; 5 ordres.

HELMINTHES
- Corps cylindrique. (**Nématelminthes.**)
  - Un tube digestif . . . . . NÉMATOÏDES.
  - Pas de tube digestif . . . ACANTHOCÉPHALES.
- Corps plat. (**Platyelminthes.**)
  - Corps couvert de cils vibratiles . . . . TURBELLARIÉS.
  - Corps nu chez l'adulte.
    - Un tube digestif . . . TRÉMATODES.
    - Pas de tube digestif . . CESTOÏDES.

Les Vers ronds (NÉMATELMINTHES) sont le plus souvent dioïques.

NÉMATOÏDES

(νῆμα, fil; εἶδος, forme)

Vers cylindriques munis d'un canal digestif. — Le plus souvent dioïques et parasites.

Le tube digestif va d'une extrémité à l'autre du corps. La bouche est inerme ou armée d'appendices chitineux. —

Circulation lacunaire.—Respiration cutanée.— Ordinairement, sur le tégument, deux bandes latérales (*champs latéraux*) dépourvues de fibres musculaires et logeant, dans leur épaisseur, deux longs canaux excréteurs s'ouvrant à la face ventrale par un pore commun. — Le mâle est habituellement plus petit que la femelle; son appareil génital se compose généralement d'un testicule impair muni d'un canal vecteur débouchant, avec le canal digestif, dans un cloaque. Celui-ci renferme, en général, à sa partie postérieure, deux pièces chitineuses (*spicules*) qui servent à fixer la femelle pendant l'accouplement. L'appareil femelle consiste en un ou plusieurs tubes ovariens pairs, filiformes, aboutissant à un vagin commun qui débouche le plus souvent vers le milieu de la face ventrale. Ovipares ou ovovivipares. — Le système nerveux n'est pas encore très bien connu; cependant il existe généralement un collier œsophagien d'où naissent un nerf ventral, un nerf dorsal et des nerfs latéraux. — Quelquefois des taches oculaires.

La plupart des Nématoïdes présentent un développement accompagné de métamorphoses et de migrations.

Nous ne nous occuperons ici que des Nématoïdes parasites du corps de l'Homme. Tous sont dioïques. En général, les œufs ou les embryons sont expulsés du corps habité par la mère. Ceux-ci vivent quelque temps en liberté, le plus souvent dans l'eau vaseuse, puis pénètrent dans un premier hôte où ils s'enkystent. Au bout d'un certain temps, lorsque les organes reproducteurs se sont développés ou lorsque l'hôte est avalé par un autre animal, les Vers quittent leurs kystes et s'accouplent.

Parmi les parasites de l'Homme, deux sont ovovivipares (la Trichine et le Dragonneau de Médine); les autres sont ovipares.

La Trichine (*Trichina spiralis*) exerce ses ravages

dans les pays où l'on fait usage de chair de Porc crue ou mal cuite; elle a 1 millim. de long.

Le jeune Ver se trouve enkysté dans le tissu musculaire du Cochon; il est roulé en spirale dans son kyste et ses organes reproducteurs ne sont pas encore complètement formés. Quand cette chair parvient dans l'estomac de l'Homme, les kystes sont digérés et les Trichines, devenues libres, se développent dans l'intestin, où elles s'accouplent. Les petits traversent les membranes du tube digestif et émigrent dans les muscles où ils se nourrissent de substance musculaire puis s'enkystent. C'est donc le Cochon qui infeste l'Homme; mais le Cochon s'infeste lui-même en mangeant du Porc ou d'un autre Mammifère trichinisé, principalement du Rat, car, dans certains pays, la Trichine est très commune chez ce Rongeur.

Fig. 188. — Trichine (dégagée de son kyste).

C'est surtout en Allemagne et en Amérique qu'on a observé des épidémies de *trichinose*. Si les Trichines sont nombreuses, la mort peut survenir, soit par entéro-péritonite, soit par atrophie progressive des muscles.

Les Trichines sont tuées plus sûrement par la cuisson prolongée que par l'exposition de la viande à l'action de la fumée.

Le Dragonneau de Médine (*Dracunculus medinensis*) n'est connu que par sa femelle qui peut atteindre 1 mètre de long sur une largeur d'environ 1 millimètre.

Le corps est presque en entier rempli d'embryons à longue queue pointue, au nombre de plusieurs millions. Ce Ver habite le tissu cellulaire sous-cutané de l'Homme, en Afrique et dans les contrées chaudes de l'Asie. Au moment où les embryons vont sortir du corps de la mère, celle-ci se fraye un chemin vers le derme et devient la cause d'un abcès sous-cutané. Il faut alors extraire le Ver avec les plus grandes précautions en se gardant bien de le rompre, pour ne pas envenimer la plaie avec son contenu. Si les embryons arrivent dans l'eau, ils s'introduisent dans le corps de petits Crustacés aquatiques (Cyclopes) où ils perdent leur longue queue et passent à l'état de larve sans s'enkyster. Ces larves sont absorbées avec leurs hôtes microscopiques par les indigènes et arrivent ensuite jusqu'à la peau.

Les Nématoïdes ovipares sont moins connus que les précédents, quant à leurs migrations. Les plus communs sont les Lombrics, les Oxyures et les Trichocéphales.

Le Lombric ordinaire (*Ascaris lumbricoïdes*) est très répandu, surtout chez les enfants, et habite l'intestin grêle.

Sa bouche est entourée de trois nodules arrondis fendus intérieurement et pourvus de denticules. Ses œufs sont expulsés par milliers avec les excréments et n'éclosent que lorsqu'ils arrivent dans l'intestin d'un hôte intermédiaire. Jusqu'à présent, on n'a trouvé les embryons libres du Lombric que dans l'intestin du Rat. Quoi qu'il en soit, les Lombrics sont devenus assez rares dans les endroits où l'on fait usage de filtres à eau. — Le semen-contra, la santonine, le calomel, la mousse de Corse, l'ail, etc. sont employés avec succès contre les Lombrics.

Les Lombric à moustaches (*A. mystax*) est rare chez l'Homme et commun chez le Chat.

Une seule espèce d'Oxyure (*Oxyuris vermicularis*) se trouve chez l'Homme, surtout chez les enfants, où elle habite le rectum.

Les Oxyures ont trois nodules buccaux ; ils émigrent pendant la nuit et causent, aux environs de l'anus, des démangeaisons insupportables. Les mâles ont 3 millim. et les femelles 9 millim. de longueur; l'extrémité antérieure du corps est munie de deux renflements latéraux assez volumineux. — On se débarrasse des Oxyures par des frictions anales avec la pommade mercurielle ou même, tout simplement, par des lavements d'eau froide.

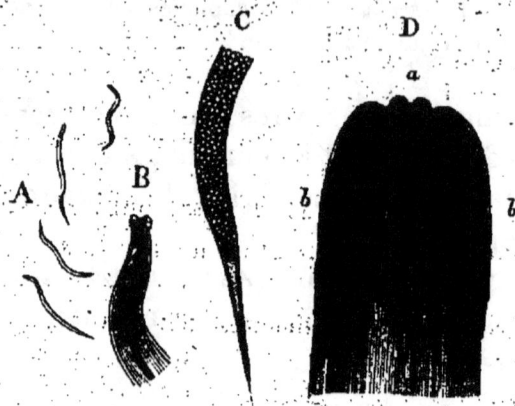

Fig. 189. — OXYURE VERMICULAIRE.

A, grandeur naturelle; — B, extrémité antérieure grossie; — C, extrémité postérieure grossie; — D, tête vue à un fort grossissement; — a, les trois nodules buccaux; — b, les deux renflements latéraux.

Le Strongle du duodénum (*Strongylus duodenalis*) suce le sang dans l'intestin grêle.

Sa bouche est cupuliforme, armée de deux paires de crochets cornés. En Égypte, il est très commun et cause la maladie connue sous le nom de *chlorose d'Égypte*; il est rare partout ailleurs. — Long de 6 à 9 millim.

Le Strongle géant (*Strongylus gigas*) habite le rein de l'Homme et des Carnivores.

Son corps est rougeâtre, long de 15 centimètres à 1 mètre. Sa bouche est entourée de six nodules formant une rosette.

— Chez l'Homme, il est excessivement rare; mais il occasionne des douleurs atroces, des hématuries et finalement la mort.

On a signalé dernièrement une sorte de Stronglé (*S. sanguisuga*) qui se trouve dans l'intestin des malades atteints de la diarrhée d'Afrique (DOUNON).

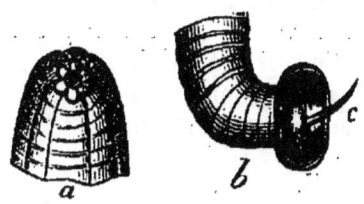

Fig. 190. — STRONGLE GÉANT (mâle).
a, extrémité céphalique; — *b*, extrémité caudale; — *c*, pénis.

Le Trichocéphale de l'Homme (*Trichocephalus dispar*) habite ordinairement le cæcum, surtout chez les adultes.

Il est long de 3 à 5 centimètres, filiforme dans ses deux tiers antérieurs, élargi en arrière. L'extrémité postérieure du mâle est enroulée en spirale et terminée par une gaîne qui entoure un spicule rétractile. — On lui applique le même traitement qu'aux Lombrics.

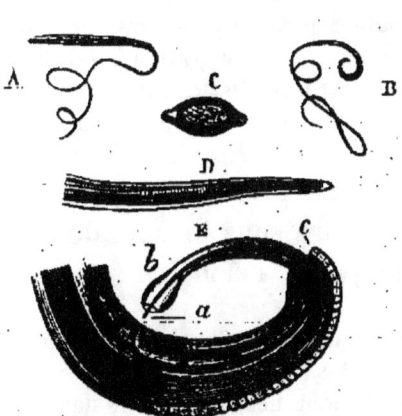

Fig. 191. — TRICHOCÉPHALE.
A, femelle; — B, mâle; — C, œuf (gross. 150 d.); — D, extrémité antérieure grossie; — E, extrémité postérieure du mâle grossie (*a*, spicule; *b*, sa gaîne; *c*, anus).

C'est également aux Nématoïdes qu'appartient le genre *Gordius* dont la partie antérieure du tube digestif s'oblitère à l'âge adulte. Le *G. aquaticus* a été trouvé une fois dans les matières vomies par une hystérique.

L'Anguillule stercorale (*Anguillula stercoralis*).

habite l'intestin des malades atteints de diarrhée de Cochinchine.

Ce Ver a 1 millim. de long et se trouve, en nombre prodigieux, dans les matières fécales. Les embryons éclosent parfois avant la ponte.

ACANTHOCÉPHALES

(ἄκανθα, épine; κεφαλή, tête)

Némathelminthes sans tube digestif. — Une trompe protractile armée de crochets chitineux. — Parasites et dioïques.

Les Acanthocéphales ne comprennent que le genre *Echinorynchus* qui vit dans le tube digestif de plusieurs Vertébrés. Leur développement est accompagné de migrations. — L'Échinorynque de l'Homme (*E. Hominis*) n'est connu que par un seul exemplaire trouvé dans l'intestin grêle d'un enfant.

On peut rattacher aux Némathelminthes des Vers dont on a fait aussi un ordre sous le nom de CHÉTOGNATHES (χαίτη, soie; γνάθος, mâchoire).

Ce sont des Vers marins, libres, monoïques, à tête armée de deux groupes de crochets. Des replis cutanés latéraux soutenus par des rayons constituent des espèces de nageoires sur les côtés du corps.

Les Vers plats (PLATYELMINTHES) sont presque tous monoïques; en général, les glandes femelles sont formées d'un *germigène* ou *ovaire*, dans lequel se forme l'ovule, d'un *vitellogène*, qui produit le jaune, et d'une *glande coquillière* qui sécrète une substance destinée à former une coque à l'œuf, après la fécondation.

TURBELLARIÉS

(*turbo*; tourbillon *ciliaire*)

Platyelminthes aquatiques, non parasites, couverts de cils vibratiles. — Pas de crochets ni de ventouses.

Les uns ont un anus (*Némertiens*), les autres n'en ont pas (*Planariens*). Chez ces derniers, l'estomac est vaste, bifurqué et clos en arrière; mais il peut être simple (Rhabdocèles) ou ramifié (Dendrocèles). — Chez les Némertiens, on trouve un système vasculaire contractile composé de deux troncs latéraux et d'un tronc dorsal. — Respiration cutanée. — 2 canaux excréteurs latéraux. — Dioïques (Némertiens) ou monoïques (la plupart des Planariens). — Reproduction rarement scissipare. — Un double ganglion cérébroïde fournissant des filets nerveux parmi lesquels deux latéraux. Souvent des taches oculaires avec ou sans corps réfringents. Quelquefois des otocystes.

TRÉMATODES

(τρηματώδης, troué)

Platyelminthes parasites, à corps inarticulé. — Tube digestif bifurqué, sans anus. — Une ou plusieurs ventouses ventrales.

La bouche est généralement située au fond d'une ventouse. — Appareils respiratoire et circulatoire nuls. — Appareil excréteur constitué par deux troncs latéraux qui débouchent dans une vésicule contractile placée en arrière. — Monoïques, avec deux orifices génitaux situés sur la face ventrale, près de la ligne médiane. Deux gros testicules, avec deux canaux déférents aboutissant à une vésicule séminale qui communique avec un pénis. Un vagin sinueux, servant en même temps d'utérus, est suivi d'un oviducte qui reçoit les produits de l'*ovaire*, du *vitellogène* et quelquefois d'une *glande coquillière*. Un réceptacle séminal est souvent annexé à l'oviducte. — Un double ganglion sus-œsophagien d'où partent divers petits nerfs et deux troncs latéraux. — Quelquefois des taches oculaires dans le jeune âge.

2 sous-ordres : les *Polystomiens* et les *Distomiens*.

Polystomiens. — *Deux petites ventouses antérieures ; une ou plusieurs ventouses postérieures ; souvent des crochets, surtout à la partie postérieure. — Ectoparasites. — Développement en général direct.*

Genres principaux : *Gyrodactylus, Polystomum, Tristomum.*

Distomiens. — *Jamais plus de deux ventouses. — Pas de crochets. — Entoparasites. — Métamorphoses compliquées.*

A sa sortie de l'œuf, l'embryon, nu ou cilié, pénètre habituellement dans un Mollusque aquatique. Là il perd ses cils et se transforme en un sac germipare appelé *rédie* quand il possède un tube digestif et *sporocyste* quand il n'en a pas. Ces sacs produisent, par germiparité, des êtres (*cercaires*) pourvus d'un appendice caudal. Les cercaires ne diffèrent guère des Distomes adultes que par la présence de la queue et l'absence des organes génitaux ; elles quittent le sac qui les renferme ainsi que l'hôte de celui-ci, nagent pendant quelque temps et pénètrent dans le corps d'un nouvel animal aquatique (Mollusque, larve d'Insecte, Crustacé, etc.). Là elles perdent leur queue et s'enkystent ; toutefois, les or-

PLATYELMINTHES. 519

ganes génitaux ne se développent que lorsque le deuxième hôte est dévoré par un Vertébré. Délivrées de leur kyste dans l'estomac de ce dernier, elles se transportent dans un organe déterminé où elles achèvent leur développement; il y a donc trois hôtes différents logeant trois formes différentes des Distomes.

On n'a observé, chez l'Homme, que 9 Trématodes : 6 Distomes, 1 Bilharzia, 1 Amphistome et 1 Monostome; mais on ne sait encore rien de positif sur la provenance d'aucun d'eux.

Les *Distomes* sont pourvus de deux ventouses. — Deux espèces : la Douve du foie (*Distoma hepaticum*) et une espèce voisine (*D. lanceolatum*) vivent à l'état adulte dans les canaux biliaires.

Trois autres espèces (*D. crassum*, *spatulatum*, *heterophyes*) habitent surtout l'intestin des habitants des pays chauds; enfin, on a trouvé, à l'état jeune, le *D. ophtalmobium* dans l'œil d'un enfant.

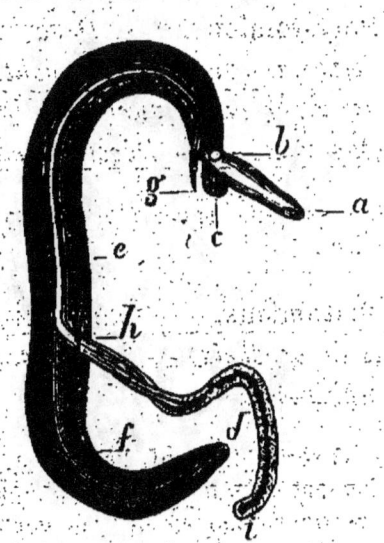

Fig. 192. — BILHARZIA DE L'HOMME.
a, b, e, f, mâle; — *g, h, i*, femelle; — *a*, ventouse buccale; — *c*, ventouse ventrale.

Le *Bilharzia hæmatobia* a été découvert, en Égypte, dans le sang de la veine porte.

Il est muni de deux ventouses comme les Distomes, mais

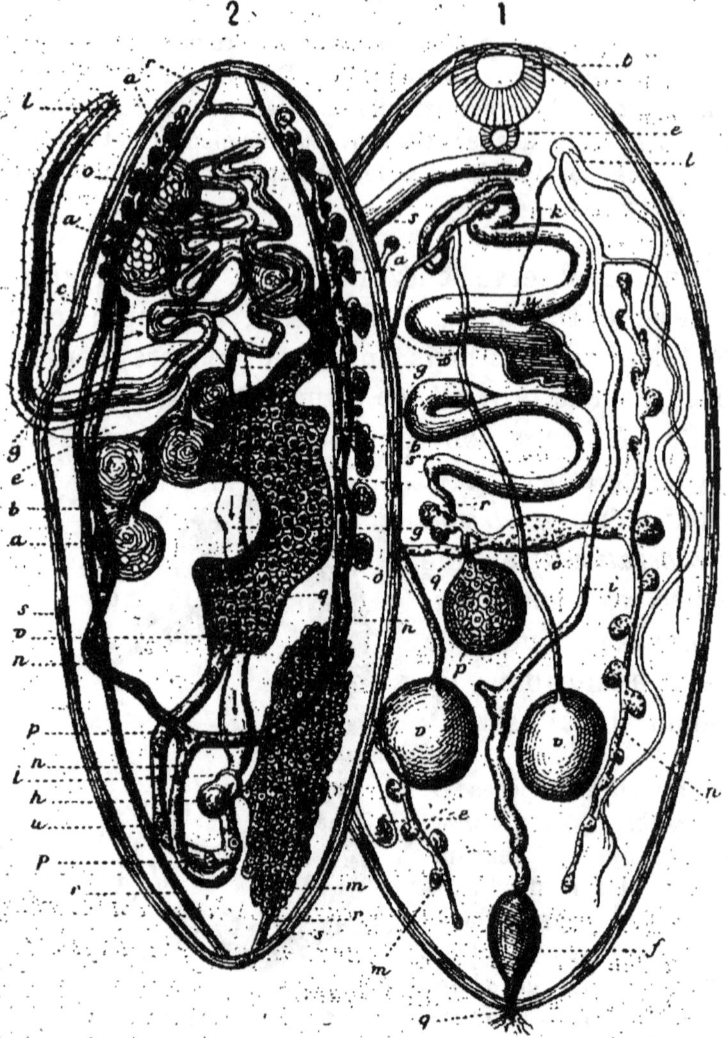

Fig. 193. — 1. Trématode; 2. Anneau de Ténia (figures schématiques d'après van Beneden).

1. — *b*, ventouse buccale; — *c*, bulbe œsophagien; — *e*, terminaison de l'un des deux cæcums stomacaux; — *f*, vésicule contractile de l'appareil excréteur; — *g*, son orifice; — *i, k, l*, une moitié de l'appareil excréteur; — *m, n*, vitellogène; — *o*, vitelloducte; — *p*, ovaire (germigène); — *q*, germiducte; — *r*, glande coquillière; — *s*, oviducte; — *t*, utérus; — *u*, vagin se terminant par la vulve au-dessus de laquelle on voit le pénis précédé d'un vésicule séminale où aboutissent les canaux déférents *w* des testicules *v, v*.

2. — *a, a*, testicules; — *b*, canaux efférents; — *c*, canal déférent; —

les sexes sont séparés. Contrairement à ce qui se passe chez la plupart des Vers, le mâle est beaucoup plus gros que la femelle et porte celle-ci dans une gouttière ventrale formée par les deux côtés du corps, qui sont larges et réfléchis. Ce Ver est assez commun en Égypte ; sa présence détermine souvent de graves désordres dans la circulation capillaire de l'intestin et des organes urinaires.

Les *Monostomes* sont caractérisés par la présence d'une seule ventouse située autour de la bouche ou dans son voisinage.

Le *Monostomum lentis* a été trouvé, à l'état jeune, dans la capsule du cristallin.

Les *Amphistomes* sont caractérisés par une large ventouse postérieure.

On n'a rencontré l'*Amphistomum Hominis* que dans le cæcum, chez deux individus morts du choléra, dans les Indes.

CESTOÏDES

(κεστός, ruban ; εἶδος, forme)

Platyelminthes endoparasites ordinairement réunis en chaîne. — Pas de bouche ni de tube digestif. — Des ventouses. — Monoïques.

Les Cestoïdes sont parasites dans le tube digestif des Vertébrés. — L'embryon (*proscolex* ou *hexacanthe*) est muni de six crochets et ne peut achever son développement dans le

---

c, poche de cirre ; — *g, g*, vagin et vulve ; — *h*, réceptacle séminal ; — *l*, pénis ; — *m*, ovaire (germigène) ; — *n*, vitellodute ; — *o*, vitellogène ; — *p*, oviducte ; — *q*, utérus ; — *r*, appareil excréteur ; — *s*, tégument.

milieu où il est né ; il doit passer dans le corps d'un hôte provisoire où il s'enkyste et produit, à sa partie postérieure, un organe de fixation (*scolex* ou *tête*), en même temps qu'il devient vésiculeux. — Quand l'hôte provisoire est devenu la proie de l'hôte définitif, l'enveloppe du kyste est digérée et la tête se fixe aux parois du tube digestif. Celle-ci produit alors, à son extrémité postérieure, par un bourgeonnement continu, un long ruban (*strobile*) d'articles (*proglottis*) qui sont autant d'individus sexués monoïques produisant des œufs par milliers.

Le strobile est dépourvu d'appareil digestif, d'appareil circulatoire, de système nerveux, d'organes des sens; mais il existe un système de canaux excréteurs bien développé. — L'appareil mâle se compose de nombreux testicules dont les canaux déférents se déversent dans un conduit commun. L'extrémité de ce dernier (*cirre*) est entourée d'une poche musculeuse (*poche du cirre*). — L'appareil femelle est formé d'un *ovaire*, d'un *vitellogène*, d'une *glande coquillière*, d'un *utérus*, d'un *réceptacle séminal*, d'un *oviducte* et d'un *vagin* qui débouche ordinairement en arrière du cirre. Le développement de l'appareil génital est d'autant plus avancé que les proglottis sont situés plus loin de la tête. Quand ces derniers sont arrivés à maturité, ils se détachent du strobile et on leur donne quelquefois le nom de *cucurbitains*. Ceux-ci renferment l'utérus rempli d'œufs et ayant acquis tout son développement, tandis que les testicules, l'ovaire et les glandes albuminipares ont presque complètement disparu.

Les Cestoïdes parasites de l'Homme comprennent les *Téniadés* et les *Bothriocéphalidés*.

TÉNIADÉS (ταινία, ruban). — *Tête munie de quatre ventouses entre lesquelles existe le plus souvent un mamelon protractile* (rostellum) *garni de crochets. — Proglottis mûrs plus longs que larges, à pores sexuels latéraux.*

Les cucurbitains des Téniadés, au moment de leur sortie

du tube digestif de l'hôte qui les loge, contiennent des milliers d'œufs renfermant chacun un embryon; ils vivent pendant un certain temps et, quand ils se décomposent, leurs œufs deviennent libres. Ceux-ci ont une coque dure qui leur permet de résister pendant longtemps à toutes les causes de décomposition; l'embryon qu'ils renferment présente trois paires de crochets dont l'une est dirigée en avant tandis que les deux autres sont placées latéralement. Lorsque les œufs, après un temps plus ou moins long, parviennent dans l'estomac d'un animal herbivore ou omnivore, la coque de l'œuf est détruite par le suc gastrique et l'embryon devient libre. Celui-ci traverse la paroi de l'intestin en se servant de ses deux crochets antérieurs pour perforer et des deux latéraux pour se pousser. Quand il a trouvé son lieu d'élection, il s'enkyste, perd ses crochets et prend la forme d'une vésicule (*hydatide*).

L'hydatide peut être *stérile* ou *fertile*. Dans le premier cas, elle se compose uniquement d'une série de vésicules emboîtées les unes dans les autres; on la désigne alors sous le nom d'*acéphalocyste*. Dans le second cas, il existe à la surface de la vésicule une (*cysticerque*) ou plusieurs (*cœnure*) dépressions formées par une invagination de la paroi et au fond desquelles se développe un mamelon qui est l'origine d'une tête de Téniadé. Enfin il peut arriver que l'hydatide produise, par gemmation, des vésicules secondaires et que les têtes prennent naissance à l'intérieur de ces vésicules; on a alors ce qu'on appelle un *échinocoque*. Celui-ci contient un nombre de têtes considérable et peut acquérir un volume énorme.

Hyda- / stériles . . . . *Acéphalocyste*.
tides \ fertiles. / Un seul bourgeon . . . . *Cysticerque*.
\ Plusieurs / primaires . . . . *Cœnure*.
\ bourgeons \ primaires et secondaires . . *Échinocoque*.

Le Ver solitaire (*Tænia solium*) habite, à l'état cystique, le tissu cellulaire intermusculaire du Porc qui est alors appelé *ladre*. — A l'état rubané, le

Ver est fixé dans l'intestin grêle de l'Homme.

a. *État cystique.* — C'est un cysticerque (*Cysticercus cellulosæ*) du volume d'un pois, à forme allongée subréniforme. Il présente une sorte de hile ou dépression au fond de laquelle se trouve une tête de Ténia. Cette dernière (*scolex*), quand elle est complètement développée, présente, entre les quatre ventouses, un rostellum entouré de deux couronnes de crochets, les uns grands, les autres petits, ayant respectivement 0^{mm},17 et 0^{mm},12 de longueur. Il y a, en moyenne, 12 crochets par couronne.

Fig. 194. — Tête du Tænia solium (gross. 12).

La langue du Porc est peut-être le siège de prédilection des cysticerques ; les Porcs ladres en présentent presque tous, de chaque côté du frein de cet organe. — Le Porc contracte la ladrerie en avalant des cucurbitains de Ténia dans les fumiers, dans les mares où les œufs ont été entraînés par la pluie. L'Homme peut s'infester lui-même ou, en d'autres termes, devenir *ladre*, soit par ingestion directe des œufs, soit par le fait d'un cucurbitain remonté de l'intestin dans l'estomac et digéré dans ce dernier organe. Les hexacanthes se rendent alors le plus souvent dans les muscles, les parois du tronc, l'œil, enfin le cerveau où leur transformation en cysticerque détermine des accidents épileptiformes.

La preuve que le cysticerque du Porc ladre donne à l'Homme le *Tænia solium* a été fournie par des expérimentations sur des condamnés à mort et sur des Hommes de bonne volonté. On sait aussi que les cysticerques de l'Homme sont les mêmes que ceux du Porc, car on a pu donner au premier le *Tænia solium* en lui faisant avaler des cysticerques recueillis sur des cadavres humains.

b. *État rubané*. — Le strobile peut atteindre jusqu'à 10 mètres de long. — Les proglottis ont des pores sexuels alternes; les cucurbitains se détachent isolément et sortent pendant la défécation; ils offrent un utérus présentant, de chaque côté, une dizaine de branches irrégulièrement ramifiées. — Les œufs sont *sphériques*.

Le Ténia inerme de l'Homme (*Tænia saginata* ou *mediocanellata*) passe sa période vésiculaire dans la chair du Bœuf; son strobile se trouve dans l'intestin grêle de l'Homme.

a. *État cystique*. — Le scolex est complètement dépourvu de crochets, mais a des ventouses plus volumineuses que celles du *T. solium*.

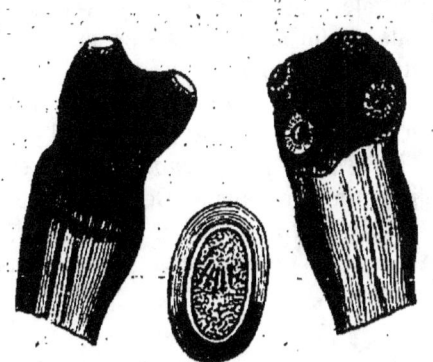

Fig. 195. — Tête du Ténia inerme (gross. 5); — ovule (gross. 350.).

b. *État rubané*. — Le strobile a des pores sexuels alternes; mais il est plus long et plus large que celui du *T. solium*. — Les cucurbitains sortent souvent dans l'intervalle des garde-robes; l'utérus compte jusqu'à quarante divisions dichotomiques de chaque côté. — Les œufs sont *elliptiques*.

Le Ténia inerme devient de plus en plus fréquent, par suite de l'usage de la viande crue. Quoi qu'il en soit, son cysticerque n'a jamais été rencontré dans notre espèce; par conséquent, son

Ténia ne fait pas courir les mêmes dangers que celui du Ver solitaire.

On trouve quelquefois, dans l'intestin des enfants, le *Tænia cucumerina* ou *elliptica*, à l'état strobilaire. — Le proglottis a un pore sexuel de chaque côté. Ce Ténia habite ordinairement l'intestin des Chiens et des Chats ; son cysticerque, qui est microscopique, vit dans le corps du Pou de Chien (*Trichodectes Canis*). Le Chien avale ses Poux ; ceux-ci avalent les œufs rendus avec les excréments et fixés aux poils ; enfin les enfants, en embrassant les Chiens, avalent aussi les Trichodectes.

Le *Tænia nana*, long d'environ 1 centimètre, a été trouvé en Égypte, dans l'intestin grêle d'un jeune homme.

Le *Tænia flavopunctata* a été signalé en Amérique, dans l'intestin d'un enfant. Ce Ténia et le précédent ont les pores sexuels situés du même côté.

Les *T. cucumerina, nana, flavopunctata* ont tous des crochets.

Le *Tænia echinococcus* vit, à l'état strobilaire, dans l'intestin du Chien, où il est assez commun. Il est composé de 3 ou 4 proglottides et long de 3 à 4 millimètres. — Sa forme cystique (*échinocoque*) vit principalement dans le poumon ou dans le foie de l'Homme et des animaux domestiques ; mais on le trouve aussi dans le rein et dans le cerveau. — Très commun et redoutable en Australie et surtout en Islande, où l'Homme vit dans une communauté par trop étroite avec le Chien.

On devrait, partout, interdire aux Chiens l'entrée des abattoirs et ne jamais se laisser lécher par ces animaux.

Le *Tænia cœnurus* se trouve à l'état strobilaire dans le

canal digestif du Chien de berger et du Loup. — L'état vésiculaire est représenté par un cœnure (*Cœnurus cerebralis*) dans le cerveau du Mouton. C'est lui qui donne à ces animaux la maladie connue sous le nom de *tournis*.

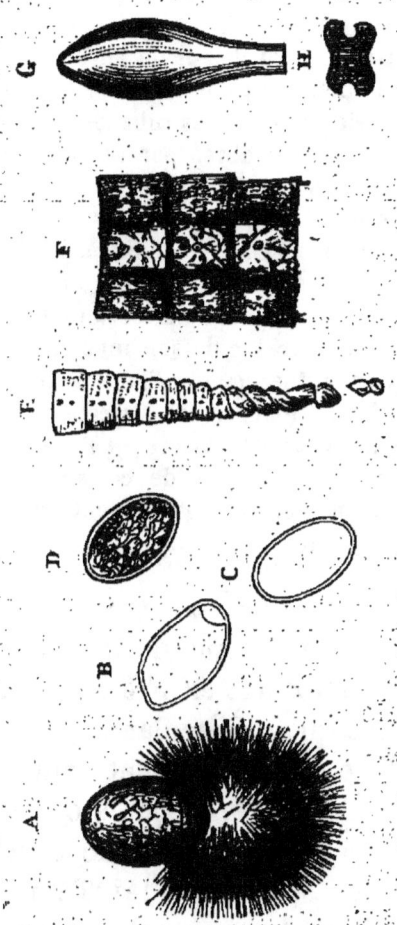

Fig. 196. — BOTHRIOCÉPHALUS LATUS. — A, embryon sortant de son enveloppe ciliée; — B, œuf traité par l'acide sulfurique; C, œuf examiné dans les selles; — D, œuf traité par la glycérine; — E, fragment terminal dont les deux derniers anneaux sont flétris; — F, trois segments montrant les pores génitaux; — G, tête; — H, coupe de la tête (Labouibène).

BOTHRIOCÉPHALIDES (βόθριον, fossette). — *Tête munie seulement de deux fossettes latérales en forme de pulve. — Proglottis plus larges que longs, avec pores sexuels médians.*

Trois espèces de Bothriocéphales ont été signalées, à l'état rubané, dans l'intestin de l'Homme; mais la plus commune est le Ver suisse (*Bothriocephalus latus*).

Les proglottis présentent l'orifice mâle au-dessus de l'orifice femelle. Ils ne se détachent pas isolément, comme chez les Ténias, mais sont rejetés par séries rubanées et, avant leur expulsion, les œufs deviennent libres par rupture des parois proglottidiennes. Ceux-ci sont elliptiques; ils présentent un opercule en forme de calotte à l'un des pôles.

L'œuf se développe dans l'eau et donne naissance à un embryon revêtu, sur toute sa surface, de longs cils vibratiles. Celui-ci se meut librement pendant un certain temps; puis il subit une mue et se débarrasse de son revêtement ciliaire. L'embryon est alors constitué comme l'hexacanthe du Ténia et présente six crochets mobiles. Ici s'arrête l'histoire du Bothriocéphale : on ne sait pas encore quel est l'hôte de son hexacanthe; mais ce qu'il y a de certain, c'est que, contrairement à l'opinion vulgaire, on ne peut se donner le Bothriocéphale en mangeant du poisson.

Le *Bothriocephalus latus* se trouve surtout en Suisse, en Hollande, en Russie; le *B. cristatus* n'a été rencontré que deux fois en France; le *B. cordatus* n'a été trouvé qu'au Groenland.

Un grand nombre de médicaments ont été préconisés contre les Cestoïdes. L'écorce de racine de grenadier, les graines de citrouille, le cousso, paraissent surtout efficaces contre les Ténias. L'essence de térébenthine, la racine de fougère mâle, les pilules Peschier, inventées à Genève, semblent souveraines contre le Bothriocéphale.

Le traitement des Échinocoques est surtout chirurgical (ponction); cependant, l'ingestion de quantités assez considérables de chlorure de sodium paraît avoir quelquefois déterminé la mort du parasite (LAENNEC).

Nous terminerons cette leçon par l'énumération des noms des principaux helminthologistes : RUDOLPHI, BREMSER, LEUCKART, DUJARDIN, VAN BENEDEN, SIEBOLD, BILHARZ, KRABBE, KÜCHENMEISTER, DAVAINE, LABOULBÈNE, MÉGNIN, MONIEZ, etc., qui ont eu plus spécialement en vue les Helminthes de l'Homme.

QUARANTE-SIXIÈME LEÇON

BRYOZOAIRES — ROTATEURS ÉCHINODERMES

BRYOZOAIRES

(βρύον, mousse; ζῶον, animal)

PETITS ANIMAUX AQUATIQUES, VIVANT ORDINAIREMENT EN COLONIES RAMIFIÉES OU LAMELLEUSES. — EXTRÉMITÉ ANTÉRIEURE GARNIE D'UN APPAREIL TENTACULAIRE CILIÉ. — UN SEUL GANGLION NERVEUX. — PAS D'APPAREIL CIRCULATOIRE — GÉNÉRALEMENT MONOÏQUES.

Les formes des colonies sont extrêmement variées. Chaque individu habite une petite loge nettement séparée des loges voisines. Quelquefois (Pédicellines), les divers individus ne sont unis entre eux que par des stolons; exceptionnellement

(Loxosomes), ils sont complètement isolés. Le plus souvent, les colonies sont fixées au sol ; rarement (Cristatelles) elles sont libres et peuvent se déplacer.

Chaque Bryozoaire présente un tube digestif recourbé en anse, muni d'une bouche au centre de l'appareil tentaculaire et d'un anus situé près de l'orifice buccal. Il existe une cavité générale, au milieu de laquelle flotte le tube digestif. Celle-ci renferme, en outre, l'appareil reproducteur, l'appareil excréteur, le ganglion nerveux, les muscles chargés de faire mouvoir l'animal, enfin le liquide nourricier. Ce fluide circule, sans cœur ni vaisseaux, sous l'action de cils vibratiles qui tapissent l'intérieur de la cavité. L'appareil respiratoire est constitué presque exclusivement par les tentacules ciliés qui rayonnent autour de la bouche ; mais ceux-ci servent encore, par leurs cils vibratiles, à diriger les aliments vers la bouche. Dans certaines colonies de Bryozoaires marins, on observe des organes spéciaux pour la préhension des aliments ; tantôt ce sont des instruments en forme de tête d'Oiseau (*aviculaires*) avec une mandibule mobile ; tantôt ce sont des appendices flagelliformes (*vibraculaires*) qui battent l'eau et viennent ainsi en aide aux cils des tentacules. Ces instruments ne sont autre chose que des loges avortées : la mandibule inférieure de l'aviculaire correspond à l'opercule mobile qui, chez la plupart des Bryozoaires, ferme l'entrée de la loge, quand l'ani-

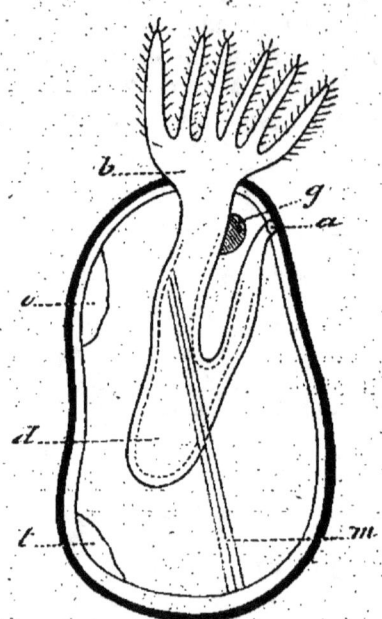

Fig. 197. — Bryozoaire (schéma).
a, anus ; — *b*, région buccale ; — *d*, tube digestif ; — *g*, ganglion nerveux ; — *m*, muscle rétracteur ; — *o*, ovaire ; — *t*, testicule (Allman).

mal y rentre ; enfin les vibraculaires sont des aviculaires dont la mandibule inférieure s'est démesurément allongée.

Une loge de Bryozoaire est en général calcifiée ou chitinisée extérieurement, mais elle est tapissée, à l'intérieur, par une couche molle. L'animal qui habite une loge n'a qu'une durée éphémère ; il ne tarde pas à se transformer en un *corps brun sphérique*. Pendant ce temps, un bourgeon se forme sur la paroi de la loge, prend la place de l'animal qui vient de disparaître et ainsi de suite (JOLIET).

Un Bryozoaire se compose donc de deux individus dont l'un (*nourricier*) est emboîté dans l'autre (*reproducteur*). Mais la reproduction ne s'effectue pas seulement par bourgeonnement ; elle est aussi sexuelle et, même dans ce cas, c'est encore dans la loge ou ses dépendances que se développent les organes génitaux. Ceux-ci sont ordinairement réunis sur le même individu. Les larves sont ciliées et présentent les formes les plus variées ; leur étude permet de considérer les Bryozoaires comme fils des Rotifères et frères des Brachiopodes (J. BARROIS).

2 ordres : les *Phylactolèmes* et les *Gymnolèmes*.

PHYLACTOLÈMES

(φυλακτός, gardé ; λαιμός, gosier)

Support tentaculaire en forme de fer à cheval. — Bouche surmontée d'une languette mobile (épistome) *en forme d'épiglotte. — Tous d'eau douce.*

Genres principaux : Plumatelles (*Plumatella*) ; Cristatelles (*Cristatella*) ; etc.

GYMNOLÈMES

(γυμνός, nu ; λαιμός, gosier)

Support tentaculaire en forme d'anneau. — Bouche sans épistome. — Presque tous marins.

2 sous-ordres : les *Ectoproctes* et les *Ento-proctes.*

Ectoproctes (ἐκτός, en dehors ; πρωκτός, anus). — *Anus situé en dehors du cercle tentaculaire.*

Genres principaux : Tubulipores (*Tubulipora*) ; Paludicelles (*Paludicella*).

Entoproctes. — *Anus situé en dedans du cercle tentaculaire.*

Genres principaux : Loxosomes (*Loxosoma*) ; Urnatelles (*Urnatella*) ; Pédicellines (*Pedicellina*).

ROTATEURS

ANIMAUX LE PLUS SOUVENT MICROSCOPIQUES, MUNIS ANTÉRIEUREMENT D'UN APPAREIL CILIAIRE (*APPAREIL ROTATOIRE*) — UN SEUL GANGLION NERVEUX. — PAS D'APPAREIL CIRCULATOIRE. — DIOÏQUES.

Le corps ne dépasse jamais 1 millim. de long ; il se divise en deux parties, l'antérieure ordinairement non segmentée, la postérieure formée d'anneaux pouvant s'invaginer les uns dans les autres. Cette dernière partie est souvent terminée par une espèce de tenaille qui sert à fixer l'animal. La bouche s'ouvre entre les lobes, qui portent généralement *l'appareil rotatoire*. Celui-ci, dont quelques espèces seulement sont dépourvues, dirige les substances alimentaires vers l'orifice buccal. Ce dernier est suivi d'un pharynx large offrant souvent une armature compliquée. Un œsophage étroit conduit dans un estomac cilié. L'anus est dorsal, mais il manque dans quelques espèces ; enfin le tube digestif fait complètement défaut chez les mâles. Ceux-ci sont plus petits et plus rares que les femelles ; leurs organes sexuels sont représentés par un cæcum rempli de spermatozoïdes dont le

ORGANISATION. 533

canal excréteur s'ouvre à la partie antérieure du corps. Les organes femelles se composent d'un ovaire suivi d'un court oviducte qui débouche dans le cloaque et renferme souvent, pendant l'été, des embryons en voie de développement. Il existe deux sortes d'œufs : les uns (*œufs d'été*) à développement parthénogenésique ; les autres (*œufs d'hiver*) pondus en automne et fécondés. Pas d'organes spéciaux ni pour la circulation ni pour la respiration. Les organes excréteurs consistent en deux tubes communiquant avec la cavité viscérale par des rameaux ciliés et débouchant dans l'intestin directement ou par l'intermédiaire d'une vésicule contractile. Du ganglion cérébroïde partent des nerfs pour les muscles et les organes des sens. Ceux-ci sont représentés par un amas de pigment avec corps réfringent situé au-dessus du cerveau et par des corpuscules tactiles cutanés. La plupart habitent l'eau douce.

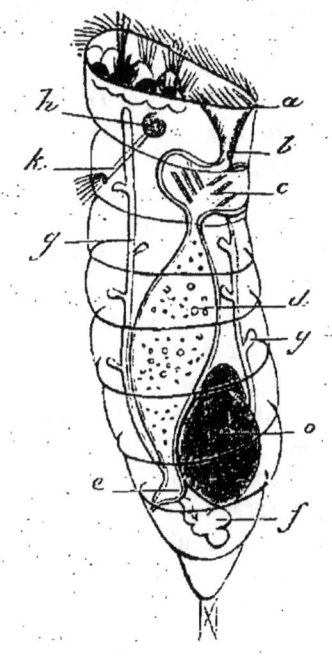

Fig. 198. — Rotateur (schéma d'une Hydatine).

a, vestibule cilié du tube digestif ; — *b*, bouche ; — *c*, pharynx ; — *d*, estomac ; — *e*, cloaque ; — *f*, vésicule contractile ; — *g, g*, ganglions nerveux envoyant un filet nerveux à la fossette ciliée *k* ; — *o*, ovaire (Pritchard).

Genres principaux : Flosculaires (*Floscularia*) dont le corps est enfermé dans une gaîne gélatineuse ; Rotifères (*Rotifer*) dont l'appareil rotatoire figure deux roues en mouvement ; Brachions (*Brachionus*) ; Hydatines (*Hydatina*) ; Alberties (*Albertia*), parasites vermiformes.

Un certain nombre de Rotateurs peuvent résister pendant longtemps à la dessiccation et sont rangés, à cause de cela, au nombre des *animaux* dits *ressuscitants*.

30.

ÉCHINODERMES

(ἐχῖνος, hérisson; δέρμα, derme)

ANIMAUX RAYONNÉS A SQUELETTE DERMIQUE INCRUSTÉ DE CALCAIRE. — APPAREILS DIGESTIF ET CIRCULATOIRE DISTINCTS. — DES PIEDS AMBULACRAIRES. — SYSTÈME NERVEUX COMPOSÉ GÉNÉRALEMENT DE CINQ CORDONS CENTRAUX RÉUNIS PAR UN COLLIER OESOPHAGIEN PENTAGONAL. — TOUS MARINS.

C'est ordinairement le nombre 5 qui préside à la distribution des parties similaires ou homologues du corps. Le derme est incrusté de calcaire, soit sous la forme de petits corps isolés, soit sous celle de plaques mobiles ou immobiles constituant un véritable test. La couche mince superficielle du tégument ne s'incruste jamais. Un caractère essentiel qu se rattache aux téguments, c'est la présence d'un *système ambulacraire*. On désigne ainsi l'ensemble des organes locomoteurs. Ceux-ci sont musculeux et se composent de deux parties : l'une extérieure, tubuleuse, ordinairement terminée par une ventouse (*pied ambulacraire*), l'autre intérieure, vésiculeuse (*vésicule ambulacraire*) en rapport avec le *système aquifère*. On appelle de ce dernier nom un système de canaux à fonction respiratoire : il est composé d'un canal annulaire situé autour de l'œsophage et de cinq canaux radiaires (*canaux ambulacraires*) ciliés à l'intérieur, le tout rempli d'un fluide aqueux contenant des éléments cellulaires. Des vésicules contractiles (*vésicules de Poli*) sont généralement annexées, en plus ou moins grand nombre, au canal annulaire, et l'eau de mer peut pénétrer dans le système aquifère par une plaque calcaire poreuse (*plaque madréporique*) sous laquelle naît un conduit (*canal du sable*) qui se rend au canal annulaire. — Le système aquifère communique directement avec ce qu'on a appelé le *système vasculaire viscéral*. Ce dernier est constitué par des vaisseaux intestinaux qui viennent déverser dans le canal annulaire les produits de la digestion. — Il n'y a pas de cœur (PERRIER).

Les pieds ambulacraires traversent des trous du tégument

ORGANISATION. 535

(*pores ambulacraires*) constituant, par leur ensemble, des *zones ambulacraires*. — Au moment de la locomotion, les vésicules ambulacraires se contractent et, en chassant le liquide qu'elles renferment, déterminent la turgescence des pieds ambulacraires.

L'appareil respiratoire est, en somme, constitué par le système aquifère et ses annexes. — Chez les Holothuries, il existe, en outre, un appareil à ramifications arborescentes (*canal aquifère*) qui débouche dans le cloaque et reçoit ou expulse de l'eau sous l'influence des mouvements de dilatation ou de contraction du corps.

Le tube digestif est suspendu, par une sorte de mésentère, dans la cavité viscérale. L'orifice buccal est quelquefois muni d'un véritable appareil de mastication. Celui-ci est constitué, chez les Étoiles de mer, par de simples papilles tuberculeuses; mais, chez les

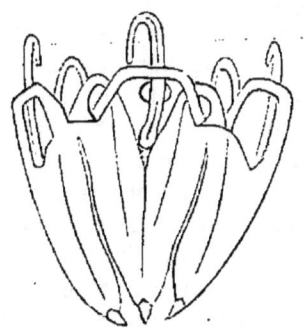

Fig. 199. — Lanterne d'Aristote.

Oursins, il atteint son maximum de complication et forme un appareil remarquable (*lanterne d'Aristote*) composé de quarante pièces parmi lesquelles cinq plus considérables constituent les mâchoires terminées chacune par une dent longue, légèrement recourbée. La position de l'anus est très variable; cet orifice manque chez quelques Stellérides. L'estomac est surtout développé chez les Étoiles de mer; il occupe presque toute la cavité viscérale et reçoit la sécrétion de glandes digestives situées dans les bras.

A l'exception des Synaptes, les Échinodermes sont dioïques. Il est quelquefois difficile de distinguer les testicules des ovaires autrement que par l'examen microscopique; cependant, au moment de la fécondation, les premiers ont une couleur blanche, tandis que les seconds prennent une teinte jaune-brun ou rougeâtre. Chez les Oursins et les Étoiles de mer, les organes génitaux sont situés dans les espaces interradiaux et débouchent par des pores dorsaux percés dans des plaques spéciales (*plaques génitales*). Chez les Holothuries, les organes sexuels sont représentés par une glande ramifiée.

Dans l'immense majorité des cas, la fécondation se fait dans l'eau de mer, par la rencontre des éléments sexuels; quelquefois la fécondation est intérieure (Amphiures vivipares).

Chez les Échinodermes, chaque rayon du corps possède un tronc nerveux et les divers troncs sont réunis par des commissures autour de l'œsophage. Ces troncs et l'anneau œsophagien ont la même structure; ce sont des centres nerveux constitués par des cellules et des fibres.

Les organes des sens sont peu développés. On considère les pieds ambulacraires comme étant tactiles; les organes auditifs sont plus ou moins problématiques, enfin il n'y a de véritables organes de vision que chez les Étoiles de mer. Ceux-ci sont placés à la face inférieure des rayons, près de eur extrémité; ils consistent en un certain nombre de baguettes cristallines, entourées d'un pigment rouge et reposant sur une masse nerveuse. Chez les Oursins, sur les points homologues de l'extrémité des bras des Astéries on observe des taches pigmentaires qui ont fait donner aux plaques sur lesquelles elles se trouvent le nom de *plaques ocellaires*.

Les Échinodermes présentent des métamorphoses très compliquées. L'embryon est toujours cilié et passe par des états larvaires dont la forme bilatérale est caractéristique; c'est aux dépens de la totalité ou d'une portion restreinte du corps de ces larves que se forme l'Échinoderme rayonné où l'on peut d'ailleurs toujours retrouver la symétrie bilatérale.

Nous n'admettons qu'une classe, celle des *Échinodermes*, ayant les caractères de l'embranchement et se divisant en deux sous-classes (Lipobrachiés, Colobrachiés) comprenant quatre ordres (Holothurides, Échinides, Stellérides, Crinoïdes).

ECHINO-DERMES				
	Lipobrachiés	non étoilés	Corps cylindrique	HOLOTHURIDES.
			Corps globuleux ou discoïde.	ECHINIDES.
	Colobrachiés	étoilés	Bouche inférieure	STELLÉRIDES.
			Bouche supérieure	CRINOÏDES.

HOLOTHURIDES

(ὅλος, entier; θυρίδιον, petit trou. — *Corps parsemé de trous.*)

Corps cylindrique, à peau farcie de corpuscules calcaires. — Bouche antérieure, entourée d'une couronne de tentacules rétractiles. — Anus postérieur, terminal. — Pas de plaque madréporique.

2 groupes : 1° les *Pédiculés* pourvus de pieds ambulacraires et de canaux aquifères (*Holothuria*, etc.); 2° les *Apodes* dépourvus de pieds ambulacraires, quelques-uns n'ayant pas non plus de canaux aquifères (*Synapta*, etc.).

Quelques Holothuries sont comestibles; on mange à Naples H. *tubulosa* et en Chine H. *edulis*.

ÉCHINIDES

(ἐχινίς, oursin)

Corps globuleux, discoïde ou cordiforme. — Test composé de plaques polygonales immobiles et portant des piquants mobiles. — Bouche et anus centraux ou excentriques. — Une plaque madréporique.

3 groupes :

ÉCHINIDES
- globuleux... Bouche centrale...... *Cidarides*.
- clypéiformes. Bouche centrale...... *Clypéastroïdes*.
- cordiformes. Bouche excentrique.... *Spatangoïdes*.

Le squelette dermique est composé de plaques soudées par leurs bords, de manière à constituer un test immobile. Les unes de ces plaques (*plaques ambulacraires*) sont perforées et correspondent au système ambulacraire; les autres (*plaques interambulacraires*) sont imperforées et recouvrent les organes génitaux. Ces diverses plaques portent des appendices en forme d'épines ou de baguettes pouvant se mouvoir par le moyen de fibres musculaires qui s'implantent à leur base. On voit aussi, à la surface du test, des protubérances plus petites portant des organes particuliers (*pédicellaires*). Ceux-ci sont composés d'une tige formant le pédoncule charnu de petites tenailles calcaires à branches mobiles et habituellement au nombre de trois. Enfin, le tégument porte souvent de petits boutons ciliés et transparents (*sphéridies*) que l'on regarde comme des organes tactiles.

Les Cidarides comprennent les Oursins proprement dits (*Echinus*). On mange *E. melo, E. lividus, E. esculentus, E. granularis*, etc., après avoir enlevé le tube digestif.

STELLÉRIDES

(*stella*, étoile)

Corps aplati, à forme étoilée ou pentagonale. — Test composé de pièces calcaires mobiles. — Bouche inférieure et centrale; anus dorsal ou nul. — Une ou plusieurs plaques madréporiques.

2 groupes : 1° les *Astérides*, qui ont des pédicellaires à deux branches, un anus, et dont les bras renferment des appendices du tube digestif (*Asteracanthion, Astropecten*, etc.); 2° les *Ophiurides*, qui n'ont ni pédicellaires ni anus, et dont les bras ne renferment aucun appendice du tube digestif (*Ophiura, Amphiura, Euryale*, etc.).

CRINOÏDES

(κρίνον, lis; εἶδος, forme)

Corps en forme de coupe ou de calice. — Test

composé de plaques polygonales. — En général, des bras articulés munis de branches latérales articulées (pinnules). — Bouche centrale; anus excentrique. — Pas de plaque madréporique.

Les Crinoïdes sont fixés par leur pôle apical, soit pendant le jeune âge seulement (Comatule), soit pendant toute la vie, à une tige calcaire multiarticulée. — Les organes génitaux sont situés dans les pinnules.

Genres principaux : *Rhizocrinus, Comatula.*

QUARANTE-SEPTIÈME LEÇON

CŒLENTÉRÉS

(κοῖλον, cavité; ἔντερον, intestin)

ANIMAUX RAYONNÉS AYANT LES APPAREILS DIGESTIF ET CIRCULATOIRE CONFONDUS (APPAREIL GASTRO-VASCULAIRE). — SYSTÈME NERVEUX RUDIMENTAIRE OU NUL.

Ce sont ordinairement les nombres 4, 6 ou leurs multiples qui président à la symétrie du corps. Tous les Cœlentérés, à l'exception des Spongiaires, possèdent dans l'épaisseur des téguments des *nématocystes* ou *organes urticants*. Ce sont des vésicules renfermant un long filament enroulé en spirale, qui peut se dérouler au dehors, devenir rigide et introduire dans la petite blessure qu'il fait une gouttelette d'un liquide irritant sécrété par la vésicule. La forme générale du corps peut être ramenée à celle d'un sac à double paroi, l'une externe (*ectoderme*), l'autre interne (*entoderme*) entre lesquelles existe un *mésoderme* plus ou moins développé. La cavité du sac représente la cavité digestive; celle-ci est en communication avec des canaux creusés dans l'épaisseur du corps. Ainsi se trouve constitué le *système gastro-vasculaire* caractéristique des Cœlentérés.

DIVISION DES CŒLENTÉRÉS EN CLASSES.

CŒLENTÉRÉS
- Les adultes nageurs
  - Des palettes natatoires. Pas de phase agame. . CTÉNOPHORES.
  - Pas de palettes natatoires. Une phase agame. HYDROMÉDUSES.
- Les adultes sédentaires
  - Des tentacules. Des nématocystes . . . . CORALLIAIRES.
  - Pas de tentacules ni de nématocystes. . . . . . SPONGIAIRES.

CTÉNOPHORES

(κτείς, peigne; φορός, porteur)

CŒLENTÉRÉS SOLITAIRES, NAGEURS, SPHÉRIQUES, CYLINDRIQUES OU RUBANÉS. — DES CÔTES MÉRIDIENNES (GÉNÉRALEMENT 8) FORMÉES DE PALETTES NATATOIRES. — MONOÏQUES. — DÉVELOPPEMENT DIRECT, SANS PHASE AGAME.

Les Cténophores sont tous marins et de consistance gélatineuse. Leur forme typique est celle d'une sphère présentant, de chaque côté d'un plan médian, quatre séries longitudinales (*côtes*) de palettes natatoires (*peignes*). La bouche, située à l'un des pôles, conduit, par l'intermédiaire d'un tube stomacal, dans une cavité centrale (*entonnoir*) s'ouvrant, par deux pores, à l'extrémité postérieure de l'animal. De cette cavité partent quatre paires de canaux longeant les côtes en dedans. C'est dans des enfoncements de ces vaisseaux costaux que naissent, d'un côté les ovules, de l'autre les spermatozoïdes. Entre les deux pores postérieurs se trouve un point coloré (*cténocyste*) que l'on considère comme un organe nerveux rudimentaire. Les deux pores paraissent servir à l'entrée de l'eau dans la cavité gastro-vasculaire.

2 ordres : 1° les EURYSTOMES, à bouche large (*Beroe*, etc.); 2° les STÉNOSTOMES, à bouche étroite (*Callianira, Cestum, Cydippe, Pleurobrachia*, etc.).

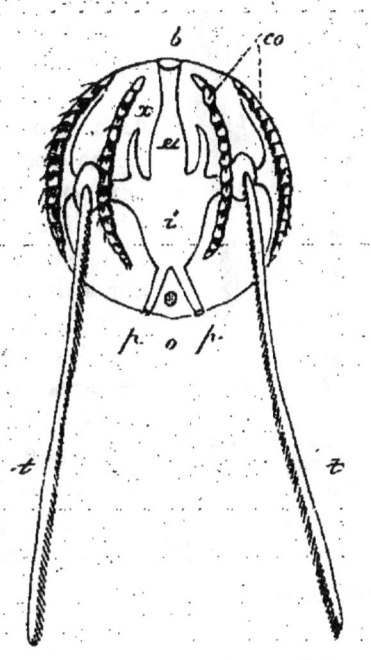

Fig. 200. — CTÉNOPHORE (*Pleurobrachia*).
b, bouche; — *co*, côtes; — *e*, estomac; — *i*, entonnoir; — *o*, cténocyste; — *p, p'*, pores; — *t, t'*, tentacules.

HYDROMÉDUSES

(allusion à la *forme hydraire* de l'état agame et à la *forme médusaire* de l'état sexué)

CŒLENTÉRÉS POLYMORPHES, FIXÉS OU NAGEURS, SE PRÉSENTANT GÉNÉRALEMENT SOUS DEUX FORMES : L'UNE CYLINDRIQUE (*HYDRIFORMES OU POLYPIFORMES*), L'AUTRE CAMPANULÉE (*MÉDUSIFORMES*). — CAVITÉ GASTRO-VASCULAIRE SIMPLE OU SE CONTINUANT AVEC DES CANAUX PÉRIPHÉRIQUES. — GÉNÉRALEMENT DIOÏQUES.

La forme *hydraire* ou *polypoïde* est agame. Elle représente un cylindre creux fixé à l'une de ses extrémités et offrant à l'autre une ouverture plus ou moins large remplissant à la fois les fonctions de bouche et d'anus. Cette ouverture est entourée d'un cercle de tentacules préhensiles communiquant avec la cavité centrale ou digestive. Quand les

CARLET, *Zool. méd.*

542 COELENTÉRÉS.

Polypes sont réunis en colonies, les cavités des divers individus communiquent généralement ensemble.

Fig. 201. — Hydroméduse (forme hydraire).

La forme *médusaire* est sexuée. Elle représente une sorte d'ombrelle ou de cloche gélatineuse creusée à son intérieur de canaux rayonnants. Du fond de cette cloche sort un pédicule creux (*manubrium*) portant une bouche à son extrémité libre. La Méduse est libre et nage au moyen des contractions de son disque. Sur le bord de celui-ci, on observe des *corpuscules marginaux* qui sont, les uns des otocystes, les autres des taches oculaires munies de corps réfringents. Souvent l'ombrelle est entourée d'un nombre plus ou moins considérable de *tentacules marginaux*.

3 ordres : les *Discophores*, les *Siphonophores* et les *Hydroïdes*.

DISCOPHORES

Hydroméduses à forme hydraire solitaire, strobilaire, produisant des Méduses dépourvues de repli marginal (Acraspèdes) *et à corpuscules marginaux recouverts* (Stéganophthalmes).

De l'œuf fécondé de la Méduse sort une larve ciliée (*planula*). Celle-ci, après avoir nagé pendant un certain temps, se fixe, perd ses cils vibratiles et prend la forme d'une coupe (*scyphistome*) dont les bords se garnissent de tentacules. Le scyphistome se divise ensuite, de haut en bas, en un certain nombre de tronçons transversaux et lobés empilés les uns sur les autres (*strobile*). Ceux-ci se séparent bientôt, par une rupture de l'axe central qui les relie, et donnent des individus libres qui se développent en autant de Méduses dioïques. Celles-ci sont grosses; le bord de l'ombrelle n'offre

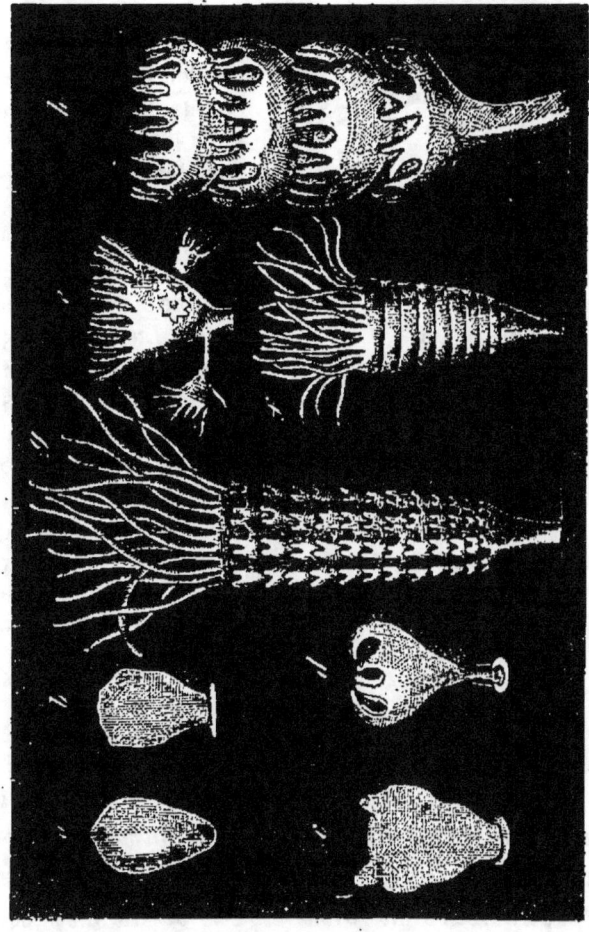

Fig. 202. — Développement d'un Discophore. *a*, planula; — *b, c*, phases par lesquelles elle passe pour arriver au scyphistome *d*; — *e, f, g*, phases du scyphistome pour arriver au strobile *h*.

pas d'ourlet contractile et les corpuscules marginaux sont recouverts par un repli membraneux. — Les organes reproducteurs sont habituellement situés au fond de quatre poches périgastriques spéciales et les produits sexuels s'échappent par la bouche. — Exceptionnellement, chez les Pélagies, la planula ne se fixe pas et se transforme directement en Méduse. Enfin, les Lucernaires constituent des Méduses qui, au lieu d'être libres comme les autres Discophores, sont fixées par le sommet de l'ombrelle, celle-ci étant divisée en huit lobes terminés par des groupes de courts tentacules.

2 sous-ordres : 1° les *Lucernaires* ou petites Méduses fixées (*Lucernaria*); 2° les *Discoméduses* ou grosses Méduses libres, les unes avec une bouche unique (*Pelagia*, *Aurelia*, etc.), les autres avec des orifices buccaux multiples à l'âge adulte (*Rhizostoma*).

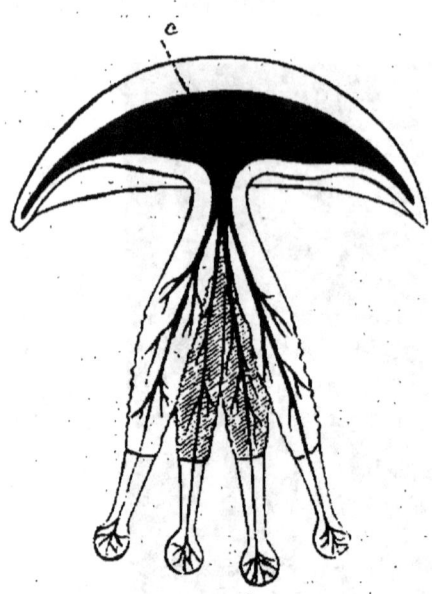

Fig. 203. — Hydroméduse (forme médusaire : *Rhizostoma*).
c, cavité gastro-vasculaire.

HYDROÏDES

Forme hydraire très rarement solitaire, constituant des colonies cespiteuses ou dendroïdes, jamais strobilaires, comprenant des individus nourriciers et d'autres reproducteurs en forme de sac ou de Méduse. — Méduses pourvues d'un repli marginal (Craspédotes) et de corpuscules marginaux à nu (Gymnophthalmes).

De l'œuf fécondé de la Méduse sort une planula qui, après

s'être fixée, constitue un petit polype hydroïde d'où naît, par gemmation, une colonie plus ou moins nombreuse composée d'individus nourriciers à bouche entourée d'un cercle de tentacules tubuleux et d'individus reproducteurs. Ceux-ci sont des *sporosacs*, des *médusoïdes* ou enfin des *Méduses*.

Le *sporosac* est un bourgeon qui contient une colonne creuse centrale (*spadice*) autour de laquelle se développent les produits sexuels.

La *médusoïde* est un sporosac dont la périphérie devient

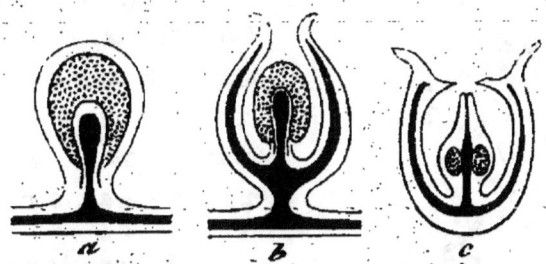

Fig. 204. — Reproduction des Hydroïdes.
a, sporosac; — *b*, médusoïde; — *c*, Méduse.

une coupe munie de prolongements gastro-vasculaires et dont le spadice est libre, ouvert ou fermé à son extrémité. Les éléments sexuels se développent dans les parois du spadice.

Enfin la *Méduse* est une médusoïde qui se détache et dont les produits sexuels se développent soit dans les parois du manubrium, soit dans celles des canaux du disque. — Les Méduses hydroïdes sont désignées sous le nom de *gymnophthalmes*, parce que leurs corpuscules marginaux sont à nu sur le bord de l'ombrelle, ou sous celui de *craspédotes*, parce qu'elles possèdent un repli musculo-membraneux (*velum*) percé à son centre d'une ouverture par laquelle peut sortir le manubrium.

Selon que l'on considère les appareils reproducteurs de la colonie comme des individus distincts ou, au contraire, comme des organes d'un même individu, il y a ou il n'y a pas *alternance* de génération chez les Hydroméduses.

2 sous-ordres : 1° les *Hydraires* ou individus isolés (*Hydra*) ; 2° les *Synhydraires* ou individus réunis en colonies. Celles-ci sont tantôt pourvues (*Sertularia, Campanularia*, etc.), tantôt dépourvues (*Coryne, Tubularia*) d'une enveloppe chitineuse.

SIPHONOPHORES

Colonies flottantes constituées par des individus hydriformes et médusiformes attachés à une tige contractile terminée le plus souvent par une vésicule aérienne natatoire.

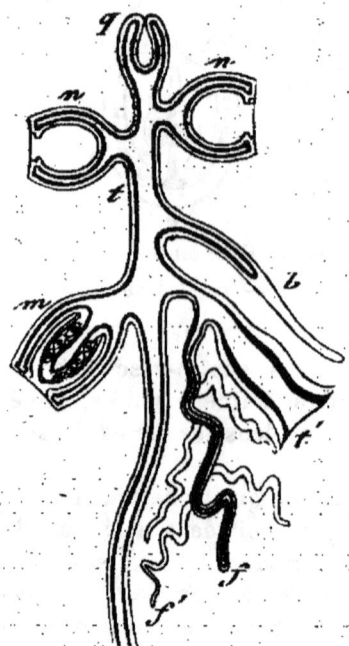

Fig. 205. — SIPHONOPHORE (schéma).

b, bouclier ; — *f*, filament préhensile ; — *m*, médusoïde ; — *n*, nectocalyces ; — *q*, pneumatophore ; — *t*, tige ; — *t'*, tube nourricier.

Les Siphonophores ne sont en réalité que des colonies polymorphes d'Hydroïdes, avec des individus reproducteurs et des individus nourriciers auxquels s'ajoutent des filaments préhensiles, des cloches natatoires et souvent des boucliers protecteurs.

La vessie aérienne (*pneumatophore*) communique avec l'extérieur ; quelquefois (Vélelles, Porpites), elle est convertie en une sorte de coquille interne dont la cavité est subdivisée en chambres nombreuses. D'autres fois, le pneumatophore fait défaut ; on trouve alors, à la partie supérieure de la tige, un ou plusieurs organes en forme de coupe (*nectocalyces*) servant à la propulsion de la colonie. — Les individus nourriciers n'ont jamais de tentacules circumbuccaux ; ce sont de simples tubes dont le fond s'ouvre dans une cavité commune où débouchent des canaux creusés dans l'épaisseur des autres parties de la communauté. — Les individus reproducteurs sont des médusoïdes qui se transforment rarement en Méduses libres. Les colonies sont le plus souvent monoïques.

La larve sortie de l'œuf développe la colonie par bourgeonnement.

2 sous-ordres : 1° les *Calycophorides* dépourvus de pneumatophore (*Diphyes*, etc.) ; 2° les *Physophorides* munis d'un pneumatophore (*Physophora*, *Physalia*, etc.)

CORALLIAIRES

CŒLENTERÉS FIXÉS, POURVUS D'UN TUBE STOMACAL DÉBOUCHANT DANS UNE CAVITÉ GASTRO-VASCULAIRE DIVISÉE, PAR DES CLOISONS RAYONNANTES, EN LOGES SE CONTINUANT AVEC DES TENTACULES CIRCUMBUCCAUX PRÉHENSILES.

Les Coralliaires ont la même forme que les Polypes des Hydroméduses ; mais leur organisation est plus compliquée. Non seulement ils ont une taille beaucoup plus considérable mais encore la bouche s'ouvre dans un tube (*tube stomacal*) suspendu au milieu du cylindre qui représente le corps de l'animal. Ce tube est muni d'un sphincter à sa partie inférieure et laisse passer les substances digérées dans un réservoir (*cavité gastro-vasculaire*) plus spécialement dévolu à la fonction circulatoire. La cavité gastro-vasculaire est divisée en loges incomplètes par des cloisons radiaires (*lames mésentéroïdes*). Ces loges sont des sortes de niches verticales se continuant dans les tentacules et communiquant aussi avec des canaux ramifiés dans la paroi du corps. Le système cavitaire a ses parois couvertes de cils vibratiles qui sont les agents mécaniques de la circulation.

Beaucoup de Coralliaires donnent naissance, par gemmation

à des colonies arborescentes. En général, les individus sont enfoncés dans une masse commune (*sarcosome*) et communiquent entre eux plus ou moins directement. La plupart produisent des dépôts calcaires (*polypiers*) formés essentiellement par des corpuscules (*spicules*) de formes très diverses.

Les trois modes de reproduction par scissiparité, gemmiparité et oviparité se rencontrent chez les Coralliaires ; les deux derniers sont les plus fréquents, mais la reproduction sexuelle est la règle. — Les organes génitaux sont situés dans l'épaisseur des replis mésentéroïdes et les produits sexuels s'échappent par déhiscence, sur les bords ou les faces de ces replis ; ils se trouvent, le plus souvent, sur deux individus différents, mais ils sont quelquefois réunis sur le même individu (*Cérianthe*). Dans certaines colonies (*Corail*), on observe des individus monoïques au milieu des autres qui sont dioïques. — Les Coralliaires ne présentent jamais de forme médusoïde.

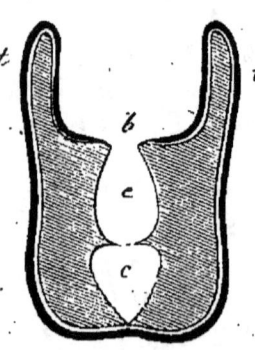

Fig. 206. — CORALLIAIRE (schéma)
b, bouche ; — *e*, estomac — *c*, cavité gastro-vasculaire ; — *t*, *t*, tentacules.

2 ordres : les *Alcyonaires* et les *Zoanthaires*.

A. ALCYONAIRES (ἀλκυών, alcyon). — *Loges et tentacules au nombre de 8. Ceux-ci toujours bipennés.*

2 sous-ordres : 1° les *Alcyonidés*, entièrement charnus (*Alcyonium*, etc.) ; 2° les *Gorgonidés* présentent un polypier, tantôt libre et corné (*Pennatula*), tantôt adhérent, soit corné (*Gorgonia*), soit pierreux (*Corallium*), soit en forme de tubes rappelant des tuyaux d'orgue (*Tubipora*). — Les Pennatules sont souvent phosphorescentes ; les Gorgones les plus répandues sont les Éventails de mer (*Rhipidigorgia*). Le Corail, dont l'axe rouge sert à fabriquer des bijoux, est le *Corallium rubrum* ; enfin le Tubipore le plus connu est l'Orgue de mer (*Tubipora musica*).

B. ZOANTHAIRES (ζῶον, animal; ἄνθος, fleur). — *Loges et tentacules au nombre de 6 ou d'un multiple de 6 ou de 4. Ceux-ci non bipennés.*

2 sous-ordres : 1° les *Madréporaires* à squelette calcaire (*Porites, Madrepora, Fungia*, etc.); 2° les *Malacodermes* à corps mou (*Actinia, Cerianthus*, etc.) ou renfermant un axe corné (*Antipathes*).

Le polypier des Madréporaires envahit la base et les parois latérales du corps en donnant naissance à une *coupe* où l'on distingue une *lame pédieuse* et une lame latérale (*muraille*) d'où rayonnent des *cloisons* situées dans l'intervalle des lames mésentéroïdes et divisant la coupe en autant de *loges* qu'il y a de tentacules. Outre ces parties, on observe souvent une colonne centrale (*columelle*) entourée quelquefois de baguettes verticales (*palis*); enfin la muraille peut présenter, sur sa surface externe, des prolongements (*côtes*) des cloisons. — Le nombre des cloisons et des tentacules augmente avec l'âge des Polypes; la loi qui préside à ces formations est d'abord celle de la symétrie bilatérale (LACAZE-DUTHIERS). C'est à des colonies de Madréporaires qu'est due la formation des *récifs de coraux*.

SPONGIAIRES

ANIMAUX OU COLONIES D'ANIMAUX A CORPS SOUTENU, LE PLUS SOUVENT, PAR DES PRODUCTIONS CORNÉES, CALCAIRES OU SILICEUSES. — INDIVIDUS CREUSÉS D'UNE CAVITÉ PERFORÉE DE PETITS ORIFICES (*PORES INHALANTS*) ET PRÉSENTANT UNE LARGE OUVERTURE D'EXPULSION (*OSCULE*). — PAS DE NÉMATOCYSTES.

La forme individuelle la plus simple est celle d'une outre fixée par une extrémité, pourvue d'un large oscule à son pôle libre et percée à la surface de petits pores inhalants communiquant par des canalicules avec la cavité centrale. Trois feuillets composent le corps d'une Éponge : l'*ectoderme* formé de cellules pavimenteuses; le *mésoderme* ou *couche sque-*

lettogène; l'*entoderme* composé de cellules flagellées et tapissant la cavité intérieure. — Le bourgeonnement transforme une Éponge simple en Éponge composée. Celle-ci présente de nombreux canaux dirigés en tous sens et tapissés par l'entoderme. — La reproduction sexuée s'observe dans tous les groupes. Les ovules offrent des mouvements amœboïdes et se déplacent dans la substance du corps de la mère; après la fécondation, ils se divisent en un grand nombre de

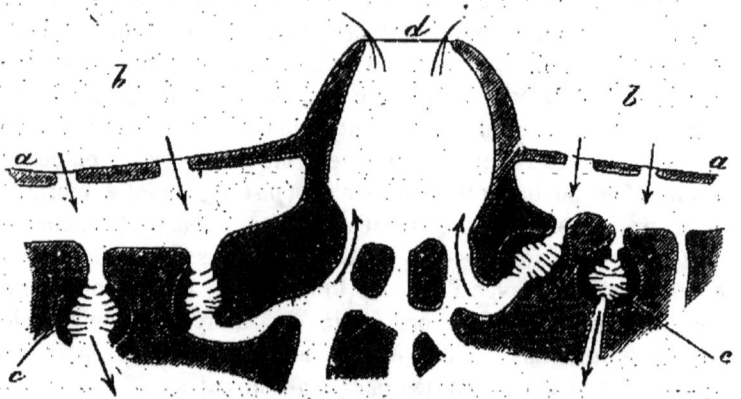

Fig. 207. — SPONGILLE (coupe schématique).

a, a, couche superficielle; — *b, b*, pores inhalants; — *c, c*, chambre ciliées des canaux gastro-vasculaires; — *d*, oscule (Huxley).

sphérules dont l'ensemble devient un embryon cilié. Cet embryon, mis en liberté par la déchirure des tissus de la mère, nage pendant quelque temps et se fixe, par la bouche, pour se transformer en Éponge simple qui se perce d'un grand nombre d'orifices latéraux (*pores inhalants*) et à son pôle libre d'un *oscule* ou orifice exhalant. — La reproduction peut aussi s'effectuer par des sphérules protoplasmiques s'enkystant dans une membrane soutenue par des spicules. A un moment donné, ces sphérules s'échappent du kyste et vont former de nouvelles Éponges.

Les Spongiaires ont été divisés, d'après la nature de leur squelette, en *Fibrosponges* (Éponges fibreuses), *Silicosponges* (Éponges siliceuses), *Calcisponges* (Éponges calcaires).

Myxosponges (Éponges gélatineuses). — Les premières ont un squelette formé de filaments élastiques constitués par une substance azotée spéciale (*spongine*) associée à des spicules siliceux plus ou moins abondants (*Euspongia*, etc.); les deuxièmes ont un squelette formé de spicules siliceux (*Clione*); les troisièmes ont un squelette constitué par des spicules calcaires (*Grantia, Sycon*); les quatrièmes enfin n'ont aucune production squelettique (*Halisarca*).

Les *Fibrosponges* sont les seuls Spongiaires qui soient employés dans la médecine et l'industrie. — L'Éponge de toilette (*Euspongia officinalis*) est en forme de coupe et d'aspect velouté; c'est la plus estimée. On l'utilise en médecine pour préparer l'*Éponge à la ficelle* et l'*Éponge à la cire* qui servent, l'une et l'autre, à dilater des orifices naturels ou accidentels. — L'Éponge commune (*Euspongia communis*) a une taille plus considérable et une forme arrondie; elle est surtout consacrée aux usages domestiques. — L'Éponge d'eau douce, si commune sur les portes d'écluses, appartient au genre *Spongilla*.

DICYÉMIDES

Tous les animaux dont nous avons parlé dans ce livre, depuis l'Homme jusqu'à l'Éponge inclusivement, possèdent, à un moment donné, trois feuillets blastodermiques: l'ectoderme, le mésoderme et l'entoderme (*voy.* p. 95). On les appelle quelquefois des animaux *tridermiques* ou des MÉTAZOAIRES. Éd. van Beneden a proposé d'appeler MÉSOZOAIRES des animaux (*Dicyémides*) toujours privés de feuillet moyen, n'ayant, par conséquent, qu'un entoderme et un ectoderme; ce sont des êtres pluricellulaires comme les Métazoaires, mais didermiques.

Voici, d'après Éd. Van Beneden, la description de ces êtres singuliers :

Les Dicyémides sont parasites sur les organes rénaux des Céphalopodes. Ils sont très petits, filiformes, généralement munis d'un renflement (*tête*). Ils se composent d'une énorme cellule axiale renfermant un noyau nucléolé et recouverte d'une couche de cellules ectodermiques à cils vibratiles. — Pas de bouche ni d'anus ; pas de vaisseaux ; pas d'organes génitaux ; pas de tissu conjonctif, musculaire ou nerveux. — Chaque Céphalopode paraît avoir une espèce de Dicyémide qui lui est spéciale. Celle-ci présente deux sortes d'individus : les uns (*nématogènes*) produisent à l'intérieur de la cellule axiale des embryons *vermiformes* ; les autres (*rhombogènes*) donnent naissance à des embryons piriformes et ciliés dits *infusoriformes*.

RÈGNE DES PROTISTES

Nous avons dit (*voy.* p. 8) que le règne des Protistes renferme tous les êtres qui n'ont ni les caractères des animaux, ni ceux des végétaux ; il contient donc les soi-disant animaux qu'on appelle *Protozoaires* et les soi-disant végétaux désignés quelquefois sous le nom de *Protophytes*.

Les Protistes sont des êtres mono ou polycytodiques, uni ou pluricellulaires ; mais ils n'offrent pas de tissus ni d'organes véritables et ne présentent jamais cette division du travail qui caractérise les vrais organismes animaux ou végétaux. Chez les Protistes, contrairement à ce qui se passe chez les animaux, le corps ne se développe pas aux dépens de feuillets blastodermiques et l'on n'observe jamais, comme chez les végétaux, de cellules disposées d'une manière définie en séries ou couches cellulaires ; enfin, dans l'immense majorité des cas, les Protistes se reproduisent par génération asexuée (scissiparité, gemmiparité, germiparité).

Nous nous bornerons ici à résumer très rapidement la classification et les principaux caractères de cette partie du règne des Protistes que beaucoup d'auteurs continuent à appeler l'*embranchement des Protozoaires*, en attribuant à ceux-ci une nature animale qu'on ne saurait considérer comme démontrée.

Les uns de ces Protozoaires offrent des pseudopodes, c'est-à-dire des prolongements protoplasmiques s'allongeant et se rétractant pour servir au déplacement de l'être ainsi qu'à la préhension des particules dont il se nourrit. Les autres sont dépourvus de pseudopodes et se meuvent au moyen de cils ou de longs filaments contractiles (*flagellums*).

PROTOZOAIRES
- **Apseudopodiens.**
  - Des cils ou des flagellums . . . INFUSOIRES.
  - Pas de cils ni de flagellums . . GRÉGARINIENS.
- **Pseudopodiens.**
  - Un ou plusieurs noyaux . . . . RHIZOPODES.
  - Pas de noyau . . . . MONÉRIENS.

De tous ces êtres, les Monériens sont les seuls qui soient dépourvus de noyau ; ce sont donc des organismes *cytodiques*. Tous les autres sont *nucléés*, c'est-à-dire munis d'un noyau, soit unique, soit différencié en plusieurs parties.

INFUSOIRES

Les Infusoires sont limités extérieurement par une cuticule accompagnée ou non d'une carapace. Ils présentent une ou plusieurs *vacuoles contractiles*. En général, il y a une bouche et un anus ; mais on ne trouve jamais de tube digestif à paroi formée de cellules. Les organes de locomotion sont des cils vibratiles ou des flagellums. La question de savoir s'il existe une reproduction sexuelle chez les Infusoires ciliés est loin d'être résolue.

INFUSOIRES.
- Pas de flagellum.
  - Des suçoirs. Pas de cils chez l'adulte.............. ACINÉTIENS.
  - Pas de suçoirs. Des cils pendant toute la vie .... CILIÉS.
- Un ou plusieurs flagellums......... FLAGELLÉS.

A. ACINÉTIENS. — Revêtus de cils à l'état larvaire seulement. — Des suçoirs tentaculiformes. — Parasites sur des végétaux ou des animaux aquatiques. — Tantôt fixés, tantôt libres.

Genres principaux : *Podophrya, Acineta.*

B. CILIÉS. — Revêtus de cils à tous les âges. — Ni flagellums ni suçoirs. — Vie aquatique; quelques-uns parasites.

Genres principaux : *Vorticella, Paramœcium, Bursaria, Colpoda, Trachelius, Opalina.*—Le *Paramœcium coli* se trouve souvent dans le gros intestin de l'Homme.

C. FLAGELLÉS. — Munis d'un ou de plusieurs flagellums avec ou sans couronne de cils vibratiles. — Vie aquatique; quelques-uns parasites.

Genres principaux : *Ceratium, Noctiluca, Euglena, Trichomonas, Cercomonas.* — Le *Trichomonas vaginalis* se trouve dans le mucus vaginal de la Femme.—Le *Cercomonas intestinalis* est plus ou moins abondant dans les selles des cholériques. — Le *Noctiluca miliaris* habite l'eau de mer dont il rend la surface phosphorescente.

Aux Flagellés se rattachent les CATALLACTES, qui vivent dans la mer et les eaux douces. Ce sont de petites cellules ciliées à l'une de leurs extrémités, effilées à l'autre en flagellum. Ces cellules sont réunies par groupes sphériques, tous les flagellums convergeant au centre et la colonie nageant à l'aide des cils périphériques.

Genres principaux : *Magosphæra, Synura.*

GRÉGARINIENS

Organismes unicellulaires ou chaînes d'un petit nombre de cellules reliées ensemble. — Cytodiques pendant les premières phases du développement; nucléés à l'âge adulte. — Pas de suçoirs, ni de bouche, ni de cils, ni de flagellum, ni de vacuole contractile. — Vivent en parasites dans le tube digestif ou la cavité du corps des animaux, principalement des Arthropodes et des Annélides.

Genres principaux : *Gregarina, Monocystis.*

RHIZOPODES

Protozoaires nucléés, sans cils ni flagellums, émettant des pseudopodes. — Corps nu ou protégé soit par un squelette siliceux, soit par une coquille calcaire ou de nature organique.

RHIZOPODES.
- Une capsule centrale . . . . RADIOLAIRES.
- Pas de capsule centrale.
  - Pseudopodes filamenteux . . . . FORAMINIFÈRES.
  - Pseudopodes larges, lobés . . . . . . AMŒBIENS.

A. RADIOLAIRES. — Corps composé de deux parties : 1° une capsule centrale membraneuse renfermant un ou plusieurs noyaux; 2° une masse protoplasmique entourant la capsule centrale et émettant de nombreux pseudopodes très fins. — En général, un squelette siliceux radiaire. — Vie aquatique.

Genres principaux : *Actinophrys, Collosphæra, Acanthometra, Heliosphæra, Thalassicola.*

B. FORAMINIFÈRES. — Masses protoplasmiques ordinairement enveloppées d'un test calcaire et émettant des pseudopodes filamenteux susceptibles de se fusionner par le contact.

Les uns ont une coquille présentant une seule ouverture (*Gromia*, *Miliola*, etc.); les autres ont une coquille à parois criblées de pores (*Lagena*, *Rotalia*, *Globigerina*, etc.). — Vie aquatique.

C. AMŒBIENS. — Corps nu ou muni d'une enveloppe partielle, émettant des pseudopodes à contours nets, larges, lobés. — Vivent dans l'eau ou la terre humide.

Genres principaux : *Difflugia*, *Quadrula*, *Petalopus*, *Amœba*.

MONÉRIENS

Organismes cytodiques, sans noyau ni membrane, émettant des pseudopodes filamenteux (*Vampyrella*, *Protomyxa*) ou lobés (*Protamœba*). — Vie aquatique ou existence parasite.

FIN

Paris. — Imp. MOTTEROZ, 54 *bis*, rue du Four.

G. MASSON, ÉDITEUR. — BIBLIOTHÈQUE DIAMANT

BIBLIOTHÈQUE-DIAMANT

DES

SCIENCES MÉDICALES & BIOLOGIQUES

QUATORZE VOLUMES PUBLIÉS, LA PLUPART RICHEMENT ILLUSTRÉS
CARTONNÉS A L'ANGLAISE ET IMPRIMÉS AVEC LUXE

MANUEL

DE

PATHOLOGIE INTERNE

PAR

M. LE D' DIEULAFOY

Professeur agrégé à la Faculté de médecine, médecin des hôpitaux

volumes de chacun 500 pages

TOME PREMIER
Appareils respiratoire, circulatoire et système nerveux.

TOME II
Système digestif et ses annexes, appareil urinaire, appareil locomoteur, fièvres et maladies générales.

Prix de chaque volume : **6 francs**

G. MASSON, ÉDITEUR. — BIBLIOTHÈQUE DIAMANT

PRÉCIS
DE
ZOOLOGIE MÉDICALE

PAR

G. CARLET

Professeur à la Faculté des sciences et à l'École de médecine de Grenoble.

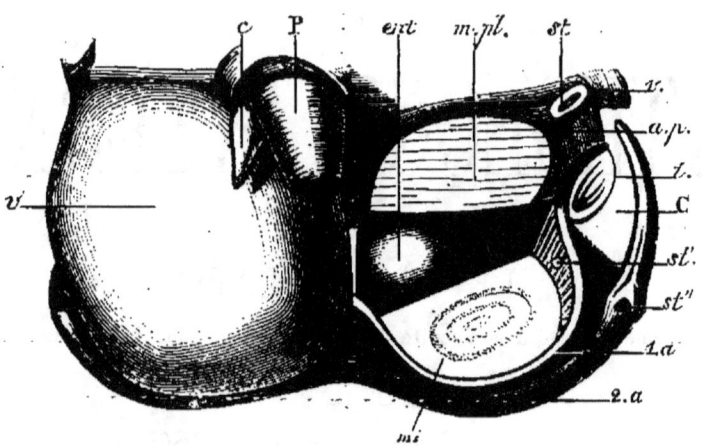

APPAREIL MUSICAL DE LA CIGALE.

Ce petit livre renferme, outre un résumé de Zoologie médicale, les notions fondamentales de l'Anatomie et de la Physiologie. En évitant la forme empirique, l'auteur a cherché à rendre l'étude de cette branche de la Zoologie non seulement plus rationnelle, mais encore plus attrayante et plus facile.

556 pages avec 207 figures dans le texte. — Prix : 7 fr.

G. MASSON, ÉDITEUR. — BIBLIOTHÈQUE DIAMANT

MANUEL
D'OBSTÉTRIQUE
OU
AIDE-MÉMOIRE DE L'ÉLÈVE ET DU PRATICIEN
Par le docteur M. NIELLY
Médecin de 1re classe de la marine
Agrégé d'accouchement à l'École de Médecine navale de Brest
DEUXIÈME ÉDITION, ENTIÈREMENT REFONDUE

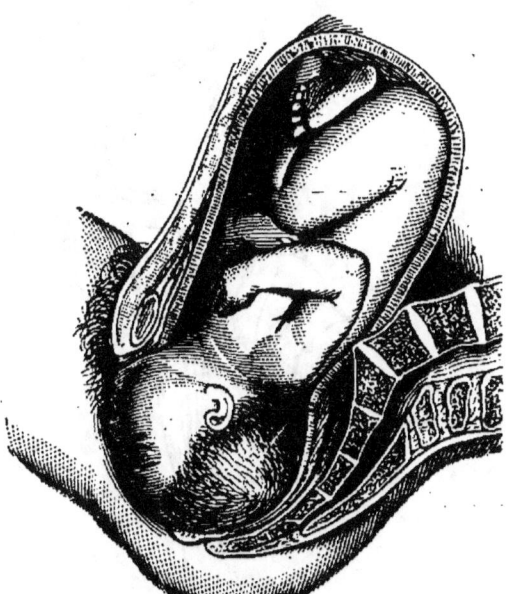

ACCOUCHEMENT SIMPLE : PRÉSENTATION DE LA TÊTE

L'auteur s'est efforcé dans ce petit volume d'être complet tout en restant succinct, et de présenter les questions sous une forme condensée, de manière à soulager la mémoire et de permettre de les envisager d'un coup d'œil rapide, soit comme préparation à des études plus étendues, soit pour coordonner des connaissances acquises.

276 PAGES AVEC 57 FIGURES DANS LE TEXTE
Prix : 5 fr.

G. MASSON, ÉDITEUR. — BIBLIOTHÈQUE DIAMANT.

LES BANDAGES
ET
LES APPAREILS A-FRACTURES
Manuel de déligation chirurgicale
CONTENANT
LA DESCRIPTION D'UN CERTAIN NOMBRE DE BANDAGES NOUVEAUX
ET DES APPAREILS A FRACTURES APPROPRIÉS A LA CHIRURGIE DU CHAMP DE BATAILLE

Par M. LE Dr I.-F. GUILLEMIN
Médecin principal de l'armée

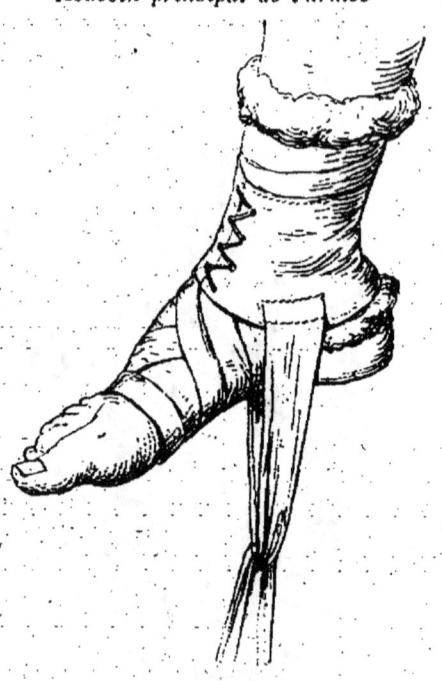

Les bandages font partie intégrante des moyens de traitement, et il y a, par suite, un certain intérêt à les bien choisir et à les bien appliquer. — Le but de cet ouvrage est de faire connaître ceux qui sont classiques et qui méritent d'être conservés et employés, et d'en proposer quelques autres qui l'emportent, par leur simplicité, sur ceux employés dans les mêmes cas. Le dessin devait être l'auxiliaire constant du texte dans un pareil livre ; le plus grand soin a donc été donné à cette partie de l'œuvre.

DEUXIÈME ÉDITION REVUE ET AUGMENTÉE
502 pages avec 155 figures dans le texte

Prix : 6 fr.

G. MASSON, ÉDITEUR. — BIBLIOTHÈQUE DIAMANT

A. LACASSAGNE
Médecin-major de 1re classe, professeur agrégé au Val-de-Grâce
Agrégé de la Faculté de médecine de Lyon
Lauréat de l'Académie de médecine

PRÉCIS
D'HYGIÈNE
Privée et Sociale
DEUXIÈME ÉDITION, REVUE ET AUGMENTÉE

S'inspirant d'une définition de l'hygiène émise par M. Claude Bernard : « L'hygiène n'est que la physiologie appliquée ; elle a pour objet d'enseigner les moyens de conserver la santé », M. Lacassagne passe en revue tous les modificateurs qui exercent leur action sur l'évolution humaine : modificateurs physiques, chimiques, biologiques ou individuels, enfin modificateurs sociologiques (profession, famille, nature). Ce précis d'hygiène est en quelque sorte la condensation exquise d'une encyclopédie des sciences biologiques modernes.

564 pages. — Prix : 7 fr.

PRÉCIS
DE
MÉDECINE JUDICIAIRE

Le *Précis de médecine judiciaire*, ainsi que son titre l'indique, a pour but de tracer au médecin expert la conduite qu'il doit tenir devant la justice. Limitant étroitement son sujet aux connaissances exigées du médecin, l'auteur indique en même temps aux magistrats les secours qu'ils sont en droit d'attendre de l'expert. Ce livre justifie de tous points la définition donnée par M. Lacassagne de la médecine judiciaire : l'art de mettre les connaissances médicales au service de l'administration de la justice.

600 pages avec figures dans le texte et 4 planches en couleur

PRIX : 7 FR. 50

G. MASSON, ÉDITEUR. — BIBLIOTHÈQUE DIAMANT

MANUEL MÉDICAL
D'HYDROTHÉRAPIE

Par le Dr BENI-BARDE

Médecin en chef de l'Établissement hydrothérapique médical de Paris
et de l'Établissement hydrothérapique d'Auteuil
Lauréat de l'Institut, de l'Académie de Médecine et de la Faculté de Médecine de Paris

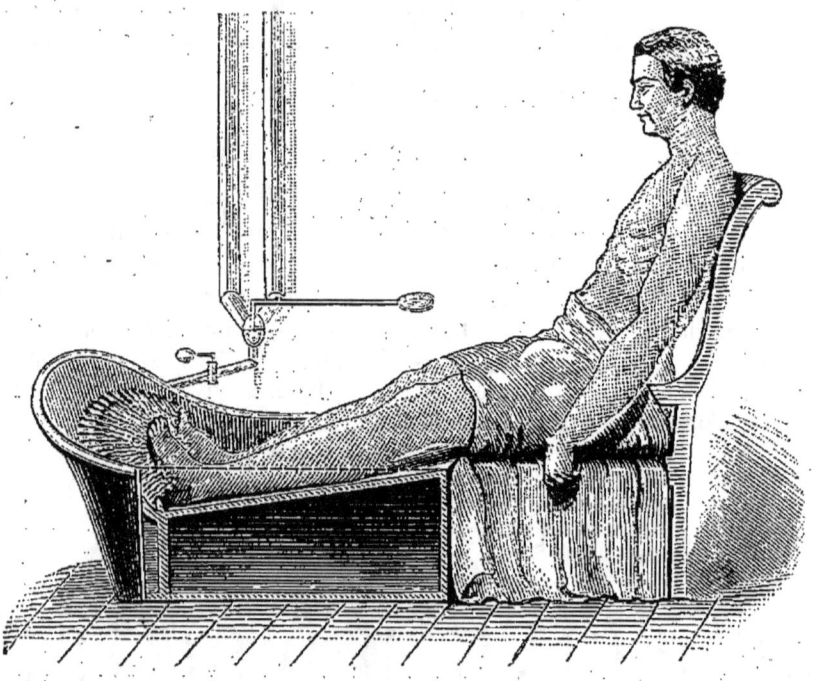

BAIN DE PIEDS

Le succès du grand traité d'hydrothérapie, publié récemment par M. Beni-Barde, a encouragé l'auteur et l'éditeur à en réunir les enseignements sous une forme plus succincte et à la portée de tous.

Le lecteur trouvera dans cet ouvrage des indications complètes, quoique résumées, sur les agents hydrothérapiques, sur les procédés opératoires et les effets thérapeutiques, et enfin sur les indications et contre-indications du traitement hydrothérapique. Les maladies du système nerveux ont été l'objet d'une étude toute spéciale, ainsi que la plupart des maladies chroniques sur lesquelles l'hydrothérapie peut avoir une heureuse influence.

560 pages avec figures dans le texte. — Prix : **6 francs**

G. MASSON, ÉDITEUR. — BIBLIOTHÈQUE DIAMANT

MANUEL DU MICROSCOPE
DANS SES APPLICATIONS
AU DIAGNOSTIC ET A LA CLINIQUE

PAR MM. LES DOCTEURS

MATHIAS DUVAL
Professeur agrégé à la Faculté de Médecine de Paris
Membre de la Société de biologie

L. LEREBOULLET
Professeur agrégé à l'École du Val-de-Grâce
Membre de la
Société médicale des Hôpitaux

NOUVELLE ÉDITION ENTIÈREMENT REFONDUE

Les auteurs se sont proposé de vulgariser dans ce volume les recherches [mi]croscopiques qui peuvent être faites *immédiatement* au lit du malade. Leur [œuv]re s'adresse donc non seulement aux étudiants qui apprennent à reconnaître [les] produits normaux ou pathologiques, mais aux médecins qui ne peuvent, faute [de] temps, se tenir au courant de tous les progrès de la technique histologique. — [Le] succès rapide du *Manuel du Microscope* est la preuve la meilleure des services qu'il est appelé à rendre.

430 pages avec 110 Figures dans le texte. — Prix : **6 fr.**

Guide pratique D'ÉLECTROTHÉRAPIE
RÉDIGÉ D'APRÈS LES TRAVAUX ET LES LEÇONS
Du docteur ONIMUS
Lauréat de l'Institut (Grand prix de médecine et de chirurgie à l'Académie des sciences), etc.

PAR LE Dr E. BONNEFOY

Ce livre est un résumé pratique des modes d'application des courants électriques. L'électricité est un des agents les plus puissants que nous ayons pour [mo]difier la nutrition des tissus, les circulations locales, les atrophies, les contractures des muscles, les irritations ou les paralysies du système nerveux. [Le]s médecins trouveront dans ce volume des indications utiles et pratiques, et qui [leu]r serviront dans les nombreux cas où l'électricité trouve son application.

Deuxième édition sous presse

G. MASSON, ÉDITEUR. — BIBLIOTHÈQUE DIAMANT

ÉLÉMENTS
DE PHYSIQUE

APPLIQUÉE

A LA MÉDECINE ET A LA PHYSIOLOGIE

PAR

M. MOITESSIER

Doyen de la Faculté de médecine de Montpellier

OPTIQUE

Un volume de 600 pages avec 177 figures dans le texte

Prix : 7 fr. 50

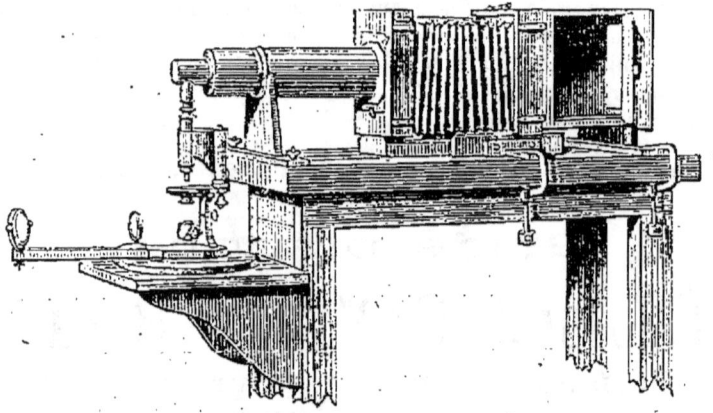

Microscope photographique à amplification directe.

L'auteur se propose d'étudier successivement le vaste ensemble de la *physique biologique*. — L'OPTIQUE, l'ÉLECTRICITÉ, la CHALEUR, l'ACOUSTIQUE seront successivement étudiées et constitueront une série de publications distinctes, complètement indépendantes, dans lesquelles il réunira les notions de physique les plus indispensables à l'intelligence des phénomènes de la vie.

L'OPTIQUE est le premier volume de cette série ; il s'adresse non seulement aux élèves, mais à tous ceux qu'intéresse cette branche importante de la physique.

G. MASSON, ÉDITEUR. — BIBLIOTHÈQUE DIAMANT

COMPENDIUM
DE
PHYSIOLOGIE HUMAINE
PAR
JULIUS BUDGE
Professeur d'anatomie et de physiologie
Directeur de l'Institut anatomique et physiologique à l'Université de Greifswald

TRADUIT DE L'ALLEMAND ET ANNOTÉ AVEC L'AUTORISATION DE L'AUTEUR
Par EUGÈNE VINCENT

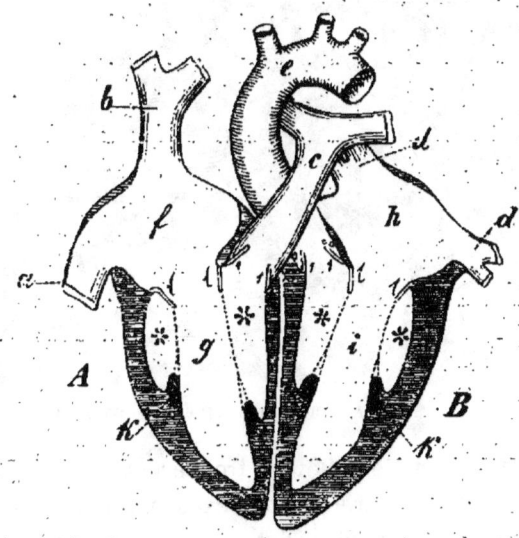

REPRÉSENTATION SCHÉMATIQUE DE DEUX MOITIÉS DU CŒUR

Le *Compendium de Physiologie* de M. Budge jouit en Allemagne d'une faveur méritée, et est le *vade-mecum* des étudiants en médecine. Il ne rendra pas de moindres services aux élèves de nos écoles. Le traducteur a su, par des annotations, des intercalations dont il a puisé la substance dans les ouvrages français les plus autorisés, mettre l'ouvrage complètement au courant des besoins de l'enseignement en France.

386 pages avec 53 figures dans le texte. — Prix : 6 fr.

G. MASSON, ÉDITEUR. — BIBLIOTHÈQUE DIAMANT

MANUEL D'OPHTHALMOLOGII

PAR
M. LE Dr GEORGES CAMUSET

Membre de la Société de médecine de Paris
Ancien élève de l'Ecole des Mines

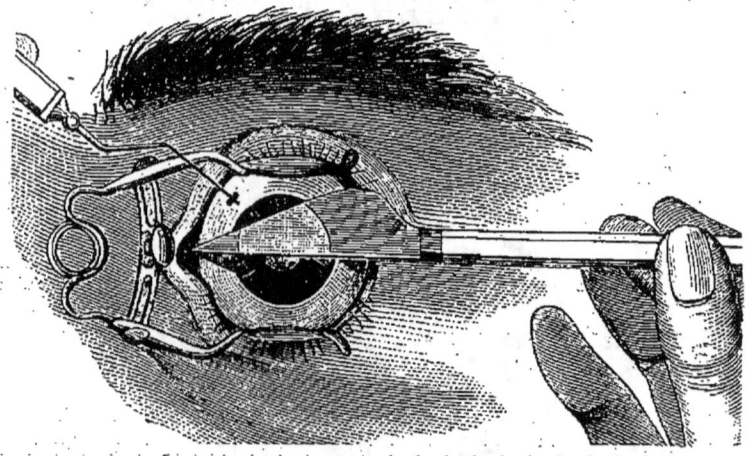

EXTRACTION A GRAND LAMBEAU SUPÉRIEUR.

Les praticiens et les élèves trouveront réuni dans un pe
volume, enrichi de nombreuses et excellentes figures, tout ce q
concerne l'étude des maladies des yeux. L'anatomie et la physi
logie de l'œil sont traitées dans cet Ouvrage avec soin et de façon
mettre le lecteur au courant de tous les progrès de la science modern
La partie pathologique et le Manuel opératoire ont été l'objet d'
développement plus important, et font de ce livre, malgré sa forr
concise, un Traité complet d'ophthalmologie.

678 pages, avec 120 figures dans le texte et une eau-fort
par FIRMIN GIRARD, *représentant une cataracte*

PRIX : **7 FRANCS**

G. MASSON, ÉDITEUR. — BIBLIOTHÈQUE DIAMANT

ÉSUMÉ D'ANATOMIE APPLIQUÉE

PAR V. PAULET

*Professeur à l'Ecole du Val-de-Grâce, médecin principal d'armée
Membre de la Société de chirurgie, officier de la Légion d'honneur*

DEUXIÈME ÉDITION
REVUE ET AUGMENTÉE DE NOMBREUSES FIGURES DANS LE TEXTE

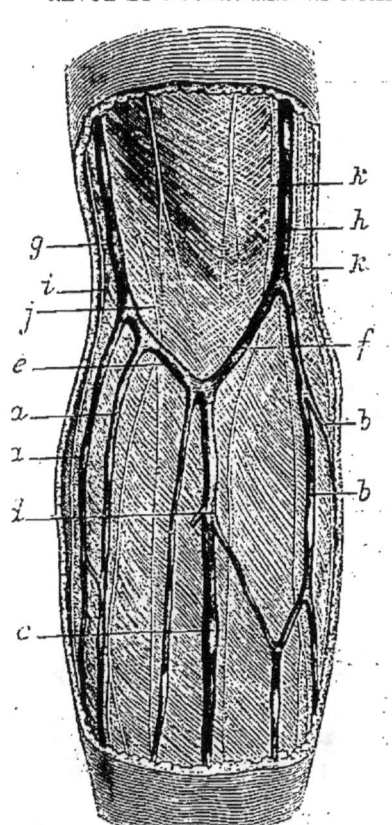 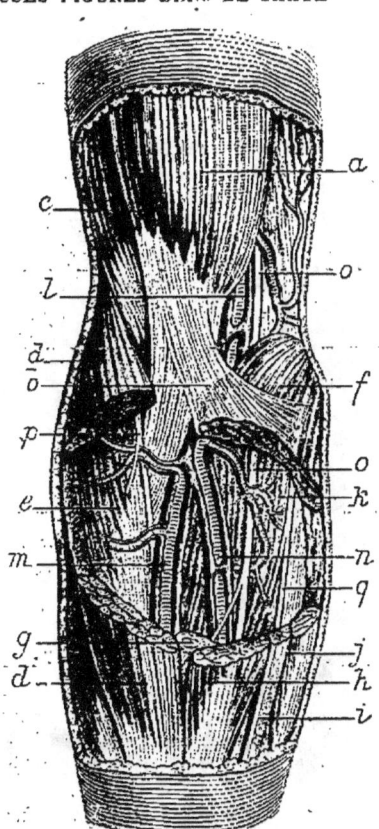

RÉGION DU PLI DU COUDE (plan superficiel).   RÉGION DU PLI DU COUDE (plan profond).

Ce livre est un *memento* dans lequel chacun peut en quelques instants revoir l'un ou tel point d'anatomie avec les explications pratiques qu'il comporte. Des figures nombreuses représentent dans leur ensemble les régions les plus compliquées et les plus difficiles à comprendre. D'autres consistent en coupes schématiques qui rendront les plus grands services.

571 pages avec 63 figures dans le texte. — Prix : 6 fr.

G. MASSON, ÉDITEUR. — BIBLIOTHÈQUE DIAMANT

MANUEL
D'OPHTHALMOSCOPIE

DIAGNOSTIC DES MALADIES PROFONDES DE L'ŒIL

Par M. le Dr V. DAGUENET

Médecin-major de l'armée, lauréat du concours pour le Val-de-Grâce (1861)
ancien chef de clinique ophthalmologique.

POSITION DE LA LENTILLE

L'auteur a condensé dans un petit nombre de pages tout ce qu'il est nécessaire de connaître, pour étudier avec fruit les maladies du fond de l'œil. Il a mis en relief toute la valeur des symptômes fonctionnels, qui constituent un excellent guide et permettent souvent à eux seuls de faire un diagnostic que l'ophthalmoscope n'a plus qu'à confirmer.

172 pages avec 11 figures dans le texte et une échelle typographique

PRIX : 4 FR.

Paris. — Imp. Motteroz, 54 bis, r. du Four.

G. MASSON, ÉDITEUR
PUBLICATIONS PÉRIODIQUES

GAZETTE HEBDOMADAIRE DE MÉDECINE ET DE CHIRURGIE

LE VENDREDI DE CHAQUE SEMAINE

UN AN : 24 fr. — Union postale, 26 fr.

Avec le **Bulletin de l'Académie**

UN AN : 32 fr. — Union postale, 38 fr.

JOURNAL DE THÉRAPEUTIQUE de M. Gubler

LE 10 ET LE 25 DE CHAQUE MOIS

UN AN : Paris, 18 fr. — Départ., 20 fr. — Union postale, 22 fr.

REVUE DES SCIENCES MÉDICALES, par M. Hayem

LES 15 JANVIER, 15 AVRIL, 15 JUILLET, 15 OCTOBRE

UN AN : Paris, 30 fr. — Départ., 33 fr. — Union postale, 34 fr.

REVUE D'HYGIÈNE ET DE POLICE SANITAIRE

LE 20 DE CHAQUE MOIS

UN AN : Paris, 20 fr. — Départ., 22 fr. — Union postale, 23 fr.

ARCHIVES DE PHYSIOLOGIE NORMALE ET PATHOLOGIQUE

PARAISSANT TOUS LES DEUX MOIS

UN AN : Paris, 20 fr. — Départ., 22 fr. — Union postale, 24 fr.

ANNALES DE DERMATOLOGIE ET DE SYPHILIGRAPHIE

2me *série*, PARAISSANT TOUS LES TROIS MOIS

UN AN : Paris, 20 fr. — Départements et Union postale, 22 fr.

Paris. — Imp. Motteroz, 54 bis, r. du Four.

G. MASSON, ÉDITEUR

PUBLICATIONS PÉRIODIQUES

L'ENCÉPHALE
PARAISSANT TOUS LES TROIS MOIS

Un an : Paris, 18 fr. — Départ., 20 fr. — Union postale, 22 fr.

ANNALES DES MALADIES DE L'OREILLE ET DU LARYNX
PARAISSANT TOUS LES DEUX MOIS

Un an : Paris, 12 fr. — Départ., 14 fr. — Union postale, 15 fr.

ANNALES MÉDICO-PSYCHOLOGIQUES
PARAISSANT TOUS LES DEUX MOIS

Un an : Paris, 20 fr. — Départ., 23 fr. — Union postale, 25 fr.

BULLETINS ET MÉMOIRES DE LA SOCIÉTÉ DE CHIRURGIE
PARAISSANT LE 5 DE CHAQUE MOIS

Un an : Paris, 18 fr. — Départ., 20 fr. — Union postale, 22 fr.

REVUE D'ANTHROPOLOGIE
PARAISSANT TOUS LES TROIS MOIS

Un an : Paris, 25 fr. — Départ., 27 fr. — Union postale, 28 fr.

LA NATURE, REVUE DES SCIENCES
PARAISSANT TOUS LES SAMEDIS

Un an : Paris, 20 fr. — Départ., 25 fr. — Union postale, 26 fr.

JOURNAL DE PHARMACIE ET DE CHIMIE
PARAISSANT MENSUELLEMENT

Un an : Paris et Départements, 15 fr. — Union postale, 17 fr.

Paris. — Imp. Motteroz, 54 bis, r. du Four.

www.ingramcontent.com/pod-product-compliance
Lightning Source LLC
Chambersburg PA
CBHW050420240426
43661CB00055B/2218